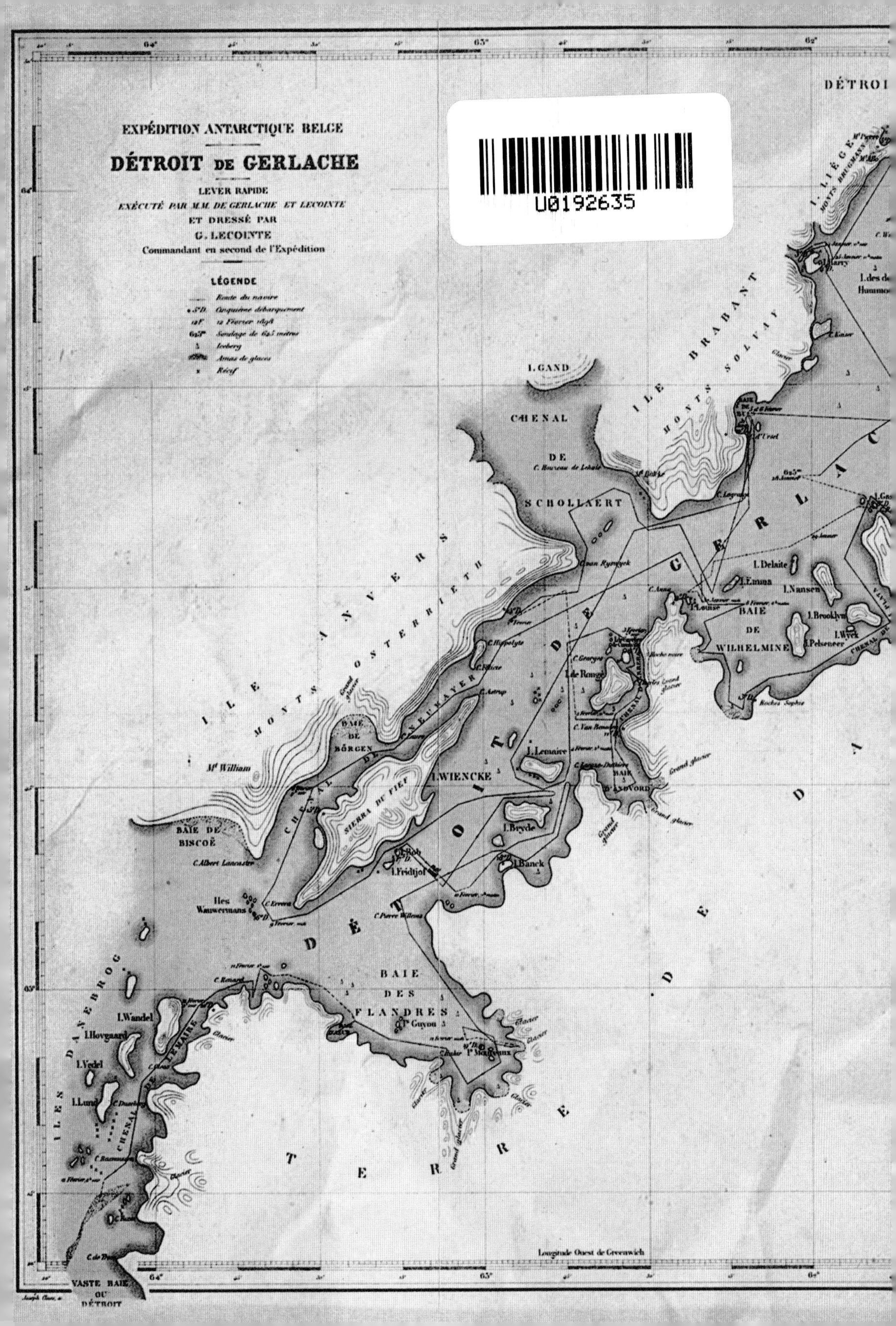
EXPÉDITION ANTARCTIQUE BELGE
DÉTROIT DE GERLACHE
LEVER RAPIDE
EXÉCUTÉ PAR M.M. DE GERLACHE ET LECOINTE
ET DRESSÉ PAR
G. LECOINTE
Commandant en second de l'Expédition
LÉGENDE
Route du navire
Cinquième débarquement
Sondage de 625 mètres
Iceberg
Amas de glaces
Récif
U0192635
DÉTROI
I. GAND
CHENAL DE SCHOLLAERT
ILE BRABANT
MONTS SOLVAY
ILE ANVERS
MONTS OSTERRIETH
Mt William
BAIE DE BISCOË
C. Albert Lancastre
Iles Wauwermans
I. WIENCKE
SIERRA DU FIEF
I. Lemaire
I. Bryde
I. Banck
I. Fridtjof
BAIE D'ANDVORD
I. Delaite
I. Nansen
I. Brooklyn
I. Louise
BAIE DE WILHELMINE
I. Pelseneer
I. Wyck
BAIE DES FLANDRES
Pt Guyou
I. Wandel
I. Hovgaard
I. Vedel
I. Lund
ILES DANEBROG
CHENAL DE LEMAIRE
DÉTROIT DE GERLACHE
TERRE DE DANCO
Grand glacier
Longitude Ouest de Greenwich
VASTE BAIE OU DÉTROIT

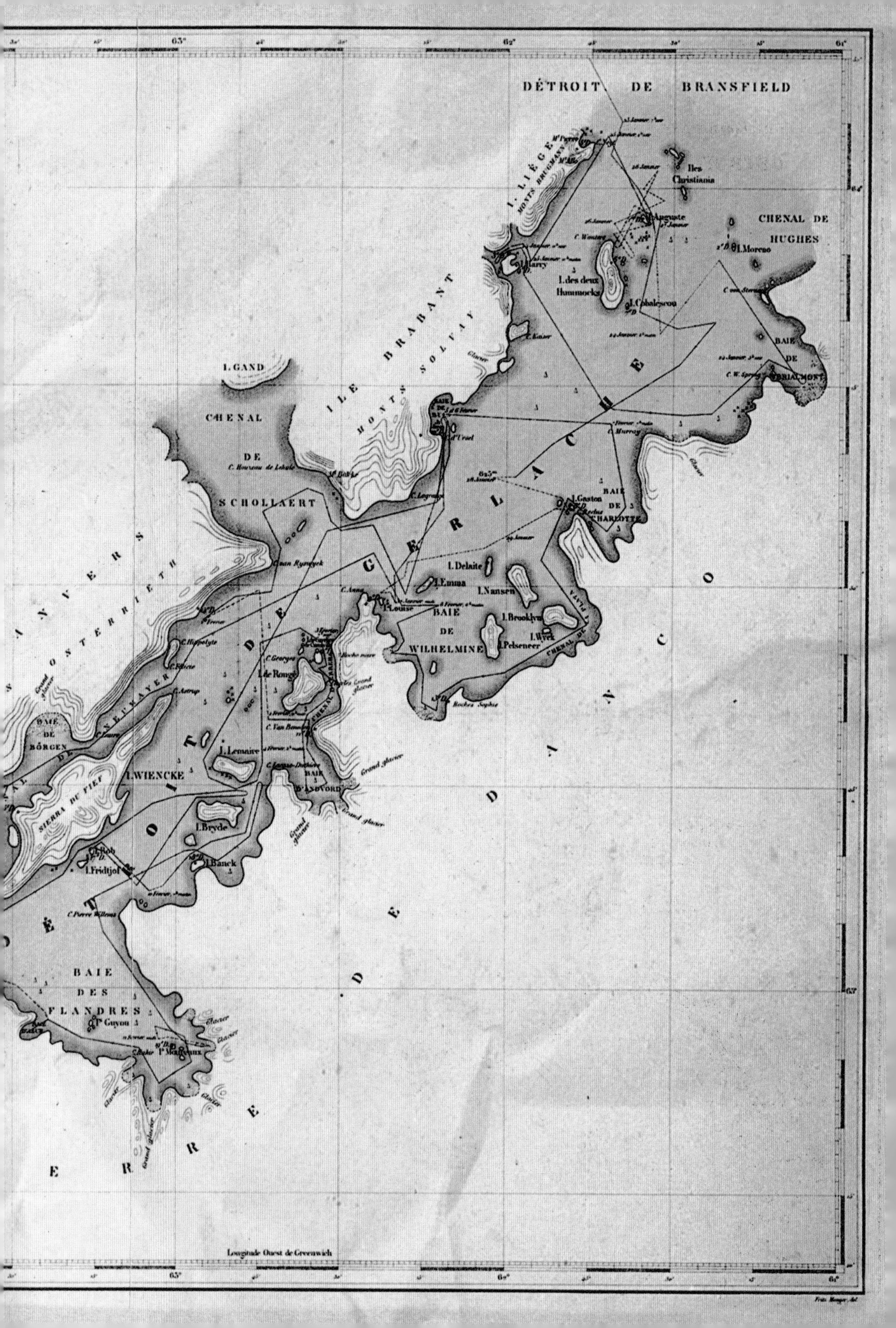
DÉTROIT DE BRANSFIELD
I. LIÉGE
Iles Christiania
Auguste
CHENAL DE HUGHES
I. Moreno
I. des deux Hummocks
I. Cobalescou
BAIE DE BRIALMONT
ILE BRABANT
MONTS SOLVAY
I. GAND
CHENAL DE SCHOLLAERT
BAIE DE CHARLOTTE
I. Gaston
I. Delaite
I. Emma
I. Nansen
I. Louise
BAIE DE WILHELMINE
I. Brooklyn
I. Pelseneer
I. Wyck
I. de Rongé
I. Lemaire
I. WIENCKE
SIERRA DU FIEF
BAIE D'ANDVORD
I. Bryde
I. Banck
I. Fridtjof
BAIE DES FLANDRES
DÉTROIT DE GERLACHE
TERRE DE DANCO
Longitude Ouest de Greenwich

冰之传奇

The Storied Ice

人类南极半岛探险史

Exploration, Discovery, and Adventure in Antarctica's Peninsula Region

[美] 琼 • N. 布思　著

Joan N. Boothe

李 果　译

广西师范大学出版社

· 桂林 ·

序

1898年7月中旬，17个男人充满期待地巴望着一片冰冷的海域，“炙热的云朵分开了，露出了些许太阳”。这是他们两个多月里头一次看到太阳。其中一个人后来写道：“同伴们好几分钟激动得半晌无言。的确，我们无法用语言描述当时放松的畅快心情和重获新生的感觉……”[1*] 这些人是阿德里安·德·杰拉许手下被冰雪困住的比利时号探险队成员，他们是第一批在南极度过极夜并见证了南极日出的人类。他们为延续了数百年的故事开启了新的篇章，这个故事始于人们在南半球寻找一个想象中的富饶大陆。

在比利时人看到太阳从南极冰原探出头来的两千多年以前，古希腊哲学家就提出推论说必然有一块巨大的大陆填满了地球南部的大部分地区，如此才能与北半球的已知大陆相称。其中一位名叫巴门尼德的哲学家从远航北方的航海者发现了冰雪覆盖的海洋和陆地这一事实推断，遥远的南方也同样寒冷且不宜居住。某位希腊人——很可能是亚里士多德——则将这个南极地区

---

* 引用文献注释均收录在附录之后的“参考书目和注释”中。

命名为安塔克托斯（Antarktos），其含义与北极地区刚好相反，后者已经用北方遥远天空的著名星座命名为阿尔克托斯（Arktos）①。在罗马没落后，希腊人的南方大陆理论仍旧得以流传，但最初那个令人生畏的关于冰雪大陆的推断却被世人遗忘。相比之下，中世纪的人们提出了一个更吸引人的观点，即地球南部高纬度地区有一个庞大、富饶甚至有人居住的大陆。这个传说在接下来的几个世纪中激励了大量探险性航行。

早期的南极故事主要由错误的发现写就。从16世纪初开始，一批批航海者——冒险家、海军军官、商人、猎人乃至海盗——相继发现南方的土地，并宣布它为众人寻找之大陆的北方海岸。

然后，其他人在这些所谓的发现的基础上继续往南航行，结果证明这些所谓的南方大陆也不过是一个个岛，存在于理论中的南方大陆的可能海岸又被推向了更远的南方。

这些早期的南方航行者在狭小逼仄的帆船中挑战未知，全靠洋流和海风助力他们前进。20世纪早期活跃于南极罗斯海地区的英国探险家罗伯特·法尔肯·斯科特是这样描写这些人的："他们从狭小、颠簸不已的船上跳入风暴肆虐的冰海之中，一次次地与灾难擦肩而过。他们的船遭遇了严重的失事、损坏和漏水，船员们则因不间断的辛劳而疲惫不堪，坏血病也对他们造成了严重的摧残。然而，尽管面对无法想象的不适，他们仍然奋力坚持着……"[2]

渐渐地，传说被众人奋力挣扎换来的事实取代：南极洲不仅比澳大利亚大，这个七大洲中最难接近的大陆也最为寒冷、干燥，这里的风最大，平均海拔也最高，是地球上最不适宜人类居住的地方。探险队到来之前，甚至没有人曾踏足这片土地，更别提生活于此了。然而，南极的访客也已掌握了这片白色大陆的其他真相。南大洋的海水和海岸环绕南极地区，其中生活着大量可供人们利

---

① Arktos在希腊语中意指大熊星座。——译者注

用的野生动物资源，整个南极洲为科学研究提供了独特的机遇。渐渐地，人们也开始欣赏南极洲的神秘魅力了，他们突然发现南方大陆的确是个富饶之地：迷人而独特的野生动物、神奇的极光、不可思议的色彩、萦绕心间的声响、壮观的景致以及一望无垠的地平线，等等。

《冰之传奇》讲述了人类了解关于南极半岛的这一切信息的过程，这里是早期探险的焦点地区，也是遥远的南方大陆在其大部分历史上受访最多的地方。自北向南，我们的故事涉及的区域包括南乔治亚岛、南桑威奇群岛、南奥克尼群岛和南设得兰群岛、南极半岛、威德尔海及其冰冻海岸等。

所有这些地点都位于南极辐合带（现代科学术语又称之为南极极风带）以南，这是南大洋的生态边界，南极大陆向北流动的寒冷表层水汇聚于此，然后下沉到来自亚热带的温度更高、盐度更高、密度更低的水层之下。辐合带就像一条醉酒的蛇的爬行路径，在南纬48°和南纬62°之间蜿蜒环绕，其宽度通常在20—30英里（约32—48千米），在这条窄带两边存在着剧烈的水温和气温变化。极南之处某一地的气候很大程度上取决于它是位于窄带以南还是以北。例如，南美洲末端南纬56°附近的合恩角就位于窄带以北，尽管当地天气寒冷潮湿，但远不是极地气候。合恩角往东，辐合带缓缓北移。结果，尽管南乔治亚岛位于合恩角以北两个纬度的南纬54°，但由于地处辐合带以南，因此气候与极地类似。

辐合带以南就是南极圈，地球上的这条假想线位于南纬66°33′，每年冬至，这里一整天都没有太阳，而每年夏至，这里的太阳一整天都不会落下。南极半岛大部分位于这个纬度以北，这些地方的气候通常比南极其他地方温和。这里的夏季气温往往高于冰点，太阳在隆冬时节也会正常升起，不过仅停留几个小时而已，相应地，仲夏的太阳也会短暂落山。然而，与世界多数地方相比，这里还是既寒冷又荒凉，它们毫无疑问是南极的一部分。整个半岛地区就是一个奇妙的南方动物群出没的冰雪世界，与世界其他任何地方相比，半岛地区的岛屿和海域都与南极其他地区更为相似。这里从没有过原住民；植被稀少，仅存的也主要限于苔藓、地衣和草类；这里唯一的陆生动物为微小的昆虫；冰雪像毛毯一样几乎覆盖了整个大陆。而在海上，浮冰是常客——包括冬季凝结的浮冰块、来自沿海低地冰川的冰山，以及那些南大洋上标志性的冰体样式，扁平的巨大冰山有时绵延长达数英里，它们会从冰架分离，也会被洋流和海风无情地带向任何地方。此外，半岛地区和南极其他地区还有一个共同点——那迷人而多彩的历史。

注：书中地图系原书插附地图

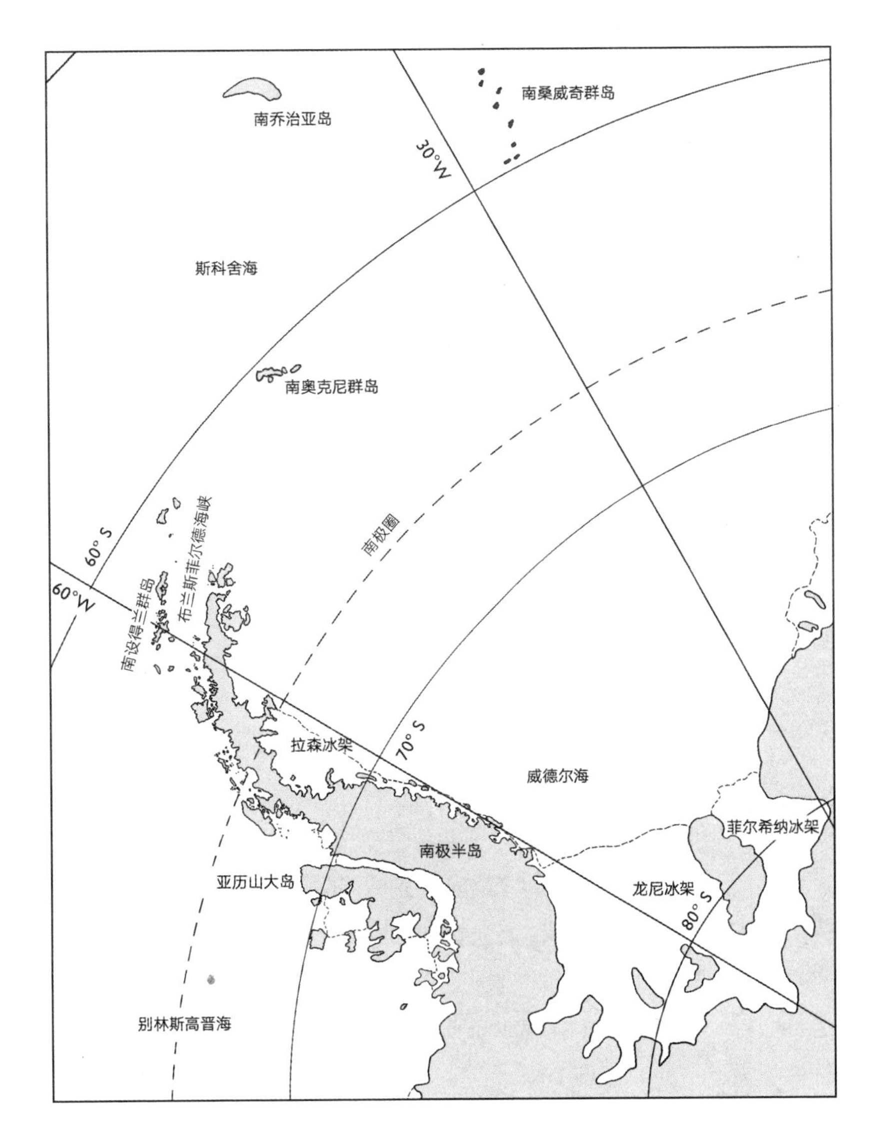

南极半岛地区

《冰之传奇》讲述的主要区域南极半岛地区曾是众多早期探险的焦点，其北部是人类在踏足南极的大部分历史中最常造访的地方。从北往南，《冰之传奇》呈现的地理范围包括南乔治亚岛、南桑威奇群岛、南奥克尼群岛、南设得兰群岛、南极半岛及其临近岛屿、威德尔海及其冰架和冰雪覆盖的海岸。

阿根廷、智利和英国曾对几乎所有这些地区提出过相互竞争且重叠的权利主张（第十七章和第十九章对此做了讨论）。

与南极半岛北部不同，威德尔海是南极洲访客最少的地区之一。这里的水域经常被浮冰阻塞。多年来，这里的大部分海域基本上无法通行，有时候连最强大的破冰船也束手无措。威德尔海的南部覆盖着巨大的冰架，自大陆海岸向北延伸，直到数百英里远的地方。

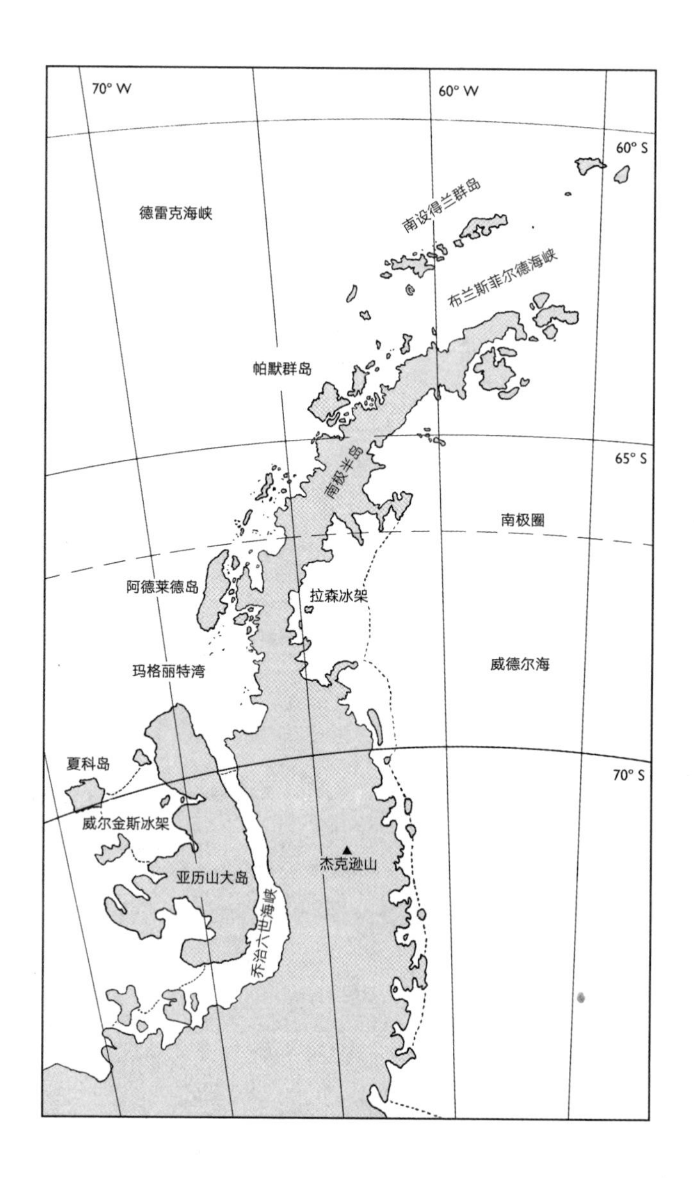

南极半岛

南极大陆主体向东北方向伸出的 1 000 英里（约 1 609 千米）长的陆地手指。半岛两侧都是冰架，东部尤甚，冰体几乎将它整个覆盖。然而，部分冰体已开始消退。近年来，半岛东海岸的拉森冰架北部已经断裂，它也因此未能出现在这张地图上。（本书中其他年代更早的地图显示，这个冰架曾延伸到更远的北方。）

除了冰雪覆盖以外，半岛也非常多山。在与西南极洲交界处的南部，半岛的海拔高达 10 000 英尺（3 048 米）。半岛上最高的山峰是杰克逊山，其高度近 10 500 英尺（约 3 200 米）。

一些重要的岛屿群毗连半岛西部。自北向南包括：帕默群岛，它是被杰拉许海峡从半岛主体隔开的一些大岛屿和众多小岛组成的群岛；阿德莱德岛，它构成了玛格丽特湾的北缘；以及亚历山大岛，乔治六世海峡将其与半岛主体隔开。

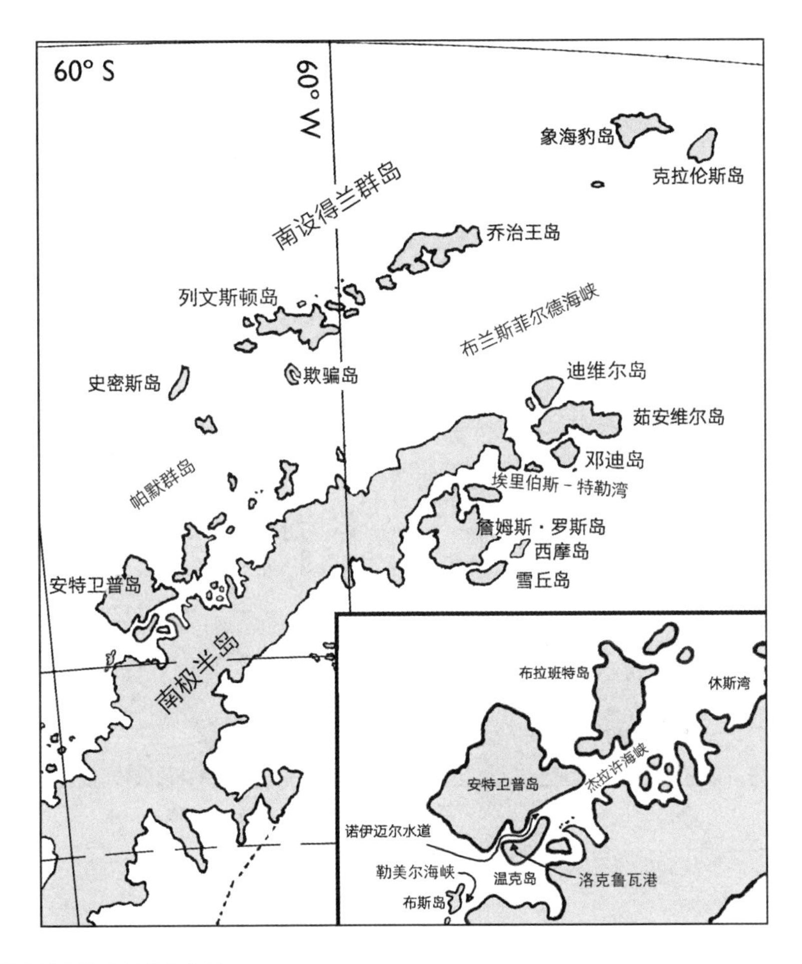

南设得兰群岛和南极半岛北部

南设得兰群岛是一个300多英里（约482多千米）长的岛链，由十一个大岛和众多小岛组成，位于南极半岛北部和东部。史密斯岛位于群岛最西端，克拉伦斯岛则位于最东端。这些岛屿九成以上被冰雪覆盖，一些岛上山地众多。南设得兰群岛上最高的山峰是位于史密斯岛上海拔6 500英尺（约1 981米）的福斯特山，直到1996年才有人攀登。一些岛还有火山活动，其中欺骗岛就曾在1967年、1969年和1970年有过大规模爆发（见第十九章）。乔治王岛是群岛中最大的，长达44英里（约71千米），该岛拥有南极地区最多的研究站。截至2010年冬，这个岛上已建有八个全年科考站，另有几个基地仅在夏季运营。乔治王岛也是1995年首届南极马拉松赛的举办地。小插图突出显示了半岛的部分地区，《冰之传奇》中描述的很多活动都发生于此。

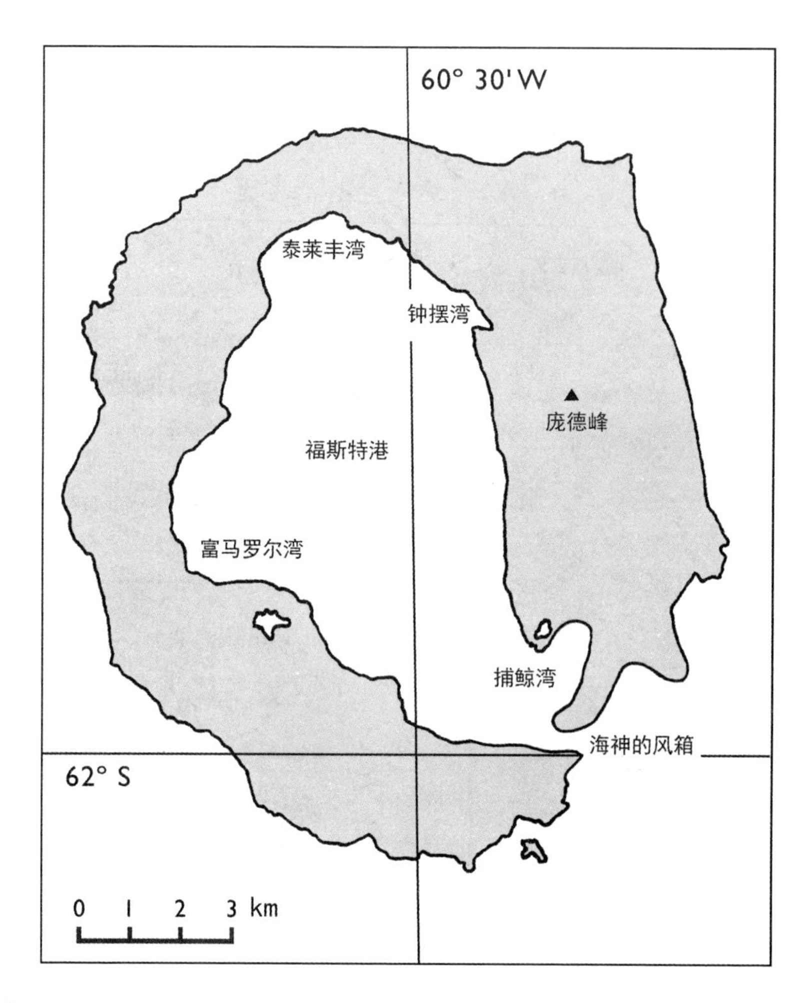

欺骗岛

南设得兰群岛最小的主要岛屿之一，该岛对于南极半岛的历史意义远远超出了它小小的规模。岛上有一座活火山，上次喷发于 1970 年。欺骗岛的地形大致像一个甜甜圈，像被咬了一口的入口一直通往位于岛墙内部被淹没的火山口。

欺骗岛自 1820 年被发现以来一直是人类活动的中心，它先后被海豹猎人、科学家、探险家、捕鲸者所用，同时也是科考站大本营。如今，它已成为访问量最大的旅游景点之一。

该岛的直径约为 8 英里（约 13 千米），一半以上的面积被冰川覆盖。最高点为庞德峰，海拔约为 1 750 英尺（约 533 米）。

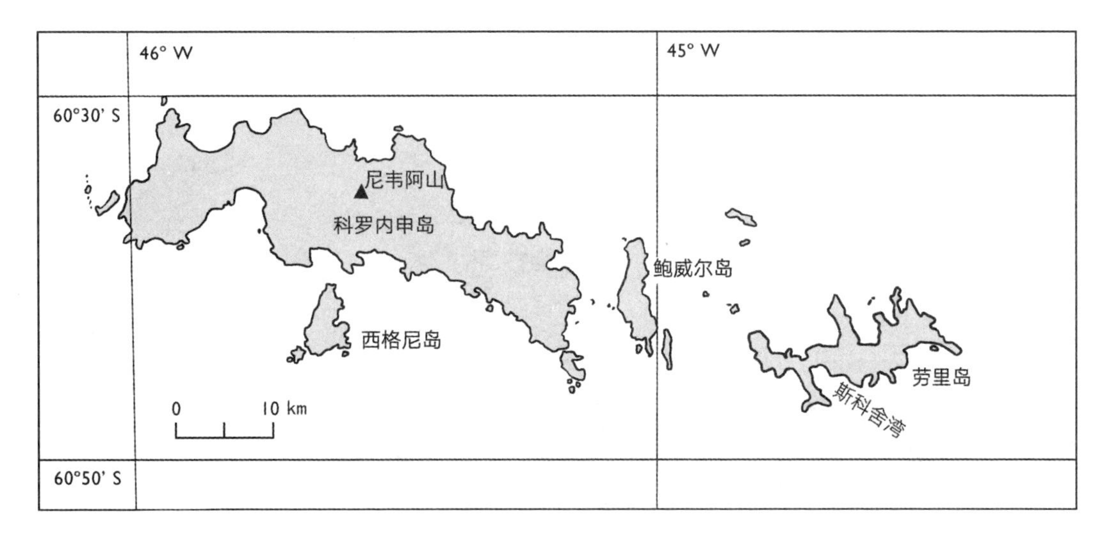

南奥克尼群岛

一个由四个山地岛和众多小岛组成的小型群岛。这个群岛面积的 90%覆盖有多年冰，其中心位于南设得兰群岛以东约 250 英里（约 402 千米）的南纬 60°40′、西经 45°15′处。科罗内申岛占该群岛 230 平方英里（约 596 平方千米）土地的四分之三以上，群岛海拔最高的尼韦阿山坐落其中，海拔为 4 150 英尺（约 1 265 米）。

南奥克尼群岛拥有现存历史最久的永久性南极科考基地，即位于斯科舍湾顶部劳里岛的阿根廷奥卡达斯科考站。

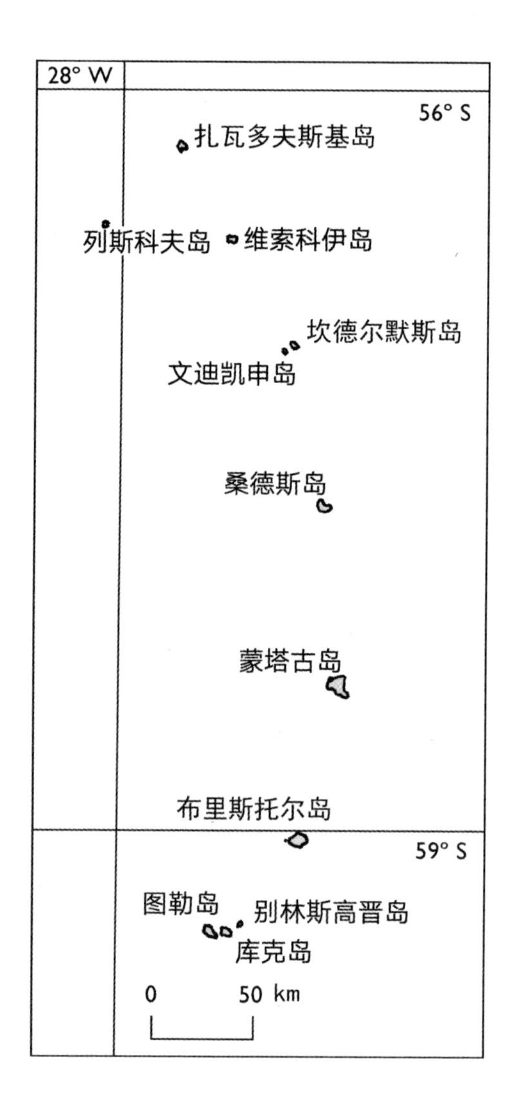

南桑威奇群岛

由南北跨度为200多英里（约320多千米）的十一个主岛组成的岛链，自北向南从南纬56°20′的扎瓦多夫斯基岛一直延伸到南纬59°30′的三个岛组成的南图勒群岛。整个群岛的面积仅为100平方英里（约259平方千米）多一点，其中85%被冰雪覆盖。所有岛屿都是火山岛，其中许多都表现出当前或近期有火山活动的迹象。群岛最高点为地处蒙塔古岛的贝琳达山，海拔近4 300英尺（约1 310米）。

扎瓦多夫斯基岛上生活有世界上最大的帽带企鹅种群，但这些鸟类几乎在该群岛所有岛屿上都有大量栖息地，最近的一次调查估计其种群规模在150万只左右。

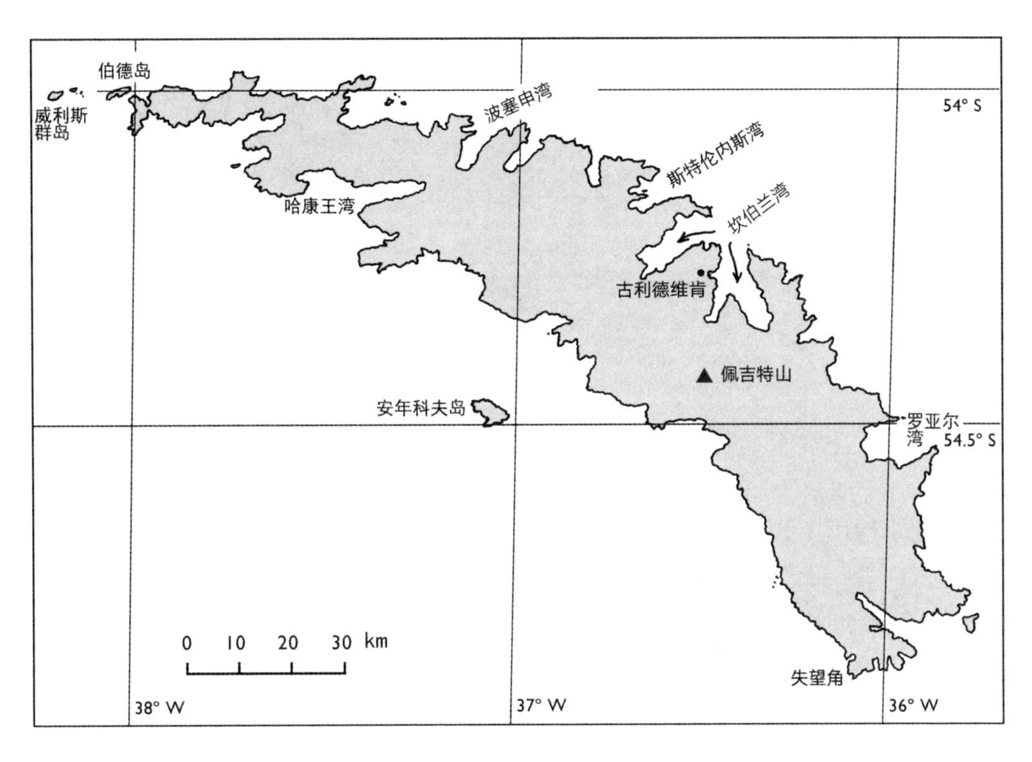

南乔治亚岛

位于南纬 54°17′、西经 36°30′，该岛与南极大陆最近点的距离约为 960 英里（约 1 545 千米）。这个纵深 110 英里（约 177 千米）的岛内部大部分为山地，岛上大概一半的地方常年覆盖冰雪。最高点为 9 625 英尺（约 2 934 米）的佩吉特山，岛内其他十二座山峰的高度也都在 6 500 英尺（约 1 981 米）以上。岛上有大量在此繁衍生息的海狗、象海豹、王企鹅、金图企鹅和马卡罗尼企鹅。该岛也是世界上最重要的漂泊信天翁的繁殖地之一。

目　录

第一章

寻找南方大陆：1819 年以前的努力

人类在南极半岛地区的故事始于它的北边不远处，一处靠近南美洲南端的地方。正是在这里，人类首次宣称自己看到了南方大陆的海岸，也正是在这里，人们找到了几条海上航线，它们最终引导世人发现了位于辐合带以南的陆地。

也有这种可能，中国船队大约在 1421 年或 1422 年就已造访过这个地区，他们发现并通过了我们现在称为麦哲伦海峡的地方。这支船队也可能造访过福克兰群岛①，并一路往南航行到南极半岛，接着抵达了东南方向的南乔治亚岛，最后驶过了高纬度地区的南大西洋。所有这一切的主要证据是得自皮里·雷斯地图的推论，这幅地图标示，在遥远的南方、靠近南极半岛实际位置的地方，存在着陆地。[1] 该图绘制于 1513 年，包含了一份如今已散佚的 15 世纪初的世界地图的部分内容。

然而，第一次有记录的南方航行始于 1502 年。一封归于航海家阿美利哥·

① 即马尔维纳斯群岛，英国称福克兰群岛，位于南美洲巴塔哥尼亚南部海岸以东约 500 千米处，为阿根廷、英国争议领土。——译者注

维斯普西的信件显示，他的葡萄牙船只已经沿南美洲东海岸一路抵达了南纬50°——这已经是南美洲非常靠南的地方了——并且看见陆地还在往更远的南方延伸。尽管当时的证据质疑人类曾抵达过这一高纬度地区，但现在看毫无疑问，除了哥伦布等人在更远的北方发现的陆地以外，南大西洋西侧也的确存在着大片陆地。这片陆地也属于庞大的南方大陆吗，又或者它是南方大陆存在于更遥远南方的证据？

仅仅一两年后，葡萄牙人的另一次航行用事实向世人首次宣告，他们目击了推测中的南方大陆。船长说自己曾在穿越南纬40°附近的一条水道时，看到这片陆地在比美洲更远的地方。[2] 水域将美洲和南极洲分隔开来的说法也同样重要。如果证明属实，这个说法也揭示出一条向西前往东印度群岛的航线，可以作为非洲好望角航线的替代方案，而这条好望角航线也是葡萄牙人在十年前开辟的。

海峡的发现者斐迪南·麦哲伦

1517年，时年三十七岁的葡萄牙水手斐迪南·麦哲伦（全名Fernão de Magalhães［费迪南德·麦哲伦］）前往西班牙寻求资助。他想往西航行绕过美洲前往东印度群岛，而非沿着他本人早已熟悉的好望角航线航行，但他自己的国王却拒绝提供资助。西班牙王室最终同意资助此次航行，于是麦哲伦于1519年9月率领一支小型船队从西班牙出发了。他率领的五艘船，最小的约为135吨级，长约75英尺（约23米），最大的约为200吨级，船员共250人左右。麦哲伦于11月底到达今天南美洲的巴西，接着，他向南航行，一路上仔细察看每一条可能的河流、河口或任何其他明显向西的开口。1520年3月下旬，他们无路可走了，灰心丧气的麦哲伦整个冬天都在后来唤作巴塔哥尼亚的荒凉海岸上露营，他的手下用这个名词称呼当地原住民。

麦哲伦于 1520 年 10 月再次起航，这次仅剩四艘船，此前因为一次冬季侦察任务损失了一艘。出发仅三天，他们就抵达了南纬 52°附近，并在又一处可能的西向开阔水域北面发现了一个岬角（如今称为维哥基角）。派去察看这一处新发现的两艘船迅速被风暴吞噬。几天过去了，正当麦哲伦开始担心他的船已经失事的时候，它们又回来了。船长们兴奋地报告说，他们向西航行了三天，一眼望去仍是开阔水域。

满怀期待的麦哲伦带领他的四艘船驶入水道的开口，经过两处窄道后，他们进入了一片开阔的水域，那里还有更多开口在等着他们。麦哲伦随即将船队分开，打算都尝试一下。他自己带领两艘船前往西南方向探察看起来像主航道的水道，另外两艘（包括携带主要补给的船）则受命往南察看另外两处水道开口。就在当晚，补给船上的领航员埃斯塔沃・戈麦斯发动了一场叛乱——这是整个冬天一直困扰着船队的骚乱的延续。麦哲伦未能在场平息叛乱，戈麦斯控制了这艘船，然后打道回府。

与此同时，麦哲伦则继续航行了 100 多英里（约 160 多千米）。绕过如今被称为弗罗厄德角的南美大陆最南端后，眼前的水道看上去比较难走。于是，麦哲伦派出了一艘大划艇前往侦察。三天后，手下们欢欣鼓舞地回来了，他们说自己抵达了航道的尽头，前方只剩下开阔的海域。麦哲伦兴奋地返航，他想把好消息带给另外两艘船，但令人沮丧的是，他只发现了一艘。搜寻数日徒劳无果后，他选择了放弃并往西折返，带领其余船只继续上路。

麦哲伦于 11 月底抵达西边海峡附近的出海口。通往印度群岛的航线就摆在眼前，只须穿过他当时唤作太平洋（意即和平的海洋）的这片海域——步麦哲伦后尘到达这片大洋的人常常会对这个名字提出质疑。[3] 他们用时三十八天、航行 310 英里（约 499 千米）才通过海峡，延误、错误地转向以及作为第一批通过这段航道的欧洲人所需经历的必要探索都延长了时间和路途。麦哲伦称这道后来以他的名字命名的海峡为托多斯桑托斯海峡（意即万圣海峡），这个名字

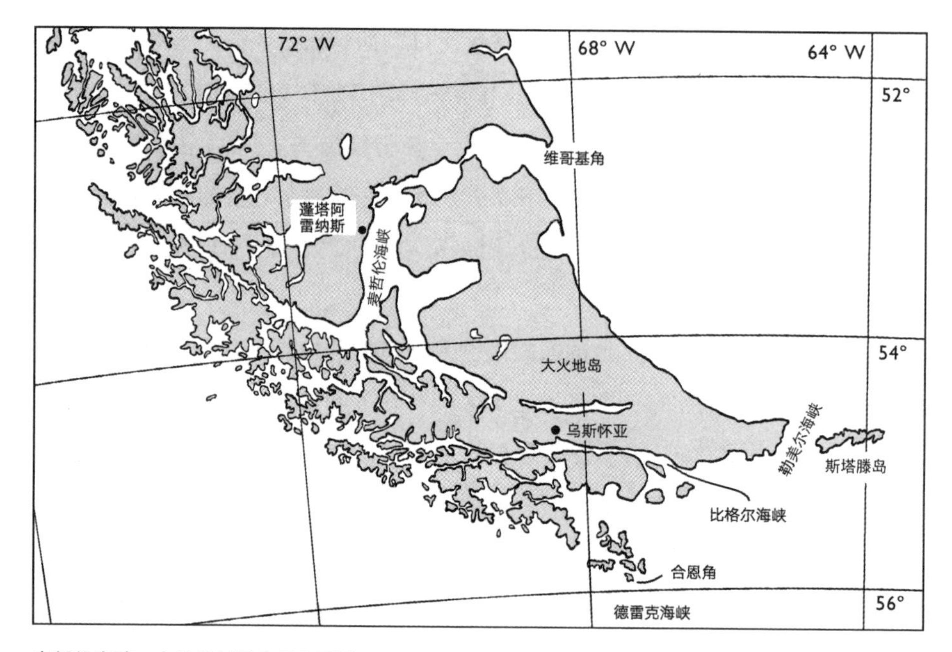

麦哲伦海峡、火地岛以及合恩角地区

麦哲伦海峡把南美大陆与火地群岛隔开。群岛由主岛大火地岛、一些较大岛屿和众多小岛组成，所有岛屿都被迷宫般的水道隔开。被称为合恩角的岛屿是群岛最南端的陆地。合恩角南边是恶名远扬的德雷克海峡。阿根廷城市乌斯怀亚位于大火地岛南岸，多数南极游船都会选择从这里离港。

很快被人遗忘，因为后人将之重新命名为麦哲伦海峡。而麦哲伦为海峡南边的陆地起的名字却以某种方式延续了下来——火地岛，这个名字得自他在夜里看到的原住民燃起的篝火。

接着就是跨越太平洋的航程，整个路途漫长且食物极度缺乏，原因不仅在于戈麦斯带走了船队大部分补给，也在于航程远超所有人的想象。在船队最后于 1521 年 3 月抵达菲律宾以前，麦哲伦的多数手下就已饿死。幸存者们则花了一个月时间养精蓄锐，接着才起航绕道好望角返回欧洲。麦哲伦本人却再也没能回到家乡。在菲律宾，当地一些原住民伙同他的几个手下将他杀害。最后，整个船队仅剩下一艘吃水 85 吨的维多利亚号，它载着 18 人完成了历史上首次环球航行。一行人于 1522 年 9 月抵达西班牙。

麦哲伦的航行为准确而非推测的南极知识奠定了基础，因为它最终证明地球的最南端只能通过海路抵达。世人会在那里发现陆地还是更多的海洋仍悬而未决。然而，这次航行强化了世人对广袤南方大陆的信念，因为麦哲伦那些幸存的手下宣称，火地岛北部海岸属于想象中的南方大陆。

大西洋和太平洋之间海上航线的发现让欧洲的宫廷和财政部门兴奋不已，但大家很快就开始明白，麦哲伦的航线中问题并不少，只是他太幸运。后续尝试效仿麦哲伦的六次环球航行都遭遇了重大困难。在西班牙打通了穿越巴拿马地峡的陆地路线后，有几十年，水手们甚至放弃了麦哲伦的伟大发现。

1577 年，局面因英国的加入而改变。在此之前，英国人几乎与南半球探险无缘，而这一年开始，伊丽莎白女王决定加入探索太平洋的国家之列。由于西班牙控制了连接大西洋和太平洋的陆上通道，第一位涉足南太平洋的英国人弗朗西斯·德雷克只好利用英国人所知的唯一替代方案——麦哲伦海峡。

南方开阔海域的发现者德雷克

德雷克于 1577 年 12 月从英格兰起航。1578 年，他在麦哲伦此前待过的巴塔哥尼亚海岸上露营了一整个冬天后，于 8 月中旬再次启程。几天后，他率领由三艘船组成的船队进入麦哲伦海峡。进入海峡四天后，德雷克的船员登上了一个岛。他们在那里发现了大量

> 奇怪的鸟，根本不会飞……它们的体型比鹅小，但大过野鸭，紧凑地缩成一团，它们没有羽毛，但……长有硬而黯淡的绒毛……这种奇怪的鸟

靠海里的食物维生，并且在海里游泳的速度飞快，在这一点上，大自然似乎给了它们不小的特权……[4]

这是企鹅首次出现在英语描述中。

德雷克仅用十六天就进入了太平洋，这是当时穿过麦哲伦海峡的人驶过的最短航程。接着，他的好运气用光了。就在他准备离开海峡的当晚，暴风雨袭来，接下来的近一个月都没有减弱。9 月底，巨大的海浪吞没了其中一艘船。另外两艘船上的人，包括旗舰金鹿号上的德雷克，都在狂风中束手无策，只能在惊恐中眼睁睁看着同伴溺水而亡。

在风暴稍稍减弱的 10 月初，德雷克率领仅剩的两艘船朝海峡西端以北的陆地驶去。狂风再次袭来，两艘船被吹散在海中。次日清晨，德雷克目力所及之处均不见另一艘船的踪影，他断定它已经失事。实际上，这艘船相当安全。船长约翰·温特驾驶着它进入了麦哲伦海峡，从而躲过了风暴。上岸后，温特点火作为信号，希望德雷克平安并前来会合。几个星期后，温特终于放弃并踏上回程，他往东再次经过海峡，因此也成为第一个往返麦哲伦海峡的人。

与此同时，德雷克独自驾驶着金鹿号继续航行。风暴再度袭来，这一次他被吹往东南方向。10 月 18 日天气平稳的间隙，德雷克把备受摧残的船停在了火地群岛南部。他在这里获取了木头和水，并且遇到了一群原住民，与他们做了交易。这些原住民是欧洲人所见过的生活在地球最南端的人，他们很友好，但天气却相反，而天气的影响对德雷克的几个手下来说是致命的：再次刮起的狂风将金鹿号吹往海里，空留 8 位水手困在岸边，这些人最终成功抵达南美洲东海岸的巴塔哥尼亚南部，但接下来的两个月里，除一人幸存以外，其他所有人都死了，他们是与心怀敌意的原住民相遇的受害者。唯一的幸存者彼得·卡德尔最终在与德雷克分别九年多后回到英格兰。刚一到家，他的命运就彻底改变了：伊丽莎白女王在宫廷中接待了他，聆听了他的故事，并奖赏给他一笔可观的钱财。[5]

德雷克则继续与暴风缠斗。1578 年 10 月 24 日，他终于找到一个可以安全下锚的小岛。航行日志这样写道：“最后，我们流落到了靠近南极的最偏远地方……地处南纬 56°，这里是大地上最偏远的海角，往南再也看不见任何陆地或岛屿了：只有大西洋和（太平洋），它们在最大范围内自由地相遇。”[6] 狂风让德雷克做出了革命性的发现——火地岛南部的开阔海域，这条因困难重重而名声在外的海峡现在又称德雷克海峡。长期以来，历史学家一直在争论德雷克曾经停靠的具体地点，他看到的也许是合恩角，也许是火地岛南部的其他岛屿。很不幸，因为无法确定他所处的经度，我们对此无从知晓。

暴风雨天气逐渐缓和后，德雷克就离开了高纬度地区。沿南美洲西海岸北航的途中，他还洗劫了西班牙人的定居点和货船，然后继续航行到了今天的加利福尼亚海岸和其他北美地区。德雷克返航时穿越了太平洋，并于 1580 年抵达英格兰。他成了第一个完成环球航行的英国人。

另一位英国人约翰·戴维斯在德雷克归来几年后也做出了新的发现。戴维斯于 1592 年 8 月试图进入麦哲伦海峡，但风暴把他远远吹往东边，一直吹到了南纬 51°至 52°的南大西洋上一处未知的群岛上，此地位于今天的阿根廷以东数百英里处，就是今天所谓的福克兰群岛（与西班牙有着历史渊源的阿根廷人则称之为马尔维纳斯群岛）。此前可能也有人发现过这个群岛，但戴维斯的发现被第一次记录在案。尽管福克兰群岛地处南极辐合带以北，但它们在多个方面对南极半岛地区的故事具有重要意义。18 世纪后期，海狗捕猎活动逐渐在这些岛屿上兴起。数年后，往更远南方航行的船只就把福克兰群岛当作了重要集结地。而正是基于福克兰群岛，英国对几乎整个南极半岛地区都提出了权利主张。

戴维斯偶然发现福克兰群岛的七年后，另一次航行报告说，在更南的南方也发现了陆地。1598 年 6 月，一支庞大的荷兰船队从欧洲出发经由麦哲伦海峡驶往太平洋。这支船队于 1599 年 9 月初抵达太平洋，但不久之后被一场风暴吹散。据报道，大风将其中一艘名为福音号的船吹到了南纬64°附近。据称，船长迪尔克·格里兹在这里看到了冰雪覆盖的山地。严肃对待这份报告的历史记载把此地归于南设得兰群岛，也有少部分史料把它视为南极半岛西部的帕默群岛的一部分。但格里兹真的看到过什么吗？甚至，他是否真的到过这么远的南方？即便是同时期的一些证据也引起了世人的怀疑。不管是真是假，此次航行的记录首次宣告了曾有船只航行到南纬60°以南，并且看到了陆地。

与此同时，欧洲人也开始认真掂量德雷克关于火地岛以外开阔海域的报告了。也许这意味着大西洋和太平洋之间还另有一条海上通道，可取代凶险异常的麦哲伦海峡。

假道合恩角的威廉·斯豪滕和雅各·勒美尔

17世纪初，荷兰政界为寻找绕道南美洲的新航路引入了新的动机。此时的荷兰议会将在东印度群岛的贸易垄断权授予了东印度公司，并规定它的贸易路线一是绕道好望角，二是途经麦哲伦海峡。荷兰东印度公司一位名叫艾萨克·勒美尔的主管敦促公司寻找新的航线，但其他主管对此毫无兴趣。于是，勒美尔组建了自己的公司，并组织了一次寻找新航线的探险活动。

勒美尔选中威廉·斯豪滕任船长，因为此人对东印度群岛了如指掌。勒美尔本人留在荷兰，但他派儿子雅各随船在沿途寻找发财的机会。80人组成的探险队乘两艘船于1615年6月离开霍恩镇，他们在正式搜寻航线之前也在巴塔哥尼亚海岸上过了一冬。就在那个冬季，在他们清理船只时，一场火灾烧毁了较小的那艘霍恩号。

斯豪滕和勒美尔于1月中旬驾驶仅存的恩德拉赫特号再次起航。几天后，他们故意绕过麦哲伦海峡入口，继续沿火地岛海岸向南行进。1月25日，他们记录了第一个发现，即东边一处被这两位荷兰人命名为斯塔滕地（Staten Land）

的地方，他们这么命名是为了荣耀国会。（如今，我们称这里为斯塔滕岛，是阿根廷的一部分，阿根廷人称之为埃斯塔多斯岛。）恩德拉赫特号于傍晚时分抵达这片土地的南端。斯豪滕和勒美尔找到了从大西洋到美洲底部开阔海域的航道，他们把这条位于火地岛和斯塔滕岛之间的航道命名为勒美尔海峡。

现在，这两位荷兰人开始向未知水域进发。身后北方的一切都是已知的，前方他们很快就会进入太平洋，已经有不少其他探险队成功穿越过那里。然而，荷兰人所在之处尚未收入地图，也没有任何记录，甚至都没有相关传闻。不仅如此，他们一路向西，遭遇了雨雪夹杂的严寒天气，陆地也消失在了地平线。斯豪滕在甲板下面生火给大家取暖，并且尽可能为大家提供热饮。他为船员提供特殊的服装——羊毛背心、皮靴、夹克衫以及抹油帽——以抵御寒冷。船长的努力起了作用，但水手们在寒冷天气中的值守，以及他们与结冰的索具和冻僵的船帆的斗争却不是任何手段所能彻底弥补的。

斯豪滕于 1616 年 1 月 29 日看到了陆地。他写道："陆地上覆盖着积雪，其尽头的地形十分尖锐，我们称之为霍恩角①。"[7] 这个名字指代的地方实际上是个小岛，它大概是为了纪念探险队出发的霍恩小镇，也可能是为了纪念损失的那艘同名航船，又或者二者兼而有之。斯豪滕未提到此事。

近两周后，荷兰人抵达了火地岛西海岸，完成了首次绕合恩角的航行。与麦哲伦一样，他们作为开拓者，航行中的日子比紧随其后的人好过很多。他们只用了两个半星期，尽管天气不好，但船全程都在掌控之中。合恩角航线会因其险恶而成为传奇——自东向西航行的水手们，因为逆风与逆流，对此体会尤其深刻——它绝少会如此温柔。跟随荷兰人的步伐前往这个地区的人通过这条航道的时间都以月计，船员们要和能够把船只吹离航道数百英里（甚至吹入海底）的风暴做斗争。

---

① 霍恩角（Cape Hoorn）后改称合恩角（Cape Horn）。——译者注

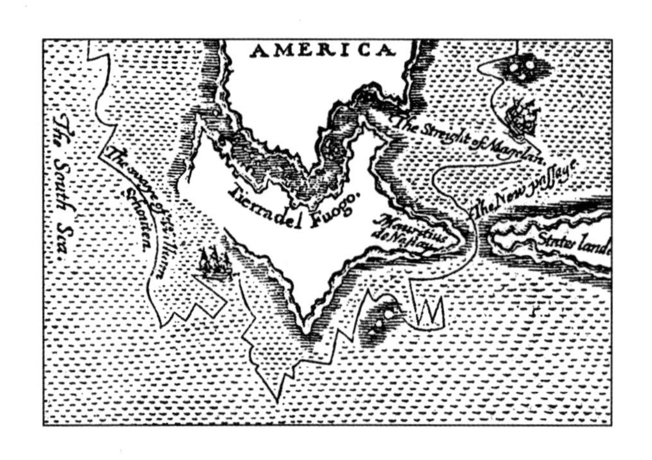

恩德拉赫特号经由勒美尔海峡绕道合恩角的航线

由首次完成这一航程的荷兰航海家绘制。（最初以斯豪滕的名义发表于《航海惊奇》，1617 年。插图来自 1966 年的复刻版。）

进入太平洋后，斯豪滕一路向西并最终抵达东印度群岛的巴达维亚（今雅加达）。这次航行就此结束，因为当地东印度公司的当权者拒不相信这次探险发现了已被封禁的麦哲伦海峡的替代航道，并没收了恩德拉赫特号。接着，斯豪滕和勒美尔以囚犯身份被押上东印度公司的船遣送回国。斯豪滕于 1617 年 7 月初抵达荷兰，年轻的勒美尔却死于途中。他那悲痛欲绝的父亲甚至都没有得到这次航行发现的这条航线的垄断权作为补偿。尽管他尽力将这条航线保密，但发现新航道的消息仍在荷兰港口不胫而走，当然，过一阵更是传开了。

斯豪滕和勒美尔的航行不仅证明了火地岛只是一群岛屿，而且还开辟了进入太平洋的新航道，麦哲伦海峡的地位于是也随之降低。而合恩角航线对南极的发现而言最重要之处在于，它意味着船只可以一直往南开到更远的地方。至于传说中的南方大陆，大家仍旧充满信心。最受欢迎的理论也最难消失，斯塔滕地为地图制作者提供了新的素材，他们很快就把这里作为南方大陆的又一处海岸绘制到地图里，猜想它以某种方式弯曲到了合恩角以南很远的地方，以至于斯豪滕和勒美尔根本无法看到。一直到二十七年以后，才有人穿过斯塔滕地的东部和南部，并因此把它和想象中更遥远的南方大陆区分开来。到那时，勒美尔海峡已不再重要了，因为航海家意识到他们可以从斯塔滕地以东进入合恩角航线。

穿越南极辐合带

合恩角以及围绕它的航道都是伟大的发现，但当时还无人报告自己见过南极辐合带以南的土地，除了格里兹这位有可能做出了发现的例外者。1675 年，终于有人无可争议地踏上了这片土地。当年 4 月，英国商船船长安东尼·德拉罗什正驾船绕合恩角往东航行，当时的逆风和洋流把他扫到了航道以东很远的海域，一片位于南纬 54°和 55°之间的未知土地。历史学家普遍认为他看到的是地处南纬 54°、西经 36°的南乔治亚岛。尽管停留了十四天，但德拉罗什并未探索此地，他把自己这个没有命名的发现视为南极大陆的另外一个端点。

南乔治亚岛的发现是人类第一次确切地踏足辐合带以南的土地，这是南极历史上的一件大事。然而，此后八十年都无人再次见到南乔治亚岛。接着就到了 1756 年 6 月，大自然故伎重施，大风吹动绕合恩角航行的西班牙船莱昂号（船长为格雷戈里奥·赫雷斯）到了此地。正是莱昂号上的一名乘客首次向世界描述了这个冰雪覆盖的荒凉岛屿：“可怕的陡峭山脉遍布其间，山脉之高，尽管相隔 6 里格①，仍不见顶。”[8]

实际上，这座 110 英里（约 177 千米）长的香蕉状岛终年被冰雪覆盖，几十座冰川从山脉中脊倾泻下来。17 世纪时，绕合恩角航行之人发现，南极并不只有陆地。德拉罗什发现南乔治亚岛几年后的 1678 年年底，风暴将英国海盗爱德华·戴维斯吹到了南纬 63°的德雷克海峡附近。在这里，船上的外科医生莱昂内尔·韦弗写道：“我们看到几座冰体岛屿，乍看上去就像真正的陆地一样。”[9]

---

① 里格，旧时长度单位，合 3 海里（1 海里等于 1.852 千米）。6 里格约合 33 千米。——译者注

我们几乎可以肯定这些岛屿就是平顶冰山，这是最早的相关报道。

另外一位到访者很快给出了更完整的描述。此人就是埃德蒙德·哈雷，他因发现了那颗后来以他的名字命名的彗星而成为如今最为人所知的英国天文学家。1699—1700 年，哈雷领导了针对南大洋——至少针对其边缘——的首次科考航行。除了从事科学活动，哈雷还肩负着继续往南航行，直到抵达假想中的南方大陆海岸的使命。

哈雷于 1699 年 9 月率领海军船帕拉摩尔号离开英国，先是往南越过大西洋并到达南美洲。年底之际，他率船出发前往南大洋。1700 年 1 月 28 日，气温和水温急剧下降，这表明帕拉摩尔号很可能已经穿过了南极辐合带。接下来的几天里，哈雷在浓雾中缓缓向前。2 月 1 日，他到达了南乔治亚岛以东数英里的南纬 52°24′附近，并且看到“接着出现的三个岛，顶部平坦，覆有积雪。岛屿呈乳白色，四周都是笔直的悬崖……我们根据高度断定它们为陆地”。次日更加清朗的天气让哈雷得以靠近这片假想中的陆地。现在，他明白过来了，它“不过是高度令人难以置信的冰体”，其悬崖高度至少为 200 英尺（约 61 米）。[10] 他写道，最大的冰体岛屿长达 5 英里（约 8 千米）。十天后，哈雷掉头向北，因为帕拉摩尔号并非是为触冰而设计的。哈雷于 1700 年 9 月回到英国，他从未发现南方大陆的任何迹象——的确，他都没有展开搜寻。

尽管直到 18 世纪 60 年代后期都经常有船只绕过合恩角，其中很多甚至到了南纬 60°以南很远的地方，但人类仅两次踏足南极辐合带以南的土地——半岛地区的南乔治亚岛，以及布韦岛。法国人让-巴布蒂斯特-查尔斯·布韦于 1739 年发现布韦岛，它在东边较远的地方，位于南纬 54°25′、东经 3°31′的南大西洋海域。遥远南方究竟有什么仍未有定论。太平洋一半以上的海域仍有待探索。南部高纬度地带的某处是否有个大陆，还是说，南方更远的水域仅仅会再现北方已经发现的岛屿群？南大西洋和印度洋又是什么情况？这一切都还是未知数。

18 世纪中叶以后航海技术的进步让回答这些问题所需的漫长探索航行成为

可能，其中两项技术进步至关重要：有助于船员抵御坏血病的食物，以及更先进的导航方法和设备。

坏血病是一种维生素缺乏症，早在 15 世纪，海员们就开始受其困扰。当时的海上探险和航行时间已动辄数周之久，而船员赖以为生的则是腌肉和其他风干、腌制食物。人在几周之内无法摄取维生素 C 就会得这种可怕的疾病，它会导致四肢和关节浮肿、牙龈出血，有时还会引发严重的精神疾病。与多数哺乳动物不同，人类无法代谢这种维生素，因此只能从包含它的饮食中摄取，通常是新鲜的水果和蔬菜，还包括未加工的或者轻微烹制的肉类，尤其是动物的肝脏和肾脏。[11] 除非患者及时获取足量的维生素 C，否则坏血病通常是致命的，但维生素 C 很容易就能治愈它，而且没有后遗症。这一切直到 20 世纪初才最终被人理解，然而 18 世纪中期之时，英国海军外科医生詹姆斯·林德就发表了一篇名为《论坏血病》的文章，报告说他发现这种疾病可用柑橘类水果、洋葱和蔬菜有效治疗——这些恰恰是预防坏血病所需的食物。

更先进的航海技术同样重要。数个世纪以来，那些敢于远航的人一直苦于无法弄清楚自己所处的精确位置。指南针能为水手指引方向，但要在毫无参照系的海上确定位置就困难得多。人类早就知道如何根据日期和正午太阳高度定位自己的南北位置或曰纬度，而 18 世纪中期六分仪的出现则极大地提高了太阳观测的精确度。但东西方位或曰经度的问题还没解决。早期在看不见陆地的海上航行的水手依靠速度和方向确定经度，但总是错得离谱。尽管英国皇家天文学家内维尔·马斯基林于 1767 年发表了《航海天文历》，这让根据天象确定经度成为可能，但必要的计算却繁复而困难。一种更加实用的方法几乎在同一时期出现，当时另一位英国人约翰·哈里森发明了航海计时仪，这种精确的计时仪能够承受海上航行的严酷条件，并让水手能够确定他所处位置的正午和另一处已知的参考地点——比如英国的格林尼治，这对 18 世纪晚期的英国水手和如今几乎所有人来说都适用——的时差，随后，航海家可将时差转换为里程数。

英国海军上校詹姆斯·库克正是把这些进步技术用于补给和航海的先驱。1772 年，他开始了前往探索伟大南方大陆真相的第一次尝试。

詹姆斯·库克绕南极的高纬度环游

库克是一个能力出众的人，也是一位起于行伍、官至英国皇家海军上校的意志坚定的军官。1768—1771 年，英国皇家海军派他到南太平洋观测金星凌日，同时他还身兼搜寻南方大陆的秘密任务。事实上，当时他的搜索范围非常有限，仅集中在南太平洋和新西兰附近，但库克的确正确地推断出南方大陆并未延伸到温带地区。1771 年回到家以后，他说服英国政府派他开展一次新的探险，以进一步调查南方究竟有什么。

库克为他的第二次航行做了精心准备。他从众多渴望同行的人中挑出了自己的随从官，还带了一位可在航行途中创造非凡视觉记录的艺术家、一些训练有素的博物学家，以及两位可通过天象确定纬度和经度的天文学家。他还是第一位携带新发明的航海计时仪出航探险的船长。库克对待补给的态度也同样谨慎，他会留心选择一些可对付坏血病的存货，并且尽可能沿途采集新鲜食物。最后，根据库克的建议，海军为探险队配备了商船，这种船可以安全地航行到陌生的海岸附近，因为它足以应付恶劣的天气和浮冰，还具备足以应付长途航行的充足载货能力。

两艘共载有 200 名船员的探险船于 1772 年 7 月离开英格兰——库克指挥决心号，托拜厄斯·菲尔诺船长负责冒险号——他们先驶往非洲南端的好望角，库克在这里开始了他的南方探险。在 1772—1773 年和 1773—1774 年的南半球夏季①

① 因为南半球的季节与北半球相反，因此用日期标记南半球的夏季时，就会出现此处两个年份一并出现的情况；附录中也会出现类似表达，为照顾既有的思维方式以及特定的表达风格，我们对此并未做出变动。——译者注

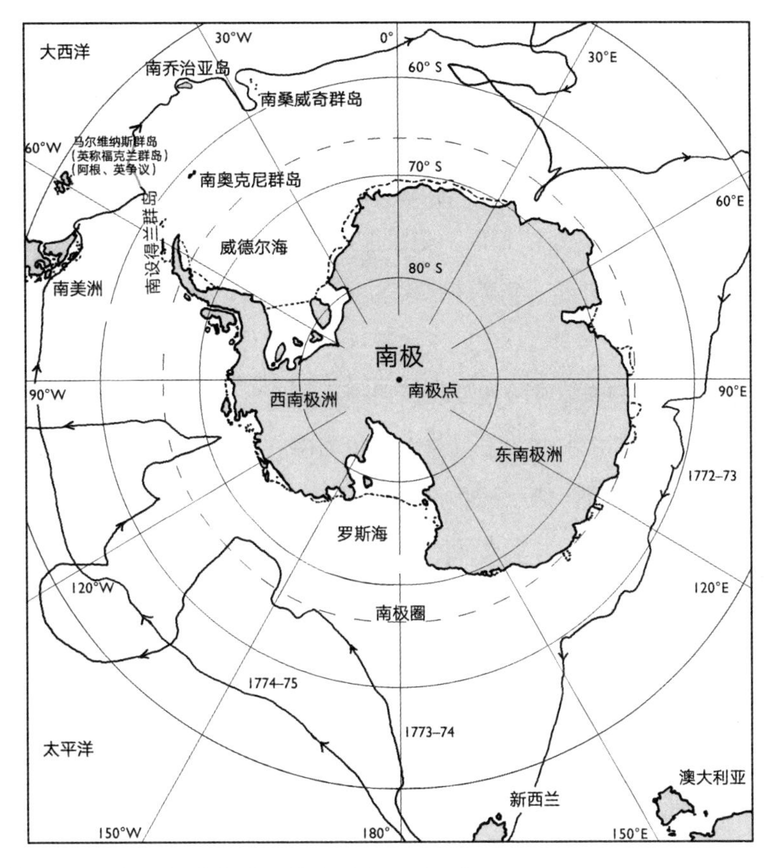

库克船长于 1772—1775 年间绕南极高纬度地区航行的路线

库克自好望角向东，其间数次朝南边纵深方向开去。1773 年冬和 1774 年冬，库克都在新西兰度过。接着，他在 1774—1775 年间穿越太平洋抵达了合恩角，后来，成了第一个登陆南乔治亚岛以及发现南桑威奇群岛的人。库克于 1775 年 2 月底穿过了最初从好望角南部出发的航线，绕南极航行就此完成。

期间，库克向东大致驶过了南极三分之二的地区，全程都在南极半岛以外。库克把他的船开到了前人从未到过的高纬度地区，遇到冰体阻隔才掉头折返。1773 年 1 月 17 日，他成为成功跨越南极圈航行的第一人。库克用了两个冬天的时间探索南太平洋，其间还在新西兰修整船只，但两艘船在第一个冬天过后就走散了。没等到重聚，冒险号已被毛利食人族夺走十条人命，菲尔诺旋即驾船返回英格兰。与此同时，尚不清楚另一艘船处境的库克则独自驾驶决心号完成了此次航行。第二个夏天期间，他抵达了南纬71°10′这个新的最远位置，当地经度为西经106°54′，这个“最南”记录保持了近五十年。

库克把他航程中的第三个高纬度探险季的最重要部分花在了南极半岛以北很远的地方。他于1774年11月离开新西兰，一路向东穿过太平洋直接朝南纬54°至55°的合恩角奔去。在火地岛从事两周的调查并重新补给船只后，库克于1775年1月3日从斯塔滕岛出发寻找想象中的南方大陆，他手上的地图显示了这片大陆的位置。同时，他一路上也在寻找德拉罗什于1675年、莱昂号于1756年报告过的陆地。三天后，库克到达南纬58°9′、西经52°至53°处，他的地图显示这里为陆地。但库克什么都没发现，于是他调头朝东北方向搜寻德拉罗什和赫雷斯曾经登陆的地方。这个决定有些讽刺意味。此前的两个夏天，库克持续往南推进至冰缘处，而南极大陆尚在更远的南方；如今他实际上就在南极半岛北端附近，即将抵达南极大陆，却在这个当口调转了方向。也许，如果库克从合恩角而不是非洲开始探险，他可能会探索到更远的南方，就像头两个夏天一样，当时他还十分好奇，充满渴望。结果现在，他错过了发现心之所系的最佳机会。然而，库克在第三个夏天的确做出了远多于前两个夏天的发现。

1月14日，海军候补军官托马斯·威利斯发现了疑似大片冰山或陆地的景观。库克的手下开始下注，押冰山的赔率为10∶1，陆地为5∶1。到了下午，库克写道：“现在，毫无疑问，我们看到的就是陆地而非冰山，然而它完全被冰雪覆盖了。”[12] 这是他在近三年的搜寻过程中头一次看到南极景观。库克把他们登陆的地方命名为威利斯岛（位于南乔治亚群岛北端），以此纪念船上第一个看到它的人。（这里实际上有好几座岛，现在称为威利斯群岛。）

库克两天后抵达南乔治亚岛，然后开始沿东北方向的海岸线往下航行。

1 月 17 日，也就是史上首次跨越南极圈航行的整整三年后，库克成了首个登陆南乔治亚岛的人。登陆点位于库克命名的波塞申湾（Possession Bay）的一个海滩，之所以如此命名，是因为他在这里为英国主张了领土权利。

登陆后，库克继续沿南乔治亚岛东北海岸行进，一路上还绘制并命名了当地的地形地貌。三天后，他走到尽头，把这里命名为失望角。他现在知道了，这块陆地只是一座岛。为纪念国王乔治三世，他将其命名为乔治亚岛。尽管库克把“失望角”这个名字给了最南端的海岬，但他写道：“我必须承认，失望……对我影响不大，因为大部分地点都不具备发现的价值。”[13] 这里根本不是传说中富饶的南方大陆，而是一个“蛮荒遍野的所在：狂野巨石的顶部高耸入云，山谷终年被积雪覆盖。看不见树木或灌木，大到可用来剔牙缝的都没有”。[14]

位于南乔治亚岛的波塞申湾

库克在这个海湾登陆并宣布南乔治亚岛为英国领土。图片由决心号上的库克探险队艺术家威廉·霍奇斯绘制。（摘自《南极之旅》，库克著，1784 年）

然而，库克认为南方可能有更多的土地，因为他与当时的科学界一致认为，冰体只能形成于陆地。库克说，以南乔治亚岛——三年来他见过的唯一南方陆地——的体量计算，附近海域的冰量多出了上千倍。因此，库克第一次在那年夏天往南航行，看看能发现点什么。

1月31日，库克在南纬60°以北的地方发现了陆地，这里是南桑威奇群岛的南端。南桑威奇群岛是由11座火山岛组成的200英里（约322千米）长的岛链。雾气让登陆人员的视线受阻，但库克认为这里可能不只是岛屿，于是，他把这里命名为桑威奇地，以纪念桑威奇勋爵，此人是英国第一位海军大臣。这个荒凉之地仅有冰雪和峭壁，几乎没有港湾，这一派景象让库克称之为“世界上最可怕的海岸”[15]。他后来在描写此地以及南乔治亚岛的发现之旅的作品中称它们“天生注定永远寒冷，从来感受不到太阳光线的温暖，我几乎无法用语言描绘此地的可怕和蛮荒……”。[16]

库克在这片海域航行了几日，其间又发现了几座岛，但雾气依旧，海冰也让他远离海岸航行。2月6日，他结束了此次探险，往北返航。南桑威奇群岛是库克在七周后抵达开普敦以前看到的最后一片陆地。

库克的远航——世界首次绕南极地区的高纬度航行——之后，世人关于遥远南方的观念也跟着发生了变化。尽管他未能找到南方大陆，但已确定了它的可能范围。如果南方大陆的确存在，它一定在库克的航线——大多在南纬60°以南——以南。库克告诉世人，这些纬度的地区全都是冰雪覆盖的苦寒之地。他说，这些地方没有任何价值，也不值得进一步探索。然而，他自己的报告却与这个评价相左。库克和他的手下在南方目睹了意想不到的财源——南大洋丰富的海豹和鲸鱼资源——所有人都听到了他们的叙述。库克破除了神话，但他的航行也为众人往南的冒险之旅提供了新的合理动机。

第一批抵达南极的海豹猎人[①]

几乎与库克归国同步，世人开发南大洋野生动物资源的努力也开始付诸行动了。海豹捕猎业尤其推动了19世纪南极地区的发现，然而，捕猎活动却始于新英格兰的捕鲸者，他们于18世纪70年代初抵达了半岛北部边缘地区的福克兰群岛。尽管主要是捕鲸，但他们很快意识到南方象海豹也很有价值，特别是重达3到4吨、脂肪丰富的成年雄性。接着，为了获取海豹皮毛的捕猎也自然而然地从南方象海豹的捕猎活动中分离出来，两种捕猎活动很快就引导猎人抵达南极辐合带以南的南乔治亚岛。（然而，捕鲸者最初并不在其中。对他们而言，南太平洋和北极地区的鲸鱼种群足以满足行业所需，因此并无必要犯险闯入冰天雪地。直到近19世纪末，捕鲸者才首次认真尝试将其狩猎范围往南扩展到更远的南极。）

美国人和英国人主导了海豹捕猎行业。虽然一些说法给人的印象是，一直到1818年美国人在这个行业中都更胜一筹，但这主要是因为他们提供的信息更多而已。美国人不仅航海日志保留得更多，而且一些人还发表了航海故事作品。然而，关于任何国家的海豹捕猎者的准确记录都很少见。这并非完全出于偶然，因为这些猎人通常会杀死他们发现的一切动物，他们总是不断寻找新的据点，还会把新发现的据点当作秘密加以保守，这种情况会一直持续到他们榨干了每一个新据点之后。

根据记录，海豹猎人的首次南航始于1784年。那一年，美国一艘名为美国

---

① 根据作者的行文，上下文中很多地方提到的海豹捕猎和海狗捕猎在一定程度上可以互换，即海豹捕猎者往往也捕猎海狗，因此，有时候前文刚提到海狗，后文马上又提海豹，读者不必在意。——译者注

号的船从波士顿出发前往福克兰群岛。船长最初的目标是象海豹油脂，但他到达群岛后却发现大量海狗，于是决定专捕它们。当他于1786年带着13 000张海狗皮而非计划中的一桶桶象海豹油脂抵达波士顿时，雇主们很是失望，于是他们作价每张50美分把这批货处理了。接着，买家把海狗皮运往加尔各答，二手贩子们又在1789年把它们销往中国广州。每张皮在这里的售价为5美元。当年众多停靠广州的美国船只把这个耸人听闻的消息带回了国内，南半球的海狗捕猎业就此起步，福克兰群岛以及后来南方更远海滩上的海狗注定走向灭绝的边缘。

英国船长约翰·利尔德几乎与美国号同时抵达福克兰群岛和合恩角地区。在1788年7月携带6 000张海狗皮回到伦敦后，利尔德向英国政府提议在巴塔哥尼亚南部海岸建立捕猎规程。他说，这个行业应该为了动物保护而受到控制。他特别写道，重要的是“不去捕杀身边有幼崽的雌性以及不到一岁的幼崽……”[17]。尽管比起拯救海狗而言，利尔德更在意的是建立一个可持续的

捕猎者的目标

左图：一只雄性象海豹（南乔治亚岛，2009年）。右图：一只雄性海狗（南乔治亚岛，1995年）——这两种动物的雄性体形都远大于围绕在它们周围的雌性。然而，捕猎者会无差别地捕杀它们。（作者供图）

长期产业，但他的观点在当时仍旧显得开明。官方回应（如果有的话）已不得而知。无论官方的回应是什么，利尔德关于英国在巴塔哥尼亚建立官方捕猎业或者制订保护制度的建议都没了下文。

然而，福克兰群岛的英国私人船只很快就加入捕猎海狗的美国人之列。尽管人们一旦熟悉这桩工作之后，做起来就相对容易，但把事情做好还是需要些经验的。有利可图的捕猎活动意味着要知道上哪里寻找海狗，如何捕杀和剥皮，以及制备、保存、堆装皮毛的方法。早先，没人知道这些必要的知识，捕猎者们必须在试错中学习。

康涅狄格州斯托宁顿的埃德蒙德·范宁就讲述了一个毫无经验的人做这件事时发生的故事，这是个极好的例子。二十三岁的范宁是贝特西号的大副，这艘船于 1792 年前往福克兰群岛捕猎海狗。船上不仅无人捕猎过海狗，甚至没人见过海狗长什么样。这些新手猎人登陆时见到的第一批动物是海狮，大约 300 只。他们以为看到了海狗，于是就开始动手了。范宁描述了接下来发生的事情："'长官！'正当我们担心这艘小船……是否能装下上千只这样的庞然大物时，迈克（水手长）喊道，'你真的认为这些臃肿的怪物是海狗吗？'长官应声答道，当然……"当他们靠近这些所谓的海狗时，糟糕的事情发生了。这些动物发出的"咆哮震动了我们脚下的石头，接着，它们迅速冲了过来，压根不在乎我们有多少人。所有人都像烟杆一样被撞倒在地，它们越过我们的身体，极其不屑地向海边爬去"。至此，大家终于"如释重负地明白了，它们并不是海狗"。[18] 这是范宁第一次出海捕猎，但并不是最后一次。他会多次重回此地，并且最终成为南极半岛故事中的一位重要人物。

美国号和利尔德的船员们的捕猎活动只是小试牛刀，但很成功。范宁毫无经验的航行是美国人专程捕猎海狗的冒险尝试之一。美国和英国船主们从这些以及其他海上捕猎活动中看到了巨大的利益，他们开始派出越来越多的船只专门捕猎海狗。很快，船长们不得不寻找福克兰群岛以外的地方，正如利尔德预

福克兰群岛的美国猎人

这张年代上较为接近当时的插图描绘了美国猎人在福克兰群岛剥取海狗皮以及捕猎象海豹时，休息间隙的场景。可以看到远处的海岸上有五群海狗，雌海狗们围绕在一只保护它们的雄海狗身边。画面左边中心处，一位猎人正把一只鸟（可能是企鹅）放入炼油锅中。（摘自《南方海洋的航行和发现》，范宁著，1833 年）

料的，不受控制的捕杀很快就摧毁了当地的海狗种群。他们接下来前往的地点之一是南乔治亚岛。不久之后，数十艘船载着大量捕猎者纷纷开往这里，他们无情地在海滩上搜寻海狗。很多猎人在岸上一待就是数月之久，一些人甚至在岸上度过寒冷的冬天，他们通常住在用倒扣的捕鲸木船搭成的临时住处中。

南乔治亚岛的海狗捕猎活动在 19 世纪初达到顶峰。在 1801—1802 年夏，大约三十艘船停靠此地，多数来自美国新英格兰地区，而英国因为和法国起了军事冲突而减少了捕猎贸易的船只。但战争并不是接下来几年中南乔治亚岛捕猎船急剧减少的唯一原因。猎人们太专业了，根据当时的一项估计，他们在岛上捕猎了超过 120 万只海狗，乃至这个物种已经所剩无几。[19]1801—1802 年夏之后，西半球剩下的捕猎船多数都开到了辐合带以北的合恩角区域和南美洲西海岸的岛屿附近。捕猎者们在这些地方再次上演了毁灭福克兰群岛和南乔治亚岛上海狗种群的那种杀戮行为。到 1808 年，这些替补的海滩上也几乎没了海狗，而在拿破仑战争中失利的英国人早已离开这里。至此，几乎所有美国捕猎者也都选择了放弃。1812 年，英国和美国爆发了新的冲突，仅存的少量美国捕猎船也应召回国。

第二章

发现南极大陆：1819—1821 年

1815 年，美国和英国的战争结束后，大量先前捕猎海狗、如今改捕象海豹的捕猎者也陆续回到南乔治亚岛。但在 1819 年 2 月，海豹猎人的注意力因为南边数百英里处的重大发现而转移到了南极半岛深处。

威廉·史密斯发现南设得兰群岛

二十八岁的英国商船船长威廉·史密斯于 1819 年 1 月从布宜诺斯艾利斯驾船前往合恩角，途中经过了智利的瓦尔帕莱索。史密斯是一位经验丰富的船长，曾多次驾船走过这条航线，也因曾在格陵兰水域航行而对海冰有所了解。因此，他在绕合恩角航行遭遇强烈的逆风后，就刻意驾驶威廉姆斯号往南，试着看看能不能碰到更好的天气。这个决定事关重大。

1819 年 2 月 19 日，史密斯在暴风雪中看到了他认为是陆地的地貌。第二天天气好转，他驾船往前一探究竟。的确是陆地，他估计位于南纬 62°17′、西经 60°12′。眼前的海滩上挤满了海狗。史密斯发现了南设得兰群岛，然而，他的海上保险政策中包含的一项条款拒绝覆盖标准商业活动以外的任何赔付。因此，他没有进一步探索就重新上路了。

史密斯于 3 月 11 日抵达瓦尔帕莱索，随后他立即向驻扎在南美洲太平洋海岸的英国海军高级军官威廉·希里夫上校报告了自己的发现。希里夫不为所动。他不仅怀疑这个发现，而且也有要事缠身。西班牙殖民地的民众当时正在起义，他的部下正全力以赴保护当地英国商人的利益。瓦尔帕莱索的其他英国人也对此表示怀疑。当地一位英国矿业工程师约翰·迈尔斯当时为史密斯的发现写了一篇报道，他在文中声称："所有人都嘲笑这个可怜的人两眼昏花，还过于轻信幻觉……"[1] 尽管大家的反应有些鄙夷，但这个可能存在的重大发现仍传开了。

史密斯直到 5 月才备好另一批货。接着，他从瓦尔帕莱索往合恩角航行，这次他要去往蒙得维的亚。很明显，史密斯的自尊心战胜了他对保险的担忧，他决心在途中验证自己的发现，即便这意味着要在冬季往南航行。然而，当他抵达南纬 62°附近时，眼前出现的并非陆地，而是形成于水面的海冰。于是，史密斯明智地服从了季节的安排，掉头往北驶去。

史密斯于 7 月抵达蒙得维的亚后，再次报告了自己的发现。尽管英国官员的反应和在瓦尔帕莱索一样冷淡，但当地商船船长们却反响热烈。史密斯发现了海狗这个激动人心的消息比他本人更早抵达了大陆另一侧，一群急切的美国商人和海狗猎人想花钱从史密斯那里买下海狗的位置情报。史密斯希望率先登陆这片土地并声明英国对它的权利主张，于是，他拒绝了美国人的请求。

史密斯在 9 月底离开蒙得维的亚前往瓦尔帕莱索，这是他一年内第三次绕合恩角航行。他在途中再次绕道去调查自己的发现。这一次，努力得到了回报。10 月 15 日，史密斯在和八个月前大致相同的位置再次看到了陆地。第二天，他和一些手下登上了现在名为乔治王岛的这片土地。他们在岛上升起了联合王国的旗帜，并且宣布它为英国领土。

与 2 月份匆匆离开这些岛屿相反，这次史密斯花了几天时间探索自己发现的这个地方，并很快意识到他的登陆点也是岛链中的一环。（事实上，南设得兰群岛由11个大岛和若干小岛组成，它们共同构成了一个冰雪覆盖的多山岛弧，这条位于南极半岛北面的岛弧由西南向东北绵延300余英里［约合480多千米］。）到史密斯往北航行去报告自己2月的发现无误时，他大致已绘制了150英里（约241千米）的岛屿海岸。他还对成千上万只生活在海滩上的海狗和象海豹感到满意。

11月底，史密斯到达瓦尔帕莱索，并再次讲起了自己的故事。这一次，无论是英国的官员还是其他各色人等，都对史密斯发现并命名的新南设得兰群岛表现出了浓厚的兴趣。最令这些人激动的还是关于海豹的消息，而约翰·迈尔斯夸张地描述了史密斯的发现——这些报道于1820年初发往英国——于是，关于这些岛屿的一切听上去都让人感觉很有前景。他甚至写道，史密斯认为他有可能在岛上看见了松树。

南设得兰群岛的第一批海豹猎人

在史密斯的发现尚未传到欧洲和美国之时，已经有两艘船出发前去这些新的海狗遍布的海滩寻找机会了。1819年9月，史密斯驾船离开蒙得维的亚后，威廉姆斯号的大副约瑟夫·赫林留下来劝说布宜诺斯艾利斯的英国商人派出捕猎探险队前往史密斯发现的岛屿。圣埃斯皮里图号捕猎船搭载着赫林在前方带路，他们取道福克兰群岛，然后往南航行。1819年12月25日，几位船员登上了南设得兰群岛，登陆点很可能是我们现在所说的拉吉德岛。因为自认为是第一批登陆这些岛屿的人，他们也像史密斯一样升起了联合王国的国旗，并宣布此地为英国领土。

圣埃斯皮里图号很快就有了同伴。这个同伴是埃德蒙德·范宁派出的船只，正是此人在1792年误把海狮认作海狗，他后来成了美国最成功的海豹捕猎船船长之一。尽管他在 1819 年以后就不再从事海上活动了，但仍作为船东参与到这个行业之中。范宁渴望寻找新的海豹捕猎场，并且相信奥罗拉群岛附近存在尚未开发的海滩，这个群岛是在 18 世纪晚期由几艘西班牙船声称发现的。他还认为格里兹所谓的遥远南方陆地值得探索。因此，范宁派遣赫西莉娅号船长詹姆斯·谢菲尔德搜寻奥罗拉群岛的踪迹。谢菲尔德如果在这些岛上没有发现海豹，则受命往南沿合恩角所在的经度航行到南纬 63°附近，然后向东寻找格里兹报告的陆地。假如不是史密斯已抢先发现了南设得兰群岛的话，这些指令也会引导谢菲尔德发现南设得兰群岛。

赫西莉娅号于 1819 年 7 月下旬从康涅狄格州的斯托宁顿出发，于 10 月抵达福克兰群岛。故事在这里变得混乱起来。可以肯定的是，谢菲尔德把二十岁的二副纳撒尼尔·帕默以及另一位船员留在这里采购新鲜储备，而他继续出发寻找奥罗拉群岛。范宁的说法是，谢菲尔德找到了奥罗拉群岛（这个群岛实际上并不存在）但没有发现海狗，然后他返回福克兰群岛接上了帕默两人，接着按照指示把船开到了南纬 63°附近。

然而，帕默却为谢菲尔德从福克兰群岛出发的路线增添了几分佐证。根据他的说法，圣埃斯皮里图号到达时他正在福克兰群岛，并且意识到这是一艘捕猎船。他就着意与船员们建立良好关系，说服他们透露了些目的地的信息。谢菲尔德回来后，帕默向他转述了自己打听到的情报。于是，谢菲尔德就离开福克兰群岛去追赶圣埃斯皮里图号了。

无论谢菲尔德是如何赶上圣埃斯皮里图号的，总之，他在 1820 年 1 月中旬抵达了南设得兰群岛。他很快在这里遇到了圣埃斯皮里图号，后者的船员对美国人的到来表示欢迎，并且向他们保证此地的海豹数量对两艘船而言都足够了。（这个友好的欢迎并不会在次年夏天重演，因为届时这里会出现大量捕猎船。）赫西莉娅号上的船员在十六天内就剥得海狗皮 9 000 张，如果不是因为他们用于腌渍的盐用完了，这个数量还不止于此。圣埃斯皮里图号的收获甚至更多。

谢菲尔德于1820年5月21日驾驶赫西莉娅号回到斯托宁顿。尽管有关新的海豹捕猎场的消息早已传到美国，但当满载而归的船只真的出现时，大家的兴奋劲儿又上来了。于是在1820—1821年的航海季，新英格兰地区的船东立马开始组织船队向南进发，英国人也不甘落后。

相关的消息已于4月底传到英国，迅速抓住了这个消息的不单单是猎人。消息传来时，法国制图师阿德里安·布吕正在为他即将出版的世界地图集绘制新的地图。1820年6月，布吕仔细地往他绘制的西半球南部的地图上加了一小块补丁，具体位置在离合恩角南部很远的一处空白区域。这样，这张地图就包含了一块标有新南设得兰群岛的广阔土地，那里不再空空如也了。这一小块补丁具有历史意义，它的出现代表了第一张根据实际发现而出版的南极地区地图的问世。[2]

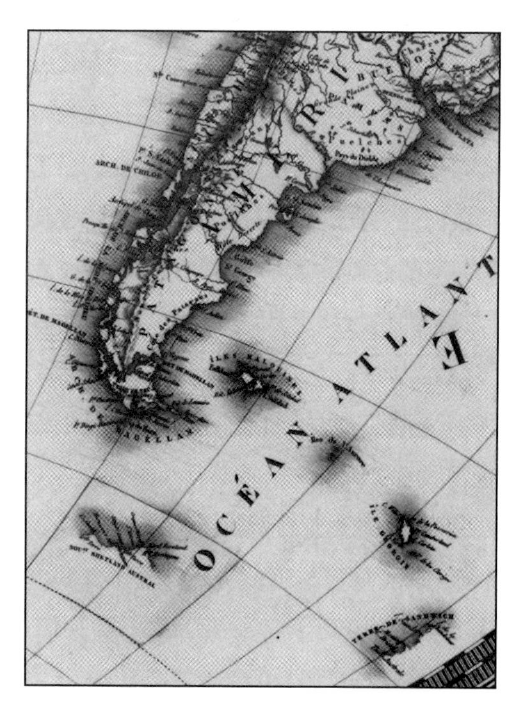

布吕于1820年绘制的地图

这部分地图摘自布吕1820年6月所绘的西半球南部地图，不仅展示了南乔治亚岛和库克于1775年发现的南桑威奇群岛的一部分，而且还展示了南设得兰群岛，位置都相当准确。从南设得兰群岛所在位置的深色轮廓线中可见，这部分地图是在其余部分完成之后才加入的。布吕在此小心翼翼地表明，目前并不清楚新发现的土地是岛屿还是更广阔的陆地，即南方更广阔大陆的顶端。（图片来自大卫·拉姆齐历史地图集网站：DavidRumsey. com）

南极半岛的发现者爱德华 · 布兰斯菲尔德

1819—1820 年夏，另外一艘船也停靠在南设得兰群岛。希里夫上校在史密斯于 5 月离开瓦尔帕莱索以后重新考虑了自己的处境，决定派遣一支海军探险队前去调查史密斯的发现。11 月史密斯回来后，希里夫征用了威廉姆斯号，任命史密斯为领航员。船的其余配备均来自皇家海军。希里夫任命爱德华 · 布兰斯菲尔德为指挥官，并给他配置了三名船员协助测量。海军外科医生亚当 · 扬担任随行医生，他同时也是一名博物学家。

希里夫对布兰斯菲尔德命令道：

> 探索你可能发现的每个港湾，为它们绘制正确的航海图……确保发回有关抹香鲸、水獭、海豹等物种种群数量的准确描述……确定可用于支撑殖民地的土地自然资源……如果（土地）适宜居住，你要仔细观察当地居民的性格、习惯、衣着和习俗……[3]

布兰斯菲尔德也负责从事科研活动、确定南设得兰到底是群岛还是大陆的一部分，最后他还得为自己看到的所有土地宣布主权。这些命令明显超出了布兰斯菲尔德在一次短期航行中的工作量，更别提继续寻找存在南方陆地的证据这种一厢情愿的想法了。

布兰斯菲尔德于 1820 年 1 月中旬抵达南设得兰群岛，开始沿岛屿北岸航行。当他在雾气消退的间隙看到陆地时，所见之处都一个样——令人生畏的冰雪之地。1 月 22 日，布兰斯菲尔德经过了史密斯的登陆点，驶入了同一个岛的南部海岸的大海湾。他在这里登陆，然后像史密斯一样升起了联合王国的国旗，并宣布这整个地区都属于英国。扬医生收集了一些自然史方面的标本，他注意到，当地仅有的植物是一些生长不良的小草，以及苔藓和地衣，这与约翰·迈尔斯发回国内的热情洋溢的描述大相径庭。

五天后，布兰斯菲尔德离开了乔治王岛上他所命名的乔治国王湾，继续调查活动。1820 年 1 月 30 日早晨，恶劣的天气让他向南偏离了南设得兰群岛。傍晚阴霾散去后，威廉姆斯号上的船员们意外发现西南方向有陆地。这些土地是南极半岛的一角，这根大约 1 000 英里（约 1 609 千米）长的山地手指从位于南极大陆主体的贝伦特山脉向北伸出。两天后，布兰斯菲尔德再次看到了南方的山脉。他把它们画到了自己的航海图中，并用虚线将其中的山峰与 1 月 30 日看到的陆地连接起来。这是个幸运的猜测：他画的线与南极半岛的真实海岸线极其相近。

随后，布兰斯菲尔德又在南设得兰群岛周边航行了几个星期，他发现并命名了许多地点，还短暂地尝试在南极半岛东侧继续向南探索，直到南纬 64°50′、西经 52°30′附近的浮冰阻挡了去路。威廉姆斯号于 3 月 18 日向北折返，近一个月后回到瓦尔帕莱索，布兰斯菲尔德和其他海军成员各自回到了所属的船上，史密斯则驾驶威廉姆斯号回到英国修整了一番，以准备第五次远航，这次航行的时间是 1820—1821 年夏。

很不幸，在此后近一个世纪的时间里，甚至英国人自己都没有认识到布兰斯菲尔德远航的全部意义，因为瓦尔帕莱索的海军当局在此次远航之后就弄丢了威廉姆斯号的航海日志。只有布兰斯菲尔德绘制的航海图送达了英国海军部，但哪怕这些航海图也很快湮没在了档案馆。不过，20 世纪早期的南极半岛探险家威廉·斯皮尔斯·布鲁斯在 1917 年 7 月查阅过往海军记录时重新发现了这些航海图。他兴奋地写信给朋友：“今天我最终证实，是皇家海军的爱德华·布兰斯菲尔德发现了南极大陆。”[4]

然而，如果布兰斯菲尔德在 1820 年提出这样的主张，也只会被当作猜想。几个世纪以来，人们一直在错误地宣称在南方看到的陆地就是推测中的南方大陆的海岸。布兰斯菲尔德真的看到这块大陆后，也并不比前辈们更有信心宣布它就是大陆，他可能只是看到了一座大岛的海岸。至少他的一位手下认识到了这一点。归拢大家所见的景象后，船上的扬医生写道："我们几乎总是被雾气笼罩，所以不确定见到的（陆地）究竟是大陆的一部分，还是群岛的一部分。"[5] 至于布兰斯菲尔德，他并未进一步调查此事。即便他调查了，在当时的时间限制和船只状况下，也几乎不可能得出准确结论。南极大陆的海岸线是如此难以捉摸，如此难以接近，哪怕看上一眼都很难。直到 20 世纪，观测的证据把前人的零散见证归拢一处后，世人才最终确定南极的确是一块大陆。

与他同时代的一位报道者的确发表了"南方存在大陆"的论断——这些话在布兰斯菲尔德真正发现南极大陆之前，人们已经说了好几个世纪了。布兰斯菲尔德在南方航行之际，瓦尔帕莱索的英国矿业工程师约翰·迈尔斯正热情洋溢地报道史密斯的发现并将其发往国内，迈尔斯的文章出现在《爱丁堡哲学杂志》上之时，布兰斯菲尔德早已用事实击破了这个幻想。这篇文章开篇就提到，"一片广袤的南方大陆就快被发现了"[6]，迈尔斯进一步暗示道，新发现的陆地以某种方式与库克发现的桑威奇地相连。然而，另一位探险家已经在几个月前排除了这种可能。

绕南极航行的法比安·冯·别林斯高晋

这位探险家就是俄国海军上校法比安·戈特利布·冯·别林斯高晋[7]，他在布兰斯菲尔德抵达南设得兰群岛之前不久开始了一次伟大的南极航行。他此次远航是出于俄国对开辟通往其广阔东部地区的物资供应路线的需要。摆在俄国面前的选项有二，往南和往北，1819 年 3 月沙皇亚历山大一世宣布他要派舰队把南北两极都探索一遍。他命令别林斯高晋往南航行，此行的目的是为库克1772—1775年的环南极航行查漏补缺。别林斯高晋会在库克的航线中靠北的航段处更向南一步，也会在库克的航线中靠南的航段处偏北航行。

别林斯高晋于1778年出生于爱沙尼亚，是一位经验丰富的海军军官，早在1803—1806年间就曾以俄军舰队少尉的身份参与环球航行。与库克一样，他也是一位出色的海员和航海家，同时也是一个深思熟虑且善于观察的人。他此次南极之行的最大缺憾是本打算随行的两位文职科学家临时变卦，结果都没来得及替换。尽管这令人失望，但别林斯高晋仍旧带回了重大科学成果，这也算是他对自己能力和决心的彰显了。

法比安·冯·别林斯高晋

这幅肖像画约绘制于航行前后。（引自《船长别林斯高晋的南极航行》复刻版，别林斯高晋著，德贝纳姆编，1945年）

1819年7月，别林斯高晋率领190人分别乘坐旗舰沃斯托克号（Vostok，意为东方）和另一艘船米尔内号（Mirnyy，意为和平）离开俄国。途中经停几处北方港口后，继续驾船前往库克当初在南乔治亚岛和南桑威奇群岛没有去到的地方，并从这里开始了环南极航行。

这支探险队于12月28日抵达南乔治亚岛。[8] 然后，别林斯高晋驾船开往岛屿西南方向的海滩开始了自己的探索，因为库克已经探索过东北方向的海滩。尽管别林斯高晋给很多地方起了名字，但他并未登陆，因为“这片土地上只有企鹅、海象和海豹；海豹最少，因为它们被捕鲸者（原文如此）杀死了……我们没见到一处灌木丛，也没见到任何植被。所有地方都被冰雪覆盖”[9]。显然，别林斯高晋和库克一样不喜欢南乔治亚岛的景色。

12 月 31 日，别林斯高晋启程前往库克的桑威奇地，他在这里从东部开始考察，以补充库克在西边的努力。选择这条路线会让他做出自己的发现。

1820 年的元旦下起了雪，但上午晚些时候短暂地放晴了，别林斯高晋因而得以瞥见未被库克的地图收录的一座小岛。他给这座岛起名为列斯科夫岛以纪念沃斯托克号上的中尉。三天后，阴沉的天气再次放晴，俄国人又发现两座未收录的岛，其中一座是雄伟的圆锥形山峰，别林斯高晋将其命名为维索科伊，另外一座是冒着大量浓烈、恶臭烟雾的火山岛，别林斯高晋把后者命名为扎瓦多夫斯基岛以纪念沃斯托克号的船长。

次日，别林斯高晋缓缓靠近了扎瓦多夫斯基岛，扎瓦多夫斯基本人则主持了一个小型登陆派对。硬生生在挤满无数帽带企鹅的海滩上开出一条路后，船员们在岛上走到半途便回到了船上。扎瓦多夫斯基说，企鹅粪便的恶臭让他不得不缩短行程。岛上的臭味可能来自企鹅，也可能不是。臭味从扎瓦多夫斯基岛海滩上的风口处散开，这一事实也反映在后来的访客为岛上各种景观起的名字上：窒息山、苦味峰、臭峰、刺鼻峰、毒气崖……

1 月 8 日，俄国人抵达了南桑威奇群岛的南端。接下来的几天里，别林斯高晋仔细勘察了他见到的每一块土地——这项工作因为持续的雾天而充满危险。就在打算离开之际，别林斯高晋终于借着好天气看清了自己的工作是多么危险。他的两艘船一直“在浮冰中航行，我们只能通过声响感知它们，（并且）我们都惊讶于浮冰数量之多，以及我们躲过灾难的好运气”[10]。

别林斯高晋在 1 月 17 日完成南桑威奇群岛的考察后，终于确定库克发现的是一群岛屿，它们并不与其他任何陆地相连。他的调查十分精确，船上的艺术家绘制的草图也很清晰，甚至英国人在第一版的《南极领航指南》中也用到了他们的成果。[11]

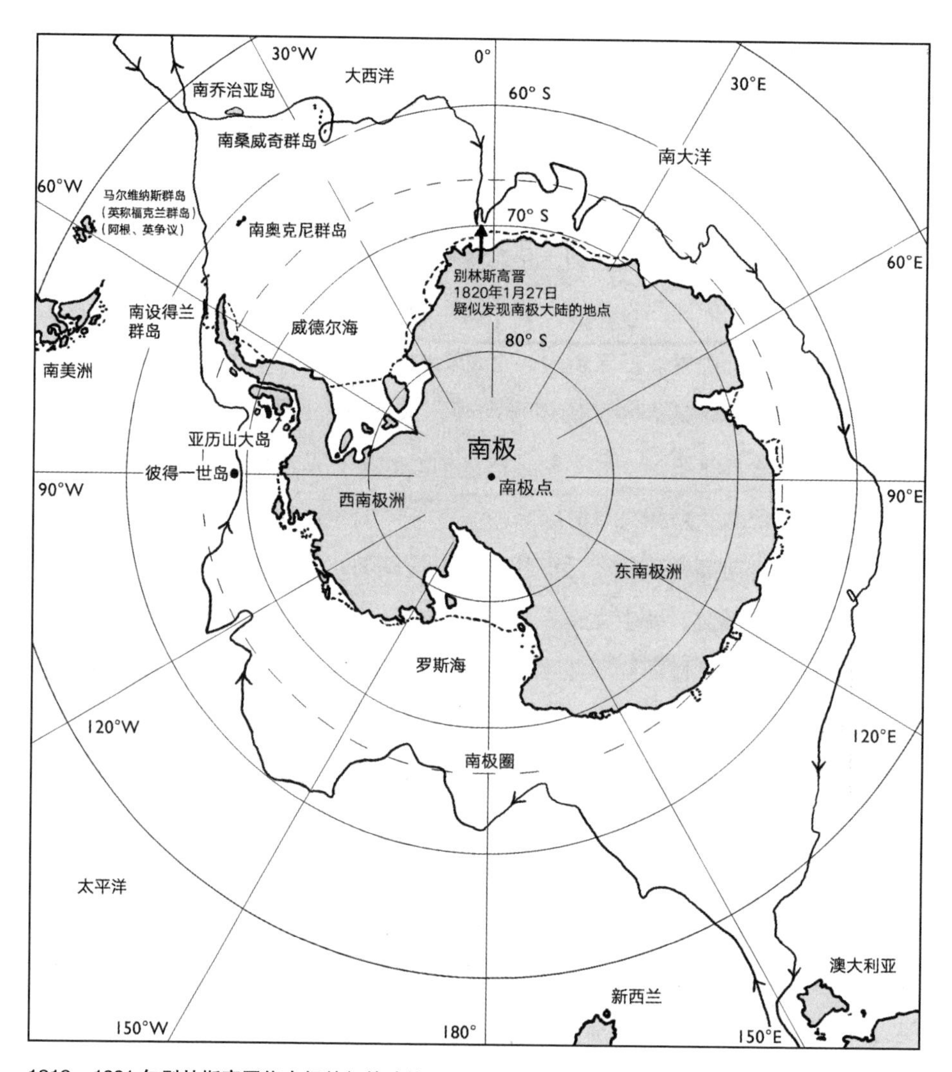

1819—1821 年别林斯高晋绕南极航行的路线

别林斯高晋在南乔治亚岛附近开始了自己的南极之行，这里也是他的第一个登陆点。他从这里出发前往南桑威奇群岛，然后继续往东航行，深入遥远南方的东南极洲海岸。几乎可以肯定他于 1820 年 1 月 27 日见到了陆地。别林斯高晋在澳大利亚度过了 1820 年的冬天，并且在夏天到来时再次起航。1821 年 2 月初，别林斯高晋抵达南设得兰群岛，但他发现已经有几十艘捕猎船于先期抵达了这里。1821 年 2 月，别林斯高晋驾船跨过自己于 1819 年经过的路线后，就完成了这场环南极航行。

离开南桑威奇群岛后，俄国探险队继续往东航行。就在布兰斯菲尔德发现南极半岛三天前的 1820 年 1 月 27 日，我们几乎可以肯定别林斯高晋也看到了位于南纬 69°、西经 2°附近的南极东海岸。别林斯高晋从未宣称看到过这里的陆地，但他的描述却与这个区域的陆地景观十分接近，现代学者都认为他实际上做出了这项发现。别林斯高晋在澳大利亚的杰克逊港（今悉尼港）度过了冬天，他在此停留期间收到了关于史密斯发现南设得兰群岛的简报。别林斯高晋于次年夏天重启了南极之行，并继续往东绕看不见的南极大陆航行。1821 年 1 月 20 日，他发现了被他命名为彼得一世岛的一小块陆地。这座岛位于南极半岛以西数百英里处的别林斯高晋海域、南纬 68°50′附近，这也是人类在南极圈以南发现的第一块陆地。

一周后，别林斯高晋又做出了一个重大发现。1 月 27 日，在接近南极半岛西海岸的南端之后不久，他在晴朗蓝天的映衬下发现一块冰封的陆地。他将这

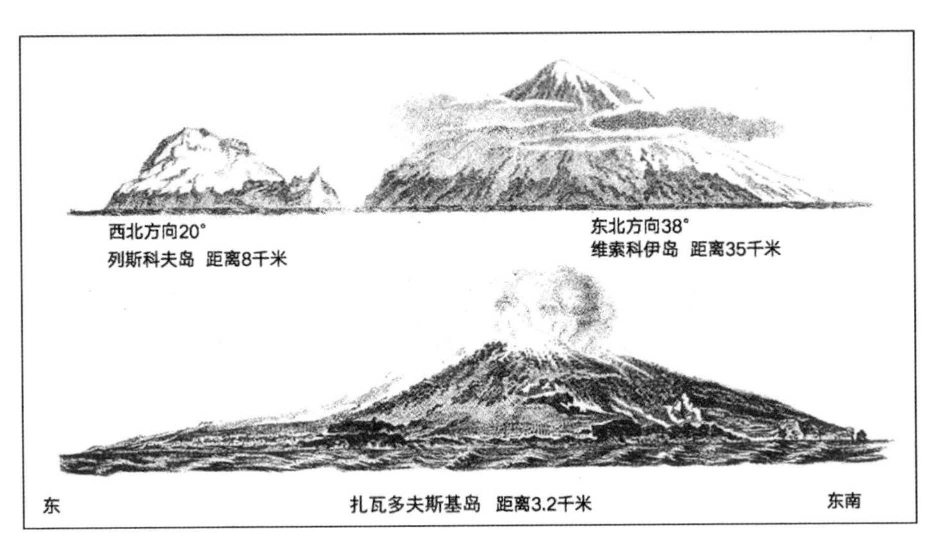

别林斯高晋为他发现的南桑威奇岛链中的三座岛绘制的草图（引自《船长别林斯高晋的南极航行》复刻版，别林斯高晋著，德贝纳姆编，1945 年）

块陆地——同样位于南极圈以南——命名为亚历山大一世地。（这是）一块“陆地”，他写道，因为“它的南部消失在了我们的视野之外”。[12] 此后的一百多年里，这个发现一直作为南极大陆的潜在组成部分保留在各种地图之中。直到 1940 年，世人才最终确定这块陆地实际上是一座巨大的岛（现称亚历山大岛）。

在做出这个发现之后，别林斯高晋便掉头向北远离海冰。他在 1 月 31 日越过南极圈时推断自己在南极圈内停留了足足两个星期，在此期间，跨过了 28 个经度。这是一项前所未有的成就。随后，别林斯高晋取道东北方向的航路，朝南设得兰群岛驶去。他在三天后抵达南设得兰群岛，加入了此地其他几十艘捕猎船，后者已在此停留数月之久。很快，其中一位船长就会与他攀谈起来。

南设得兰群岛的捕猎大潮

1820 年夏天，别林斯高晋在南设得兰群岛遇到的人数以百计，都是在史密斯的发现传回国内后蜂拥而至的英国人和美国人。他们中的大多数发现这里的气候以及冰雪覆盖的景观令人不快。这些人是因为海豹，而非出于探索或体验南极的强烈愿望而来，但很多人发现海豹的魅力也逐渐消失了。冰山是一种危险，而不是令人惊叹的奇迹，浮冰那闪光的金色边缘的美并不足以抵偿它们对脆弱的木船造成的严重威胁。一位英国猎人在写给家人的信中描述，南设得兰群岛是一个“可憎的地方……我说，可憎（猎人强调说），因为我确信这是全能的上帝创造的最后一块地方……积雪永远无法消融，哪怕在眼下的仲夏也是如此……”[13]。然而，海豹遍布所有的海滩，很快，杀戮带来的血脂就会漫过这些人的双膝。

最早到达的船只发现此地挤满了如此多的动物，以至于英国船长罗伯特·菲尔德斯报告说：“如果不杀出一条血路就无法拖动船只……手上没有棍棒开道，甚至都没法从动物中间穿过，而且最好两三个人同行，免得被撞翻。”[14] 然而，越来越多的船和海豹捕猎团伙很快陆续赶来，围绕海豹的激烈竞争好几次引发了武装捕猎团伙间的暴力冲突。

激烈的竞争也导致了沉船事故，因为海豹捕猎者无法在恶劣天气来临时远离海岸避险，也不能仅仅在容易登陆的海岸作业。至少有七艘船——这在当地几十艘捕猎船中占了很大比例——在 1820—1821 年的捕猎季失事。尽管事故因竞争而起，但所有人都还是渴望互助，每次事故发生时都有其他船上的捕猎者前来搭救。

沉船或风暴有时候会让岸上的人被困好几天时间。虽然多数人很快获救，但有一群人——英国船舰梅尔维尔勋爵号的大副等一行 10 人——却没有这样的好运气。当他们的船被风暴吹走而无法返回后，他们发现自己在乔治王岛上已是孤立无援，因为其他人都不知道他们在那儿。当其他船在夏末纷纷离开，他们真的陷入了绝境。他们尽可能搜刮岛上的一切，企鹅和海豹充当了食物和燃料，冬天的住处很可能由翻转的船、当地的岩石以及其他登陆时携带的材料共同搭建而成。这群人一直熬到了次年夏季，但头一次在南纬 60°以南的地方过冬绝不是令人愉快的经历。另一艘船上的海豹猎人詹姆斯·威德尔就此评论道："尽管他们尽可能采取了预防措施……但也遭受了巨大的痛苦……"[15]

但真正痛苦的是海狗，猎人们你争我抢地将它们无差别地捕杀。他们在 1820—1821 年以及 1821—1822 年两个捕猎季捕杀了 30 万只成年海狗，而且至少有 10 万只幼崽和它们的母亲一同被捕杀。[16] 别林斯高晋到达南设得兰群岛并听闻了大量捕杀海狗的报告后，敏锐地评论道："毫无疑问，南设得兰群岛会像南乔治亚岛一样……这些海洋动物的数量会迅速减少。"[17] 他的判断非常准确。实际上，它们的数量当时就已经在下降了。赫西莉娅号的大副丹尼尔·W. 克拉克在 1821 年 2 月 18 日写给《纽黑文日报》编辑的信中写道："现在，我们的船上装载的毛皮数量已超过 18 000 张……至于从这些岛上再搞一批货，已完全不可能——因为几乎没剩下活的海狗了。"[18]

南极半岛的发现者纳撒尼尔·帕默及其与别林斯高晋的会面

南设得兰群岛海豹数量的迅速减少以及海豹捕猎者之间的竞争，很快就让人们竞相在其他岛屿寻找新的捕猎场。上一个夏天在赫西莉娅号上担任二副的纳撒尼尔·帕默如今已是英雄号上年仅二十一岁的船长，这艘 47 英尺（约 14 米）长、40 吨级的侦察船隶属埃德蒙德·范宁的斯托宁顿船队。范宁的五艘船在 11 月初抵达南设得兰群岛后，他们的总指挥官本杰明·彭德尔顿很快意识到自己面临着残酷的竞争。因此，他在 11 月 14 日派帕默驾驶英雄号前去搜寻可被斯托宁顿船队据为己有的海豹捕猎滩。[19]

帕默在欺骗岛花了一整天才安然挺过一场风暴，这里地处南设得兰群岛西端附近。接着，他于 11 月 16 日向南穿过了布兰斯菲尔德海峡，这条海峡把南设得兰群岛与南极半岛分割开来。这天天气晴朗，帕默能够看到远方的山脉，几乎可以肯定它们就位于南极半岛。

然而，这位年轻的海豹捕猎者并不知道他见到的就是大陆，他似乎对这个问题也没有特别的兴趣。对于帕默来说，只有发现海豹栖息地才是重要之事。然而，其他一些忽视布兰斯菲尔德和别林斯高晋在 10 个月前做出的发现的人，则会引证这天发生的事情，声称美国人帕默才是第一个发现南极大陆的人。

另一位美国海豹猎人约翰·戴维斯确定地在几周以后看到了南极半岛。1821 年 1 月下旬，戴维斯也从南设得兰群岛往南航行去寻找未被开发的海豹海滩。他冒险比帕默多走了几英里，到了无人报告过的水域探索。戴维斯在这里看到了新的陆地。与帕默不同，他对此有过详细的评论，航行日志显示，他认为自己看到的就是大陆。戴维斯并未就此止步。1821 年 2 月 7 日，他带领一干人登上了现在称为休斯湾的海滩。这是人类登陆南极大陆最早的明确记录。然而，戴维斯一行人并未流连忘返，因为他们没有在这里发现海豹。

几乎就在戴维斯历史性登陆的同时，帕默又回到了欺骗岛。1821 年 2 月 4 日大雾弥漫，午夜刚过，他照例拉响了船铃。出人意料的是，远处有铃声回应。这种情况在一小时后再次重演。清晨时分，英雄号的大副听到了人声。大雾散去，帕默的手下看到了两艘大型战舰，谜团就此解开。这两艘战舰属于别林斯高晋，它们刚刚抵达南设得兰群岛。别林斯高晋和帕默彼此表明来意后，俄国人就派出一艘小船邀请帕默前往沃斯托克号上一聚。两人在船上聊了起来，米尔内号的船长米哈伊尔·拉扎列夫则充当翻译。至此，俄国人和美国人的记录尚彼此吻合，但关于船长们的对话，双方的版本却相去甚远。

1833 年，范宁写道，帕默向他讲述了他和别林斯高晋的对话。范宁的版本如下：

> 将军询问他是否对眼前这些岛屿有任何了解时……（帕默）回答说……它们是南设得兰群岛，同时，帕默还主动提议由他领航将军的船只进入欺骗岛的一个良港……将军委婉地表达了感谢。“但我们被迷雾笼罩之前，”他说，“已经看到了这些岛屿，并且自认为做出了一个发现，但大雾散去后仔细一瞧才大吃一惊，这里有一艘美国船……我们必须向你们美国人俯首称臣……”当船长帕默告诉他南方还有广阔陆地后，将军更加吃惊了……以至于他把南边的海岸命名为“帕默地”。[20]

别林斯高晋的版本远没这么夸张，相应地也更为可信：

> 帕默先生……告诉我们，他与三（原文如此）艘美国船合作，在此地航行已经四（原文如此）个月了。他们从事捕杀海豹和剥皮的工作，但海豹数量正急剧下降。不同捕猎场共计有十八艘捕猎船，不同的海豹猎人之

间经常会有分歧……帕默先生很快就回到了他自己的船上，我们继续沿海岸航行。[21]

站在俄国人的角度，这只是船长跟一位主动提供南设得兰群岛信息的海豹猎人的对话，但他其实知道这些岛屿已被发现了。无论帕默与别林斯高晋这次会面的真相如何，在1821年9月出版的一本地图集的地图中，康涅狄格州哈特福德的威廉·伍德布里奇的确标示了帕默在已知岛屿以南发现的陆地。几十年后，当南极半岛首次出现在地图上时，美国的航海图将其标记为帕默半岛。

别林斯高晋在与帕默会面后也开始了自己的探索。2月6日，一小股俄国人登上了这里的一座小岛，他们带回了一些地质标本、一些植物、三只海豹和几只企鹅。很不幸，海豹一上船就相互撕咬起来，大家不得不杀掉其中两只以保持皮毛标本的完整。第三只留给艺术家作画，同时他们也希望把它活着带回去。海豹画像抵达了俄国；海豹却没有。别林斯高晋运送的企鹅也惨遭厄运。他苦笑着评论道："显然，面包和肉类饮食并不适合这些鸟。"[22] 或许实际情况在于，北方的温暖气候之于企鹅就像南方的寒冷气候之于袋鼠一样，当时，别林斯高晋此前在澳大利亚采集的袋鼠也死了，因为他把它放养在沃斯托克号的甲板上。

2月9日，出于对船员健康和当时正在漏水的船的担忧，别林斯高晋启程返航了。

别林斯高晋的航行始于南极半岛地区也终于南极半岛地区，这次航行成了库克之行的有效补充。与他的英国前辈一样，这位俄国人非常熟练且细致地航行于南极地区，而且总是仔细观察他见到的景象。在这条史上第二高纬度的环南极航线中，别林斯高晋在南桑威奇群岛又发现了新的土地；几乎可以确定，他观测到了东南极洲海岸；他花在南极圈以南的时间远超库克，并且在这些纬度范围内发现了第一批陆地；此外，他还带回了关于高纬度冰体和气候条件的宝贵观测资料。即便如此，他那体量庞大的航海记录直到1902年才以德文删减版的形式首次出现在非俄语世界，其中包含的宏伟地图集涵盖了他此次调查的详细结果。英国海军部的确注意到了他的发现，并且在出版物中做了有限摘录，但全部航海记录直到1945年才出英文版。其间数十年的拖延造成的不幸结果是，别林斯高晋无比成功的航行仅对人类的南极探索历程产生了十分有限的影响。

1820年1月底到当年11月的短短不到一年内，三个驾船航行于南极的人——别林斯高晋、布兰斯菲尔德和帕默——几乎肯定都看到了南极大陆。（其他人肯定也在1821年初看到了南极大陆。）尽管布兰斯菲尔德和帕默都并未主张自己看到过大陆，别林斯高晋甚至都不曾声称自己在1820年1月看到过陆地，但其他人将会代表他们三人宣布其发现了南极大陆，谁拔得头筹的判定引发的争吵持续多年。以范宁为代表的美国人几乎是当即就为帕默摇旗呐喊，而且几十年里他都是唯一提出这种主张的人。英国这边，在布鲁斯于1917年重新发现布兰斯菲尔德的航海图后，他们最终开始力推布兰斯菲尔德。三十多年后的1949年，俄国人最终加入混战，他们在发现别林斯高晋的领先权可能对自己的南极大陆主权主张有利后，便宣布他为英雄。如今，所有这一切都已尘埃落定，因为现代南极学者普遍认为别林斯高晋分别比布兰斯菲尔德和帕默早三天和近十个月发现南极大陆。

然而，我们还要考虑另外一个人——威廉·史密斯，这位于1819年发现南设得兰群岛的英国商船船长。正如于1901—1903年率队探索南极半岛的瑞典人奥托·诺登斯克尔德在1904年所写的：

> 即便我们承认南极一些海域和群岛已被发现，即便谢菲尔德和别林斯高晋曾不受史密斯的发现的影响而瞥见了同一个地区……即便如果有一天，

我们证实了还有更早发现这片广袤陆地的航海家，或者证实了美国海豹猎人曾在更早的时候到过这些地方，但并未让世界知道这个事实……不可否认的是，（史密斯）是第一个以无可争议的方式与部分南极大陆相遇的人。当然，南设得兰群岛确实仅仅是一群岛屿，但它们是一群紧邻南极大陆的岛屿，天气晴朗的时候，在群岛的特定地点可以看到这片大陆的高峰……连续数周在这些岛屿附近捕猎的第一批海豹猎人肯定也发现了南极大陆。我压根不想贬低后来之人在这些地区所做观测的价值，我想表达的观点是，后来者所做发现的重要性压根不能跟威廉·史密斯的相提并论。[23]

第三章
海豹猎人的发现时代：1821—1839 年

非海豹捕猎者——史密斯、布兰斯菲尔德和别林斯高晋——从 1819 年 2 月一直到 1820—1821 年的整个夏季期间做出了南极地区大部分的重要发现。但在 1821—1822 年的夏天，情况发生了变化。从 1821—1822 年到 19 世纪 30 年代末，海豹捕猎者一直都在搜寻新的捕猎场，他们为南极地图做出了每一个重要的增补。

南奥克尼群岛的发现者乔治·鲍威尔和纳撒尼尔·帕默

南设得兰群岛 1820—1821 年捕猎季的成功刺激了船东和船长们，随后涌现了更为疯狂的海豹捕猎潮。大约一百艘船——远超上个夏天所见的数量——在 1821—1822 年夏季抵达南设得兰群岛。然而，这些第二季的淘金者们发现，海豹种群已严重衰竭。尽管如此，一些更有野心的船长还是在这个捕猎季中捞到了些好处。二十五岁的英国人乔治·鲍威尔便是其中之一，他继上一年夏季之后再次回到了这些岛上。

鲍威尔于1821年11月初抵达南设得兰群岛后不久，便驾驶59吨级的侦察船达夫号将他的海豹捕猎团伙送上了象海豹岛（又称象岛，因其形似象头）。11月底鲍威尔再次回到象海豹岛时，他发现手下仅收获了150只海狗。在新的捕猎季回到这里的帕默当时也在象海豹岛，此时他已是斯托宁顿船队刚刚开始服役的詹姆斯·门罗号侦察船的船长了。他留在海滩上的捕猎团伙表现得与鲍威尔的一样糟糕。英国人决定往东寻找新的海狗滩，他提议帕默一同前往，因为两艘船同行更安全。帕默同意了。

1821年12月6日，他们的努力有了回报，至少他们做出了新的发现。那天黎明，鲍威尔的瞭望员在南设得兰群岛东边200多英里（约320多千米）处发现了陆地。那是南奥克尼群岛，它由4座冰雪覆盖的多山小岛组成，其中心位于南纬60°40′、西经45°15′。在鲍威尔和帕默去往这些岛的途中，船不得不在拥挤的浮冰迷宫中来回穿梭，而这也将是未来往来于这些岛屿之人的共同经历。很多人都会发现这些岛难以靠近，因为它们经常被浮冰包围。不过，第一批发现南奥克尼群岛的人很快就找到了通往其中最大的岛的海岸的航线。

一心只想做出发现的鲍威尔登陆后便宣布整个群岛都是英国领土。他把登陆处命名为科罗内申岛（Coronation Island），以此纪念英国新近加冕的国王乔治四世。没有证据表明美国人帕默出于竞争的考虑而反对鲍威尔的命名或主权主张，他甚至都没有派人上岸。海滩上没有海豹，年轻的帕默只关心此事。

鲍威尔在岸上举行完短暂的仪式后，两位船长重新上路寻找海豹。他们的努力使得更多的岛屿被发现，海豹倒是没见几只。五天后，他们最终放弃并回到了南设得兰群岛。鲍威尔和帕默在这里重新加入他们各自的船队，重新开始捕猎海豹。然而，鲍威尔并不只想捕猎。除了收集海豹皮，他还四处打听消息从而为绘制当地第一幅准确的航海图做准备。鲍威尔于2月底带着4 440张海豹皮离开时，他也结束了这个捕猎季英国最成功的商业航行，但他最重要的成果是南奥克尼群岛的发现，以及他的航海记录和航海图。1822年11月，伦敦出版

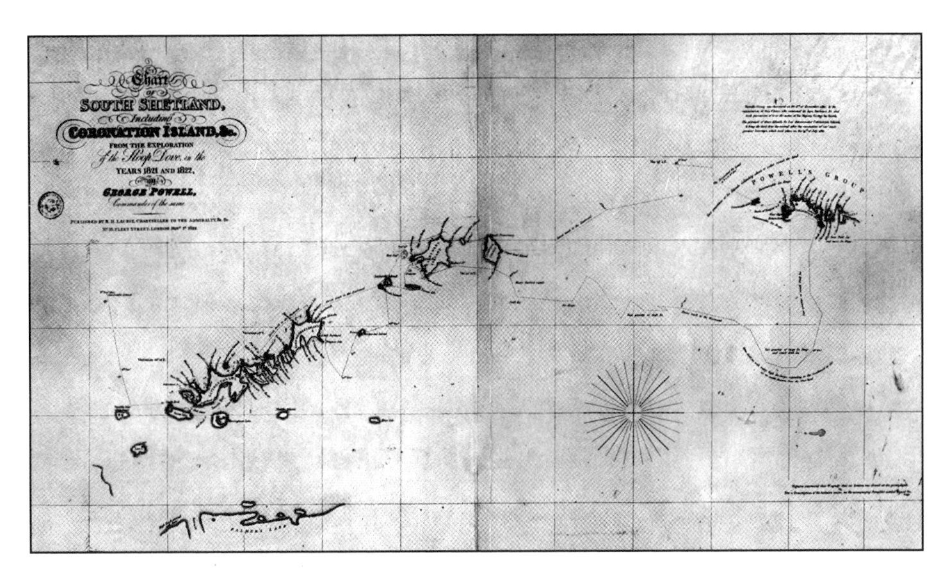

乔治·鲍威尔的南设得兰群岛和南奥克尼群岛航海图

发表于 1822 年。请注意图中南奥克尼群岛（最右边）被标注为“鲍威尔群岛”，而南设得兰群岛以南的陆地被命名为“帕默地”。地图中心处与南设得兰群岛主体分开的大岛从左到右分别为象海豹岛和克拉伦斯岛。（引自《南极的发现》复刻版，霍布斯著，1939 年。本地图最早由 R. H. 劳里出版于 1822 年。）

商 R. H. 劳里已经在兜售鲍威尔的航海图了。地图显示，南奥克尼群岛是南设得兰群岛的一部分，其名称为鲍威尔群岛。这可能是劳里给取的，但没过多久就被人遗忘了。

1821—1822 年的夏天，南奥克尼群岛的发现时机已经成熟。鲍威尔和帕默登陆仅六天后，猎人船长迈克尔·麦克劳德驾驶着詹姆斯·威德尔的侦察船在 60 英里（约 97 千米）开外就看到了这些岛屿。麦克劳德认为自己做出了一个激动人心的新发现，回到南设得兰群岛后就向威德尔做了报告。威德尔在 1822 年 2 月亲自抵达南奥克尼群岛，并为它起了现在这个名字。

库克最南航线纪录的超越者詹姆斯·威德尔

与鲍威尔一样，威德尔也是在1821—1822年的捕猎季盈利的少数海豹捕猎船船长之一，他那点小小的利润还够让他自己和他在伦敦的两位合伙人相信次年夏天尚可一试。由于其他多数船东都已放弃，威德尔成了少数在1822—1823年捕猎季仍旧前往南极地区的猎人之一。

威德尔是一个被收养的苏格兰人，也是一位专业的航海家，他在自己的盛年从英国皇家海军不起眼的海员晋升至高级军官的经历也给上级留下了深刻印象。1818年，威德尔主动退役去做海豹猎人。1822年末，三十五岁的威德尔已是南设得兰群岛最有经验的船长之一了。他的受教育程度比大多数海豹猎人都高，而且对探索和发现有着强烈的兴趣——从他的航海设备中可以看出这一点。除了常见的指南针和六分仪，他还带了气压计、温度计和三个航海计时仪。仅计时仪就花费了240英镑，这在当时是一笔重大投资了。

1822年9月中旬，威德尔带领从上一个捕猎季归来的船离开英国。威德尔自己和23名船员驾驶160吨级的简号，另一位名叫马修·布里斯班的新船长则带领14人驾驶65吨级的博福伊号。中途因为修理漏水的简号严重误时，威德尔准备离开南美洲时已是12月30日。他认为当时要是去南设得兰群岛碰碰运气的话已来不及，那里的海豹很少，而先来者又会占据为数不多的上好海滩。决心已定，威德尔最大的希望就是寻找新的海豹猎场来打开局面。于是，他选择了南奥克尼群岛作为搜寻的起点。

威德尔于1823年1月12日抵达南奥克尼群岛。三天后，他发现海岸上有六只猎人们所谓的“海豹”（sea leopard），他派人前去捕杀，但它们的毛皮几乎一文不值。不过对这些动物感到好奇的威德尔仍旧保存了几张毛皮和几个头骨，他要带回去给专门的科学家研究。（几年后，负责检测的一位科学家把这种海豹命名为威德尔海豹。）搜寻海狗的过程则更令人丧气：一路上只零星地发现了一些动物，但还是找到了几只海狗。威德尔寄望它们也许就生活在附近的海滩，过来只是闲逛的。因此，在手下报告说东南方向发现了一大片山脉后，他就决定调查一番。

1 月 23 日，威德尔驶离南奥克尼群岛。所谓的山脉不过是一座巨大的冰山，但威德尔还是决定继续搜寻，他许诺将给予第一个发现真正陆地的人 10 英镑奖励。威德尔写道，这个有分量的许诺成了

> 众多痛苦失望的根源。许多海员有着鲜活和乐观的想象力，他们绝不会错过一座海岛。简而言之，海上无数的雾堤被误报为陆地。实际上，很多雾堤外表看起来与陆地很像，可以说，如果不等到它们消失，我们就无法认识其本性。[1]

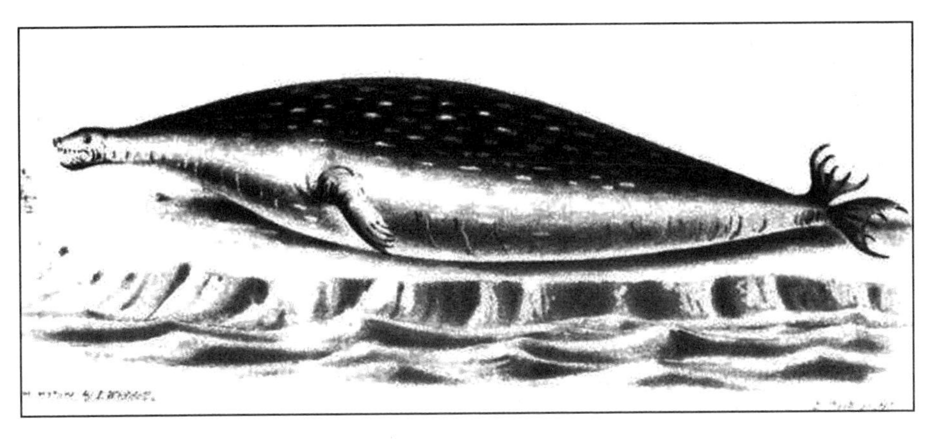

詹姆斯·威德尔的威德尔海豹“自然写真”

这是包括威德尔在内的猎人们口中所称的“海豹”（sea leopard），它得名于身上斑驳的豹纹斑点。在早期文献中，这个名字有时候会与另外一种叫作豹海豹（leopard seals）的物种名称混淆，后者是完全不同的海豹品种。（摘自《前往南极的航行》，威德尔著，1825 年）

威德尔用了两周时间往南、北方向曲折前进，然后再次往南，在此前的船只走过的路线附近寻找陆地。2 月 4 日，他调整策略驶往正南方向的未知水域，进入了我们现在所谓的威德尔海。这片一侧被南极大陆围绕的巨大海湾位于南极半岛东侧、大西洋南侧，与大陆另一侧的罗斯海相映成趣。与本区域最常被探访的南极半岛和南设得兰群岛不同，紧邻的威德尔海几乎无人问津，因为密集的浮冰块经常充塞其间。然而，威德尔对此毫不知情。这片将以他的名字命名的海域将向他敞开大门，在这一年里，他将享受到难得的好光景。

连日的浓雾、寒风和冰雪天气折磨着站在简号和博福伊号上值守的船员们。威德尔把炉灶移到甲板下面给船员们的舱室升温，顺带把冰冻的衣服烘干。这

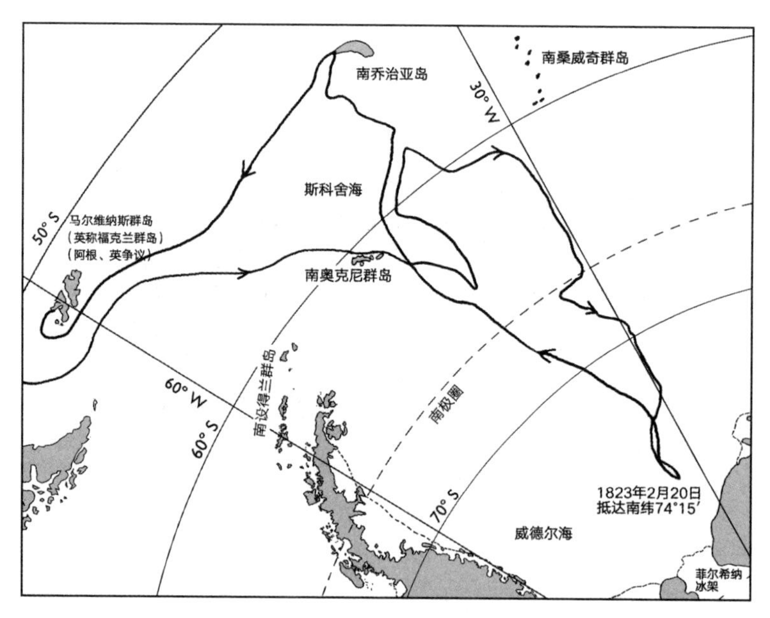

詹姆斯·威德尔于 1822—1823 年间航行的路线，其中包括他驶往威德尔海纵深处的路线，这次航行创造了新的纪录。

有点用，但也丝毫无补于每一次激动的“看，陆地”的欢呼最终以失望结尾——船员们自己也很失望，因为他们的薪水来自猎物所得。新的陆地意味着可能存在新的海豹滩；没有陆地就意味着没有工资。不仅条件严酷，而且在威德尔海的浮冰中往南航行也充满危险。有一次他们的船在大雾中航行时差点撞上冰山，而与浮冰块剐蹭则司空见惯。2 月 10 日，他们航行到南纬 66°、西经 32°30′之际，满是岩石和泥土的冰川让船员又一次激动地报告说发现了陆地，但这照旧是个误报，这段时期最为痛苦的失望氛围顷刻间把船只笼罩。

一周以后，冰山几乎阻断了南去的航道。但接下来，情况完全变了。威德尔穿过南纬 70°后，海面几乎就没有冰了。他在 2 月 17 日抵达南纬 71°34′附近。他已经越过库克到过的最南纬度线，从而创造了新的纪录。

威德尔写道，次日傍晚“愉快而平静，如果不需深思我们可能会在北去的航道中与更多障碍做斗争以通过浮冰，那么我们的情况可能就令人羡慕了”。现在，他只担心北边的浮冰，因为他们现在所在之处“**一丁点儿冰都看不到**（强调语气乃威德尔自己所加）”。[2]

2 月 20 日是威德尔往南航行的最后一天。那天中午他测算船航行到了南纬 74°15′、西经 34°16′，这个南纬最高新纪录已超出上一纪录 200 多英里（约 320 多千米）。这又是异常晴朗的一天，举目望去只见三座平顶冰山。对威德尔海上的这位探险家来说，创造新的高纬度航行纪录实在激动人心，他也非常想继续航行，但他同时也是一位海豹猎人，还想在这次航行中获利。因为他和库克一样错误地相信了海里的冰都形成于陆地这个说法，便把水域无冰当作了更远的南方没有大型陆地的证据，而这又意味着那里没有海豹滩。此外，他的燃料和补给都比较吃紧。是时候返航了。

但在返航前，威德尔升起一面旗帜并放了一枚礼炮，用这种方式庆祝新的南极高纬度航行纪录的诞生和这片海域的发现，他将之命名为乔治四世海。（七十五年后，按照德国地理学家卡尔·弗里克的建议，乔治四世海更名为威德尔

简号和博福伊号“在南纬 68°”于冰山链中往南航行。1823 年 2 月……来自威德尔船长所绘草图。
（《前往南极的航行》，威德尔著，1825 年，标题和文本摘自正对第 34 页的彩图）

海，以示纪念。）威德尔写道：“这些掺杂着烈酒的纵情享乐打消了（船员）的忧郁，并且带来了受到命运眷顾的盼头。”[3] 尽管对大多数船员而言，烈酒也许比飘扬的旗帜更重要，可能仅有少数人对这一天的历史意义表示赞赏。

不久之后，威德尔就在北上的航道中遭遇了浮冰，灿烂天气很快也离他而去。截至 3 月 12 日抵达南乔治亚岛时，接连数周在浮冰遍布且远离陆地的危险水域密集航行的经历给了威德尔全然不同于库克和别林斯高晋的视角。他写道：“尽管这片海域令人心生畏惧，但我相信两艘船上的所有人都饱览了岛屿的风光……”[4]

为补给船只、休整船员，威德尔在南乔治亚岛的水中女神号港停留了一个多月。他在这里找到了淡水、蔬菜和用来下锅的鸟类，长期的海上航行之后，这些食物自然也最受欢迎。威德尔还花时间对当地动物开展了科学观察。王企鹅尤其让他着迷。他是这样描述它们的："论骄傲，这些鸟儿甚至不输孔雀，论羽毛的美丽也几乎不逊色……（它们）经常左右颔首注视自己光鲜的外表，并且会清除任何弄脏羽毛的尘污，作为观察者真是乐在其中。"[5] 威德尔对野生动物的奇妙描述实在是棒，哪怕是 1912—1913 年造访南乔治亚岛的鸟类学家罗伯特·库什曼·墨菲也写道："我自己的任何观察都不足以撼动威德尔的（不刊之论）。"[6]

在福克兰群岛越冬后，威德尔于 1823—1824 年间又往南折返，这次他去了南设得兰群岛，打算为整个行程挽回些利润。简号和博福伊号成了那个夏天前往南设得兰群岛的少量船只之二，因为这一季不同以往地重冰①遍布。在承认失败并驾驶残破的船带领灰心的船员返回之前，威德尔毫无成效地在海冰和天气上消耗了几乎一整个月的时间。

两艘船于 1824 年 7 月抵达英国。此时的威德尔早已预料到大家会严重质疑他的报告，毕竟，他作为一名海豹猎人比传奇的库克还往更南方航行了三个纬度，于是他要求大副和另外两位海员发誓为航海日志的真实性作证，这些人也乐得于此。此外，威德尔细致的记录也让公众信服了。然而，当时没有人能完全理解威德尔取得了多么惊人的成就。这不仅仅是超越库克那么简单，他还创造了航行至威德尔海中央区域的纪录。此后八十年间无人能抵达同一片水域的同一个纬度。要创下这个纪录，必须遇到超级轻冰年。

威德尔的朋友们劝他就此次航行写一本书，从而为"最南纪录"增添可信度。1825 年，《前往南极的航行》出版。这是本重要的作品，其重要性不仅在于叙述了这次航行，更在于威德尔在其中对整个南极半岛地区各种发现的深刻分析。他还出版了自己的航海图和各种草图，这实际上构成了他所到之处的航行指南，他还利用这本书提供的讲坛为新的海豹猎场寻求保护的办法。威德尔

① heavy ice，指厚的冰层密布。——译者注

在很多方面都是个不同寻常的海豹猎人，他以下列文字作为该书第二版（1827年）的结语："如果我通过自己的冒险推进了水文学的发展，我也认为自己只是做了些事以推进所有人都会努力实现的目标，我们在追求财富的同时，也非常关心科学事业，而不愿错过任何一个机会收集信息造福人类。"[7] 他可能对"所有人"太乐观了，对他的海豹猎人同伴尤其如此。

威德尔可能在1823年年初就迎来了竞争者。美国海豹猎人本杰明·莫雷尔也声称抵达了高纬度的威德尔海海域。莫雷尔和他的黄蜂号在他所描述的漫长季节航行之后抵达了威德尔海。他说他先后抵达了南乔治亚岛、布韦岛和印度洋南端的凯尔盖朗群岛，并且沿着东南极洲看不见的海岸航行了数千英里，还在南桑威奇群岛上小驻了几日。莫雷尔写道，他在3月6日离开南桑威奇群岛后向南进入了威德尔海，并且在返航之前到达了南纬70°14′、西经40°3′。他还说自己在南纬67°41′、西经47°附近看到了陆地，发现岸上有海豹后派出了黄蜂号上的小船前去察看。莫雷尔说自己已经到达了这块陆地——即他所谓的新南格陵兰岛——位于南纬62°41′、西经47°的北部海角。实际上，莫雷尔宣称的位置附近并不存在任何陆地。

历史已经接受了威德尔的描述，对莫雷尔则有所不同，因为他在航程中提出的一些主张根本就不符合事实。结果，众多同辈人和许多后来的历史学家都彻底将其忽略，有些人甚至称他为彻头彻尾的骗子。这可能不太公平。莫雷尔的一些描述很可能是真的，而且他实际上也是十分成功的海豹猎人和经验丰富的船长。无论真假，莫雷尔1832年找人捉刀的书《航海四纪》的确卖得不错。[8]

在1822—1823年威德尔和莫雷尔航海期间，南极海狗捕猎业已严重衰落。人类在前两个夏天入侵了南设得兰群岛，约有数千人驾驶多达150艘船杀向这里。但这是一次来自侵略者（而非定居者）的短暂入侵，入侵者一个岛接一个岛地灭绝海豹种群，待到没什么东西可以搜刮后，除了少数心存侥幸的猎人以外，其他人都离开了。1822—1900 年的大部分时间里，南极半岛地区至多出现过四到五次探险、海豹捕猎潮和其他别的活动，其余很多年里压根见不到人类的踪迹。到 19 世纪 20 年代末，南设得兰群岛的海狗种群已被彻底破坏，英国皇家海军雄鸡号到达这里时，船员们竟然没发现一只海狗。

雄鸡号在欺骗岛的科学考察

1829 年年初，英国皇家海军军舰雄鸡号在欺骗岛停留了两个月，这是他们大范围科学考察活动的其中一环。该航程的主要目标是完成始于 1822 年的考察活动，用一系列钟摆实验确定地球的形状和大小。英国皇家学会成员和皇家海军的主要科学官员之一、三十二岁的亨利·福斯特负责此次科考活动。他是第一位造访南极半岛和南设得兰群岛的正牌科学家。舰队的外科医生威廉·H. B. 韦伯斯特兼任探险队的博物学家。

福斯特于 1828 年 12 月底往南航行跨越德雷克海峡，并于次年 1 月初抵达南设得兰群岛。在南极半岛北部海岸探索了几天之后，福斯特在 1 月 9 日看到了欺骗岛。他知道海豹猎人把它用作避风港，对于他的科学考察而言，这里的位置也极佳。但此处是否提供了一个安全的锚地，哪怕船员们都在岸上工作，船只也可以停留几个月？福斯特决定调查一番。雄鸡号穿过迷宫般的冰山，朝岛屿进发。

中午时分，福斯特靠近欺骗岛，船员们乘小船去往岛中央的港口。穿过两边如墙壁般垂直的、令人惊奇的裂缝状入口，也就是如今我们称之为“海神的风箱”的地方，福斯特和同伴们发现此地相当与众不同。这是个灌满海水的火山口。他们进去的通道就像是形似甜甜圈的岛侧边被咬掉的缺口，这也是进入其壮观内部的唯一通道。

在欺骗岛外，天气甚好，下午留守雄鸡号的船员们被漂流的冰山深深吸引。在此地从事科考活动的科学家团体对冰体的反应与众多海豹猎人截然不同，哪怕一小块擦船身而过的浮冰也很迷人。韦伯斯特写道，它“美丽而蔚蓝，是完美的半透明，还带有优雅的蓝绿色纹路。实际上，这里整个儿都十分辉煌壮丽，南极斑驳的色彩向我们发出邀约，哪怕只是来南设得兰群岛看看也不虚此行”[9]。

福斯特对自己在欺骗岛岛墙内看到的东西也同样满意。他晚上回到船上，报告说找到了理想的锚地。两天后，雄鸡号安全地停靠在最终被福斯特命名为钟摆湾的地方，接着，他卸下设备开始了钟摆观察。

雄鸡号一行人来这里是为了科研，但他们对当地物种造成的威胁一点也不比猎人们少。所有种类的海豹（且不说彻底消失的海狗）都很稀少，但这群人在这里发现了大量企鹅。他们捕杀了上千只，当下吃了一些，其余的则腌制起来以备未来享用。

停靠在钟摆湾的雄鸡号，探险队的艺术家兼调查官肯德尔中尉所绘。（摘自《航海纪事》，韦伯斯特著，1834 年）

韦伯斯特和其他船员也花时间探索了这座岛。他们的成果之一就是对欺骗岛展开了首次地质学研究。韦伯斯特写道，这里曾经“是个满是黑色火山灰和沙子的所在……整个岛……背叛了它是从地表下面被喷射出来的证据。正如我们从大自然的这种震动中可以料想到的，各种物质乱七八糟地散落在岛上所有地方……灰烬遍野……可以想象它们就是火与锻冶之神伏尔甘留下的废料”。尽管没有人发现任何活火山的迹象，但在欺骗岛上仍旧有“大量烟雾和蒸汽冲出白雪披覆的山顶，而大片冰雪就在沸腾泉水的旁边”。韦伯斯特正确地总结道：“地下的烈火只是减弱了，但并未熄灭。”[10] 欺骗岛是一座休眠火山，而非死火山。

3 月初离开欺骗岛之前，福斯特在钟摆湾放置了最低温度计和最高温度计。他还附上了一份留言，请求任何发现这些温度计的人记录其结果，并把结果连同设备寄送给英国海军部。接着，福斯特就往北踏上了剩下的航程，所有航程都在极地区域以外。

尽管雄鸡号在南极半岛地区的停留很短暂，但意义非凡，因为这是在辐合带以南地区开展的首次成规模的地面科学调查。不过，他们的探险之所以在今天仍被牢牢铭记，更是因为它在地图上留下的那些地名，不仅钟摆湾这个名字流传了下来，欺骗岛中心封闭的内港如今也被称为福斯特港。

美国人的海豹捕猎/探险/科学考察

雄鸡号是 1829 年初停靠南设得兰群岛的唯一一艘船。一年后，另外一支探险队又独自来到这里。撒拉弗号、安纳万号和企鹅号三艘美国船联合组织了 1829—1830 年的探险活动，这次探险兼负海豹捕猎、科考和探索三项任务，两位关键人物也从南设得兰群岛南极航行再次兴起的鼎盛时期脱颖而出。在 1820—1821 年和 1821—1822 年间负责范宁拥有的斯托宁顿船队的本杰明·彭德尔顿现在是撒拉弗号的船长，同时他也是此次探险的总领队；纳撒尼尔·帕默负责安纳万号，他的兄弟亚历山大则担任企鹅号的船长。

彭德尔顿的小型船队带着政治、商业抱负和科学目标而来。其政治抱负来自美国的捕鲸者、海豹猎人和商人，多年来他们一直吁求政府派出军舰前往太平洋搜集航海信息。商业动机来自海豹猎人，他们希望官方往南极派出一支探险队寻找新的海豹猎场；其科学动机则起源于被现代科学判定为空想的理论——19 世纪 20 年代初，约翰·克里夫·西姆斯开始推动极地探险，以研究其主张极地中空的空心地球理论。当极具煽动性的演说家和宣传家耶利米·雷诺兹同意帮助西姆斯后，政府也感受到了空前的压力。实际上，雷诺兹一开始就对空心地球理论持保留态度，他最后在 1827 年与西姆斯决裂。然而，在那以前，他都在坚定地推动美国的南极探险活动和科学研究。

1828 年的大部分时间里，雷诺兹看上去似乎就要成行。行前规划和组织都在有条不紊地推进，航行设备准备好了，船也挑好了，国会也提出了一项法案。接着，事情就泡汤了。11 月，安德鲁·杰克逊当选美国总统，与前任约翰·昆西·亚当斯不同，他认为政府应该把资源集中用于国内开发。1829 年 3 月甫一上任，杰克逊总统就否决了政府对此次探险的资助。

尽管官方探险活动偃旗息鼓，但探索的想法仍在，因为相关人士对政府的游说工作已然激发了公众的强烈兴趣。于是，范宁带头组织了一次私人探险活动。这是个雄心勃勃的双船计划，用到的撒拉弗号和安纳万号分别属于彭德尔顿和纳撒尼尔·帕默。亚历山大·帕默的企鹅号专门承担捕猎海豹的任务，但它也会与两艘探险船合作。原计划是彭德尔顿和帕默前往南设得兰群岛短暂捕猎以补贴行程费用，然后再从事真正的探险活动——探索和科学考察。

纽约自然历史学院赞助了其中的科学项目，为三十一岁的詹姆斯·艾慈提供了 500 美元的研究经费，他是一位有着科研精神的医生。其他私人赞助者则出借了自己的探险书籍、航海图和设备。除了艾慈以外，随行科学团队还包括未受过专业训练的雷诺兹和三名同样业余的助手。

撒拉弗号和载有五人科学团队的安纳万号在 1829 年 8 月分别从纽约出发。彭德尔顿和纳撒尼尔·帕默计划在斯塔滕岛（靠近火地岛）会合——亚历山大·帕默先期已在此开展海豹捕猎作业——然后再一同前往南设得兰群岛。但很遗憾，撒拉弗号迟到了。帕默兄弟俩负责的安纳万号和企鹅号等了一周多，这早已超出了预定的会面时间，于是他们先一步踏上了接下来的航程。

帕默兄弟于 1 月 20 日抵达南设得兰群岛后，他们的船员旋即开始捕猎海豹。包括雷诺兹在内的一行人在 22 日登陆象海豹岛。由于天气恶劣和浮冰影响，他们在岛上一直被困至 26 日。夜里，他们像海豹猎人那样住在翻转的船下，海豹油脂则被当作燃料。他们不是最后一批在这座岛上这样过活的人。近九十年后，人数多得多的一群人也用船作庇护所在象海豹岛生活了四个多月。

船员们捕杀海豹的同时，艾慈也开始了他的科学工作。他发现南设得兰群岛既令人着迷又让人心生畏惧，他写道："虽然这些岛上的诸多景色都让人激动不已，整体却让人感觉寒冷而阴郁……孤寂的海岸上几无人声，地上唯一的人类踪迹就是海滩附近一些可怜的海员孤零零的坟墓……"[11] 但他还是找到了一些可作研究的生物。最有意义的是，艾慈首次在南纬 60°以南的地方发现了开花植物的样本，并发现了一种前所未见的十足海蜘蛛。意外的惊喜是，他还发现了树木化石。

在群岛附近航行时，艾慈还在某个地方看到了嵌在冰山中的硕大岩石。他认为，这些岩石必定是花岗岩，它们与南设得兰群岛海滩上可见的本地岩石完全不同。艾慈的结论是，这些岩石"被冰山从遥远南方的陆上山体中裹挟至此"[12]，这是个深刻的见解。艾慈不仅把这些岩石作为南方存在其他陆地的证据，而且还将其解释为漂砾，即与局部地质构造毫无关系的岩石。彼时，世界上的地质学家们仍对北半球的类似巨石感到困惑不解。

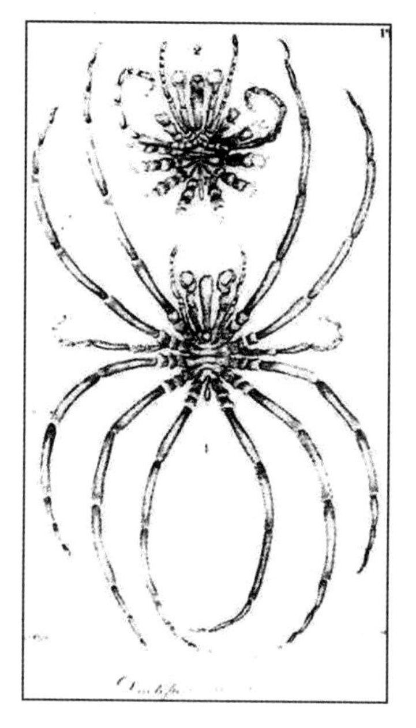

詹姆斯·艾慈在南设得兰群岛发现的海蜘蛛

艾慈在1837年发表了这一发现，并用这张图做说明，但当时的科学家（尤其是欧洲科学家）并不相信他。一直到1902—1904年的斯科舍探险队（见第八章）成员威廉·斯皮尔斯·布鲁斯于1903年在南奥克尼群岛发现了相似的蜘蛛后，艾慈的报告才被完全采信。（转引自《南极研究》，夸姆著，1971年。原始出处为《对新动物的描述》，艾慈著，1837年）

一行人在南设得兰群岛的海豹捕猎活动远不及艾慈在当地开展的科考活动成功，尽管探险活动的组织者认为，科学和探索乃是此次冒险的最重要目的，但船员们的看法完全不同。杰克逊总统的否决造成的一个影响是，船员都是普通人而非海军官兵，这又意味着他们签订了常见的海豹猎人条款，其薪资来自此次航行的利润。委婉地说，他们并不开心。纳撒尼尔·帕默和亚历山大·帕默都发自内心地同情海豹猎人，因此，两位帕默船长于2月22日从南设得兰群岛往西航行，继续去寻找有海豹生活的新陆地。天气很恶劣，大海很无情，冰山常伴左右，而他们并未发现陆地。3月23日，他们放弃努力，掉头向北。

再说撒拉弗号，彭德尔顿赶到斯塔滕岛时已经迟到，其他船只都已走掉。他独自继续前往南设得兰群岛，但因为此前并未与纳撒尼尔·帕默商定在南设得兰群岛的会面地点，所以要找到安纳万号和企鹅号就只能靠运气了。彭德尔顿在岛上待了一个月，其间从未看到别的船只经过。此外，他的海豹捕猎活动也和帕默兄弟一样一无所获。彭德尔顿也掉头向西寻找新的陆地，但这一努力同样没有结果，于是他很快就放弃了。5月初，当彭德尔顿抵达智利海岸时，他终于和先期抵达的安纳万号和企鹅号重逢。

几乎所有人都认为这次冒险之旅失败了：探险队没有发现新的陆地，海豹也没找到几只，船员几乎就要暴动。唯一真正的成就属于艾慈，仅凭他的工作就足以让这次航行成为颇具意义的探险之旅。艾慈带回了满满 13 箱木化石、岩石、地衣和海洋动物样本，他后来在自己发表的 5 篇科学论文中报告了这些成果。可悲的是，他的成就在很多年里几乎被忽略，但在 20 世纪，艾慈最终在科学界和南极地图上获得了他应得的认可。[13] 如今，西南极洲的艾慈海岸就是为了纪念他而命名的，具体位于南极半岛和罗斯海之间。20 世纪 60 年代初曾在南极半岛高原最南端运行过几年的美国科考基地就被命名为艾慈站。

这次航海在另外一种消极意义上也很重要。它清楚地表明，人们企图通过同步进行海豹捕猎活动来在经济上支持南极科学/探险活动实在愚蠢。因此，范宁和雷诺兹重新要求官方资助南极探险活动，最终他们的努力换来了美国政府主导的探险活动，相关讨论见下一章。

约翰·比斯科的环南极航行

尽管多数海豹猎人在 19 世纪 20 年代中期以后就已不再前往遥远的南方捕猎，但少数船东依旧保持乐观。就像南设得兰群岛取代了南乔治亚岛，也许南极某个地方还存在未被发现的另一个南设得兰群岛。1830 年，伦敦一家捕鲸公司恩德比兄弟公司派出一支投机探险队前去搜寻。恩德比兄弟是不同寻常的船东，他们对探险和利润都感兴趣，因此他们明确要求前去探险的船长约翰·比斯科一面探险一面在高纬度地区捕猎。

比斯科于 1830 年 7 月末离开英国，他率领的两艘船共有船员 29 人。他自己负责统领 150 吨级、74 英尺（约 23 米）长的图拉号。乔治·艾弗里则是另一艘 49 吨级、52 英尺（约 16 米）长的莱弗利号的船长。1830 年 11 月下旬，比斯科从福克兰群岛往南航行到了南桑威奇群岛，接着，他开始了为期两年的南极航程。

12月10日，比斯科先后抵达别林斯高晋于1820年发现的列斯科夫岛、维索科伊岛和扎瓦多夫斯基岛在他的航海图上显示的具体位置。但他发现航海图错了，他又花了十一天时间才找到这些岛。他确认了别林斯高晋的发现，但这也是他花时间搜寻的唯一收获：他没看到任何种类的海豹。比斯科继续与这个地区的大风、暴雪、浓雾和巨大的海冰缠斗至月底，但到他最终在12月29日抵达南桑威奇群岛的主岛时，依旧没见到任何海豹。于是，比斯科选择放弃，并继续往东部和南部航行。

近两个月后的1831年2月末，他看到了东南极洲海岸的陆地。这也是头一回有人报告说看到了南极半岛以外的南极大陆，比斯科完全明白此次发现的历史意义，他将自己发现的地方命名为恩德比地以纪念雇主。接下来的几个月，比斯科的经历堪称恐怖。掉头向北的过程中，一场风暴把两艘船分开了。比斯科船上的多数船员开始被坏血病夺去生命。船员一个接一个死去，比斯科一蹶不振地往北朝塔斯马尼亚驶去，但船上几乎都没有足够的人手驾驶图拉号了。到北方与比斯科重逢以前，莱弗利号上的艾弗里也经历了一段同样绝望的航程。两艘船上的生还者于1831年冬天在霍巴特休整。比斯科招募当地人顶替失去的船员，随后在1831年10月中旬率领两艘船重启捕猎之旅。他们先是前往新西兰以南地区捕猎海豹，三个月后，毫无收获的比斯科掉头往东踏上了回程，途中他们经由合恩角绕道前往南设得兰群岛。

比斯科故意走了一条偏南的路线，因为他希望在南设得兰群岛的西南偏西方向发现陆地。他的冒险在抵达半岛地区后得到了回报。1832年2月15日，他在南纬67°15′、西经69°29′发现了陆地，比斯科把它命名为阿德莱德岛以纪念英国女王。在南设得兰群岛以南200多英里（约320多千米）的地方，这真是个令人兴奋的发现了，虽然不及比斯科料想的那般激动人心。在不知道别林斯

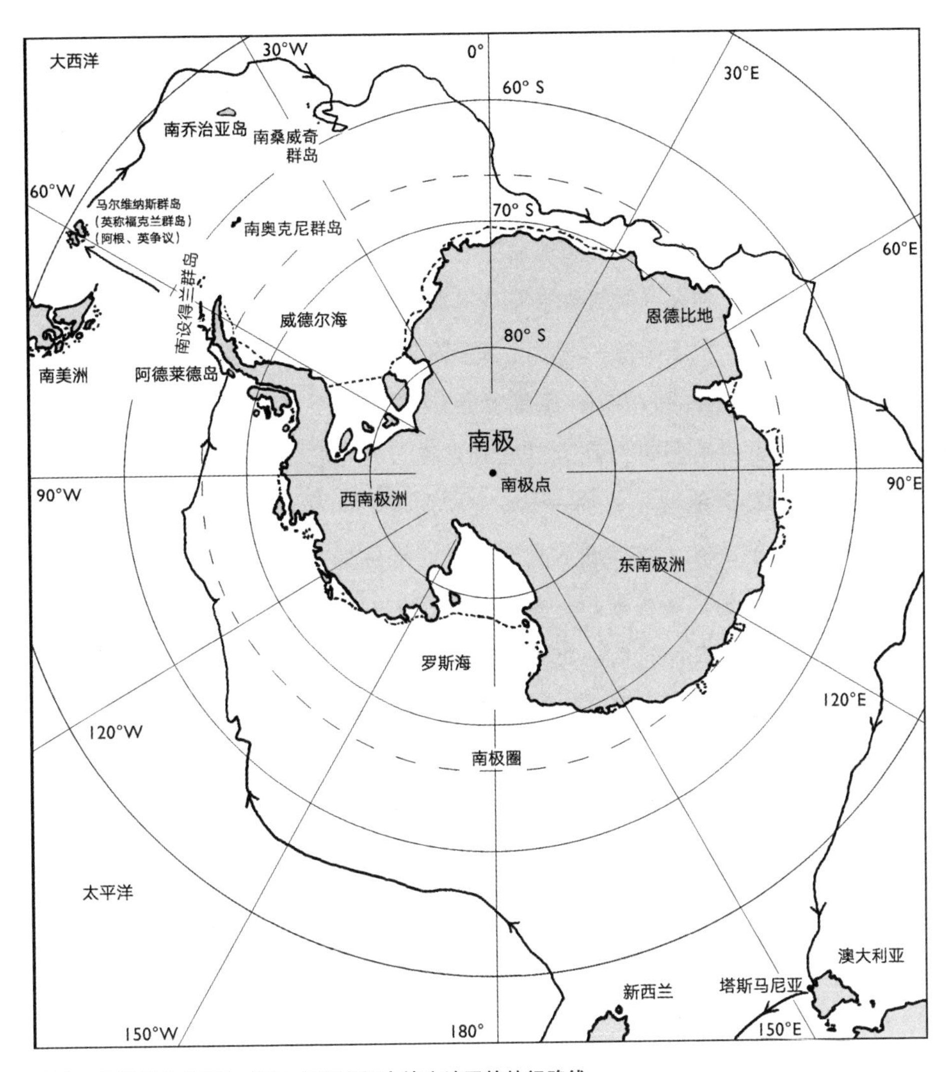

约翰·比斯科在 1830—1832 年绕南极高纬度地区的航行路线

比斯科的航程始于福克兰群岛，他从这里直接去往南桑威奇群岛，然后往东朝东南极洲海岸驶去。在此地他成为第一个报告发现陆地的人，这片陆地被他命名为恩德比地，以纪念其雇主。在霍巴特度过 1831 年冬天以后，他启程继续往东航行，并于 1832 年 2 月抵达南极半岛。1832 年 4 月底，比斯科在福克兰群岛完成了此次环南极航行。

高晋已发现彼得一世岛和亚历山大一世地的情况下，比斯科错误地认为他发现的阿德莱德岛就是“南方最遥远的土地”[14]。

17日，比斯科往北驶过一串小岛，它们现在被称为比斯科群岛。在它们身后，东边有壮丽的山峰若隐若现。比斯科认为这些山峰比单纯的群岛更重要，于是把这个地区命名为格雷厄姆地以纪念时任英国海军大臣的詹姆斯·格雷厄姆爵士。四天后，他在今天被称为安特卫普岛的地方登陆，这也是帕默群岛中最南和最大的岛，位于南极半岛西北海岸附近。因为他错误地认为这里属于大陆，于是他以这次登陆为英国主张整个格雷厄姆地的主权。

图拉号和莱弗利号最终在2月底到达南设得兰群岛。接着，比斯科花了近一个月时间徒劳地搜寻海豹——海狗或象海豹，都到这时候了，无论哪种都可以。但他最终在4月彻底放弃。在月底抵达福克兰群岛后，他完成了人类第三次高纬度的环南极航行。然而，问题依旧。不仅没发现海豹，而且在抵达福克兰群岛的几个月后，莱弗利号在一个小岛上搁浅了，船体完全损坏。最终，比斯科带着图拉号上的少量收获打道回府，最后于1833年2月到达英国。

比斯科的航行对恩德比兄弟而言意味着商业上的灾难，但作为英国皇家地理学会创始成员，查尔斯·恩德比却对他这位船长的发现感到满意。虽然最有意义的发现是恩德比地，但比斯科在半岛地区也做了其他重要工作：阿德莱德岛就是个重大发现，他还为南极半岛部分地区命名并宣布了主权。英国人很快就把整个半岛唤作格雷厄姆地了。

在政府的支持下，恩德比兄弟决定在1833—1834年再开展一次探险活动以确证比斯科的工作。这个计划以探索格雷厄姆地为起点，但他们派出的两艘船希望号和玫瑰号甚至尚未抵达南设得兰群岛就遭遇了大量浮冰。玫瑰号被撞毁并沉没，它也是已知第一艘成为南极浮冰牺牲品的船。救出玫瑰号的船员后，希望号的船长随即终止了探险。

这一时期前往南极的最后一支大型捕猎探险队径直去到了东南极洲。1839 年 2 月，约翰·巴勒尼发现了巴勒尼群岛，这也是人们在新西兰以南的南极圈内发现的第一块陆地。巴勒尼的航行具有分水岭的意义，它是此前二十年出于商业原因而对南极做出发现的辉煌终点。海豹猎人的发现时代就此终结。

第四章

三次国家主导的伟大探险：1837—1843年

海豹猎人离开了，但对科学的求索仍为人们提供了面对冰封南极的勇气。1830年，伟大的德国科学家弗里德里希·高斯提出理论，预测了地球磁极的位置。这不仅仅是个学术问题，因为水手们知道他们的指南针指的是地磁极点而非地理极点，知道磁极的位置可让导航员修正指南针读数，然后确定真正的航向。1831年，英国人詹姆斯·克拉克·罗斯抵达并确证了北磁极的位置，当时的北磁极位于加拿大北极地区东部的布西亚半岛。然而，要完整测试高斯的理论还需要有人在南半球做同样的事情。

19世纪30年代，这个科学动机与民族自豪感融为一体，进而激发了法国、美国和英国政府的南极考察活动。虽然三个国家最著名的探险工作都完成于北极地区，但它们仍派出探险队在南极半岛地区开展了为期一个夏天的考察。首先到达南极的是法国探险队。

杜蒙·迪维尔带领法国人进入南极

1837 年，时年四十七岁的朱尔斯·塞巴斯蒂安-凯撒·杜蒙·迪维尔指挥一支探险队从法国出发前往南极和南太平洋地区。他曾接受古典学和海军科目训练，此前主要在法国海军中从事调查和探险工作。当迪维尔的船在 1819 年航行于地中海并停靠在希腊的米洛斯岛时，他还是一名低级军官。当地一位农民向他展示了自家花园中发现的巨大雕像，年轻的军官立即认出这是一尊维纳斯的雕像，并渴望出钱购买，但他的船长拒绝了这个提议。船在几天后停靠君士坦丁堡，迪维尔便向当地的法国大使发出请求，劝说法国政府应该购买这个农民发现的雕像。政府为奖励他在收购如今被称为“米洛斯的维纳斯”的雕像过程中的贡献，给他升了职，而且还授予他法国荣誉军团勋章。其他的出航任务和晋升机会也接踵而至，其中就包含了前往福克兰群岛、火地岛和南太平洋的一些航海活动。

早在 1837 年，迪维尔就致函法国政府，建议他们派他开展新的环球探险，其主要目的是在南太平洋开展人类学工作。尽管国王路易斯-菲利普觉得这个想法不错，但他批准迪维尔的项目的同时，还要求他前往南极尝试打破威德尔的纪录。尽管迪维尔没有在海冰中航行的经验，但还是接受了这个挑战。他写道：“我立即在国王的想法中看到了另一个自我。”[1]

出发的时间就快到了，迪维尔发现自己对探索南极的兴趣日益浓厚。在他的请求下，国王答应，如果他们抵达南纬 75°，每人奖赏 100 法郎，以后每往南航行一个纬度就增加 20 法郎，于是乎，他的部下和船员也跟着激动起来。这种美好的奖金许诺可能帮助这些人克服了他们一开始对指挥官的疑虑。迪维尔写道：

> 调试船只的时候，他们看见我因为最近痛风而步履维艰，似乎都惊讶于我也能当指挥官，有些人甚至天真地喊道：“那个老领班能把我们带去多远！”从那一刻起，我发誓……那个“老领班”要露两手他们从未见过的领航技艺！[2]

迪维尔于1837年9月率领165人登上两艘军舰从法国出发。两艘军舰都没为应对海冰做好充分的准备，它们的炮眼也没有因为南极的恶劣环境而暂时封闭。迪维尔担任较大的那艘舰艇的船长，380吨级的星盘号，他的副指挥官查尔斯·雅基诺则担任300吨级的泽勒号舰艇的船长。

在麦哲伦海峡探索了一个月后，迪维尔于1838年1月9日离开火地岛，并往南出发前往威德尔海。让他吃惊的是，在靠近南纬60°的地方，海面开始出现大块浮冰，这个位置比他料想的要北得多。海上还有漂流的冰山挡道，而持续的大雾则让航行变得更加危险。勇敢的迪维尔继续前行，但在跨越南纬63°之后不久，浮冰变得越发密集，完全封锁了南去的航道。威德尔当初在这里看到的是一片几乎无冰的海域，但试图通过此处的迪维尔眼前满是海冰，真是个“无法用语言描述的、极度严酷而宏大的”世界，而且“四周迟滞、凄凉，一片死寂，一切都想要把人毁灭”。[3]他在1月25日选择放弃，转而取道南奥克尼群岛。而该地的大雾、大雪和严酷的海上环境阻挠着每一次登陆的尝试。一切都在跟他作对。

2月2日天气好转后，迪维尔离开南奥克尼群岛再次往南航行。他在接下来的两天里取得了不错的成绩，但随后，前方就再次出现了浮冰块，这一次他们刚刚跨过南纬62°。但眼下迪维尔决定继续前进。他在日记中写道：

> 我知道星盘号的水手们很骄傲，他们最近对我此前的努力越发感到厌烦，因为他们突然对南极充满热情，唯一的担心就是我过早放弃。他们不

必担心。我相信，到我放弃的时候，他们也没人会有再进一步的想法！[4]

迪维尔把船开向巨大浮冰之间有望通过的开口，星盘号和泽勒号很快都灵巧地通过了。但它们随后就进入一小片被浮冰紧紧包围的开阔水域，仅有来路无冰。迪维尔开始有点怀疑驾驶准备不足的船只进入海冰区域的想法了，他尝试撤退。然而逆风在眼前呼啸，毫无退路可言。

第二天早晨，我们的这位指挥官决定尽一切办法摆脱浮冰的包围。他先让船员站在浮冰上，然后让他们沿着这狭窄的水域将星盘号和泽勒号拖拽而过（毫不夸张地）。之后，迪维尔航行了 3—4 英里（约 5—6 千米），又遇到了更为密集的浮冰。再一次，船员们踏上浮冰。局面依旧不妙，甚至很快就变得更糟：一座冰山开始朝星盘号撞过来。灾难袭来，所有人都被吓坏了，他们都无助地看着眼前的一切。但接着，局面完全倒转。冰山停了下来并在两艘船面前崩塌。不幸的是，迪维尔听从了船官们的请求，让船员休整之后再启航。他同

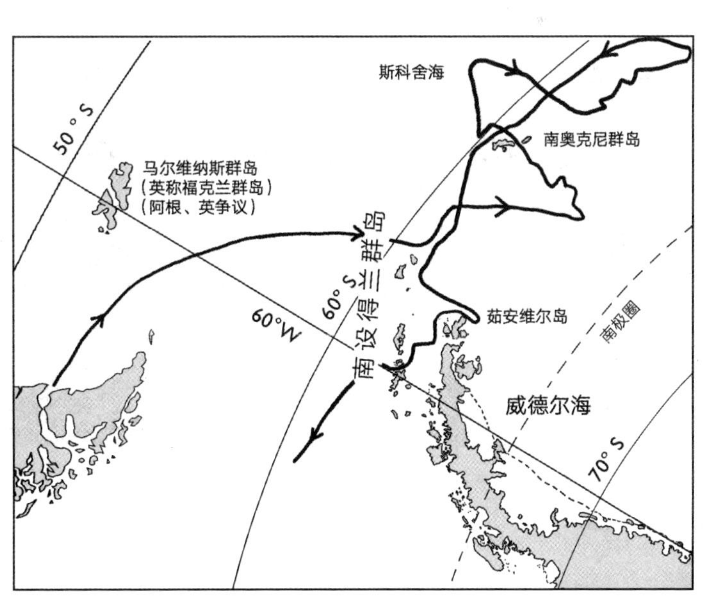

迪维尔在南极半岛地区的航行轨迹

迪维尔想往南航行打破威德尔的纪录，但他往南到过的最远的地方就是他第一次尝试穿过海冰而不得的南纬 64°稍北处。

意等到早上再出发，可是到那时，浮冰已再次把船包围。局面再次回到需要绳索牵引的状态。

迪维尔终于在 2 月 10 日逃离海冰的包围，此时距离他贸然进入其中已经过了六天。大风呼啸着向他致意，而当他再次寻找南去的航路时，雾与雪又暂时取代了大风。被海冰围困四天后，他最终选择放弃。但他的失败仅仅是因为遇到了重冰年吗？他把自己的经历和威德尔的报告进行对比时，并不愿承认这种可能性。或许那位苏格兰人有着非比寻常的有利条件，但迪维尔认为他同样有可能夸大了自己的成就。尽管迪维尔是到达这个地区后表达过这种怀疑的唯一一位重要航海家，但他的反应恰好在威德尔预料之中，后者要求手下发誓担保报告的真实性，就是对自己的辩护。

威德尔海浮冰包围中的星盘号和泽勒号

探险队中的艺术家欧内斯特·古皮尔（他在接下来的冬天死于霍巴特）绘制。（摘自《南极航海纪》，迪维尔著，1841—1846 年）

既然无法探索遥远的南方，迪维尔决定至少要探索一下南设得兰群岛。然而，他首先要绕回南奥克尼群岛。2 月 20 日以前，他的两艘遭受重创的船都在绕群岛北部海岸航行。迪维尔在南奥克尼群岛停留了三天，其间他绘制了一些航海图，并收集了少量地质标本。这些工作很有用，但并不是他前来南极的主要原因。

迪维尔于 2 月 25 日抵达南设得兰群岛。绕过克拉伦斯岛和象海豹岛后，他带领船队往未知海域进发，径直朝南极半岛东侧驶去。迪维尔在这里发现了几小块陆地，最大的一块被他称为茹安维尔地（实际上，茹安维尔地是由三个岛组成的群岛，如今唤作迪维尔、茹安维尔和邓迪群岛）。3 月 5 日，星盘号和泽勒号到达南纬 63°27′，这里几乎就是他们整个夏天往南到过的最远的地方了。截至目前，迪维尔发现了少量可归于他名下的土地，也开展了物理和地磁观测，还做了一些气象学和少许自然史方面的考察。但就其最初目标而言，这是一次失败的航行。尽管他可能想做得更多，但还是因为再度严重痛风而备感沮丧和痛苦，不少船员也已生病。是时候掉头向北了。

迪维尔把接下来的一年半时间花在了南太平洋区域，他在这里展开了最初提议时谈到的探险和人类学工作。可是当他于 1839 年 12 月到达塔斯马尼亚岛的霍巴特后，又决定重返南极。这一次，他带领船队去往新西兰以南地区寻找南磁极。迪维尔完全是主动承担了这项额外的南极挑战，他说自己为了法国的荣誉必须这样做，因为美国人已经来了，英国人也快到了。1840 年 1 月中旬，他确定了南磁极的大致位置，并且发现了东南极洲海岸的陆地。迪维尔将这片土地（以及在这里看到的燕尾羽毛企鹅）按照妻子的名字命名为阿德利。迪维尔的名字因为这些成就而写进南极历史，与此相比，他在南极半岛的作为有些相形见绌。然而，他令人沮丧的第一次南极之行还是有其价值的，至少有助于他第二次的成功，因为这次航行让他为 1839—1840 年夏天所面临的困难做好了准备。

迪维尔在1840年11月回国时，法国公众和政府热情地迎接了他。短暂休息之后，他便着手准备探险成果的出版事宜。很遗憾，这件事只能留待他人完成。1842年5月8日，在从凡尔赛宫春游归来的途中，迪维尔和妻儿，以及其他56人在一次惨烈的火车事故中丧生。这也是历史上最早的严重火车事故之一。

查尔斯·威尔克斯和意图超越库克的美国探险队

迪维尔到访后的下一个夏天，南极半岛的冰雪再一次施展了它的威力，迎接这次考验的则是美国国家探险队。这支探险队的正式名称为美国南海探险队，如今，它最广为人知的名字则是威尔克斯探险队，以其领队之名命名。这是一项雄心勃勃的事业，也是美国政府资助的北美以外的首次探险活动。探险队于1838年出发，直到1842年才返回，调查和科考范围包括但不限于大西洋、巴西、火地岛、智利、太平洋、澳大利亚、新西兰、菲律宾、东印度群岛、北美洲西海岸和南极洲。

几乎就在彭德尔顿和帕默从其1829—1830年的探险归来的同时，威尔克斯探险队就开始游说和组建工作了，在政府最终做出回应之前，雷诺兹和范宁已经共同为此付出了多年的努力。到这时，探险队列出的目标已远远超出了最初的设想。大家的争执在很多方面影响了探险计划，其中就包括领队的选择。最初任命的是一位高级海军上校，他在与海军部长发生恶意争吵后辞职。美国政府在考虑了其他几位替补候选人后，最终敲定领队为四十岁的海军中尉查尔斯·威尔克斯。威尔克斯是个有着强烈使命感且对科学问题有着强烈兴趣的人，他具备这项工作所需的知识和能力。不幸的是，他严重缺乏领导才能，对人冷淡、暴戾而且要求极其严苛，很多官兵都会讨厌他。

1838年8月，威尔克斯率领440人（其中包括12名民间科学家）离开美国，他们乘坐的是六艘未经仔细挑选的船——威尔克斯指挥的文森斯号，以及孔雀号、海豚号、海鸥号、飞鱼号和安慰号。所有船都没有针对海冰进行加固处理，其中三艘与迪维尔的两艘船一样，有敞开的炮眼。这些问题已经够他们受了，但威尔克斯很快又意识到，其中一些船十分不牢靠，无法应付任何航行。在一段慢得让人难以忍受的航行后，他们抵达里约热内卢，但宝贵的航海季也因此被占用，威尔克斯不得不花费数周时间对船进行基本的维护。

2 月 17 日，美国舰队终于抵达火地岛南部海岸的奥兰治港。这里将成为威尔克斯在南极展开初期工作的基地。即便现在已经太晚而没办法执行最初制订的夏季计划，但威尔克斯觉得至少能在海冰中积累些经验。于是，他决定让船队分头行动。威尔克斯命令 650 吨级的孔雀号和 96 吨级的飞鱼号往西南方向朝库克 1774 年创下纪录的南极地点航行。他还派出 230 吨级的海豚号和 110 吨级的海鸥号前去探索南极半岛东部地区。包括他的文森斯号在内的剩下两艘船则留在火地岛开展调查和科考工作。

搭乘海豚号的威尔克斯带领海鸥号先行出发。他们在 2 月 25 日离开奥兰治港，于 3 月 1 日抵达南设得兰群岛。对这个已知的群岛开展为期两天的调查后，威尔克斯继续往南，朝着和迪维尔相同的方向往南极半岛东部海岸航行。就在靠近威尔克斯在南极半岛所做的第一个（也是唯一有意义的）发现——即他起名为冒险群岛的三块小陆地——的地方，冰山挡住了他们的去路。当晚，大雾弥漫，跟着就是暴风雪。两天后，暴风雪的势头更猛了，船只的索具上开始出现冰挂。威尔克斯命令海鸥号取道欺骗岛返回奥兰治港，而海豚号在往北返回之前还要再往南设得兰群岛的东边考察一番。威尔克斯在南极地区停留了不到一周的时间，他已经缩短了自己的计划。

威尔克斯很快就放弃了给海豚号制订的那个已经被缩短的计划，因为他的船员们没带够衣服，被冻得够呛。海豚号在 3 月 14 日回到火地岛，此时距离出发还未满三周。海鸥号在南极逗留的时间稍长，该船的船长罗伯特·约翰逊在欺骗岛福斯特港的钟摆湾停留了一个星期。海鸥号的船员们在这里搜寻了雄鸡号的自动记录温度计，但没有找到。约翰逊在 3 月 17 日离开欺骗岛，走之前他还在一根旗杆下放了个小瓶子，里面装有他到过此地的记录。他在五天后抵达奥兰治港。

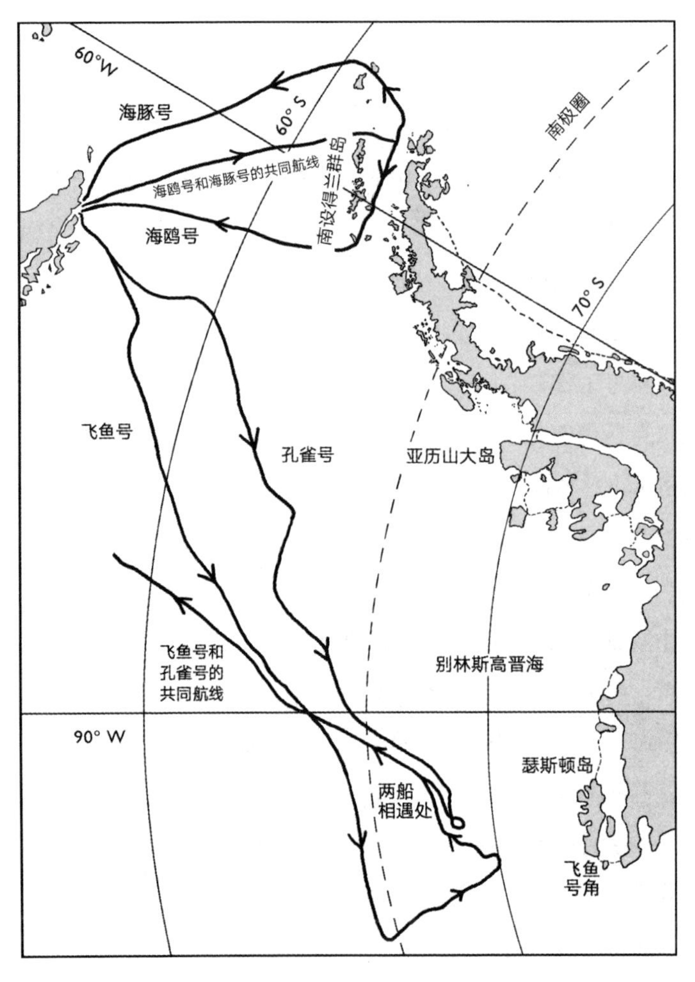

1839 年威尔克斯探险队前往南极半岛的航行轨迹

船队兵分两路同时往南行进，其中海豚号和海鸥号去往南设得兰群岛，孔雀号和飞鱼号往南极半岛西边和南边进入别林斯高晋海。第一队先是一起往南航行，后来分别返回。后一队去往别林斯高晋海的船几乎从一开始就分开了，各自踏上了不同的航线，最终在他们航程最远处附近重逢。之后，它们一起往北抵达南纬 60°，然后又各自踏上了北上的航程。

另外两艘船的跋涉则远得多，尽管它们也遇到了可怕的天气，同时还遇到了比威尔克斯他们更严重的海冰问题。也许他们的船长觉得即便威尔克斯不在场，他们也有遵守命令的义务。威尔克斯可以改变命令，但他的手下并没有这样的自由裁量权。无论如何，他们的航程要长得多。

威尔克斯此前命令威廉·哈德森指挥的孔雀号和威廉·沃克指挥的飞鱼号往西航行，

直到库克船长到过的最远点，它在西经 105° 处，然后你们从那里往南航行……一直到无法前进为止……（返回时）你们也尽量靠南部航行，途经彼得一世岛和亚历山大岛……接着进入比斯科命名的格雷厄姆地或曰帕默地（这才是其正确的美国名称）……[5]

简单说，威尔克斯命令他们在航海季的季末深入南方，这至少在一定程度上是出于政治动机的冒险。

2 月 26 日出发的那天，大风就把两艘船吹散了。两船的联合指挥官哈德森花了十二小时搜寻另一艘船未果，于是他选择放弃并独自驾驶孔雀号继续航行。他的路线完全绕过了南设得兰群岛，并且往西偏离到了看不见南极半岛的地方。严重不适合海航航行的孔雀号出发一星期不到就遭遇了连日的坏天气，此时它已变得越发不适应了。加上波涛汹涌的大海的共同作用，一位从缆索跌到甲板上的水手甚至丢了性命。3 月 11 日，同行的船友把他埋葬于大海。

一周后，孔雀号遭遇了出海以来最强的大风和海浪。哈德森自嘲道，令人感到安慰的是，披上冰甲的船在航程中头一次看起来坚不可摧了。浓雾在冰山环伺的时候降临。哈德森在 3 月 20 日抵达南纬 68°、西经 90°时，雾气上升得刚好让他看到“一排蔓延开去的冰山和一整块冰原冰，真是个完美的冰障……”[6]

雾气在两天后再次暂时散去，哈德森看到了四周全是冰山。意识到情况十分危急后，他开始撤退。在北去的路上，天空的雾气散去，开始下起了大雪。3 月 25 日，天空终于放晴，哈德森整整六天来第一次见到了太阳。此时的孔雀号正位于南纬 68°、西经 95°44′。哈德森最后也是在这里发现飞鱼号的。

飞鱼号和孔雀号分开后，沃克和飞鱼号也继续往南航行。飞鱼号比孔雀号小得多，它在汹涌的大海和风暴中举步维艰，船上的 10 位船员也跟着提心吊胆。他们还不得不和一种几近荒谬的危险做斗争——海中满是鲸鱼，有些比船还大。一条鲸鱼因为游得太近甚至从侧面撞到了飞鱼号。到 3 月中旬，飞鱼号上已有 3 名船员无法继续工作，但沃克仍在往前航行。3 月 20 日，天空放晴，沃克发现冰山群封死了南去的道路，于是，他沿着冰缘一路向东航行到西经 105°附近，此地纬度为南纬 67°30′。沃克从这里继续缓慢地往南驶去。

小小的飞鱼号在别林斯高晋海的冰山间航行。（摘自《图利亚》，帕默著，1843 年）

沃克在冰山群中发现一道开口时，飞鱼号正在南纬 68°41′、西经 103°34′。于是，他兴奋地往南航行，热切地希望自己能超越库克的纪录。他写道，这些希望很快“就胎死腹中：（雾）太厚，我们什么都看不见”[7]。沮丧不已的沃克只好停下船，这是个幸运的决定，因为一场狂风很快袭来。根据当时的人对船员日志的解读，结果是船上

> 冰雪遍布……白霜像毛毯一样覆盖在船员身上，他们看起来就像是出没于此的幽灵……飞鱼号看起来就像个雪堆；每根绳索都像是长长的冰挂，桅杆则像迷雾笼罩的穹顶上垂下来的钟乳石；船帆拍打着白色的翅膀，就像它上面停留的一尘不染的鸽子一样。这一切寂静得让人压抑……[8]

22 日清晨，狂风夹杂着闪电照亮了紧紧包围在飞鱼号周围的冰山群。那天下午，飞鱼号航行至南纬 70°、西经 101°16′，这里距离库克创下纪录的地方已经不远，但沃克认为他可能被困住了。然后，他发现冰山群的某个位置似乎有些松动。他升起船上所有破烂的风帆，朝附近的冰山撞去。冰山碎了，飞鱼号得以脱身。沃克在附近停留了两天。接着，冰山几乎又把他困住。不顾一切的冲撞再次让船获得自由。在这一次侥幸得脱后，沃克决定撤退，免得好运气都用完了。一天后，他遇到了哈德森和孔雀号。

两艘船在往北航行的途中一直受坏天气困扰，但孔雀号强大的号角一直在轰鸣，他们用这种方式保持联系。4 月 1 日，两船故意分开，孔雀号前往瓦尔帕莱索，而飞鱼号则驶往奥兰治港把哈德森的报告带给威尔克斯。

威尔克斯带领除海鸥号（它在合恩角附近失踪）之外的其他船前往瓦尔帕莱索，接着穿过太平洋，最终抵达悉尼。1839—1840 年夏天，威尔克斯像迪维尔一样往南航行去寻找南磁极。威尔克斯与磁极失之交臂，但他在沿东南极洲海岸的 1 500 英里（约 2 414 千米）的航程中零星地发现了一些陆地。这片无限

延伸的土地让他确信自己看到的就是大陆的海岸。威尔克斯把它唤作“南极大陆”（the Antarctic Continent），这也是第一次有人正式用这个名字称呼这片南方大陆。[9]1840 年 3 月离开南极后，威尔克斯继续在太平洋和北美西海岸航行了两年。他最终于 1842 年年中带着大量调查和科考成果回到美国，其中包括数不清的标本和文物，它们最终构成了华盛顿特区史密森学会的基础藏品。

历史上，威尔克斯在 1838—1839 年的航海季中对南极半岛的考察远不及他对南极另一侧的考察受关注。这也无可厚非。他的船队前往南极半岛的时间远远滞后于航海季，而且并未对南极地图做出多少增补。然而，有时容易被忽视的事实是，孔雀号和飞鱼号的航行非常了不得。尽管它们未能抵达库克去过的最南点，但小小的飞鱼号已经非常接近这个目标了，孔雀号也一样。那个航海季后期，毫无准备的孔雀号和飞鱼号被船长们开到了南大洋最危险的地方。如今，瑟斯顿岛上的沃克山脉和飞鱼号角——距离飞鱼号当初从冰山群中撤退的地点最近的南极陆地——就是它们的成就的见证。

至于威尔克斯，归国后，公众对他不闻不问，国会充满敌意，下级军官还想让他接受军事法庭的制裁。威尔克斯受到的指控包括为人残酷、为非作歹、压榨、非法惩罚等，最严重的一项是他在 1840 年 1 月 19 日谎报自己在东南极洲发现了土地。尽管法庭认定仅有一项指控成立——他曾 17 次下令过度鞭打船员——但他的名声已被破坏，这次探险也是一样。直到 20 世纪 30 年代，后来的南极探险家们才确认了威尔克斯在东南极洲的发现，并在地图上标注了威尔克斯地。同样，他的祖国也在多年后才承认此次探险的其他成就，其中包括他们在太平洋做的杰出工作，甚至二战期间美军使用的航海图就是基于威尔克斯的调查而制作的。[10]

除了美国海豹捕猎船船长威廉·霍顿·斯米利曾在威尔克斯短暂造访后的两个夏季到过南极半岛以外，这里几乎已无人问津。尽管斯米利没发现多少海豹，但他 1841—1842 年的航行仍有其重要性。1842 年 2 月，他驾船驶入欺骗岛福斯特港之际，偶然发现海鸥号的约翰逊留下的消息称未能寻得福斯特的温度计。斯米利决定亲自寻觅一番。与约翰逊不同，他成功了，但在他拿出最高读数温度计时，指示器却脱落了。接着，他更加谨慎地拿起第二个温度计，这个温度计显示它在被放置后的十三年中，最低读数为-5 华氏度（约-20.6 摄氏度）。这是南极地区记录到的最低温度，直到 1898 年才被比利时号探险队在南极圈以内过冬时所经历的-45 华氏度（约-42.8 摄氏度）打破。

斯米利还向世界报告了欺骗岛其他一些不为人知的情况。当他离开时，岛上那座不再休眠的火山正处于喷发状态。事实上，他报告说："欺骗岛的整个南部看起来都像是着了火。"[11] 任何人都没想到这座岛的名字是如此名副其实。不仅受到良好庇护的福斯特港一直到有人通过岛墙的开口后才为人所知，而且看似安全、迷人的海港还被一座随时可能爆发的活火山围绕。

詹姆斯 · 克拉克 · 罗斯和南极半岛地区的英国探险队

詹姆斯 · 克拉克 · 罗斯指挥的英国国家探险队在斯米利到访之后的那个夏天抵达半岛地区，这位罗斯曾在 1831 年到过北磁极。来自英国皇家学会的压力促成了这次探险，该协会也为此次科考活动的行程安排做了充分的准备。罗斯接到的命令要求他开展多领域的观测活动，包括地质学、动物学、植物学和水文学等，但他最重要的目标是对南磁极的研究。

罗斯的探险队在很多重要方面与法国和美国的探险队有所不同。它是三支探险队中唯一专注于南极地区的队伍，探险开始之际，三十九岁的罗斯已经是经验丰富的极地探险家了，此前他曾在北极积累多年经验。与迪维尔不同，罗斯在探险之初就赢得了团队的尊重，而且与威尔克斯形成鲜明对照的是，他把这份尊重保持到了最后。此外，他的船只也比迪维尔和威尔克斯的更加坚固，更能胜任航海任务。最后，不同于法国和美国的探险队，罗斯是从大陆另一侧着手南极探险的，因此，他的团队在抵达半岛地区以前就已经积累了两年与南极海冰相处的经验了。

罗斯于1839年9月底率领两艘海冰加强型船离开英国，一艘为他自己指挥的370吨级的埃里伯斯号（Erebus，意为黑暗界），另一艘是340吨级的特勒号（Terror，意为恐怖），每艘船都载有64名海军官兵。缓慢的航程之后，探险队在1840年8月抵达塔斯马尼亚的霍巴特，因为中途曾多次在印度洋的亚南极岛屿上长期停留，观测地磁。埃里伯斯号和特勒号于1840年底离开霍巴特。到1841年1月初，罗斯一直都驾船往冰山群中推进。四天后，他突破冰山包围，直达我们现在称为罗斯海的开阔水域。罗斯在1月11日发现了第一块南极陆地。他继续向南，超越了威德尔保持的纬度纪录，一路上获得了一个又一个发现，并一一命名。他最南的发现是一座绵延数百英里的高耸冰墙。罗斯写道："（我们）成功穿越这堵冰墙的可能性与穿越多佛白崖不相上下。"[12] 这座冰墙今天又被称为罗斯冰架，它是人类在南极发现的第一座大型冰架。在霍巴特和悉尼过冬以后，罗斯于1841—1842年夏季重返罗斯海。跟上个夏天仅用四天就突破冰山驶入罗斯海的开阔水域相比，这一次他总共用了四十天。与冰山缠斗耗时数周之久，这让罗斯没有多少时间开展探索，以致他在这个夏天取得的主要成就便是，沿着罗斯冰架航行到了西边更远的地方，以及微微更新了最南纪录——南纬78°10′。1842年的冬天他是在福克兰群岛度过的。

罗斯于1842年12月中旬离开福克兰群岛前往半岛地区。24日，在南设得兰群岛东端的东北方向约50英里（约80千米）处，他的船员发现了本次航海季的第一座冰山，很快，船队就在松动的浮冰块和稀松排列的冰山之间迂回地通过了。四天后，罗斯往南航行经过了迪维尔的茹安维尔地，接着进入了威德尔海的西北边缘。他在这里获得了这个夏季的第一个发现，并且像在罗斯海那样开始分配名字了。罗斯将一座小圆锥形山命名为保利特岛，这个名字是为了纪念他的军官朋友乔治·波莱爵士上校，他曾在福克兰群岛为探险队提供补给。

罗斯的特勒号在埃里伯斯-特勒湾

埃里伯斯号外科医生罗伯特·麦考密特绘制。图中右侧形状奇怪的岛可能是罗斯命名的库克伯恩岛，这是一小块十分独特的土地。（摘自《南北极发现之旅》，卷一，麦考密特著，1884 年）

看上去，这是一个看似无足轻重的地方得了个并不响亮的名字，但这个地方却在 20 世纪初成了一个重要的所在。接下来，罗斯忙着为更多的发现命名——埃里伯斯-特勒湾，库克伯恩岛、西摩岛和雪丘岛，以及其他众多地方。

1843 年 1 月 5 日，罗斯实现了本航海季的第一次登陆。他和特勒号的船长弗朗西斯·克洛泽在库克伯恩岛上岸，并正式宣布了周边地区的主权。跟随他们一同前往的是年轻的助理外科医生兼博物学家约瑟夫·道尔顿·胡克，他后来成了著名的植物学家①。胡克因为在岛上发现了 19 种小植物而备感骄傲。

罗斯从库克伯恩岛出发沿半岛东岸缓慢往南航行，直到 1 月 9 日在南纬 65°附近遇到无法穿过的海冰才停止。海冰不仅阻止了船，而且还将其围困起来：他们被困住了，不管向哪个方向航行都是徒劳。一直到 1 月 17 日，罗斯都一筹莫展地困在原地，他的船员辛苦拖拽、切割 4 小时后，终于在浮冰块中打开一条通道，船最终得救。

① 正是这次航行让胡克改了行。——译者注

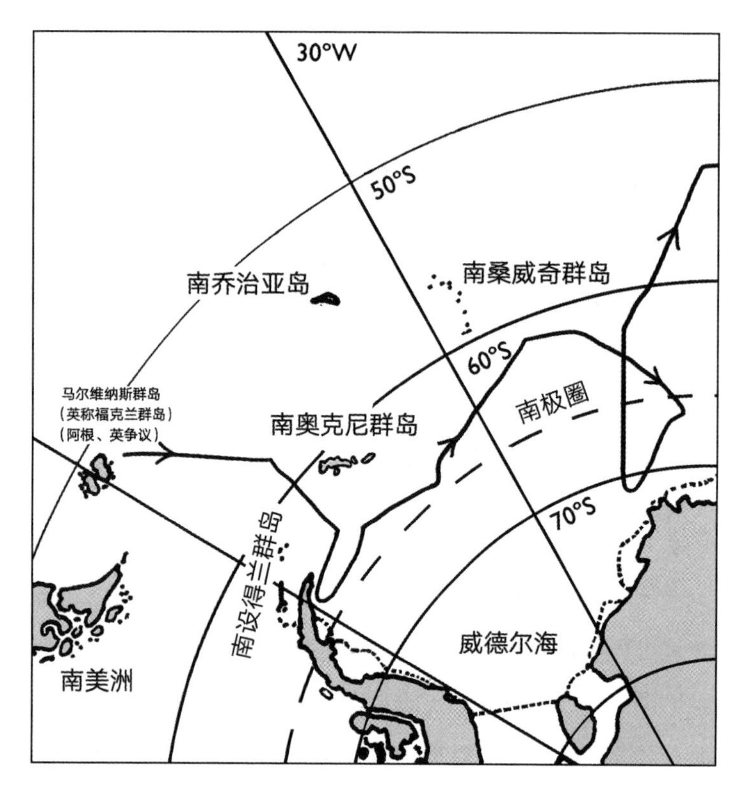

詹姆斯·克拉克·罗斯在南极半岛

离开福克兰群岛后，罗斯出发前往南极半岛东部，他从半岛东部往南航行，一直到南纬65°附近的冰山挡住了去路为止。然后，罗斯转而向东沿着冰缘穿过了威德尔海，直到可再次往南探索的海域。他到过的最南点位于南纬71°30′、西经14°51′，这里距离威德尔海东北海岸的低坡仅45英里（约72千米）。

1月剩下的日子只是给人平添沮丧，因为浮冰群的唯一开口通向北方而非南方。罗斯最终在2月初选择放弃，并采用了新的策略。他计划沿浮冰边缘一直往东航行，直到发现南去的航道。2月14日，罗斯在西经40°附近跨过了威德尔当年南去的航道，他写道："情况完全不同！他眼前的海毫无障碍；我们面对的是密集而无法通过的浮冰群……"罗斯知道迪维尔的类似经历曾让他质疑威德尔的成就，然而，英国船长的反应有所不同。他的结论是，自己的同胞一定遇到了一个异乎寻常的太平年，并评论道：“我们或许要为这位勇敢而大胆的海员在危险中抓住有益的机会而高兴。”[13]

两周后，罗斯终于到达冰缘往南延伸的地方。次日，埃里伯斯号和特勒号双双在西经 8°附近进入南极圈。3 月 3 日，罗斯在南纬 68°34′、西经 12°49′处探测水深。因为他在南极其他地方总是不到 2 000 英寻（约 3 657 米）就触底了，所以他仅备有 4 000 英寻（约 7 315 米）的测量绳。在这里，这条绳明显无法触底，罗斯认为自己做出了一个重大发现，地理学家很快就将其命名为罗斯深度。很不幸，罗斯对自己的测量绳无法触底的原因推测错误。它必然随着深海洋流往侧面漂移，而不是垂直下落。这里的真实深度约为 2 200 英寻（约 4 023 米），但在半个多世纪里，罗斯错误的探测让科学界严重高估了南极海岸距离此处的实际距离。

尽管航海季行将结束，但罗斯仍在继续航行。在探测水深的次日，他驾船驶过了南纬 70°，接着，两船在南纬 71°30′、西经 14°51′遇到了无法穿越的浮冰块。罗斯决定就此结束探险。他永远不知道南极大陆的海岸线就在东南方向离他 45 英里（约 72 千米）的地方。但即便撇开这个本可以成就重大发现的机会，罗斯仍对自己在威德尔海所做的一切感到满意。如果不出意外，他觉得自己的船到达的高纬度足以为威德尔辩护了。

罗斯开始往北撤退之际，大风、雪暴和厚重的浮冰块纷纷来袭，他耗时四天才走了 70 英里（约 113 千米）。然而，自那以后，唯一的严重威胁就只剩开放水域中偶尔出现的冰山了。3 月 11 日，罗斯在为期三年的史诗般的航行中最后一次跨回了南极圈北侧。

英国国家探险队在南极半岛地区停留了近三个月，远超迪维尔和威尔克斯的停留时间，但罗斯同样因为海冰和天气而感到丧气。曾经因在库克伯恩岛收集到的植物而开怀的年轻人胡克是如此总结他们的经历的：“这是三个航海季中最糟糕的一个，大风、大雾和暴风雪持续不断。军官和船员夜里都要保持警醒，时刻注意倾听瞭望员‘前方冰山’的呼喊，接着就是‘紧急集合!’特勒号的军官告诉我，他们的指挥官在进入海冰区的航程中从未在自己的舱室内睡觉。”[14] 然而，即便令人沮丧且条件艰苦，罗斯仍享受自己在这里取得的重大成功。他不仅在南极半岛东海岸发现了重要陆地，而且还深入到了此前从未有船只到过的威德尔海东侧。

此次航行还导致了另外一个后果。罗斯写到自己曾看见“一大群巨大的黑鲸”，他观察到这些黑鲸“可支撑起宝贵的捕鲸业，非常值得我们富有进取心的商人关注”。[15] 五十年后，这份报告会刺激世人发起自罗斯本人的航行之后，深入南极的首次重大探索。

罗斯回国受到的欢迎程度与迪维尔类似，而不像威尔克斯那般受到冷遇。维多利亚女王封他为爵士，他的很多手下也获得晋升。历史同样也奖赏了罗斯，让他在南极这一领域获得了与詹姆斯·库克相提并论的地位。如今，整个南极地图上都印有他取的地名，为了纪念他，众人也把他的名字放了上去。

第五章

寂静南极数十载·新的猎人：1844—1896年

迪维尔、威尔克斯和罗斯都带回了南极可能存在连续海岸线的报告，这是截至当时证明南方的确存在一个大陆的最好证据。即便如此，生活在19世纪中叶的人们也找不到半点理由细究这件事情。这几次官方探险发现的是一片贫瘠的冰雪景观，这对任何人都没什么价值，尤其当时还有那么多需要整个世界关注的事务：欧洲和美洲的经济衰退；搜寻约翰·富兰克林爵士一事让众人几近痴迷，他在1846年探寻北极的西北航道时失踪；以及战争，比如克里米亚战争、美国内战和1870—1871年的普法战争……诸如此类的各种事情吸引了世界各国政府的注意，任何可能重启南极探险的资金也一并被吸走。

1844—1893年，我们知道的是，只有六艘船驶过南极圈，而且仅有一艘驶入南极半岛地区。这六次航行中仅有两次具有历史意义。一次是美国海豹猎人墨卡托·库珀的航行，他在1853年1月26日登陆维多利亚地的北海岸，此地位于罗斯海区域。这是南极半岛以外已知最早的登陆行为。第二次重要的航行属于英国海军科考船皇家海军挑战者号。该船在印度洋南端海域停留数月，这也是它为期四年的环球海洋探险的组成部分。1874年2月16日，它作为第一艘跨过南极圈的蒸汽船创造了历史。更具实质意义的是，挑战者号在这个区域的深海作业采回了岩石，地质学家后来确定它们来源于大陆。这是南极大陆实际存在的第一份科学证据。

至于半岛地区，罗斯离开后的近十年里几乎都无人问津。南设得兰群岛也只是在19世纪50年代初迎来过非常短暂的海狗捕猎潮，接着，在近二十年的时间里再次归于平静。到1870年，海狗种群已恢复到足够让少数猎人获利的程度，尤其他们再捞点象海豹油脂的话就更有利可图了。尽管这番景象远没有19世纪20年代热闹，但仍有少数海豹猎人在1871—1872年到1880—1881年间的每个夏天到南设得兰群岛捕猎。于是，海狗种群再次遭到破坏，猎人最后纷纷离开。这一次，人们且要等到八十年之后才能在南设得兰群岛再次看到这种动物。

爱德华·达尔曼和格陵兰号

19世纪70年代，在南设得兰群岛捕猎的人中有个叫作爱德华·达尔曼的四十三岁德国捕鲸者兼海豹猎人。他于1873—1874年前往半岛地区的航行在两个关键方面具有领先意义。尽管挑战者号是第一艘跨越南极圈的蒸汽船，但达尔曼那艘搭载95匹马力辅助引擎的格陵兰号在几个月前（1873年11月中旬）就开启了南极地区的蒸汽时代。同样重要的是，达尔曼是最早根据相关介绍驶往南极地区调查罗斯的南极鲸鱼报告的人。他在南设得兰群岛捕猎海豹和搜寻鲸鱼的第一个月就开局不利。接着，就像19世纪20年代那些更有进取心的海豹猎人一样，他决定去更远的地方看看。

12月底，达尔曼沿着南极半岛西海岸往南航行，接着就进入一个与他手上的粗略航海图没有半点相似的区域。当在东边的山脉上发现一个豁口时，他所处的位置刚好在南纬65°偏北一点。这个豁口似乎往海岛的北方深入，就像把帕默群岛（当时这里还尚未得名，大家以为它属于陆地）从比斯科的格雷厄姆地隔开了一样。达尔曼认为这个豁口可能是从半岛贯穿至威德尔海的海峡的西端，于是把它命名为俾斯麦海峡。事实上，它是我们现在所知的杰拉许海峡的南端。接下来，在格陵兰号航行至南极圈偏北处然后返航以前，达尔曼为更多的发现命了名——布斯岛、克罗格曼岛（现称霍夫高岛）、彼得曼岛，等等。

达尔曼在 1 月中旬回到南设得兰群岛。他利用这个夏天剩余的时间在这里和南奥克尼群岛捕猎。就在放弃南下以前的 3 月 1 日，达尔曼在乔治王岛登陆，然后在波特湾竖起一个带有铜制牌匾的标杆以纪念这次航行。如今，它已被《南极条约》指定为历史古迹，同时也是南极同类遗迹中最古老者。开创性的格陵兰号蒸汽船也是达尔曼此次航行的另一个见证，它今天已成为其故乡不莱梅港的一件博物馆藏品。

因为猎获的象海豹油脂和少量海狗皮，格陵兰号的航行在商业方面也算取得了小小的成功，但其捕鲸的努力却失败了，因为达尔曼那艘 19 世纪的蒸汽船实在赶不上他见到的鲸鱼。沮丧的赞助商没再资助他。但与捕猎所获的微薄利润相比，这次航海还有一个重要得多的回报。达尔曼沿着半岛西海岸对这一地区展开了自比斯科 1832 年之后的首次粗略调查，他的发现几乎马上出现在了德国地图上。

除了达尔曼及其雇主，其他人几乎也在同时打起了在南极捕鲸的主意。1874 年，苏格兰彼得黑德的大卫·格雷和约翰·格雷根据罗斯对鲸鱼的描述发布了一本小册子。格雷兄弟渴望得到支持，从而把捕鲸船开往南极半岛地区，这正是罗斯眼中颇有捕鲸前景的地方。然而，多年过去，什么都没有发生。

与此同时，少数人也呼吁大家重返南极探险。其中之一便是美国水文局局长马修·方丹·莫里，他在 19 世纪 50 年代末就开始呼吁此事。但内战消耗了美国人的注意力，莫里也逐渐被人遗忘，德国人格奥尔格·冯·诺伊迈尔取而代之成为南极探险的主要倡导者。其他人也在 19 世纪 70 年代开始加入这一事业，一些人是受商业契机刺激，一些则是因为包括地质学在内的科学工作方面的潜在价值，一时间大家兴趣渐浓。但正如格雷兄弟当初一样，诺伊迈尔等人的努力也要多年后才有结果。

1874—1875 年，法国、美国、英国和德国政府资助的科学探险队的确在印度洋的凯尔盖朗群岛等地与象海豹猎人开展过合作。他们来到这些位于南极辐合带以南或其周边的地点是为了建立临时基地，从而观测金星凌日。但除了这些探险队和挑战者号的短暂到访以外，1846—1896 年间南极唯一重要的官方探险活动是德国团队在南乔治亚岛开展的一年期探险。他们是以 1882—1883 年国际极地年（IPY）的参与者身份前往的。这是协调两极地区科学考察活动的国际项目，共有十一个参与国，并建有十四个重要基地，其中十二个在北极。就南半球的两个基地而言，德国团队在南乔治亚岛建立的基地是唯一位于南极辐合带以南的一个。(另外一个是位于火地岛南部的法国基地。)

德国人在南乔治亚岛

1882 年 8 月 16 日，卡尔・施拉德尔率领参与国际极地年的德国探险队搭乘德国海军军舰毛奇号抵达南乔治亚岛。四天后，这艘舰艇驶入该岛东南沿海的皇家海湾。施拉德尔把这里当作大本营，后来又将其命名为毛奇港。

很快，所有人都投入了基地的建设之中。9 月 2 日，施拉德尔的 11 人团队带着牲口和宠物狗移居岸上。毛奇号的船长和军官在探险队的新家中短暂停留，所有人一起在起居室里挂上了威廉皇帝的肖像，并举杯敬祝陛下健康。接着，毛奇号的代表们回到舰上，驶离了这里。

德国人逐渐适应了南乔治亚岛的生活。他们的食物包括登陆时带来的补给，外加在当地能获得的一切食物。他们每周都会烤制新鲜面包并宰杀带来的牲畜以获取牛羊肉，此外，还会食用象海豹和当季的鸟蛋。有一次，他们还尝试了豹海豹肉排。正是探险队的医生兼动物学家卡尔·冯·登斯泰宁提供了豹海豹肉排。他写道："它得到了食客们的一致认可，无人怀疑它所出何处。这道菜带有可怕的巧克力棕色，在我解释了它是什么之后，这道菜就再没做过了。"[1]

这个团队头几个月的主要科学活动是观测金星凌日。老天配合，德国团队取得了很好的观测结果。他们已经非常幸运了，因为当地的天气通常不好。事实上，就在基地刚刚盖好之际，狂风就把地上的积雪从墙上的裂缝中吹入了营房。更多的风暴随之而来。最强的风暴出现在他们在此停留的那个仲夏。

天文学、气象学、地磁学和潮汐观测等国际极地年的官方科研项目构成了德国团队的核心工作，但只要有时间，他们也会对南乔治亚岛展开研究。一些人在短途考察时探索了海岛的近郊，在 10 月末，一个五人小组走得更远，他们徒步几英里进入了基地后面的群山。其他人则专门研究自然史。冯·登斯泰宁尤其喜欢观察鸟类、象海豹、威德尔海豹和豹海豹等。植物学家赫尔曼·威尔则专注于当地的植物学和地理学研究。他还尝试种植黑麦、大麦和小麦，这些努力因为频繁的暴风雪而惨遭失败。另一位科学家的花园情结让他培育出少量豆瓣菜，但基本上也仅此而已。总而言之，南乔治亚岛并不适宜农业生产。

考察队员发现企鹅十分惹人喜爱。5 月，冯·登斯泰宁为科考站带回了一只王企鹅幼崽。6 月，又有两只幼崽加入。科考站成员们按照《圣经》中三位麦琪的名字为它们命名，一位海员还为它们做了皮质紧身衣。

> 侧面为它们的"胳膊"留有开口，背面带有花边饰带。套上这些背套后……这些小家伙就给绳子系住了，于是，它们会绕着我们不用的低矮电报线玩耍。实在想要逃脱的时候，它们会一起拖拽背套，就像陷入泥泞的马车前的马儿那般，整夜拼命折腾，试图拽倒天文台。[2]

国际极地年德国探险队的三只宠物小王企鹅

它们身着皮质紧身衣。这幅插图清楚地表明它们都是幼崽，而非成年个体。（摘自《动物学观察》第二部分，冯·登斯泰宁著，1984 年。最初发表在此次探险的科考报告中，1890 年。）

令所有人感到遗憾的是，名叫卡斯帕的小企鹅几乎一来就死了。8 月，巴尔塔扎尔也步其后尘。

海军舰艇在 9 月初回来接上了施拉德尔的考察队。他们在 6 日从南乔治亚岛出发，此时距离他们来到这个岛上刚好一年出头。就在最后作别之前，施拉德尔往每间小屋内放入了德文、英文、法文和西班牙文便条，上面解释了修建这些建筑的原因，并请求后来的使用者好生照看。幸存的那只企鹅则跟随考察队一同离去。登斯泰宁写道："（船长）为我的'儿子'在甲板上安排了一个舒适而安全的家禽笼子，因为官兵们都认得梅尔吉奥。"[3] 很遗憾，这个住处还是无法取代王企鹅在南乔治亚岛的家。它在舰队抵达蒙得维的亚后不久便离世了。

国际极地年德国探险队的考察尽管范围有限，却具有十分重要的意义。这第一支在南极辐合带以南待了一年的科考团队取得了众多值得炫耀的成果。除了官方的国际极地年观测项目以外，他们的成果还包括对南乔治亚岛的实地调查、对南乔治亚岛动植物的研究，以及第一批南乔治亚岛的照片——实际上也是南极半岛地区已知最早的照片（很不幸，这些照片从未出版）。尽管这个科考站的建筑所剩无几，但探险队为南极地图贡献的众多名字保留了下来，它们是这 11 位冬季先锋的成就的永久见证。

1892—1893 年夏季，南极洲的寂静开始消散。从某种意义上说，历史正在重演。正如商业利益在 19 世纪 20 年代的半岛探险中发挥了核心作用一样，它们也会在 19 世纪 90 年代初期再次发挥同样的作用。然而，这一次的排头兵是捕鲸者而非海豹猎人。

邓迪船队：沮丧的南极捕鲸者和科学家

虽然格雷兄弟在 1874 年发布的小册子引发了大量讨论，甚至出现了少量不成功的尝试，但多年来一直未取得具体的进展。最后，另一位苏格兰人，来自邓迪的罗伯特·金尼斯于 1892 年迈出了第一步。作为捕鲸公司老板的金尼斯决定向南方派遣一支探险队。他派出的四艘船——弓头鲸号、活跃号、北极星号和戴安娜号——曾在他的北极捕鲸船队服役，都是搭载辅助蒸汽引擎的坚固帆船。金尼斯最初仅打算捕鲸，并不想参与科学探险，但皇家地理学会对不列颠群岛几十年来首次前往南极的探险活动很感兴趣，并说服他适当增加一些科研项目。捕鲸者需要持续记录气象数据，船队的医务人员则承担自然历史考察活动。随之而来的则是众人针对少量医生、博物学家职位的激烈竞争。

获选的医生包括弓头鲸号的威廉·斯皮尔斯·布鲁斯和活跃号的查尔斯·唐纳德。两人都受过专业医学训练，但他们（尤其是二十五岁的布鲁斯）更感兴趣的是航程中潜在的科学发现和造访南极的机会。另一位不参与捕鲸的探险队成员是布鲁斯的朋友 W. G. 伯恩·默多克，他受雇的名头是布鲁斯的助理外科医生。默多克是一位没有受过任何医学训练的专业艺术家，他怀揣为此次航程写书的预付款去往南极。

这四艘船在 1892 年 9 月离开苏格兰时举行了隆重的仪式。实际上，还有 14 个兴致勃勃的邓迪小男孩想要偷偷上船一同前往，但仅有两人成功。（及时抓住的 12 个小孩被留在了苏格兰岸边。另外两个男孩直到船队驶入大海深处才被发现，最终他们在福克兰群岛正式加入船员之列。）弓头鲸号于 12 月 8 日先期抵达福克兰群岛，在那里这艘船的船长亚历山大·费尔韦瑟得知，卡尔·安东·拉森指挥的挪威捕鲸船亚松号和邓迪船队一样正前往同一地区。

三天后，弓头鲸号和随后抵达福克兰群岛的活跃号共同往南航行。12 月 18 日之前，它们一直沿着冰缘驶向半岛东北海岸的埃里伯斯-特勒湾。多彩而梦幻的冰体令布鲁斯和默多克着迷不已，但景色也是眼下仅存的奖赏了。罗斯曾写到自己就是在这里看到了露脊鲸，历史上，这个物种最早捕获于北极。相反，邓迪船队的船员们只发现了蓝鲸、长须鲸和座头鲸——捕鲸船上的猎人们实在追不上它们。于是，猎人们转而捕猎海豹，但情况依旧令人沮丧，因为他们发现的并非象海豹或海狗，而是利润低得多的威德尔海豹和食蟹海豹。

捕鲸者因为找不到露脊鲸而感到不满，布鲁斯和默多克的船长也一心想着捕猎，同样很沮丧。默多克写道："如果我们捡回冰川岩石或者企鹅皮，就会招致激烈反对，大家会不断重复念叨这一令人痛苦的事实，即'这又不是科淆探安险'（原文如此）。"[4] 他和布鲁斯都渴望探索这个新世界，在这里，"我们可以为数里格见方的未知土地绘制草图"。但相反，"鲸脂明显是唯一的利益所在，我们驶离（这片陆地）……去搜寻鲸脂……我们身处一个未知的世界，停下来只是——为了**鲸脂**（强调系默多克自己所加）"[5]。

邓迪的捕鲸船

船的周围全是冰山，船员们在浮冰上捕猎海豹。（摘自《从爱丁堡到南极》，默多克著，1894 年）

圣诞节那天，布鲁斯、默多克和唐纳德相聚一堂。他们把各自的科学观察报告做了比较，三人都“对此次探险彻底的商业化悲痛不已”。[6] 唐纳德还利用这次下船的机会试着用凹桶板滑了雪。很不幸，它们直接因为他的体重太重而沉了下去。尽管那天出现了这种滑稽的失误并且还有一些其他抱怨，但唐纳德实际上对这次航行还是相对满意的。与弓头鲸号的船长费尔韦瑟不同，活跃号船长托马斯·罗伯森个人对探险还是感兴趣的，也支持唐纳德的科考工作。

12 月 26 日，邓迪捕鲸船队发现了另一艘帆船。最初，大家以为是掉队的北极星号，但其实这艘船还没赶上。事实上，这艘船就是拉森的亚松号。接下来的数周里，苏格兰人和挪威人在同一区域作业，彼此常常打照面，偶尔也开展合作。北极星号最终也在 1 月中旬前来会合。

时间一天天过去，找不到任何露脊鲸的苏格兰捕鲸人开始怀疑罗斯可能认错了自己看到的鲸鱼。海里满是鲸鱼，但都对不上。他们还试着去追捕一头座头鲸。唐纳德写道：“这真是场激动人心的追逐……正当鲸鱼要被击中之际，它径直撞破了第一艘船的五条捕鱼线，然后逃走了。它再次受袭，大家又投掷了四根鱼叉和六支火箭弹。饶是如此，它在13个小时的战斗后依然得脱……”[7] 邓迪捕鲸者根本没有为他们遇到的鲸鱼种类做好准备。

1月的第二周，活跃号偶然发现一条海峡，它直接通过迪维尔的茹安维尔地南部。船长罗伯森按照船名把它命名为活跃海峡，并且把这片新划定的南方土地命名为邓迪岛。他们在岛上享受了几天好天气，后来一阵风暴把船吹往罗伯森命名的活跃礁。活跃号在此停留了6个小时，因为船员们要卸下数吨来之不易的海豹皮以减轻船体重量，从而让船能自由航行。船队在威德尔海西北部捕猎时也遭遇过其他危险。浮冰差点困住他们好几次，但在蒸汽引擎的帮助下，他们总是设法得脱。蒸汽机为南极各项工作都打开了全新的局面。

邓迪船队于2月中旬离开南极。四个月后，船队回到苏格兰，探险队的赞助商金尼斯自然对他们感到失望。他的捕鲸手发现了上百头鲸鱼，却一无所获。海豹捕猎带来了些许利润，但也仅此而已，远不及一次成功的捕鲸之旅带来的回报丰厚。金尼斯决定就此歇手。

邓迪船队的科学回报也很有限，原因不仅在于一开始就没安排好科考事宜，而且一些船长，尤其是布鲁斯搭乘的弓头鲸号的船长费尔韦瑟，甚至不愿支持哪怕半点科考努力。尽管如此，船队还是取得了一些科学成就。布鲁斯和唐纳德的工作让世人对海豹和企鹅有了更好的了解，他们的气象观测工作也做得不错 。船队还发现了活跃海峡和邓迪岛，并为埃里伯斯-特勒湾绘制了更精准的地图。此外，唐纳德为《苏格兰地理杂志》撰写的探险文章中收录的两张照片也令辐合带以南的土地第一次以影像形态出现在杂志上。而默多克受托写作的书《从爱丁堡到南极》则出版于1894年，这本图文并茂的作品读来十分引人入胜。

午夜的船和冰，1892 年。南纬 64°23′、西经 56°14′。

唐纳德于 1894 年发布的两张照片之一，这是已知关于南极深处的土地和冰体的第一张照片。图片标题所述的位置将这艘邓迪捕鲸船定位在埃里伯斯-特勒湾的南侧。（图片和标题均取自《迟到的南极探险》一文，唐纳德著，1894 年，彩图正对第 62 页。）

探险队的另外一个重要贡献是让布鲁斯开始爱上南极，但他且要等到九年之后才会踏上归途，这一次他会带上自己的探险队，专注于科考事业，而邓迪船队中最赞同、支持科考工作的船长罗伯森也将一同前往。

挪威人来了：卡尔·安东·拉森和亚松号

与邓迪捕鲸者共同捕猎的挪威探险队是来自该国的第一支勇于置身南极冰山的探险队。挪威捕鲸船公司的主要负责人克里斯滕·克里斯滕森也读了格雷兄弟的报告，因此派出这支探险队南下。但与邓迪捕鲸船的赞助者不同，克里斯滕森鼓励他的船长们前去探索。

克里斯滕森为他的船选择的船长——三十二岁的卡尔·安东·拉森——后来会成为南极捕鲸故事中的关键人物。利润当然摆在首位，但与七十年前的威德尔一样，他对科学和探索也感兴趣。他和克里斯滕森当然一拍即合。拉森驾驶的船是 495 吨级的亚松号，一艘配备了 60 匹马力辅助蒸汽引擎的前北极海豹捕猎船。[8]

1892 年 11 月下旬，拉森抵达南设得兰群岛，而邓迪捕鲸船队中最快的船也要在几周之后才能抵达这里。接着，他开始沿着南极半岛东海岸往南航行，最后到达浮冰块挡住去路的南纬 64°40′、西经 56°30′。然后他原路折返，并在北边几英里的西摩岛登陆。出乎意料的是，拉森在岛上发现了木化石，这是世人在如此靠南的地方发现的第一块木化石。

正如前文所述，拉森于 12 月 26 日在埃里伯斯-特勒湾遇到了邓迪捕鲸船队，他把自己往南探索、发现化石以及捕获了 500 只海豹的消息统统告诉了苏格兰人，但坏消息是，他同样并未发现哪怕一头露脊鲸。根据他自己的意愿，拉森决定在这个航海季剩下的时间里和邓迪船队在同一个区域捕猎。他的确成功捕获了两只宽吻海豚——与邓迪捕鲸船队的一无所获相比，他多了两只鲸目动物，但就捕鲸而言，拉森和苏格兰人都失败了。

6 月初拉森回到家时，挪威的报纸宣称此次航行就是场灾难：与苏格兰人不同，亚松号的航行的确赔了本。然而，他本人却乐观得多。当然，他的渔获所得令人失望，但他已经掌握了潜在的捕鲸场的信息，而且他还做了一些有价值的探索，也取得了一些重要的科学成果。克里斯滕森也有同感，而且愿意再试一次。拉森为克里斯滕森收集到的纪念品可能也起了作用，包括企鹅和海豹幼崽标本和一个豹海豹头骨，克里斯滕森把它们悉数摆放在了自家大厅的入口处。[9]

因此，与金尼斯不同，克里斯滕森在 1893—1894 年派出了一支后续探险

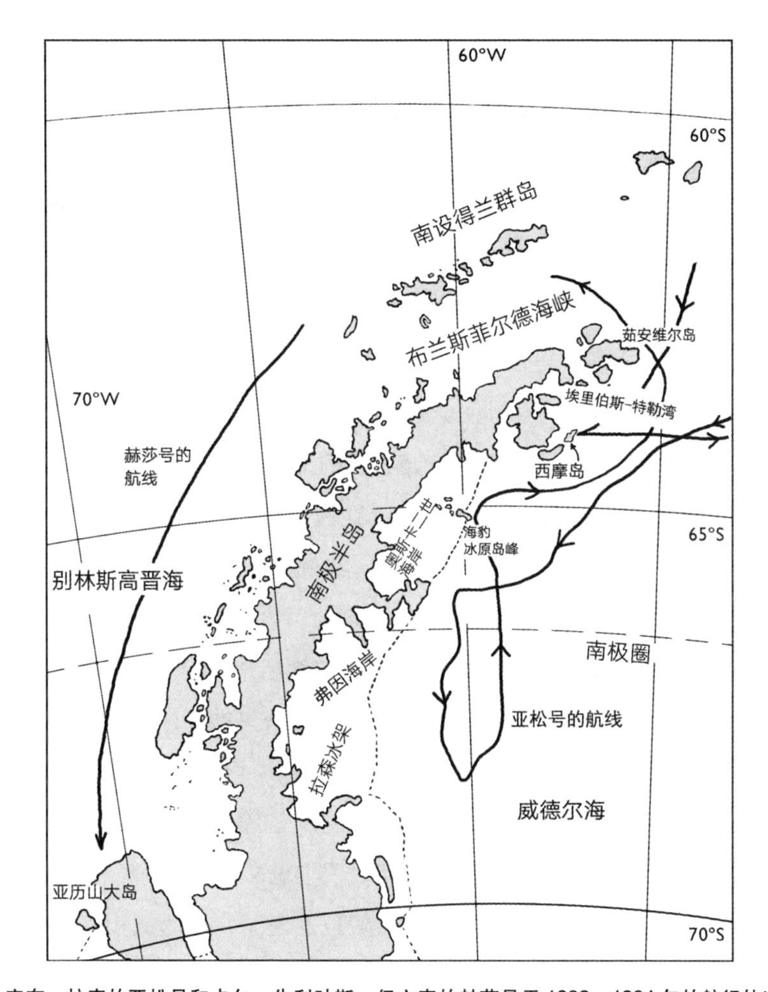

卡尔·安东·拉森的亚松号和卡尔·朱利叶斯·伊文森的赫莎号于 1893—1894 年的航行轨迹

拉森的亚松号沿半岛东岸进入威德尔海域南纬 68°10′的地方比以往任何船只都更远，他也因此最早看见了陆地的重要延伸段和后来以自己命名的冰架。伊文森的赫莎号甚至航行到了更南的南纬 69°10′，在这里他也成为自别林斯高晋于 1821 年发现亚历山大岛之后第一个看到它的人。

队，这次共派出四艘船。再次担任亚松号船长的拉森是这次探险活动的总负责人。其他探险船分别为莫腾·博德森负责的卡斯托号，卡尔·朱利叶斯·伊文森负责的赫莎号，以及另外一艘会留在福克兰群岛的补给船。拉森的小型船队于1893年8月中旬从挪威起航，在福克兰群岛集结后，三艘捕鲸船分头往南驶去。

亚松号在11月初抵达南设得兰群岛。11月18日，拉森再次登陆西摩岛。尽管他又发现了一些化石，但并未发现海豹，在此耗费两周时间寻找猎物未果后，他沿半岛东侧去往更远的南方。这一年，沿途的开阔水域将他带至南纬65°以南一个无人到过的区域。11月30日，拉森发现了西南方向的山脉。第二天，他刚过南纬66°就发现了更多陆地，拉森把这个重大发现命名为奥斯卡二世地（现为奥斯卡二世海岸）。他想往更远的地方探索，甚至想把船开到岸边并登陆，但他抵住了这个诱惑，因为他知道自己的主要目的是捕猎。

即便拉森没时间调查他发现的土地，在搜寻海豹和鲸鱼的过程中展开探索也在很大程度上符合他肩负的使命。于是，拉森继续往南航行，并尽可能靠近半岛海岸，从而观察和记录从山脚延伸出来的巨大冰架蚀刻出的深凹槽。（后来，其他人为了纪念他而把这个冰架命名为拉森冰架。）拉森在12月3日跨越南极圈。三天后，他到达南纬68°10′附近。这里密集的浮冰块最终挡住了他的去路，于是他掉头返回。他在往北航行的途中做出了一个新的发现：此前往南航行时因为雾气遮挡而未能看清的陆地。拉森把它命名为弗因地以纪念挪威捕鲸者斯文·弗因，后者在19世纪60年代发明了鱼叉枪。

12月11日，拉森在南纬65°的冰架附近发现了几座小火山岛。一小队人登上了近海的浮冰，拉森和一位海员套上滑雪板滑行到了拉森命名的克里斯滕森岛（现称克里斯滕森冰原岛峰）。因此，挪威以拉森之名宣布在南极创下了首次成功滑雪的纪录。拉森还在附近发现了海豹，其种群规模之庞大，“躺在一起的密度之高，我们只能绕着它们往前走。看到这么多动物还是挺赏心悦目的……”[10] 他终于有货往船上装了，为了纪念这一点，他把这个海岛群命名为海豹群岛（现称海豹冰原岛峰）。

拉森在半岛东侧探索的同时，伊文森也驾驶赫莎号沿西海岸踏上了重要的南下之旅。他在 11 月 9 日跨过了南极圈，一天后经过了阿德莱德岛，最终在浮冰挡住去路的 11 月 21 日抵达南纬 69°10′。次日，伊文森看到了亚历山大一世地，他成了 1821 年别林斯高晋发现此地以来第一个看到它的人。很不幸，这位挪威人对他的历史性发现不置一词。将在几年后前来这个地区探索的法国人让-巴布蒂斯特·夏科如此写道："尽管亲切而令人尊敬的伊文森是一位勇敢而老练的船长，但地理问题似乎并未引起他的注意……我能从他那得到的关于亚历山大一世地的（全部）信息是：'雄伟而壮丽的山脉，满是冰山！'"[11]

1894 年 1 月末，包括没有真正开展探索工作的卡斯托号在内的三艘船都回到福克兰群岛补充燃煤。接着再次南下，几无所获，外加福克兰群岛最后的召集令传来，拉森带领船队去南乔治亚岛停留了几天。这是拉森第一次见到这个后来在他的生命中产生重要影响的岛。4 月 20 日，卡斯托号和赫莎号的船员们造访了被遗弃的国际极地年德国科考站。此后，赫莎号船员在毛奇港叉住了一头露脊鲸——这也是挪威人在两个夏季中首次看到这种鲸鱼。尽管这头露脊鲸在被弄上船之前就逃走了，但这次经历让挪威人看到了未来南极捕鲸业成功的希望。

7 月初，挪威人带着超过 1.3 万张海豹皮（多数为食蟹海豹）和 1 100 吨海豹油启程回国。尽管站在捕鲸的角度看，探险又一次彻底失败，但它产生了自罗斯以来最重要的南极探险成果，尤其是亚松号沿半岛东侧航行得到的收获。拉森穿过了这些通常被冰封堵的水域，并且所到之处比前人到过最远的地方都要更偏南近 200 英里（约 322 千米），他不仅发现了大片陆地，而且还发现了半岛第一个主要冰架。

克里斯滕森对拉森成功的探险活动感到满意。尽管如此，这次探险成为又一场令人失望的商业活动，这位船东决定暂时中止南极捕鲸活动。

在拉森第二次航行之后的几年里，再没人对半岛地区做出过有意义的探索。

然而，1894—1895 年南极经历了最后一次捕鲸侦察活动，人们这次去的是罗斯海。探险队也来自挪威，斯文·弗因为赞助者，南极号上的亨里克·布尔为领队，他们于 1895 年 1 月在罗斯海地区开展了几次重要的登陆活动。第一次是在波塞申群岛。船员们在这里发现了地衣，它们是南极圈以南发现的第一批植物。几天后，7 名船员在维多利亚地北海岸的阿代尔角登陆，这在当时被广泛认为是南极洲主体陆地上的第一次登陆。但就捕鲸所获而言，布尔的航行与邓迪捕鲸者以及拉森的一样糟糕。

到目前为止四次捕鲸考察航行带来的不良商业后果让猎人们望而却步，然而，相关的地理和科学发现让一直致力于恢复南极探险的人兴奋不已。1895 年仲夏时节，英国皇家地理学会在伦敦举办了第六届国际地理大会，其中两场会议都与南极有关。就在大会快结束之时，1882—1883 年德国南乔治亚岛探险队的医生兼博物学家冯·登斯泰宁提出的一项决议产生了重要影响，它认为

> 南极地区的探险是仍需继续开展的最伟大地理探索……大会建议世界各地的科学团体应以最有效的方式敦促这项工作在本世纪结束以前重新启动。[12]

这项决议获得一致通过，它为恢复南极探险奠定了基础。

第六章

德·杰拉许和他的第一个南极之夜：1897—1899年

1895年国际地理大会之后，三十一岁的比利时海军中尉阿德里安·德·杰拉许率领第一支探险队前往南极探险，但此次探险的缘起却早于地理大会的召开。德·杰拉许多年来一直对南极充满热情，甚至还申请加入澳大利亚/瑞典在19世纪90年代初打算派出的探险队，但该探险队未能成行。于是，德·杰拉许决心自力更生，他花了数年时间筹集必要的资金，安排相关事宜。

1895年，德·杰拉许前往挪威。他在那里加入挪威探险队，前往格陵兰岛东部和扬马延岛（位于格陵兰和挪威之间的北极圈以北）以积累一些冰上经验。其间，他还遇到了自己的探险船，一艘配备了150匹马力辅助蒸汽引擎、110英尺（约34米）长的老旧但坚固的北极捕鲸船。他在1896年购买了这艘船并把它改名为比利时号。（这支探险队也因船名而在历史上被称为比利时号探险队，这种做法在20世纪早期逐渐成为南极探险队的传统。）

德·杰拉许发现凑齐一支探险队成了最大的挑战。船上的船官最容易挑选，其中大多数人，包括副官乔治斯·莱科因特，都来自比利时，只有一个外国人，是二十五岁的挪威人罗阿尔·阿蒙森。招募科学家就困难多了。虽然几个比利时人在德·杰拉许第一次宣布他的计划时申请了职位，但组织方面的延迟让所有人打起了退堂鼓，除了一个例外——德·杰拉许的好朋友埃米尔·丹科，他后来成为探险队的地球物理学家和地磁观测者。最终，德·杰拉许把目光投向国外。地质学家亨里克·阿克托夫斯基和助理气象学家安东·多布罗沃尔斯基都来自波兰，博物学家埃米尔·拉科维扎则是罗马尼亚人。至于船上的医生，德·杰拉许先后雇用过几个人，但他们后来纷纷跳票，他最终选定的是美国人弗雷德里克·库克。库克于1891—1892年在北方的格陵兰岛上度过了一整年，他也是探险队中唯一一位曾在极地过冬的队员。德·杰拉许在挑选合适的船员时遇到了更多的问题。总之，在离开文明之地并前往南极之前，这支来自比利时和挪威的探险队的成员一直都在不断变化。

因此，这支比利时号探险队是个多语言的混合体，其中并无一种通用的语言。在多数情况下，船官和科学家讲法语或德语，船员讲挪威语、法语或佛兰芒语。德·杰拉许试图把此行描绘成一次伟大的国际主义实验，并以此来培养一种大家都愿意践行的美德。

德·杰拉许计划在1897—1898年初夏航行到南极半岛。在此探索之后，他会继续前往罗斯海，他和其他三个人会在这里的维多利亚地北部过冬，他们将尝试在春天抵达南磁极。而探险队其余人员则会在墨尔本过冬，然后在次年夏季回来接海岸上过冬的四人小组。

比利时号探险队于1897年8月16日热闹非凡地离开了安特卫普。然而，引擎故障让德·杰拉许不得不暂缓出发，接着，就在比利时号缓慢驶入附近的奥斯坦德修理的第二天，两名船员决定辞职。德·杰拉许想招募当地人代替他们，但他还面临一个更严重的问题：医生也辞职了。这让他在最后一刻打电话到纽约邀请库克加入。早些时候申请这个职位而不得的美国人此时抓住了这个机会。

德·杰拉许最终于8月底从奥斯坦德出发前往里约热内卢，他在这里接上了库克。他们的下一站是蒙得维的亚。德·杰拉许在这里解雇了不服从指令的厨师。他雇佣的新厨师履职时间很短，因为此人在离开蒙得维的亚的第二天就病倒了。比利时号于 12 月 1 日抵达智利的蓬塔阿雷纳斯，当时这里还是一个人口仅 5 000 人左右的新兴城市。在这里船员人事方面的更多麻烦接踵而至。德·杰拉许不仅不得不解雇了新厨师，而且还开掉了 5 名水手。这就导致了新的问题，因为蓬塔阿雷纳斯当地并没有合适的替代人手。他最后让船上的管家路易斯·米乔特掌厨，此人发誓知道如何烹饪。德·杰拉许还不得不接受比利时号第一个航海季将在人员严重不足的情况下驶往南极。

探险期间的阿德里安·德·杰拉许

后来，行程不断延迟。最初是因为在蓬塔阿雷纳斯停留两周装运补给。此时，德·杰拉许改变了计划，他将用第一个航海季探索南极半岛附近区域，罗斯海区域的工作就顺延到了次年夏天。考虑到不稳定的人员状况，这个决定有其道理，但德·杰拉许其实还另有打算——这样就意味着他可以多等几天，直到用上阿根廷的乌斯怀亚免费提供的煤炭。乌斯怀亚当时就是比格尔海峡上的一个小型军事基地和监狱。

停靠在安特卫普的比利时号，1897 年 8 月 15 日

开启此次伟大冒险的前一天，船上的旗帜在迎风招展。（摘自《在南极的十五个月》，德·杰拉许著，1902 年）

装煤又花了两周。接着，就在离开乌斯怀亚后的那个晚上，比利时号在比格尔海峡中撞上暗礁而搁浅。船员是在附近居民的帮助下才让船脱险的，他们一开始时尝试倾倒船上装的大部分用水以减少船重，并没起到作用。这又让德·杰拉许耗费一周时间在斯塔滕岛补水。

1898 年 1 月 14 日，比利时号一行 19 人——11 名船官和科学家，以及 8 名海员——终于抵达德雷克海峡，接着继续往南航行。船员在 1 月 20 日看到了南设得兰群岛。次日，船再度搁浅。这一次，船员们毫不费力地就让它脱了险，即便随即又撞到几处岩石，但也安然得脱。

第二天，一位船员倒了霉。1 月 22 日一早暴风雨袭来，到下午时分，巨大的海浪席卷了甲板上可移动的一切东西。接着，所有人都听见一声刺耳的尖叫。二十一岁的挪威水手奥古斯特-卡尔·温克当时正绑在船一侧的绳索上清理排水口，因未抓稳绳索失手掉进大海。所有人都忙不迭赶来不顾一切地想要救起他。温克成功抓住了众人扔下的绳子，但冻僵的双手无法在船友们往上拉的过程中抓紧它。因为无法在惊涛骇浪中放下小船，莱科因特腰系绳索跳入海中想帮他。正当他就要抓住温克之际，这位年轻的水手没抓稳手中的绳索，在无助的船员们惊恐的目光中漂走了。

温克的死是此次南极探险迎来的第一个重大打击。尽管如此，船队并无放弃的理由。次日，降下半旗的比利时号驶往休斯湾，此处距半岛西海岸仅数英里之遥。就在约翰·戴维斯的海豹捕猎团伙于 1821 年首次登上南极大陆的地方，德·杰拉许开始对这个地区展开第一次科学调查。德·杰拉许、拉科维扎、库克和阿克托夫斯基登上了一个小岛。踏上南极土地的最初感觉很奇妙。着了魔的库克写道："景致、生命、云朵、空气和水——一切都笼罩着神秘的气息。"[1]

随后，他们还登陆了更多地方。船队在 24 日登陆的第二个地点更有意义。这一次，一大群人带着一大堆科学设备上了岸，探险队的博物学家拉科维扎迅速宣布了此次探险的第一个重要科学发现——一只小得不能再小的昆虫，库克写道，拉科维扎“尽情欢呼，就像发现了金砖一样”[2]。

就在德·杰拉许再次出发调查休斯湾的这天下午，船员们发现了更多令人兴奋的事物。笼罩大地的雾气升起后，德·杰拉许能看到海湾两侧山脉之间的

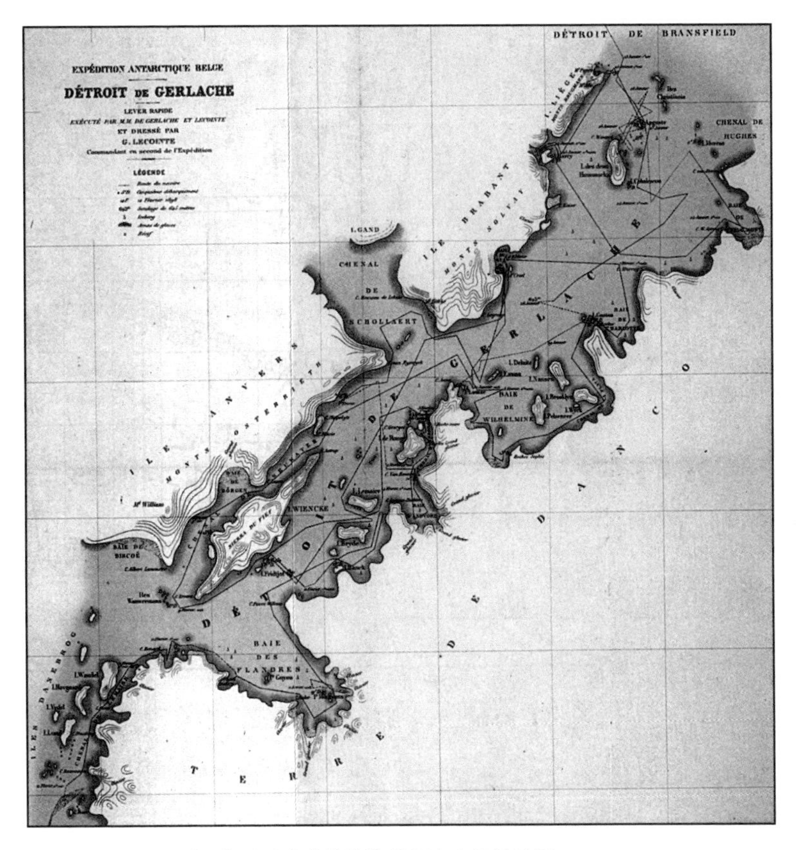

莱科因特详细绘制了比利时号探险队在杰拉许海峡探索之处的地图

这张航海图上的所有细节几乎都得自比利时号的调查。请注意，西侧（左边）的陆地海岸显示为未知领域，这反映出无人正式调查过这片土地（尽管包括比斯科和达尔曼在内的海豹猎人都曾沿该海岸航行，并且得以见其真容。正是比利时号探险队发现的杰拉许海峡将这些岛从南极大陆主体中分割开来）。（摘自《企鹅之家》，莱科因特著，1904 年）

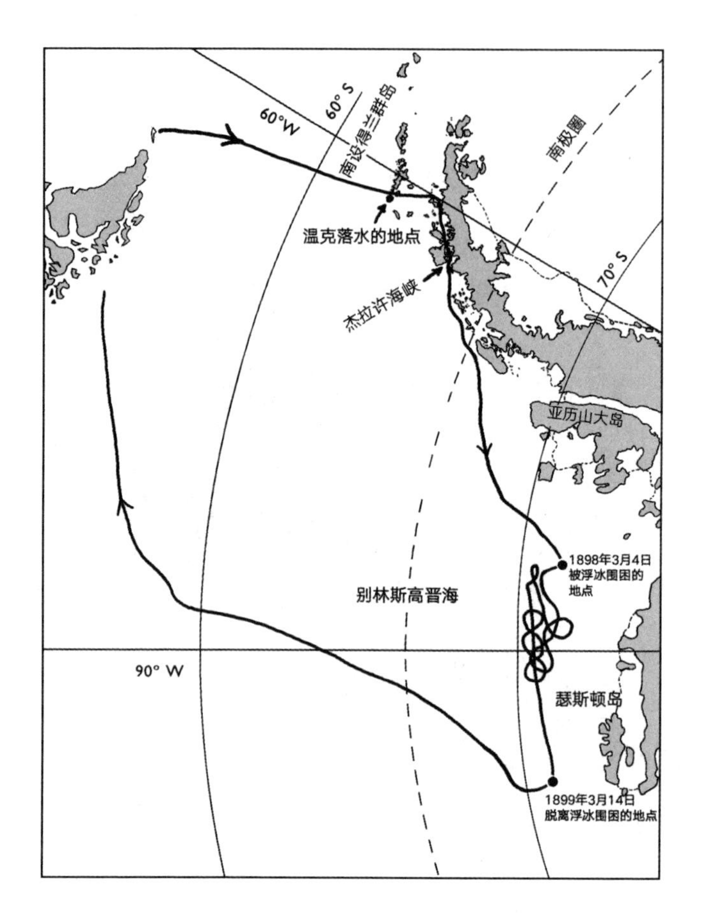

1898 年 1 月—1899 年 3 月，比利时号在南极的航行轨迹

在南极半岛北部连续数周高效率探险后，德·杰拉许驾驶比利时号往更远的南方开去，一直到 1898 年 3 月 4 日被困在别林斯高晋海中为止。接着，比利时号无助地漂移了几个月。1899 年 3 月 14 日，冰体终于放过了它，让它回归文明世界。

两个巨大开口：一个往东北方向延伸，刚好把三一地和半岛隔开；另外一个指向西南方向。

比利时号于 1 月 27 日从西南开口离开休斯湾。德·杰拉许想知道，“这条路能走通吗？它又去往什么地方？是像它最初的方向揭示的那样通往太平洋，还是通向南大西洋的（威德尔海）？……我们无法判断它是个海峡还是一个峡湾”。进入这个未知世界的兴奋感不言而喻，其间，“我们怯生生地经历着那种快乐，而当船头划开未知水域的时候，那些真正的水手就会油然生出一些特别的情感”[3]。

从 1 月下旬到 2 月初，船员们每天登陆甚至多达两三次。一些登陆十分短暂，想要留下来探索的科学家就会感到十分沮丧。1 月 30 日，德·杰拉许决定在神秘海峡以西 33 英里（约 53 千米）长的多山岛屿展开为期一周的科学考察。所有的科学家和船官都想去，但一些人必须留在船上。德·杰拉许最终决定由他自己、阿蒙森、阿克托夫斯基、库克和丹科组队登岸。

布拉班特岛（正如德·杰拉许后来命名的）上的一周对这些人来说是艰难而令人挫败的——他们是第一批在南极尝试陆上长途跋涉探险的人。拖拽塞满补给的雪橇并不是件容易的事，第二天，丹科一脚滑进了一处隐秘的冰缝。幸运的是，他的滑雪板挂住了冰缝两侧，这让他没有跌下去丢了性命。斜坡上更大的一处冰缝让他们彻底停了下来。在他们的停留期临近结束时，一场暖风暴肆虐了他们的帐篷，雨水淹没了他们的营地。不出所料，当比利时号于 2 月 6 日回来接他们时，这五位南极陆上旅行先锋顿觉如释重负。

布拉班特岛上的雪橇之旅

在冰面斜坡上艰难地拖动超载的雪橇。请注意滑雪板和雪地靴，这些人都已经用上了，还请注意南极探险家们搭建起的第一个“现代”帐篷。（均摘自《南极的第一个夜晚》，库克著，1900 年）

一直到八十五年后，才有人在布拉班特岛上待的时间和德·杰拉许的团队一样长。1983—1985 年，一支雄心勃勃的英国团队将会在岛上停留整整两个夏季和一个冬季。这个越冬团队的成员之一是二十二岁的弗朗索瓦·德·杰拉许，阿德里安的孙子。与祖父不同，他会征服冰缝并登顶。[4]

1898 年的登岸团队对自己的经历有太多想说的了。莱科因特也是如此。德·杰拉许的团队在岸上扎营之时，他们已经驶过了那个可能的海峡开口通向太平洋的长度。这个海峡切断了西面的土地，当时的航海图显示这些土地是南极大陆的一部分。德·杰拉许把这个伟大的发现命名为比利时海峡（后来其他人又把它重新命名为杰拉许海峡），把新隔开的群岛命名为帕默群岛。其中三座较大的岛分别按照比利时的三个省份命名——他们扎营的岛以布拉班特省的名称命名，其他两座岛分别叫安特卫普和列日。德·杰拉许还把另外一座大型岛命名为温克岛，以此纪念失事的水手。

2 月 8 日，比利时号进入安特卫普岛和温克岛之间杰拉许海峡的一条狭窄分支。德·杰拉许把这条风景壮阔、迷倒了全船人的水道命名为诺伊迈尔水道，以纪念那位努力推动南极探险事业的德国人。除了肩负医生的职责，库克现在也是正式的摄影师，他花了几个小时拍照。他写道："随着船上蒸汽机的快速运转，新世界的全景图一张接一张摊开，相机的噪声就像证券报价机滴答作响那般规则和连续。"[5] 库克在这里和其他地点的杰出工作让比利时号探险队成为第一支拥有大量摄影记录的南极考察队。

四天后，船员们在杰拉许海峡的南端最后一次登陆。接着，德·杰拉许向南穿过壮阔的勒美尔海峡。他为这个现如今声名在外的壮阔海峡挑选的名字与迥异的气候相关，是为纪念探索非洲刚果的比利时探险家查尔斯·勒美尔。

德·杰拉许驶出杰拉许海峡之际，他已经取得了大量成绩。除了发现这条海峡，他还进行了二十次登陆活动，并且用了一周时间开展南极首次陆地探险。他取得的成果更正了现存航海图中的诸多细节：比利时号曾在航海图上显示为陆地的地方航行，而船员们又在航海图显示为海洋的地方上过岸。但德·杰拉许还想做得更多。他决定往更远的南方航行。

往南航行时他试图靠近大陆海岸，但密集的离岸冰挡住了他的去路。接着，浮冰又把比利时号团团围住。德·杰拉许并不在意。他有一个蒸汽引擎来补充船帆的动力，并且自信能够往前推进到几英里以外的开阔水域。他很快就这么做了，然后继续往南航行。2 月 15 日晚，船员们终于在离开火地岛后第一次看到了一颗星星。这是南极明亮的夏夜逐渐缩短的征兆。这颗星也有更为实际的意义：莱科因特可用它来确定他们的位置。他的航位推测法此前显示他们正位于南极圈边缘处，而所见也确证了他的推测。正是在这个夜晚，比利时号越过南极圈继续往南航行。

次日，德·杰拉许看到了亚历山大一世地。它的壮丽景象“因雄壮的冰川而显得卓尔不群，后者在深蓝天空的映衬下闪烁着黄白光辉”[6]。尽管航程仍让人兴奋，但一些科学家和船官担心深秋将至，于是开始争论下一步的行动。是该撤退，还是冒着被海冰围困的风险在这儿过冬？德·杰拉许不置可否，继续往南航行，直到亚历山大一世地消失在夜幕之中。而亚历山大一世地也成了比利时号一行人十三个月中看到的最后一块陆地。

2 月 17 日到 28 日，德·杰拉许沿着浮冰冰缘线往西航行。浮冰好几次短暂地困住了比利时号。23 日，就在一次受困期间，德·杰拉许问船员是否想过在冰上过冬。所有人都持保留态度。德·杰拉许明白他们的意思，于是承诺往北航行并在半岛和南设得兰群岛沿线开展探索，最后返回乌斯怀亚。然而，四天后，他再次向南推进。

2 月 28 日天刚亮的时候，东边和南边的浮冰开口看起来都很诱人。德·杰拉许事后写道：“无论我们会通过浮冰还是会被阻截；无论我们是及时成功逃脱，从而不必在此过冬，还是被困住，于我而言，至少努力尝试是职责所在。”[7]他驾船径直往浮冰开去，到 3 月 4 日，比利时号已经深入浮冰区 90—100 英里

(约 145—161 千米) 了。此时已无法继续前进，德·杰拉许决定撤退，但为时已晚。当他发动蒸汽机时，浮冰已紧紧将其包围，而比利时号那动力不足的引擎无法强行打开一个缺口。

比利时号被困在别林斯高晋海域的南纬 71°22′、西经 84°55′。只要坚固的浮冰紧紧冻结在比利时号周围，它就能漂起来，虽然被困但依旧安全。相反，如果围绕在船体周围的浮冰裂开了，伴随风暴而来的震动会挤压上千吨海冰，从而轻易地压碎船体。对船上所有人员而言，船只的解体也几乎意味着被判了死刑。外部世界无人知晓船员们的位置——他们被困在距离最近的陆地 300 英里（约 483 千米）的地方，距离最近的其他人则远在 1 000 英里（约 1 609 千米）以外。救援几乎不可能。

德·杰拉许是积极面对这种情况的少数人之一。对他来说，“我们即将成为第一批在南极浮冰聚集区过冬的人，仅仅这个事实就意味着我们需要收集大量数据并研究很多现象。这难道不是我们来这里的目的吗?”[8] 尽管一开始有些恐惧，但多数科学家和船官最终还是多多少少接受了德·杰拉许的观点，他们很快就在浮冰上一边走一边思考在这种条件下可以开展的科考工作了。船员们则忙着让船在冬天变得更加温暖。然而，这种情况还带来了无人预料到的危险。这群人对一连数月不见阳光的冬天可能造成的心理问题毫无心理准备。

大家在冬夜降临前的几个星期都过得很开心，而且他们在寻找区分日子的办法方面很有创造性。他们密切关注日历，以确保不会错过任何国家的任何法定假日。他们还尽可能关注所有重要的生日，他们自己的和所有能想起来的重要人物的生日。（很多后来的探险队也遵循同样的做法。）4 月，莱科因特、拉科维扎和阿蒙森组织了一次以杂志上的插图为参赛者的“选美竞赛”。经过几天十分细致、规则非常复杂、竞选造势活动异常激烈的竞赛后，才真正开始投票。投票结束后，多数人在 464 名参赛者中选出了两位“世界上最美的女性”。

4月下旬开始，太阳变得很低，莱科因特不得不借助星辰计算探险队所在的位置。大家实在渴望得知这些信息，尽管这些信息仅意味着判断他们在冰雪覆盖的海上的暂时位置，因为洋流和大风会带着比利时号在南纬71°南北像醉了酒一样走螺旋式路线。库克评论道："观察到能够精确定位我们所在位置的信息后，甲板上的男人们就会爆发出孩子般的欢呼……（这种）知识似乎让我们离家更近了，因为它提供了一些可资比较的可感物①……"[9]

5月16日，天空晴朗得足以让莱科因特再次确定他们的位置。他们当时正在南纬71°35′、西经89°10′，他们的南极之夜业已开始。如果所处的纬度不变，那他们再次见到太阳就是七十天以后了。如果船往北漂移，会更早；如果往南，则更晚。一切都充满未知。

直到太阳消失以前，多数人都很健康，尽管原因并不在于营养丰富的饮食。实际上，几个月来大家对食物的抱怨从未间断。很多人对罐装和腌制的肉类产生了特别的厌恶，还轻蔑地称之为"不朽的肉"。他们尝过企鹅肉，但多数人觉得更难吃。库克就评论道：

> 似乎无人能吃企鹅肉吃出任何乐趣……我也难以描述其味道和卖相……作为一种动物，企鹅身上的哺乳动物、鱼类和禽类成分似乎均等。如果你能想象一块牛肉、一条臭味鳕鱼和一只帆背潜鸭在一个锅里炙烤，血水和鳕鱼肝油作为调料，大概就是这番景象了。[10]

然而，食物方面最严重的问题既不在于德·杰拉许的供给，也不在于当地动物群所能提供的口味种类。问题出在缺少一位大厨。由管家变身厨师的米乔特热情有余而能力不足。德·杰拉许写道："他在烹饪上下的功夫肯定不乏想象力，

① 即能够明确比较当下位置与家乡位置的距离带来的确定感。——译者注

被浮冰包围的比利时号

弗雷德里克·库克拍摄于1898年5月20日子夜月光下，曝光时间为60分钟。(摘自《南极的第一个夜晚》，库克著，1900年)

他可以把最不相干的东西放一起烹饪，但一般都不会成功……他唯一在行的就是熬汤——尽管还是要指出，他在熬汤的时候就只知道熬，甚至连盐都不加。"[11] 此事非同小可，因为食物在他们局促的日常生活中显得十分重要。正如后来的探险队了解的那样，好吃和不好吃的海豹肉和企鹅肉的区别关键在于厨师。对比利时号上的船员而言，这些重要的新鲜肉类经米乔特烹饪之后难以下咽，多数人都拒绝食用。如此，长期在海上生活面临的可怕疾病坏血病则几乎无可避免，因为其他食物都经过加工或腌制，基本不包含维生素C。

光线逐渐黯淡，所有人也变得越来越虚弱。没过多久，他们似乎都有些不适了。科学家和船官们想制订一个雄心勃勃的工作计划，能够让他们一直工作到太阳再次升起的时候，从而对抗这种蔓延的不适感。实际情况正相反，黑暗不断加深，他们能做的事情越来越少。船员们的情况要好些，毕竟他们每天的时间都被基本的日常工作占据，但他们也感受到了压力。傍晚（现在很大程度上只能靠钟表区分），大家靠阅读和打牌转移注意力。水手会演奏手风琴，想象力丰富或经历丰富之人就讲故事。然而，无论做什么，他们都抑制不住去想当下无助的局面。

作为医生的库克关注所有人的健康，但埃米尔·丹科是他情况最严重的病人。这位地球物理学家的心脏一直都有问题，甚至在日落之前就一直在抱怨呼吸急促。在正常环境下，他可能也没什么事，但比利时号上的生活几乎从不正常。6 月 1 日，丹科卧床不起并停止进食。他最终在 5 日离世。悲痛的船友——现在只剩 17 人了——通过海面的冰缝将他海葬。

丹科去世时，多数人都表现出库克所谓的极地贫血症症状，这也可能是坏血病和极夜诱发的抑郁症共同导致的。然而，丹科的离世是个关键节点，黑暗加剧，大家也越来越沮丧。甚至船上的猫也受到了影响，在 6 月底死去。库克忙于履行医生的职责，他的状态最好。阿蒙森似乎也比多数人更能应对目前的状况。但所有人都有不同程度的不适。

7 月初，此前身体一直很健康的莱科因特也和早已卧床不起的德·杰拉许一样上了病号名单。在这个节骨眼上，鼓舞士气的重任就落到了库克身上，阿蒙森则负责有效指挥，他身处半健康的船官之列。两人都是积极进取之辈。阿蒙森检查了船上的装备，他意识到多数船员的衣物都无法抵御冬季的严寒。于是，他匆忙搜出一堆红毛毯，把它们裁剪并缝制成宽松的外套。这些衣服很有保暖效果，尽管“大家穿着这身衣服出现在甲板上时肯定会出现奇怪的戏剧效果”[12]。

库克想尽办法让大家保持健康。他让最严重的病患在炉子旁待上一小时，保持衣服的温暖和环境的干燥，而最重要的是，改变他们的饮食习惯。他给病人规定的饮食包括牛奶、蔓越莓酱、新鲜的企鹅肉和海豹肉等。库克首先在莱科因特身上尝试这种疗法，并且告诉他如果谨遵医嘱，他就能在一周内下床活动。令库克惊讶的是，治疗竟然达到了预期效果。

在库克的照料下，所有人都开始恢复健康。对于士气同样重要的是，太阳也快升起来了。莱科因特在 7 月 21 日成功进行了几个星期以来的首次航海定位，并兴奋地告诉大家，明天就有可能看见太阳。库克写道，这条消息让“舱室到甲板都沸腾起来”[13]。次日中午前不久，大家激动地下到冰面去观察。太阳如期而至。中午时分，正当大家眼巴巴盯着地平线时，“炙热的云朵分开了，露出了些许太阳。”库克继续写道，“同伴们激动得半晌无言。的确，我们无法用语言描述当时放松的畅快心情和重获新生的感觉……”[14]

众人的士气和希望与太阳一同升起。科学家恢复了他们的工作，德·杰拉许开始筹划下一步的探险。一旦他们在夏天到来后逃离海冰的包围，他会前往维多利亚地，乘坐雪橇前往南磁极。与此同时，德·杰拉许盘算起了准备工作，计划在浮冰区进行长距离远足考察以测试装备，并积累雪橇滑雪的经验。他决定就以距船几英里的平顶冰山为起点开始尝试，从船上众多志愿者中挑选了阿蒙森、库克、莱科因特前往。这看上去并不难，不过是对附近冰山的短途考察。实际上，三人将踏上一趟危险的旅程，难以行走且不断漂移的冰面会让他们远离船，甚至让他们返回时无法找到它。

7 月 31 日，三位考察者迫不及待地拉起了 270 磅（约 122 千克）的雪橇。他们从冬夜的身体疾患恢复而来的信心很快就消失了。但在他们抵达被山谷隔开的冰压力脊处时，真正的困难才刚刚开始，干沙子一样的雪覆盖着山谷，上面几乎拖不动雪橇。此外，看似很近的冰山实际相隔超过 16 英里（约 25 千米）。三人在下午三点左右就停了下来。他们的帐篷是库克在冬天设计的新款式，很好用，但炊具就不行了。他们用了几个小时才把晚餐加热。

在冰上过夜之后，他们再次出发。一处宽阔的冰间水道——即浮冰之间有水的开放通道——很快就让他们停了下来。库克写道，这是“极地冰海中一条巨大的河流”[15]。他们直到次日上午仍未渡过冰间水道，于是就掉头往船的方向走。但比利时号又在哪里？他们只能希望自己走对了方向。三人在天色太暗而无法前进时搭起帐篷又过了第三夜。次日，大雾把他们钉在原地。就在下午天气放晴后，他们惊讶地发现了比利时号，此时它就在 1 英里（约 1.6 千米）远的地方，船上的人也顺着航道前来相助。不幸的是，另外一条水道横在了他们和前来搭救的船友之间，三人只能在冰上再住一晚。次日早上，船上赶来的三人与他们会合后，雪橇探险队放弃了大部分装备，从而能够顺着船友们寻找他们而走过的艰难冰丘路线找对回去的方向。到了下午，所有人都安全地回到了船上，但这也算得上是侥幸脱险了。

太阳再次升起带来兴奋劲之后，8 月却变得让人沮丧。船员们的身体再度虚弱起来。一位船员疯了，其他几位也快了。即便日头一天天升高，寒冷的暴风天气也让人几乎看不见太阳。实际上，船员们在 9 月初经历了整个探险期间最冷的-45 华氏度（约-42.8 摄氏度）。

值得欣慰的消息是，生命逐渐往浮冰块上回归。对考察队而言，冰面上迅速增加的海豹和企鹅种群意味着餐桌上会有更多新鲜的肉食，这些动物也为整日里干瞪着冰雪荒原的船员们带来了新的生命气息。然而，另外一种回归的生命形式就不太受欢迎。老鼠在蓬塔阿雷纳斯时就登上了比利时号，现在，它们的种群在猫死后兴盛了起来。事实上，它们的健康状况比人好得多，它们不仅健康，而且胆子大、动静也大，晚上更是如此。尽管大家用他们能想到的一切手段来对付老鼠的烦扰，但德·杰拉许写道，“老鼠识破了我们所有的手段，并继续不顾一切地把爪子挠向我们”[16]。它们在接下来的航程中从未被打败。

9 月，德·杰拉许对发动机进行了彻底检修，但这更多是为了鼓励船员，而非出于任何实际目的，因为他们仍被冻结在冰面无法动弹。他还开始试验托奈特炸药，据说它在冰面上的威力比一般炸药更强大。爆炸的结果让人兴奋，但完全没什么作用。

比利时号在浮冰围困中迎来了1899年。那时，船员们都已经绝望了，担心可能还要被浮冰围困一个冬天。这让他们把目光投向了远处的冰间水道，其开口足够让船只通行，前提是他们能把船开过去，但这一切看起来也不过是让人更加干着急。库克提出一个帮助大自然清理道路的计划，德·杰拉许同意尝试，主要原因是这能给大家带来希望。库克的想法是从船头和船尾处向开放水域挖掘水渠。他认为，这可能会形成一股足以弱化冰面的水流，冰面因此裂开，最终大家也能重获自由。1月12日，大家终于挖好了水渠，但这项计划却失败了，因为在一天中最温暖的时候流进来的水会在晚上重新冻结。

接着，他们尝试了一个更加雄心勃勃的计划。他们打算沿船尾切出一条水渠，通到最近的冰间水道，大概3 000英尺（约914米）长。这是一项艰巨的任务，也是几个月来最艰苦的体力劳动。唯一不用加入水渠开凿工作的米乔特其实最辛苦，因为他要为辛苦挖掘的人提供饮食保障。1月30日，他们仅剩100英尺（约30米）就完工了，这时，浮冰块破裂并移动了位置，他们来之不易的水渠被堵。浮冰随便动一动就抹去了大家好几周的辛勤劳动。

2月4日，正当大家就快接受还要在这里度过一个冬天的可怕想法时，比利时号开始轻轻地动了动。轻微到几乎无法察觉的浪涌正在挤压浮冰块。一周后，船体周围的浮冰块开始出现裂缝。德·杰拉许立即下令烧锅炉，从而能够尽快启动引擎，浮冰块应该能为他们让出一个开口。第二天，也就是2月12日，他们的人造水渠重新开放并短暂扩大，他们也都准备好了。但接着，水渠再次关闭。

2月15日，浮冰终于减少到足够船逃逸的程度。这天，人造水渠开放到足够他们把船推到这一个月都一直想去的那条冰间水道中。德·杰拉许硬生生从这里驶过一条又一条冰间水道，但南极浮冰就像是顽固的狱卒。次日晚上，比利时号在它的“冬季监狱”以北 12 英里（约 19 千米）处再次受困，海冰把船紧紧围住近一个月之久。然而这一次，逃离的希望大些。船员们可以看到不足 10 英里（约 16 千米）远的地方就是冰缘外的开放水域。

浮冰终于在 1899 年 3 月 14 日释放了比利时号。此时它正位于南纬 70°45′、西经 103°，这里距离它一年前进入浮冰区的位置大约 335 英里（约 540 千米）。其间，比利时号总共蜿蜒曲折地漂过了 1 700 英里（约 2 700 千米），经过了 18 个经度和不到 1 个纬度。就在受困的最后几天，船员们距离陆地仅有 100 多英里（约 160 多千米），这也是他们在整个漂移过程中距离陆地最近的时候了。

比利时号终于获得自由，德·杰拉许不需要别人说服，马上离开了南极。他在 1899 年 3 月 28 日抵达蓬塔阿雷纳斯，船停稳后，船员们立即冲下岸去。时隔这么多个月后再次踏上陆地的感觉既令人不安又非常奇妙。库克写道：

> 我们爬上第一座山峰后，就坐下来观察它会不会像我们待过的冰山那样移动，我们在冰上停留了太久……有几个上岸的水手留在了沙滩上，他们在岸上踢沙子、扔石子……（他们）接连很长时间都在沙滩上玩耍，就像海边开心的孩子一样。[17]

在蓬塔阿雷纳斯停留几个星期后，没钱买煤炭的德·杰拉许最终驾驶比利时号启程回国了。

尽管因为冬季受困而放弃了大部分最初的计划，但这次探险实际上取得了诸多科学成果。冰上一年的气象记录尤其重要。他们在南极半岛停留的三周也收获颇丰。德·杰拉许以系列科考作品的方式出版了自己的发现，一些探险队成员就自己的经历写成的回忆录也很受欢迎。其中最先面世的是库克的《南极的第一个夜晚》，该书出版于 1900 年。德·杰拉许随后在 1902 年也出版了自己的《在南极的十五个月》。

另外一个结果则与人而非科学相关。这次探险让罗阿尔·阿蒙森见识了南极，他在比利时号上获得的经验教训会对他1910—1912年的探险产生巨大帮助，届时他会率领探险队第一次抵达南极点。然而，阿蒙森也是比利时号上唯一重返南极的人。尽管德·杰拉许对南极探险仍抱有兴趣，但他最接近重返南极的时刻在1903年，当时他的身份是让-巴布蒂斯特·夏科首次南极探险（第九章会讲述这个故事）的顾问。他在探险队抵达南极之前就离队了。然而，德·杰拉许的确三次驾驶比利时号带领探险队前往北极。金钱问题让阿克托夫斯基无法组织自己的探险队前往南极。（但波兰政府于1977年以他的名字命名了乔治王岛的一处科考站，他以精神的方式回到了南极。）库克的确回到过极地地区，但去的是北极，他也曾在加入比利时号探险队之前去过那里。可悲的是，我们这位在南极表现出众的医生却因为谎称在1908年到达过北极点而臭名远扬。

德·杰拉许的探险队在慌乱中拉开了南极探险的大幕。历史学家称1897年到1917年这一时期为南极探险的英雄时代，其间共计有来自八个国家的十五支探险队前往南极探险，其中就包括比利时号探险队。[18] 这些探险队中有六支来自英国，法国和德国各两支，澳大利亚、比利时、日本、挪威和瑞典各一支。（美国没有加入很大程度上是因为它对极地的兴趣主要集中在北极，在这一时期之初尤其如此。）这些努力会为南极故事开辟全新的篇章。与此前在一个夏季驾船探索完海岸就走的方式不同，英雄时代的探险队会耗费整整一年或者更多的时间探索南极的陆地和冰山。参与到这项事业中的人数超过600人次。单纯从量上看，这个数字并不是特别令人印象深刻。实际上，这个人数大致相当于迪维尔、威尔克斯和罗斯等人率队前往南极探险的总人数。但就人均在南极停留的时日而言，他们无可匹敌。更重要的是，包括比利时号探险队在内的360多人在南极度过了至少一个冬天。

比利时号探险队之后的下一次重要的南极探险是卡斯滕·博克格雷温克于 1898—1900 年开展的南十字星座号探险，他们到达了罗斯海北缘的阿代尔角，这里距离南极半岛上千英里远。10 人组成的探险队在这里的一个小屋内度过了 1899 年的冬天，他们是第一批在南极圈以南的陆地上过冬的人。1901—1902 年夏季，又有三支探险队出发前往南极。罗伯特·法尔肯·斯科特率领的英国发现号探险队也航行到了罗斯海，并且在麦克默多海峡过冬。此外，这个探险队还首次长途跋涉到了南极内陆，其中有一回，斯科特、爱德华·威尔逊和欧内斯特·沙克尔顿拖着雪橇到达了罗斯冰架上的南纬 82°16′。由埃里希·冯·德里加尔斯基率领的德国高斯号探险队则在南极东海岸边的船上度过了 1902 年寒冷的冬天。再往后就是瑞典探险队，这支探险队航行到了半岛地区。

第七章

诺登斯克尔德生还的传奇故事：1901—1903 年

率领下一支探险队探索半岛地区的人是尼尔斯·奥托·诺登斯克尔德，一位三十二岁的瑞典地质学家，此前对极地及附近区域的生活有所了解。他不仅在 1895—1897 年前往巴塔哥尼亚南部以及 1900 年前往东格陵兰岛的探险中积累了个人经验，而且极地探险也早已流淌在了家族的血液之中。1879 年，奥托的叔叔巴龙·阿道夫·埃里克·诺登斯克尔德成为第一个驾船驶过东北航道的人——经过海冰拥塞的北冰洋和亚欧大陆的北方海岸。巴龙也曾考虑带领澳大利亚赞助的探险队在 19 世纪末前往南极——正是德·杰拉许渴望加入的那支，但最终胎死腹中。

多年来，年轻的诺登斯克尔德一直想开展自己的南极探险活动。19 世纪 90 年代卡尔·安东·拉森在西摩岛发现化石的报道把他的注意力吸引到了半岛东侧。他决心驾船沿这个海岸尽可能往南航行，他将在这里建立一个基地，并和另外五人在这里开展科学项目（尤其是地质学方面的项目）一直到第二年，其间还会探索周边地区。与此同时，这艘船会航行到北方过冬，并在次年夏天回来接上在此过冬的六位探险者。

诺登斯克尔德招募最了解这个地区的拉森为船长，而他驾驶的南极号也常年航行于南极地区，亨里克·布尔曾在 1894—1895 年夏季驾驶它在罗斯海捕鲸。跟比利时号一样，它也是搭载了辅助蒸汽引擎的帆船。船上多数随行船官和船员都是挪威人，因为是拉森选择了他们，但从事科考的主要是年轻的瑞典人。诺登斯克尔德的老朋友约翰·贡纳尔·安德松担任了副指挥，但只是在第二个夏天，因为他首先要履行自己在瑞典学院中的职责。

1901 年 10 月中旬，南极号离开瑞典。诺登斯克尔德首先驶往英国与邓迪捕鲸探险队的老将威廉·斯皮尔斯·布鲁斯会面，后者当时也计划在次年前往南极探险。两人就双方都有需求的科学合作和相互照应等事宜做了讨论。

诺登斯克尔德于 12 月中旬抵达布宜诺斯艾利斯。他在这里又找到两位探险队成员——美国艺术家弗兰克·W. 斯托克斯和阿根廷海军军官何塞·索布拉尔。诺登斯克尔德早先同意满足阿根廷气象办公室的要求，即索布拉尔作为政府代表一同前往，然而他现在得知阿根廷人也想派他加入南极过冬的行列。尽管一开始有所保留，但诺登斯克尔德最终还是同意了。作为回报，阿根廷承诺全力支持这次探险活动。这是个令人愉快的承诺，尽管在当时看来并不是那么重要。

至于二十一岁的索布拉尔，他在临行前三天才得知海军挑选了他前去南极探险。索布拉尔会参与到探险队的磁力学、海洋学和气象学工作中，并且在探险结束时把收集到的所有数据悉数转交阿根廷政府。这就是政府告诉他的全部任务。他不仅没有极地经验，也不会讲瑞典语，甚至没有一件抵御寒冷的衣服。而当他十万火急地在布宜诺斯艾利斯搜寻可穿去南极的衣服时，他很快发现本地的商店全是夏季服装，几乎不卖冬季款。索布拉尔尽可能买了些，但他后来写道：“除了内衣，其他统统没用。”[1]

德·杰拉许曾计划用人力拉雪橇，但诺登斯克尔德打算用雪橇犬。悲剧的是，他从瑞典带上船的 15 只格陵兰爱斯基摩犬有 11 只在前往布宜诺斯艾利斯的途中死于穿越赤道时的不适。因此，在 1901 年 12 月 21 日离开布宜诺斯艾利斯后，诺登斯克尔德绕道福克兰群岛寻找别的雪橇犬。让他反感的是，福克兰群岛的岛民见状故意坐地起价，诺登斯克尔德对他们提供的犬只特别不满，最后仅买了四只价格过高的疑似牧羊犬。

1902 年 1 月 10 日，探险队抵达南设得兰群岛，诺登斯克尔德也花了几天探索南极半岛西北侧。南极号上的船员的经历与比利时号上的差不多。呼应曾经在同一片水域航行过的德·杰拉许的感受，诺登斯克尔德写道，此时“航行在未知的环境中，热切的内心充满渴望，没人知道下一分钟会出现什么惊喜”[2]。然而，此次探险的主要任务是探索其他地方。诺登斯克尔德不情愿地停止思绪，绕半岛往南航行去寻找过冬的地方。

南极号在 1 月 15 日经过了半岛顶端的一处小海湾。诺登斯克尔德向拉森提议说，这里看起来很适合当作未来的仓储基地。海湾对面是一个无名海峡的北端，它位于半岛东侧和茹安维尔岛西侧之间。诺登斯克尔德往南穿过这个海峡，并按照船名为它起名为南极海峡。罗斯在 1842—1843 年夏天命名的保利特岛正好位于海峡南方开口外。科学家和一些船员登陆后，岛上野生动物的丰富性令他们震惊不已。数不清的阿德利企鹅拥挤在岩石遍布的海滩上，上百只海豹懒散地趴在岸边的浮冰上。这一天的重要性远超当时所有人的想象：诺登斯克尔德的船员们看到了两处地方——保利特岛和诺登斯克尔德指给拉森的小海湾——它们在接下来的一年中发挥了十分重要的作用。

第二天，南极号穿过海冰抵达西摩岛。诺登斯克尔德不仅向布鲁斯许诺会在此地留下指示石堆，而且还想在这里为自己建立一个补给仓储点。此外，他还把该岛视为冬季基地。诺登斯克尔德为他的指示石堆和仓储基地寻了个好地方，但西摩岛在其他方面就令人失望了：这位满怀期待的地质学家挖出的化石与拉森十年前在附近收集到的没什么区别。殊不知纯粹是因为运气不好，他在岛上搜寻的地点化石种类刚好最少。最后，诺登斯克尔德把西摩岛排除在了越冬点之外。

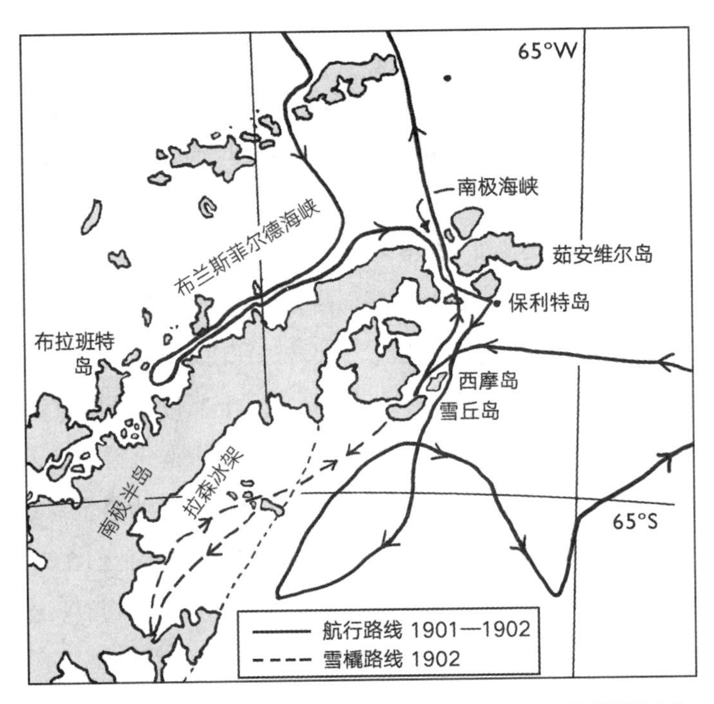

南极号在 1901—1902 年的航行路线以及诺登斯克尔德在 1902 年 9—11 月的雪橇之旅

诺登斯克尔德驾驶南极号开始了自己的调查和探索工作，最后越冬团队在雪丘岛登陆。1902 年秋，他和另外两人进行了一次长途雪橇探险，他们穿过拉森冰架一直抵达亚松半岛，最后返回雪丘岛。

南极号往南航行刚经过南纬 66°就被密集的海冰挡住了去路，而这里也最终成了它此次探险到过的最南端。由于当时正值 1 月的第三周，诺登斯克尔德决心循着冰缘线往东去寻找浮冰区南向的开口。这次进入未知水域的航行是有科学价值的，但其意义也仅限于此。诺登斯克尔德在 2 月初选择放弃，并返航寻找过冬的地方。

2 月 12 日，他在甲板上看到一个地方可作为基地让六人一直待到来年。此地是雪丘岛上的一片岩石海滩，就在西摩岛的南边。诺登斯克尔德几天前才确定了同伴的人选。其中四人早在一开始就确定了下来——诺登斯克尔德自己、负责气象和地磁工作的安德斯·博德曼、答应阿根廷政府将其留下的索布拉尔和因北极经验而入选的水手奥利·乔纳森。自打从瑞典出发以来，诺登斯克尔德一直在动员医生埃里克·艾克洛夫，现在他也同意留下。最初确定的第六人美国艺术家斯托克斯在最后一刻决定退出时，诺登斯克尔德让十八岁的水手古斯塔夫·阿克尔隆德取代他留了下来。

所有人都兴奋地放空了一天半时间，接着，南极号就把过冬团队留在了他们的新家。南极号返回文明世界的途中还要绕道往南建一个仓储点，从而为诺登斯克尔德计划中的春季雪橇之旅提供支持，这个项目将调查拉森在 1893—1894 年发现的土地。也许这艘船会在返回北方的途中造访雪丘岛，也可能不会。留下的六人“像被遗弃了一样与世隔绝……他们将成为这个荒凉海滨的第一批居民”，大家立即开始干活，让预制的木屋适宜居住。[3] 他们在 17 日往屋里搬了一些厨房用具，当天晚上，留下的团队在新家吃了第一顿饭。这是个小而舒适的建筑，配有一个堂屋、一个小厨房和三个大小一致的卧室。

21 日，南极号在返回的途中途经雪丘岛，拉森短暂上岸并报告说海冰挫败了他在南部建立仓储点的努力。接着，他就上船北去。至此，雪丘岛团队及其八只狗才在真正意义上开始自力更生，一直到南极号春季回来为止。

拉森无法建立仓储点意味着越冬团队必须为了春天的雪橇之旅自行建立仓储点。3 月 11 日，诺登斯克尔德、索布拉尔和乔纳森带着四只爱斯基摩雪橇犬和一只福克兰群岛犬准备穿过冰面，在尽可能靠南的地方建造仓储点。大家充满信心，雪橇犬们（哪怕是牧羊犬）拉雪橇的状态也很好，但还是有问题困扰这次远足。结果，一行人建立的仓储点仅距离雪丘岛几英里远。

回到基地后，大家发现还有很多事情要做，因为雪丘岛——一个化石遍布的地方——上可以开展大量科考工作。他们也建好了小屋。完工后，他们还往墙上挂了照片，桌布和垫子都是绣花的，窗帘是红色格子的。很遗憾，厨房油烟和霉菌很快就让他们装修的辛劳付诸东流。结果不仅仅是个美观的问题：墙上的一切都变得一团糟，水汽沿着墙壁往下流，聚集在地板上并冻结成冰，由此产生的巨大冰丘逐渐吞噬了他们的设备。

冬季在 5 月初正式来临。从那时到春天，这些人经历了一次又一次风暴。诺登斯克尔德的日记是这样记录某次特别凶猛的风暴的：

> 我们中有人把此次风暴中的小屋比作一辆火车……晃得非常厉害，桌上水盆里的水晃得就像地震了一样；厨房里的风门也咯咯作响；所有钥匙也都晃得哗哗作响；房门不停开开合合，每次都会吹进冬天寒冷的空气——这一切都令人生动地想起……沿着不太坚固的铁道行驶的高速列车。[4]

他们的基地位于南极圈以北的南纬 64°15′，因此这里每天都能见到太阳。尽管如此，冬天的白昼仍然十分短暂，而且每当风暴袭来，即便外面按理说是白天，仍然暗如黑夜。这让他们倍加珍惜难得的美好时光。

8 月中旬，动物们开始回来了，这也是春天快来了的最早迹象。这意味着人类和狗都可以享用新鲜的肉类。春天也意味着实施雪橇计划的时间到了。9 月 30 日，诺登斯克尔德、索布拉尔和乔纳森带着五只狗踏上了海冰，他们打算往南开展长距离探险。到第二周周末，他们就能看见拉森的奥斯卡二世地的南海岸了。这里明显并不只是一个群岛，诺登斯克尔德一直都渴望为这个关键的问题找到答案。10 月 18 日，他们乘雪橇到达半岛上位于南纬 65°48′的地方。所有人都期待做出激动人心的发现，但第二天乔纳森就差点摔断手臂，这次南行考察也不得不突然中止。乔纳森的伤情和无情的风暴让回程变得异常困难，而且他们一路都在和饥饿做斗争。11 月 4 日晚，疲惫不堪的三人考察队和同样精疲力竭的雪橇犬终于蹒跚着回到了雪丘岛。他们在一个多月里走了 400 多英里（约 644 多千米），并在半岛地区认真地尝试了雪橇远行，而且还为雪丘岛和他们所到最南点之间的半岛海岸绘制了地图。

现在，六个人安心等待南极号的归来。同时，诺登斯克尔德还去西摩岛做了几次短期考察。令他十分高兴的是，他在这里发现了大叶化石，这清楚表明南极大陆曾经的气候比现在温暖得多。（这些化石也是大陆漂移理论的最早证据，这个理论最早由德国人阿尔弗雷德·魏格纳于 1912 年提出。）同样令人兴奋的是，诺登斯克尔德还发现了骨骼比帝企鹅大得多的一种未知企鹅的化石。西摩岛是地质学家的天堂，循着诺登斯克尔德的足迹，后来的地质学家会在这里做出越来越多的重要发现。

圣诞节很快就到了，诺登斯克尔德等人隆重地庆祝了这个节日。之后，时间开始变得难捱，但 1 月初的时候他们能看见北方的开阔水域。他们确信南极号一定会在某天到来。但他们错了。

南极号现在何处？一路上风暴不断，它最终于 1902 年 3 月 4 日抵达火地岛的乌斯怀亚。拉森在 4 月中旬继续往南乔治亚岛航行之前，前往福克兰群岛接上了安德松（诺登斯克尔德的朋友，他现在以副指挥的身份加入探险队）。南极号一行人在这里停留了近两个月之久，科学家在岛上开展科考，拉森和其他船员则忙着捕猎象海豹。

在福克兰群岛过完冬天并在火地岛度过春天后，拉森于 11 月 4 日往南去接留守雪丘岛的人。五天后，他在南纬 59°30′被浮冰块挡住去路，浮冰块出现的位置比此前的夏季靠北得多。拉森在被浮冰围困整整两天后才往前突围了一点距离。接着，浮冰再次聚拢过来，17 日的一场强风暴又让局面更加糟糕。艰难的六天后，拉森终于抵达南设得兰群岛。科考团队在群岛和北杰拉许海峡考察了一周半的时间，他们上岸收集样本、调查这个区域，并且纠正了德·杰拉许制作的这个区域最早的航海图上的错误。

科学家们于 12 月 5 日结束了他们的工作，拉森也为雪丘岛之行选定了一条路线。这真是个美好的夏日，所有人都调整心情准备再次与老朋友相聚。为了开庆祝宴会，他们还从火地岛带了羊肉和大雁肉，并计划用巴塔哥尼亚的常绿山毛榉树枝装饰诺登斯克尔德的小屋。但这一切都未发生。

冒着蒸汽的南极号在南极海峡的冰间水道中走到尽头时，拉森决定撤退，转而取道茹安维尔岛东侧更远的路线。冰同样阻塞了这条路，更糟的是，浮冰块把船困住了。因为南极号已在迪维尔岛北侧随着浮冰漂移几天了，拉森和安德松就想了一个备用计划，准备在南极号摆脱浮冰之后就付诸实施。他们的想法是让安德松和另外两人先在半岛北端登陆，随后三人拉雪橇渡过海冰抵达雪丘岛。如果南极号在指定的日期之前未到达雪丘岛，安德松就带领一同上岸的两人和诺登斯克尔德的六人团队回到登陆点，等待南极号的归来。但他们首先要逃离浮冰的包围，与此同时，他们能做的也只是等待。拉森把受冰山围困的南极号上的圣诞节描述为“黑色忧郁笼罩”的一天——这与雪丘岛上的快乐氛围形成鲜明对照，岛上的六人正兴奋地期待着即将到来的南极号。[5]

12 月 29 日，浮冰的开口让拉森重新控制了船，并将它驶入了诺登斯克尔德前一年 1 月指给他看的那个小海湾。当晚，拉森放下了安德松、探险队的制图师塞缪尔·杜丝和挪威水手托拉夫·格伦登。三人上岸后未作任何耽搁。首先，他们储藏了足够九个人生活两个月的供给品。这是个保险之举，他们担心最后不得不把过冬的六人带回这里。然后，他们套上滑雪板、拉上雪橇就往雪丘岛出发。两地相隔 70 英里（约 113 千米），中间要跨越冰冻的大海和积雪遍布的土地。

一行人都不具备在极地拉雪橇的经验，第一天他们拉起来十分吃力，第二天更是如此。尽管缺乏经验，但到 1 月 4 日时，他们还是前进了不少距离。接着，前方出现了开阔水域，此情此景真让人感觉残酷而讽刺。海冰覆盖的大海让南极号动弹不得，而现在的无冰水域又让雪橇队止步不前。无路可走之际，他们只能选择回到诺登斯克尔德后来为纪念此地的经历而命名的希望湾。

安德松一行人于 1 月 13 日回到希望湾，然后安顿下来等待南极号。头几天过得还挺愉快，杜丝和格伦登忙着营地工作，安德松则忙着研究当地的地质情况，与诺登斯克尔德一样，他收集了大量有价值的化石。但过了几周之后，一种被迫要在此过冬的感觉（他们此前只是把它当成某种极不可能的可能性提及而已）“让他们逐渐失去信心”[6]。停留在希望湾的人现在面临与雪丘岛那批人一样的问题：南极号在哪里？

12月29日，拉森在希望湾放下安德松三人后，便再次尝试前往雪丘岛。这一次，他挺进到了迪维尔岛北部海岸稍远的地方。浮冰再次把船困住。1903年1月9日，情况已经不是船只受困这么简单了，浮冰开始挤压船体的侧面，并且造成了实质性损害。挤压消除后，船员们开始清理浮冰以释放船舵。令他们惊恐的是，他们看到海冰已经把它剥走：杳无踪影。浮冰仍主导着局面，它裹挟着严重受损的南极号往南经过了茹安维尔岛，船尾露在浮冰之上。

三周之后，船尾的浮冰破裂，海水从船体的裂缝中渗了进去。船员们用泵抽了一个多星期的水，他们拼命想要修复船体。2月13日，拉森最终接受了南极号遭受了致命损伤的结局，并把补给和设备——在时间允许的情况下尽可能多地——搬到了附近的浮冰上。船员们最后一次聚集在船下，一一走上甲板和南极号告别。最后，他们升起了瑞典国旗，并弃了船。船上所有成员（包括受

浮冰块围困中即将沉没的南极号，接着它就沉没了，空留旗帜飘扬

拉森在弃船后拍摄于浮冰之上。（摘自《两载南极冰上之旅》，诺登斯克尔德等著，1904年）

到惊吓的猫）下船后，已是孤立无援的他们只能站在浮冰上眼睁睁看着南极号沉没。

现在，二十人和一只猫留在了浮冰上，他们唯一的生存希望就是在冰上长途跋涉 25 英里（约 40 千米）前往最近的陆地保利特岛。经过一晚上的准备，他们把装备堆放在了小船上。然后，他们把载有重物的小船的牵引绳套在背上——为了穿过浮冰之间的开阔水域，船是必需的——在冰上，在水里水外，在密集的浮冰块、压力脊和冰间水道中艰难地前行。大家最终在 2 月 28 日抵达保利特岛。他们耗时两周费尽千辛万苦才到达这个贫瘠的圆形小岛，其直径只有 1 英里（约 1.6 千米）。这里距离希望湾大约 40 英里（约 64 千米），那里的三人还在期盼一艘永远不会到来的船，而 65 英里（约 105 千米）开外的雪丘岛上，还有六个人在疑惑中盼望着。

南极海冰把一支探险队一分为三，三组人马相隔如此之近，每组人只要知道望向何方，就能看到其他人。后来，诺登斯克尔德回忆：

> 第二年，我常常望向（希望湾和保利特岛），想知道那边是否也有人在等着和我们短暂地交流一下，但我想破脑袋也想不到，这两个地方在这个漫长的冬天刚好就是我们另外两组探险队员的营地。[7]

但三组人员中没人知道其他两组的位置。到 2 月底，所有 29 人知道的唯一事实就是，他们会在南极度过一个计划外的冬天。

雪丘岛的六人准备最为充分。他们的小屋很坚固，而且在去年夏天登陆时卸下的应急储备也足够应对第二年的需求了，而且他们还可以吃海豹肉和企鹅肉，还能用海豹油做燃料，应该能安然过冬。这组人员甚至对眼前的局面有些不以为意。一旦他们意识到自己可能要在这里再过一冬，“没人抱怨，也没人表示恐惧，但从那一刻起，我们不再谈论救援了。要是谈到未来，也不过商量一下度过下个冬天的最佳准备和办法。”诺登斯克尔德写道。[8] 尽管他们具备如此明智的思维框架，但这段时间依旧艰难。六人已经共同生活了好几个月，他们开始有点彼此厌倦了。大家的小屋也日渐磨损。他们用完蜡烛后，就设计了一个海豹油脂灯。这盏灯很有用，但诺登斯克尔德也看到，“这盏灯把屋里照得太亮，让人能够借着灯光清楚地看到墙上糊的硬纸板，这反倒让人感觉不舒服……可怜的照片昏暗而潮湿，铁制品上锈迹斑斑，床品也七零八落……”[9] 然而，与其他两组探险队员的境遇相比，这些都是小问题。

希望湾的三人面临的纯粹是生存问题。他们有两个至关重要的需求：住所和食物。两者几乎全得靠周围贫乏的资源解决。最终接受了没有船会赶来的现实后，安德松写道：“（我们）就彻底改变了生活方式，从十分文明开化的方式（有补给做保障）迅速转变到几乎仅依靠周围土地的出产过活。”[10] 大家杀死尽可能多的企鹅和海豹，刚刚够在秋冬抵御饥饿。

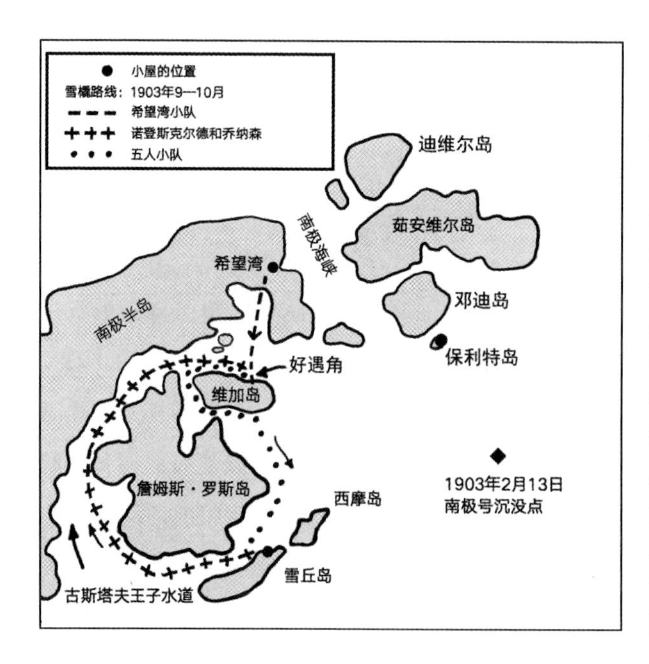

1903 年冬天的三个小屋

诺登斯克尔德的三组彼此孤立的探险队员的小屋的位置。他们几乎就在彼此眼皮底下度过了一整个冬天，只是他们刚好不知道往哪里看。希望湾距离保利特岛 40 英里（约 64 千米），距离雪丘岛 70 英里（约 113 千米）。相应地，保利特岛距离南极号沉没点 25 英里（约 40 千米），距离雪丘岛上的小屋大约 65 英里（约 105 千米）。图中的轨迹显示了希望湾的三人和雪丘岛上诺登斯克尔德的六人最后于 1903 年 10 月在好遇角相遇前走过的路线。

帐篷过薄，无法过冬，于是他们建了个石头小屋。帐篷支在小屋里，也算提供了一面隔热墙，企鹅皮铺在岩石地板上用作地毯。热和光都来自临时的灶台和灯具中点燃的企鹅和海豹油脂。这两种装置产生的黑色油烟很快就落到了他们身上和日渐朽烂的衣服上。其间，三人充分使用他们手上的一切东西。绳头、木头屑、空罐子——所有这些都被小心翼翼地囤积、利用起来以维持生存，其生活水平尚且远远不及上文诺登斯克尔德用悲伤的口吻描述的那种。

这三个人在不可思议的艰苦环境中相处愉快。他们是两个瑞典人和一个挪威人，职位分别是科学家、受过教育的船官和普通海员。三人平等分工，并且坚定不移地彼此照应。每个周日都是他们的盛大节日，这天的三餐都会使用此前储备的物资。一个月中的头几个星期天是最棒的，在这些日子里，他们会允许自己喝上一小口杜丝口袋里的那瓶杜松子酒。他们宣布彼此的生日和 5 月 17 日的挪威国庆日为特许饮酒日。生存让他们无暇他顾，白天总是过得很快。晚上难捱些。手上没有一本属于自己的书，甚至没有任何读物，他们有时候甚至会像对待罐中食物那样翻来覆去饥渴地阅读罐子上的标签。其他时候，他们会聊天或互相讲故事。然而，多数时候他们只是生活在“智性虚空的荒漠之中……”[11]

保利特岛上的二十人在两个重要方面与希望湾的三人有所不同。他们人数更多，并且知道南极号的遭遇。人多有利也有弊。尽管那意味着有更多人手可以分担工作，而且大家可以跟不同性格的人相处，但同样也需要更多的食物和住处。他们知道这艘船的命运也有不好的影响：他们是唯一知道南极号无望在下一个夏天出现的人。

大家的命运的确有别，但保利特岛上的这群人也面临和希望湾三人同样的重要生存问题：在南极寻找食物和住处。保利特岛的饮食条件十分堪忧。与希望湾的三人相比，拉森一行人甚至没有携带足够的食物储备来改善一下饮食上以海豹和企鹅为主的单一性，更糟糕的是，岛上的食物来源也不稳定。这帮人刚来到岛上时，发现多数企鹅因为季节的原因都已离开，剩下的仅几千只，这与1902年1月看似无数的企鹅数量形成鲜明对比。那大家记忆中的海豹呢？它们也走得差不多了。拉森估计他们需要共计3 000—4 000只企鹅才能活过冬天，但他们第一次大规模捕猎才收获1 100只。因此，饥饿的威胁会持续存在。幸运的是，他们偶尔发现的企鹅和海豹也足够维持生计了。附近的淡水湖真是个不可多得的水源，湖水不需要用本就匮乏的燃料加热融化，大家也很快习惯了遍布湖底的腐烂的企鹅尸体。

建造足够二十人居住的小屋也是项挑战。拉森一行人用玄武岩石板建造的家最终落成，顶部还铺设了帆布和海豹皮，当风暴袭来而无法外出的时候，小屋为大家提供了坚固而紧凑的庇护空间。但他们很快就发现屋子的地基满是臭烘烘的企鹅粪。

修建房屋和储备食物的任务一旦完成，人手众多就会变成劣势，因为此时仅有一人在真的干活，那就是厨师阿克塞尔·安德森，他“待在厨房，日复一日……几乎就要被企鹅油脂的恶臭熏死”[12]。对其他人而言，无聊很快就成了个严重的问题。二十一岁的生物学家卡尔·斯科茨伯格写道：“要介绍我们在……冬季如何度过每一天，只需要描述某一天就可以了——任何一天。”[13] 他们设法从南极号上带来的几本书真是派上了用场。

一天又一天，一月又一月，保利特岛上的日子慢慢地过去了。鉴于他们的生活条件，拉森一行人除一人以外，其他人都可以说是惊人地健康。这个唯一的例外就是年轻的海员奥利·克里斯蒂安·温纳斯格德，他咳嗽得厉害，但岛上又缺乏药物和医生，同伴们也只能干着急。温纳斯格德于6月7日去世，原因可能是受简陋的居住环境影响而加重的心脏疾病。当时身在雪丘岛的探险队队医艾克洛夫在离开瑞典的时候就知道温纳斯格德的心脏有问题，但并未意识到会严重到丢掉性命的程度。如今，年轻的水手已经离开，悲痛的朋友们把他埋在小屋外面的雪堆中，他们想等到春天的时候再给他挖一个体面的墓穴。春天来到时，他们把他埋在岩石遍布的土地里，上面还堆了石冢作为标记。

雪丘岛上的探险队成员不仅生活条件更好，而且还可以把时间花在科考项目上。春天到来之际，诺登斯克尔德决定在救援船——不管是南极号还是别的可期待的救援船——到来之前开展一次长途雪橇之旅。他和乔纳森于10月4日向北出发。另外一组探险队成员则已经在寻找同伴的路上了，他们是往南进发的。

希望湾的探险队成员在冬天有大把时间思考目前的处境。有一点很清楚：如果南极号全员沉没，那就没人知道他们在哪儿了，而获救的唯一希望就在于乘雪橇前往雪丘岛。他们准备在9月20日出发。离开是为了做点事情自救。这个想法让他们兴奋不已，但风暴让他们推迟了一周，这一周因此显得更为煎熬。等待期间，杜丝在一块木板上刻下了“J. G. 安德松、S. 杜丝、T. 格伦登/来自瑞典南极号探险队/1903 年 3 月 11 日—9 月 28 日在此过冬”。[14] 他们最后在 29 日离开的时候，把木板绑在了帐篷支架上。

南极的三个小屋

上图：保利特岛小屋，住有二十人。中图：希望湾小屋，住有三人。下图：诺登斯克尔德的雪丘岛小屋，住有六人。（均摘自《两载南极冰上之旅》，诺登斯克尔德等著，1904 年）

安德松还在一个瓶子里放了一张便条，并把瓶子放在了木板下面。便条——和木板上的信息一样是用英语写的——简要记述了他们在此的经历以及他们前往雪丘岛的计划。

坏天气连续多日困扰着希望湾的探险队成员，但冰面之行很顺利，只要不被风暴困在帐篷里，他们就能前进很长的距离。他们在 10 月 9 日抵达位于希望湾和雪丘岛之间的维加岛北岸。次日早晨，安德松决定暂停一天，从而让格伦登冻伤的脚休息一下。杜丝和安德松把这一天用于绘制地图和地质勘探。真了不起。自救途中食物有限且装备不足，而且他们已经知道风暴会延误时日，但仍选择花时间从事科考。他们知道自己离雪丘岛不远了，那为什么要赶？安德松决定再待上一两天。

与此同时，雪丘岛的二人组诺登斯克尔德和乔纳森正拉着雪橇缓缓向北前进。11 日晚，两人也在希望湾一行人停留过两天的同一个维加岛的北部露营。次日，诺登斯克尔德两人商量起了他们的计划。诺登斯克尔德认为他们应该前往保利特岛。不过，他们首先要探索附近的地方，特别是“那个显眼又突出的黑色海岬，我每次往那个方向望去的时候都会被它吸引。就好像有种预感告诉我，那里一定有重要而神奇的东西在等着我们”[15]。

那就是：希望湾一行人也正拉着雪橇往同一个海岬赶。停下来吃午饭的间隙，他们看到冰面上有海豹。难道还会是别的什么东西吗？安德松写道：“‘那些海豹到底怎么回事，直愣愣地站在那儿。’我们中有人说道……‘它们在动。’又一个声音喊道。我们感到一阵激动。有人取出望远镜观望。‘是人！是人！’我们喊道。”[16] 杜丝开枪发出信号。不管是谁，他和安德松疾步上前拦住了这些人。

这边，诺登斯克尔德也写了他在同一时间看到的情形：

> 我瞥见了一些不同寻常的东西，迟疑片刻之后，就没有进一步关注了，但乔纳森再次说道：“那边陆地附近是什么奇怪的东西？”我瞥了一眼说：

“嗯，看起来像是人，但当然不可能了。我想可能是企鹅!”接着，我们继续往前赶。但乔纳森立刻说道：“我们难道不能停下来看清楚吗?”我再次往那边望去……这次我拿了望远镜。戴上望远镜的那一刻，我的手稍微颤抖了一下，一眼望去确定真的是人之后，我的手抖得更厉害了……（我们）往岸边奔去……很快，我就隐约听见了喊声……但我没有回答，因为这事对我来说实在过于蹊跷。我现在已经能看清楚了，那些乍看起来奇怪的人正向我们赶来……

是两个人，从头到脚都黑得跟煤灰似的，黑色的衣服、黑色的脸……我从未见过这种文明和极度野蛮的混搭。我绞尽脑汁也想不出这些人属于哪个种族。他们热情地伸出双手寒暄道：“幸会幸会。”英语发音纯正地道。我回答说：“谢谢，幸会。”他们继续说：“你们听说过什么船的消息吗?”我们回道：“没有。”“我们也没有!”“那你们觉得这里怎样?”“哦，从各方面看都很好。”然后我们双方陷入了片刻沉默，我百思不得其解。他们是南极号探险队的成员，但仍旧对这艘船一无所知。我觉得似乎应该问问他们的身份，以及他们到这里的缘由。[17]

安德松意识到诺登斯克尔德尚未认出自己，就故意开玩笑讲英语。接着，他结束了恶作剧，诺登斯克尔德认出了他们的身份。四人从一开始的震惊中回过神来后，便一同赶往格伦登做饭的地方。当晚，他们一起在海岬过夜，所有人都同意把这里命名为好遇角。

次日早晨，诺登斯克尔德直接带领扩大的队伍折返雪丘岛。他们于 10 月 16 日抵达雪丘岛上的小屋，这天也是探险队离开瑞典的两周年纪念日。当晚，九人（而非六人）举行了盛大的庆祝宴会。主菜是烤帝企鹅。这也是他们第一次尝试这种本地少见的鸟，大家几天前就期待把它做成纪念日的盛宴了，其间还仔细为它拍照并展开了相关研究。[18]

“是两个人，从头到脚都黑得跟煤灰似的……”安德松和杜丝在好遇角遇到了诺登斯克尔德

塞缪尔·杜丝绘制（摘自《在企鹅和海豹群中的生活》，杜丝著，1905 年）

希望湾小队的抵达大大提振了雪丘岛上的士气，重燃起了大家的科考热情。接下去的那个月里，九人一边期盼着不知何时会由何处而来的救援船，一边心情愉快地工作着。

1903 年 11 月 8 日，大家照例开始了一天的安排。九人中有两人此前去了西摩岛采集企鹅蛋，诺登斯克尔德预计他们当天下午回来，所以当被告知有人向他们的小屋走来时，他不以为意。然而很快，所有人就都出来了，他们疑惑为何回来了四个人而不是两个。更蹊跷的是，陌生人看上去干净而开化。采集企鹅蛋的两个人解开了谜团，他们兴奋地向大家介绍了同来的阿根廷救援船船长朱利安·伊里亚尔和他手下的一名军官。诺登斯克尔德写道：“一个月内，我们第二次亲历了整个意义世界都幻化成迷雾的时刻……”[19]

伊里亚尔的意外到来起因于南极号在 1902—1903 年夏季结束时未能返航引发的一系列事件。信守承诺要帮助诺登斯克尔德的阿根廷政府旋即采取行动，他们命令驻伦敦的海军专员伊里亚尔从欧洲带回装备和补给，回国开展搜索救援。伊里亚尔在伦敦咨询过很多人，其中就包括此前一年跟随斯科特的发现号探险队抵达罗斯海且归来不久的欧内斯特・沙克尔顿。这次探险也是沙克尔顿第一次与南极发生关联。（十二年后，他会出于个人原因对伊里亚尔采购过的店铺发生兴趣。）阿根廷政府升级了一艘小型海军军舰乌拉圭号作为探险船，他们为这艘船做了些前往南极的准备。与此同时，瑞典那边也展开了自己的救援工作。政府派了长期在北极服役的捕鲸船弗里肖夫号，并且挑选经验丰富的极地水手奥洛夫・格莱登担任指挥。

弗里肖夫号于 10 月 30 日抵达布宜诺斯艾利斯，格莱登在此得知与他保持官方合作的伊里亚尔已先行出发。乌拉圭号在乌斯怀亚等待瑞典人，但仅仅等到了 11 月 1 日。弗里肖夫号在布宜诺斯艾利斯因为准备工作而延期之际，伊里亚尔已独自往南航行。他于 6 日抵达西摩岛，然后按照拉森在上个夏季提供的信息寻找诺登斯克尔德等人。伊里亚尔在发现采集企鹅蛋的探险队成员搭建的帐篷后就结束了搜寻。

诺登斯克尔德告诉伊里亚尔自己可以在两天内启程离开雪丘岛，但问题是，南极号及其 20 名船员尚不知去向。他们是继续搜寻，还是先往北折返咨询当局？大家在伊里亚尔吃完饭回到船上后也没做出决定。此时，雪橇犬开始狂吠。派去调查的人员报告说，有 6 个人正往这边赶来，很可能是乌拉圭号上的船员。但在有人前去跟这些访客致意后，小屋里的人就听见了“热烈的欢呼声，中间还夹杂着‘**拉森**！（强调语气是诺登斯克尔德所加）拉森来了！！’的呼喊”，诺登斯克尔德写道：“（我们）这几天经历了太多，对我们来说已经没什么是不可能的了，但我依旧不敢相信自己的耳朵。肯定听错了，肯定是有人因为一天的骚动而产生了幻觉。但我和其他人一样急忙跑了出去，接着，所有的疑惑都打消了。”[20]

拉森意识到，如果要救出手下，他必须与另外两组人员中的一组重聚。因此，他和另外5人在10月31日驾驶小船向希望湾出发了，留下13人等待他们回来救援。他们在11月4日抵达，发现这里已被遗弃，但石头小屋还在，这个绝望中的庇护所跟他们自己的差不多，安德松的便条写着他们一行人已经前往雪丘岛。拉森唯一的选择就是跟上去。待风暴过后，他和同伴们再次上船出发，他们抵达雪丘岛的时间刚好是乌拉圭号抵达当天的深夜。

11月10日，诺登斯克尔德给格莱登写了一张便条，把它放在厨房桌子上的一个瓶子里后，就关上小屋离开了。接着，15名探险队员带着雪橇犬与阿根廷人一同驶往保利特岛搭救另外13人。当乌拉圭号次日早晨抵达保利特岛时，岛上的探险队员们睡得正香。但伊里亚尔在船上鸣笛后，他们很快就醒了。年轻的斯科茨伯格是如此描述他们的反应的：“疯狂地挥动着手臂，呼喊声震耳欲聋，企鹅们也被吵醒并跟着叫了起来；小猫则一反常态，绕屋子四围跑来跑去；每个人都争着第一个冲出房间，不一会儿，我们就都衣衫不整地出现在了山坡上，实在不忍卒视。”[21]

离开保利特岛之前，伊里亚尔用他从英国带来的物资搭建了一个补给仓储点，南极号的船员则在温纳斯格德的石冢上竖了一个十字架。他们还在希望湾短暂停留，以便重拾此前收集的科学藏品，这给诺登斯克尔德的这次探险画上了句号。

乌拉圭号的归途是诺登斯克尔德一行人最后的挑战，航行途中的持续风暴几乎就要在船抵达合恩角之前把它撕碎。然而，到达之后，问题就甩在身后了。抵达布宜诺斯艾利斯之前，伊里亚尔在两个地方作了停留。第一个地方是斯塔滕岛附近的努埃沃天文台，他把诺登斯克尔德的雪橇犬留在了这里，作为瑞典人送给阿根廷海军的礼物。第二次停留是为了发送告知救援成功的无线电报。

他们最终于 12 月 1 日抵达布宜诺斯艾利斯。阿根廷海军为修理船只而把正式抵达的日子推后了一天，以便它在欢迎的庆祝活动中大放异彩。12 月 2 日乌拉圭号正式抵达布宜诺斯艾利斯之际，庆祝的狂欢也拉开了帷幕。成千上万人涌上码头迎接乌拉圭号，船员们下船后途经的街道也挤满了人。

诺登斯克尔德的传奇故事满足了大众的想象，而诺登斯克尔德、安德松、拉森和斯科茨伯格还合作撰写了一本流行作品：《两载南极冰上之旅》。该书出版于 1904 年，很快就被翻译为多种文字。然而，这次探险更有意义的产物是其丰富的科学成果，它们在 1904—1920 年陆续出了厚厚的六卷。

在探险队的上级成员中，只有拉森后来重返南极，第一次是在 1904—1905 年间重返南乔治亚岛。诺登斯克尔德计划于 1914—1915 年间加入英国和瑞典的

保利特岛上的小屋，1995 年 1 月

阿德利企鹅在倒塌的石墙上筑巢，它们毛茸茸的幼崽在人类曾经生活过的小屋遗址上休息。（作者供图）

联合探险队重返南极，但因为第一次世界大战而泡汤。

那弗里肖夫号呢？尽管得知乌拉圭号已经往南航行，但格莱登还是在继续执行自己的任务。他于 12 月 3 日抵达雪丘岛，这天刚好是乌拉圭号上的船员们在群众的欢呼中登陆布宜诺斯艾利斯的后一天。次日，几个瑞典人上岸检查了小屋，并且发现了诺登斯克尔德的便条。本可能事关重大的航行就这样成了历史的注脚，但南极海峡西南侧的狭窄航道弗里肖夫海峡却让格莱登的努力没有白费。

南极地图上的另外一些名字也是为了纪念这次探险。其中几个尤其让人思绪万千，比如好遇角、希望湾、温纳斯格德角、南极海峡和乌拉圭岛等。但诺登斯克尔德的探险不仅仅在南极留下了地名。探险队的三处小屋和温纳斯格德的石冢及十字架如今都是受《南极条约》保护的历史古迹。雪丘岛小屋的状态最好，它如今已被阿根廷考古队精心修复并受到严格保护。从探险队处回收的文物也在小屋内展出，夏季到来的游客和其他各路人士都可以参观。同样得益于阿根廷政府的努力，安德松在希望湾的小屋遗址几乎进行了重建。至于拉森在保利特岛的小屋，屋顶已经消失不见，但原有的墙体残余仍在，企鹅已经在此筑巢。2003 年，瑞典百年纪念探险队把一块牌匾安放在了小屋的废墟上，上面刻有曾经在此生活的所有人的姓名。几年后，阿根廷考古队开始用栅栏围住此处，以防企鹅进入，小屋局部的修缮工作也开始展开。[22] 但很遗憾，尽管栅栏并未阻止这些鸟儿进入废墟，却成功把它们困在了里面。最后，栅栏被移除。到 2012 年，被卷起的栅栏已弃置在了残垣之外。

第八章

布鲁斯和斯科舍号，南极传来风笛声：1902—1904 年

1903 年冬，诺登斯克尔德一行并不是身处南极半岛的唯一人马。当时在那里的还有威廉·斯皮尔斯·布鲁斯的斯科舍号探险队，与困在那里、孤立无援的瑞典人不同，这些人本就打算到这里探险。

邓迪捕鲸探险之后的多年里，布鲁斯一直都渴望重回南极。但事与愿违，命运安排他前往北极从事科考活动，他在斯匹次卑尔根岛上待了几个夏天，并且还在西伯利亚北部的法兰士约瑟夫地群岛上待了一整年。因此，布鲁斯在 1900 年着手准备他的南极冒险时，已经是英国最有经验的极地科学家了。

斯科舍号探险队由带着几分骄傲甚至有时候有点挑衅的苏格兰人组成。事实上，布鲁斯后来写道："虽然探险队打着'科学'的旗号，但旗帜上印的却是'苏格兰'。"[1] 表达这种民族自豪感的一个不幸后果是，英国政府拒绝支持"这种纯粹的苏格兰探险"，但他们曾向罗伯特·法尔肯·斯科特的探险之旅提供了 4 万英镑的资助。[2] 探险队十分吃紧的预算几乎都取自苏格兰，其中大部分来自纺织品制造商科茨兄弟詹姆斯和安德鲁。1902 年初，布鲁斯购买了一艘

140 英尺（约 43 米）长、上了年纪的挪威产北极捕鲸船，船上配有辅助蒸汽引擎，部分原因在于它便宜。他把船开到苏格兰后，负责检查这个便宜货的海事设计师声称它存在严重问题，并说最好“把它装满石头……沉到海底”[3]。但布鲁斯筹到了修理费用。接着，他自豪地将其重新命名为斯科舍号。出乎大家的意料，这艘船竟然在南极探险中表现十分出色。

除了英格兰动物学家大卫·威尔顿（他曾到过法兰士约瑟夫地群岛），其他最初上船的人都来自苏格兰。包括布鲁斯在内的科考人员共计 6 人，他们全都有在冰雪条件下工作的经验。船官和船员也都信心十足，他们几乎都是具备多年北极冰上经验的捕鲸者，而船长托马斯·罗伯森也以邓迪捕鲸探险队活跃号船长的身份到过南极。

探险队的核心工作是海洋学和气象学考察，但布鲁斯也打算做一些地质学探索。他的计划是往南航行到威德尔海东侧，直到发现陆地为止。他会在那里建立一个基地。斯科舍号会在冬天离开去从事海洋学科考活动，然后在次年夏季返回接上过冬的团队。

斯科舍号于 1902 年 11 月中旬从苏格兰出发，并于 1903 年 1 月 6 日抵达福克兰群岛。布鲁斯在这里完成往南航行的准备的同时，队员们也开始了科考活动。然而，布鲁斯此时已经改变了计划。他仍会探索威德尔海的东部海域，但斯科舍号并不会放下越冬团队就走，而是会留下来作为基地。所有人都会留在南极过冬。

1 月 26 日，布鲁斯带领 34 人和 8 只雪橇犬离开福克兰群岛。一周后，他们在南奥克尼群岛东侧遭遇浮冰块。2 月 4 日，多数科考人员匆匆登上这些岛收集了少量标本。接着，斯科舍号开始寻找越冬之所。布鲁斯早先就已经开始了日常的海洋学探测，船员们很快意识到，在浮冰四伏的海面包围的倾斜甲板上作业是极度危险的。斯科舍号往东航行时沿着南纬 60°的浮冰区北缘线前进，这一努力取得了重大发现。他们发现了长长的水下山脊的一部分，现称斯科舍山脊（或斯科舍岛弧），它从火地岛一直向南延伸到了南桑威奇群岛，接着又往西延伸到了南设得兰群岛和南极半岛。（南乔治亚岛、南桑威奇群岛和南奥克尼群岛都是山脊沿线的高点。）

2 月 15 日，冰缘线开始往南倾斜之际，布鲁斯也几乎抵达南桑威奇群岛。三天后，他兴奋地在几乎无冰的海域越过了南极圈。然而，浮冰块很快重新出现。经过数日的蜿蜒前行，斯科舍号抵达了南纬 70°25′、西经 17°12′，船体暂时被海冰困在了这里。突破海冰包围后，布鲁斯立即往北撤退。与海冰缠斗之中，他又在寻找南向航路的过程中度过了令人沮丧的一周。但他并没有找到出路，在浮冰块数次短暂包围斯科舍号之后，布鲁斯承认失败。虽然愿意让斯科舍号在近岸处和海冰冻在一起，这样他也可以在岸上工作，但布鲁斯还是决定避免像比利时号那样无助地在海上漂泊一整个冬天。

往更远的南方航行已不可能，布鲁斯决定在南奥克尼群岛过冬。他知道这些崎岖的岛屿上有取得成果的良机，因为并没有别的科学家曾在这里从事长期考察。布鲁斯还看到这里的另一个好处：斯科舍号可以在冬天来去自由地开展海洋学考察活动。斯科舍号的船员们于 3 月 21 日再次得见南奥克尼群岛，并开始在未知的海岸寻找安全的港口。在暴风雪和能见度几乎为 0 的情况下缓慢航行四天后，布鲁斯在劳里岛南岸找到了安全港。他把这里命名为斯科舍湾。

南奥克尼群岛的政治地位在 1903 年还很模糊。虽然乔治·鲍威尔在 1821 年替英国宣布了这些岛屿的主权，但英国政府从未采取进一步的行动。布鲁斯本可以基于占领而做出新的主权声明，但他感觉自己这次私人的苏格兰探险活动缺乏政府的授权。经过多次讨论，斯科舍号一行人宣布南奥克尼群岛为无主之地。三副约翰·菲奇对此有自己的想法，他认为这些岛屿非常适合用作流放地，“囚犯们夏天可以修建房屋，冬天则忙着铲除冰上的积雪”[4]。布鲁斯于 1903 年 3 月 25 日在斯科舍湾下锚，他真的打算在冬天反复进出。但南极对此有自己的想法。布鲁斯到达这里三天后，漂进来的浮冰就把海湾阻塞了。一周内，海冰冻结成形，斯科舍号被困在斯科舍湾动弹不得。所幸冰盖为船员前往海岸提供了一条1/4英里（约0.4千米）的便道。

在法兰士约瑟夫地群岛生活一年的经验让布鲁斯确信鲜肉的价值，因此，他让厨师每周做三次海豹和企鹅肉。布鲁斯的手下很清楚比利时号探险队对企鹅肉的评价不高，但是他们自己的评价完全不同，于是便得出结论说，弗雷德里克·库克对企鹅肉完全不能吃的评价的唯一原因在于比利时号的厨师不行。探险队中的植物学家R.N.拉德莫斯·布朗写道：

> 我真的要反对这种刻板评价。虽然我承认（企鹅肉）红黑的颜色看起来奇怪，而且口味也无法用我吃过的任何东西来形容，但我必须证明它作为食物还是不错的……我认为，在苏格兰西部岛屿的众多贫瘠岩石上建立企鹅栖息地是个不错的选择，这样就能向本国居民介绍一种新的美味了……[5]

1903年冬天的劳里岛让人感觉惬意。探险队员们住在斯科舍号上舒适的船舱中，享用着美食，而且还有大量工作让他们忙个不停。此外，擅长滑雪的布鲁斯和威尔顿还教大家滑雪。这项运动对苏格兰捕鲸者而言十分陌生，但他们很快也乐在其中了。探险队员们还尽可能为每一个节日和每个人的生日举行庆祝活动。规模最大的是仲冬派对，船员们的这一天过得特别愉快，因为寒冷对健力士捐赠的啤酒产生了意想不到的影响：啤酒中的大部分水分都冻住了，大家倒出的液体基本为纯酒精。布朗写道，很快，“前甲板上的狂欢迅速变得乌烟瘴气……”[6]

尽管这些人在南奥克尼群岛的几个月里都住在斯科舍号上，但布鲁斯还是让他们在岸边修了几座建筑——一座勘测堆石界标、一座地磁观测小屋和一座工程量最为庞大的房子。如果船遭遇不测，这座房子还可提供最后的庇护。

在斯科舍号的实验室中

从左到右分别是布鲁斯、皮里和威尔顿。（摘自《斯科舍号之旅》，三名科考队成员著，1906 年）

然而，它的主要用途是，布鲁斯计划春天返回南美洲修整斯科舍号，其间它可为留下的气象学团队提供住处。到 9 月房子建成之际，修建这座 14 平方英尺（约 1.3 平方米）的建筑消耗岩石的量共计已超过 100 吨。布鲁斯把它命名为奥蒙德之家，为纪念爱丁堡气象学家罗伯特·特拉伊尔·奥蒙德，他从此次探险计划伊始就热情地提供支持。

意识到海冰困住了斯科舍号以后，布鲁斯旋即把冬季科考计划的海洋学主题改成了专门研究南奥克尼群岛。第一支野外探险队于 7 月 28 日开始调查劳里岛。这次考察很成功，但布鲁斯缩短了他们的行程，并于 8 月 5 日召回了此次考察的领队兼探险队队医约翰·皮里，因为斯科舍号二十五岁的首席工程师艾伦·拉姆塞的情况十分危急。

拉姆塞病了几个月了，他在福克兰群岛出现过的心脏问题复发了。很不幸，他当时隐瞒了自己的病情，只因为还想继续探险。拉姆塞于 8 月 6 日去世。两天后出现了难得的好天气，他的 33 名同伴在风笛手吉尔伯特·克尔吹奏的风笛声中把他的尸体运到了岸边。他们把拉姆塞埋在一座山的山脚，为了纪念他，布鲁斯把这座山起名为拉姆塞山。

英雄时代的三支探险队先后前往南极半岛，四人殒命，其中三人在往南极航行之前就有健康问题，但依旧坚持前往。比利时号的丹科和南极号的温纳斯格德因为极端生活条件使他们本已脆弱的健康状况恶化而丧命。然而，拉姆塞的生活条件比他们都好得多，也许是南极的寒冷和探险的紧张状态让他未能撑过去。无论如何，拉姆塞像丹科和温纳斯格德一样做出了自己的抉择。现在，他也走了。

拉姆塞的离开让所有人都悲痛不已，但工作还要继续。与此同时，冬季的大风让布鲁斯觉得斯科舍湾的浮冰破碎的概率在增加，而斯科舍号也因此更可能驶往几英里以外的开阔水域了。但接下来，大风变小风，到8月底，浮冰再次塞满海湾。

劳里岛上的十字架标志着艾伦·拉姆塞位于山脚的墓冢（摘自《斯科舍号之旅》，三名科考队成员著，1906年）

海冰可能难以应付，但春天也快来了，海豹最早回来报告这个消息。9月10日，大家抓住了一只威德尔海豹幼崽，布鲁斯把它放养在船上。小家伙“对着留声机叫唤的时候”布鲁斯最开心，“录音效果也非常好”。[7] 这是人们第一次记录到南极海豹的声音。[8] 遗憾的是，没法教会它从瓶子里喝牛奶，尽管它愿意吮吸其他任何东西，尤其是大家的靴子和裤子。它太可爱了，乃至它在20日因抽搐而死去后，所有人都怀念不已。

海豹们在 8 月底纷纷回归，企鹅也在 10 月的第二个星期归来，此时的劳里岛足以令博物学家喜形于色。科学家很高兴有企鹅可以研究，而所有人也都欢迎它们提供新的鲜肉来源。布鲁斯还尝试用他的电影摄影机拍摄回归的动物群，但令他沮丧的是，这种努力并不像他记录海豹幼崽的叫声那般成功。他的确为企鹅栖息地拍摄了 50 英尺（约 15 米）长的电影胶片，但也仅此而已。不过，首部南极电影无论长度如何都可算作另一项历史成就。[9]

尽管春天到了，但海冰依旧把斯科舍号紧紧困住。到 10 月底，船员们决定牺牲那个带来坏运气的“替罪羊”。他们先是搬出一个真人大小的假人受审，这个假人的原型显然是植物学家布朗。当事人自己写道：“雕像套上我的旧衣服后，就更加惟妙惟肖了，但我是在不知情的情况下交出衣服帮忙打扮这个牺牲品的。”船长罗伯森迅速宣布该雕像有罪并判处火刑。布朗接下来写道：“站在外面的冰上……我非常独特地体验到了往‘自己’身上浇半加仑助燃烈酒，然后一把火把‘自己’点着的感觉。真是个愉快的夜晚。”[10] 但斯科舍海湾的海冰不为所动，它依旧把船抓得很牢。

海冰最终放开斯科舍号时，布鲁斯和另外 5 人正在野外调查。11 月 23 日，船突然在毫无预兆的情况下漂出了斯科舍湾。皮里次日一早出发去告知布鲁斯这个消息，但接下来发生的事情真是让人哭笑不得。皮里离开斯科舍号的时候说自己会在上午 11 点以前回来。当他在 8 点半抵达布鲁斯的营地时，在场所有人便迅速赶回船所在的地方，到达时刚好看见冒着蒸汽的斯科舍号驶出斯科舍湾。船长罗伯森真的掐准了 11 点，他看到皮里并未按时返回，便决定驾驶斯科舍号绕岛航行去迎接布鲁斯。尽管布鲁斯一行人呼喊不已，但船还是开走了。于是，布鲁斯带着大家重返营地，他们留足了时间迎接斯科舍号，但发现狂浪让他们无法靠近船。因此，罗伯森又只能回到斯科舍湾等待布鲁斯从陆上返回基地。

斯科舍号于 11 月 27 日离开劳里岛。6 人留下来继续从事科考活动，一直到布鲁斯回来开展次年夏季的工作为止。气象学家罗伯特·莫斯曼为负责人，与他一起工作的还有皮里、三名船员、一名科研助手以及一只充当宠物的雪橇犬。

布鲁斯在五天后抵达福克兰群岛，当地居民热情地接待了他，英国海军战舰上的船员为他带来了一大捆近期的报纸和杂志。布鲁斯的手下最感兴趣的莫

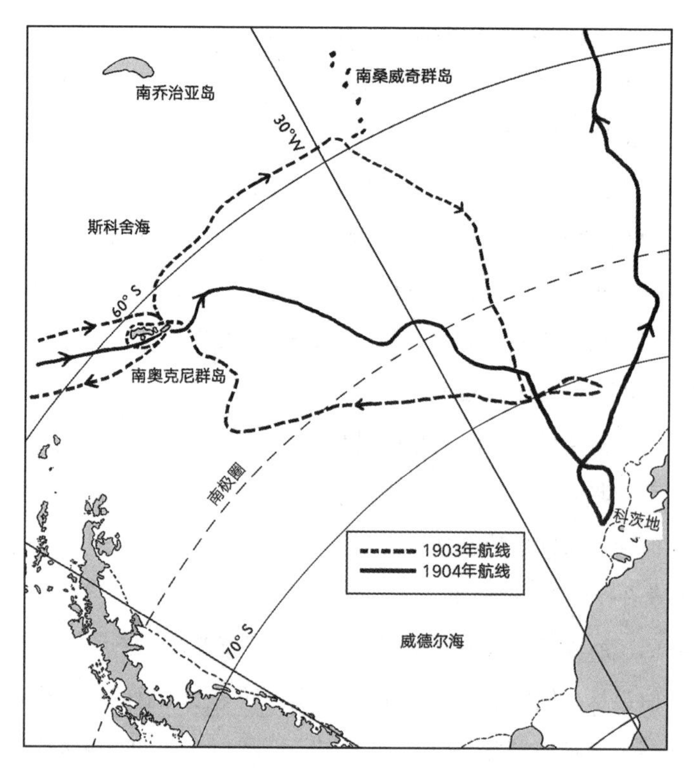

斯科舍号于1903—1904年间的探险路线

布鲁斯最初的计划是把船停在威德尔海海岸过冬，但海冰挡住去路后，他便撤回到了南奥克尼群岛的劳里岛，并在那里度过了1903年的冬天。1903—1904年夏初，他一开始向北航行，然后又折返向南，往南航行期间，他先是到了劳里岛，然后又深入威德尔海，他们至少到过海岸，并将之命名为科茨地。

过于其他南极探险队的消息——斯科特的发现号被牢牢冻在了罗斯岛，另外两艘船正在营救它的路上；德里加尔斯基的高斯号在东南极洲海岸被海冰冻结一年后打道回府；诺登斯克尔德的南极号已消失不见。因为与瑞典人有相互支持的协议，布鲁斯个人对诺登斯克尔德的处境很是担忧。因此，当他了解到乌拉圭号已经往南搜救后就释然了些。几天后，一艘邮船带来了诺登斯克尔德获救的消息。这个消息打消了布鲁斯想要加入搜救的念头。因为邮船正要去往布宜诺斯艾利斯，他便乘机搭了便车。速度慢些的斯科舍号也在第二天往同一个方向驶去。

因为船需要修理，同时布鲁斯要设法弄些钱，于是，斯科舍号在阿根廷首都停留了近一个月之久。探险计划被破坏，次年夏天的工作也变得岌岌可危，更不用说仍在劳里岛上的 6 个人了。布鲁斯焦虑而绝望地向国内要钱，科茨家族再次施以援手。

阿根廷政府曾要求加入诺登斯克尔德的探险活动，现在，布鲁斯愿意为阿根廷人提供前往南极的机会。他建议阿根廷人接管劳里岛气象站的事务。虽然布鲁斯在提出这个邀约之前没有咨询英国政府，但他确实向布宜诺斯艾利斯的英国官员提出了自己的行动建议。官员们写信给伦敦的外交部，官方回复最终在 3 月下旬发来，其要点是英国政府没有反对意见：他们认为南奥克尼群岛毫无价值。反之，阿根廷政府却趁势抓住了机会。

1904 年 1 月 21 日，斯科舍号离开布宜诺斯艾利斯前往劳里岛基地，同船载有 3 名阿根廷人。至此，莫斯曼及其苏格兰团队已经在斯科舍湾停留了两个多月。2 月来临，船仍无踪影，他们开始担心斯科舍号可能遭遇了什么不测。如果船在尚未抵达文明世界之前就已失事，那就没人知道劳里岛上还有人。他们需要想办法自救吗？果真有自救的办法吗？当斯科舍号绕道福克兰群岛并最终于 2 月 14 日抵达劳里岛时，岸上松了一口气的探险队员们匆忙升起旗帜表明一切都好。接着，皮里写道：“为了显得不那么焦虑，我们回去吃了个午饭，让访客们自己来找我们……”[11]

莫斯曼同意在阿根廷气象局的支持下以观测站负责人的身份继续驻留一年。这个夏季担任厨师的船员比尔·史密斯也同意留下。另外四人和雪橇犬则重新回到斯科舍号上。尽管3位新来的阿根廷人立即升起了国旗，但他们并不将此视为阿根廷对这些岛屿宣布主权。然而，他们带来了邮票和特别设计的邮戳“南奥卡达斯第24区”，以便为集邮爱好者盖戳。[12] 第一次盖销邮票是在1904年2月20日，其中一些是福克兰群岛的邮票，另外一些是阿根廷邮票。

2月22日，斯科舍号离开南奥克尼群岛再次驶往威德尔海。这一次的海冰少了很多，28日深夜，该船在西经28°附近穿过南极圈。

3月3日是个美妙的日子。船员在大清早的测量中发现水深仅为1 131英寻（约2 068米），而此前测得的深度为2 500英寻（4 572米）甚或以上。罗伯森对水深骤降惊讶不已，匆忙攀上桅杆瞭望台，这才心中有数了。“前方是陆地。”他兴奋地向底下的船员们喊道。这个发现完全出乎意料，因为罗斯1843年的测量得出的“罗斯深度”意味着陆地一定在很远的地方。布鲁斯记录了他们的发现：“那里有大片冰崖，最高的可能有100英尺（约30米）或150英尺（约46米）左右……冰盖的表面似乎平缓地向内陆方向隆起……它一直往上延伸，直到整个冰崖与天空融为一体……巨大的冰体，一直延伸到了人的目力所不能及的地方……”[13] 布鲁斯把他的发现命名为科茨地，以此纪念让这次探险得以成行的科茨兄弟。

次日早晨布鲁斯沿着科茨地往南航行的途中，天气逐渐恶化。天空最终在6日放晴，海冰在开放水域以惊人的速度冻结。然而，取得发现的兴奋劲支配着布鲁斯。一反往日的谨慎作风，他命令罗伯森继续往南航行。那天，他们沿冰崖航行了150英里（约241千米）。

夜里起风了，直到早晨还没有减弱的迹象。探险队因为拉姆塞的去世而在布宜诺斯艾利斯新雇用的工程师还欠缺冰上经验，因此他并未意识到在海冰中保持蒸汽机运转的重要性。海风把斯科舍号吹到一团黏稠的冰浆中后，引擎无法工作，因此不能把它推向开阔水域，船最终被困。阵阵大风终于在 9 日停歇，它们将斯科舍号连同周围的海冰一道吹到了位于南纬 74°01′、西经 22°的一处冰架上的小海湾里，此处与威德尔在西边创下纪录的地方仅相差 200 英里（约 322 千米）左右。即便海冰困住了斯科舍号，布鲁斯也没有理由干等。船员们继续开展科考工作，只要时间允许，所有人都会到冰上找点乐子。克尔甚至为好奇过来观望船只的帝企鹅吹奏了风笛，但这些鸟儿并不买账。

到 12 日，海冰把海湾外的水域也塞满了，在威德尔海被困一个冬天的可能性也越发大了。接着，罗伯森看到周围的浮冰上出现了一条小小的裂缝。几分钟后，浮冰块开始裂开，布鲁斯升了旗，预期可以迅速出发。苏格兰皇家旗帜在前桅杆上飘扬，英国国旗和丝质的圣安德烈十字旗——由布鲁斯的妻子缝制——则在船头飘动。兴奋感并未持续多久。即便离他们不远处的浮冰已经裂

斯科舍号的风笛手吉尔伯特·克尔为帝企鹅演奏风笛

他为企鹅拴上绳子，迫使它留在原地。很多人都尝试过为企鹅演奏音乐，但多数人的发现都与克尔的一致：这种鸟儿压根不理会。（摘自《斯科舍号之旅》，三名科考队成员著，1906 年）

开，斯科舍号四周依旧浮冰紧紧围绕。大家尝试了各种脱险策略：爆破，所有人同时跳向浮冰，一起从船的一头跑向另一头，等等，但都没用。布鲁斯写道："大自然对我们微不足道的努力微微一笑，留下受困的我们，周围全是海水，破裂的冰块到处都是，但船周围除外。"[14]

大自然跟他们开起了玩笑。浮冰破裂，船脱困，斯科舍号现在能够自由地航行了，但诱人的开放水道已经封闭。斯科舍号刚出虎穴，又入狼窝。次日下午，浮冰块松动了，接连数小时不顾一切的冲击后，斯科舍号离开放水域又近了两三英里（三四千米）。它最终在一天后摆脱浮冰的包围。

时值 3 月 14 日，布鲁斯尚在威德尔海深处。尽管航海季行将结束，但他仍想着在往北航行之前弄清楚另外一个问题：罗斯深度真的存在吗？23 日的测量证实了他多年以来的疑虑。在距离罗斯当年测量点几英里的地方，他发现水深不足 2 700 英寻（约 4 938 米）。

四天后，斯科舍号在狂风暴雨中不顾一切地越过了南极圈。布鲁斯短暂地造访了高夫岛，那是南纬 40°附近南大西洋上的一小块陆地，这为此次探险画上了句号。接着，他继续往开普敦驶去，并于 5 月 5 日到达。布鲁斯在这里向路透社做了一个简报，并额外往国内发送了一条同样的信息："对 4 400 英里（约 7 081 千米）的航程做了水深测量，测得水深在 2 660 英寻（约 4 865 米）以内；莫斯曼和其他四人继续在南奥克尼群岛的斯科舍湾停留；在南纬 74°发现巨大的冰障，一直从西经 17°延伸到西经 28°；造访了高夫岛；遇到过坏天气；归来时状况良好；一切顺利。布鲁斯。"[15] 这是一条十分重要的新闻，但撰写方式几乎没法引起大众的兴趣。

布鲁斯在斯科舍号探险结束后的几年里过得很艰难。探险队的杰出成就得不到认可，特别是在英格兰；筹集出版科考成果的资金更是一场旷日持久的战斗，英国政府压根不提供任何资助；而冒险之旅的价值被严重低估的感觉也深深地刺痛了布鲁斯。不幸的是，他的探险缺少足以激发大众兴趣的传奇故事。

不过，布鲁斯本人也拙于宣传自己的工作。他在抵达苏格兰后不久便患上了严重的流感，接着就放弃了撰写大众期待的那种南极探险故事的想法。他也从未真的想写这样一本书。布朗、莫斯曼和皮里代替他接手了这项任务。多亏了他们，正式署名为“三名科考队成员”的《斯科舍号之旅》才得以在 1906 年问世。布鲁斯撰写了引言。

公众可能没有注意到布鲁斯的工作，但南极地图并没有忘记他。如今，南极航海图上赫然印着斯科舍海、斯科舍岛弧、斯科舍湾、拉姆塞山、科茨地以及其他人按照布鲁斯的名字命名的一些地方。奥蒙德之家的遗址现在也成了受《南极条约》保护的历史古迹，具体由阿根廷政府负责保护，它也是布鲁斯成果颇丰的探险活动的见证。

斯科舍号探险活动在布鲁斯最终于 1904 年 7 月 21 日抵达苏格兰时正式宣告结束。然而，莫斯曼和史密斯仍在劳里岛上，他们在这里度过了自己的第二个南极之冬。对这两位苏格兰人来说，这一年要难过得多。他们与阿根廷同事的合作并不顺利，他们的奥蒙德之家也远比不上斯科舍号舒适，而且科考站的工作也没有多到让大家自顾不暇的地步。3 月初，大风扬起的巨浪破坏了奥蒙德之家的墙壁，这座建筑都要塌了也没让大家采取什么行动。史密斯这个不可救药的乐观主义者是 5 个人中最开朗的那个，但即便是他有时候也会说“生命——（原文如此）太长，葬礼太短”[16]。

后援船于 12 月底到达劳里岛，同时还为基地带来了五位新人，以及一座预制的木制建筑以取代奥蒙德之家。这个建筑尽管不大，却预示着南极地区开启了新的时代：人类开始全年在此停留。阿根廷履行了自己的承诺。自打 1904 年从布鲁斯手上接管劳里岛以来，它对这里的占领就从未间断，战争期间也是如此。

至于后援船，它刚好是搭救过诺登斯克尔德的乌拉圭号，现在的新船长是唐·伊斯梅尔·F. 加林德兹。莫斯曼迅速登船准备离开，但他得知此船并不会直接北返，因为另外一支由让-巴布蒂斯特·夏科率领的法国探险队正在南极半岛越冬，加林德兹接到命令往南航行前去接收夏科此前声称将会留下的讯息。

1905 年元旦，乌拉圭号从劳里岛启程往南航行。加林德兹先是到了欺骗岛，但他在那里并未寻得夏科的任何踪迹，于是留下一人，以防法国人突然出现。然后他继续前往温克岛。不幸的是，他在那里错过了夏科留下的堆石界碑，而海冰为航行造成的困难也让他草草放弃了进一步往南搜寻的打算。因此，乌拉圭号于 2 月 8 日抵达布宜诺斯艾利斯后，加林德兹就报告说夏科显然已经失踪了。

布鲁斯是斯科舍号科考团队中唯一想重返南极的人，但长期的经济问题让他未能成行。（然而，在他于 1921 年去世后，一艘捕鲸船把他的骨灰带到了南乔治亚岛。1923 年的复活节，南乔治亚岛的地方法官带着布鲁斯的骨灰登上一艘捕鲸船驶往大海，简单的仪式之后，他把布鲁斯的骨灰撒向了南大洋。）斯科舍号的少数船员后来以捕鲸者的身份重返南极。此外，重返南极的船中唯一与斯科舍号探险队有些瓜葛的就是乌拉圭号了。它后来多次驶往南奥克尼群岛以及更远的南方开展救援活动。阿根廷政府最终让它光荣退役，并且把它作为一所博物馆保存在布宜诺斯艾利斯的码头。乌拉圭号与斯科特的发现号和阿蒙森的弗拉姆号一起，成为南极探险英雄时代仅存的三艘探险船。[17]

第九章

夏科与法兰西号对南极半岛的探索：1903—1905年

三十六岁的法国人让-巴布蒂斯特·夏科就是加林德兹报告失踪的探险队的负责人，他此前对南极一无所知。此外，他在领导科学考察方面也没什么经验。虽然夏科是一位经验丰富的水手和出色的航海家，但他在此前的航海过程中，身份都是没什么挑战的游艇驾驶员。夏科接受的是正规医学训练，因为他的父亲是一位富有的神经学名家，希望儿子能够子承父业，但夏科却心不在焉。他的双亲于19世纪90年代中期相继去世并留给他大笔遗产后，年轻的夏科逐渐放弃医学，进而把更多的时间投入自己真正喜爱的事情，比如驾驶游艇去往遥远的冰岛和位于北大西洋顶部的法罗群岛等。1901年，夏科了解到当时有四支探险队正在前往南极的路上，由此也萌发了南下的想法。1903年1月，夏科与比利时号探险队的领队阿德里安·德·杰拉许讨论了这个想法，发现他的态度十分积极。实际上，德·杰拉许同意作为顾问一同前往。几个月后，全世界都听说诺登斯克尔德失踪了。机会来了。夏科决定去往南极加入搜救行动。

夏科明白自己想做的事情是探险和科学考察，然而，除了搜寻诺登斯克尔德以外，他对前往南极哪个地方开展科学考察毫无想法。尽管计划含糊不清，但法国科学机构还是欣然接受了派出法国南极探险队的想法。夏科准备尽其所能资助这次探险活动，但他的个人财富仍不足以支撑一次成规模的南极探险，即便在他卖掉最心爱的财产——18 世纪法国艺术大师让-奥诺雷·弗拉贡纳尔的一幅画作——之后也不行。巴黎的《晨报》以夏科的名义推出募捐告示，法国政府也提供了一些资助，但资金仍然吃紧。最后，科考人员都是以无偿志愿者的身份加入探险队的，借调自法国海军的两位海军军官也只取基本工资，船员——基本上都是夏科从游艇上带过来的——也没有因为此次风险难测的探险活动而获得额外报酬。夏科身兼三职，他既是领队，又是船长，还是医生。

探险船法兰西号是在短短五个月内定制而成的。它重达 245 吨，长约 150 英尺（约 46 米），更多是从稳固而非舒适的角度着眼打造的。值得注意的是，夏科为了省钱只给法兰西号配备了一台 125 匹马力的二手蒸汽引擎。船上的仓库也显得非常不“法国”——夏科仅储备了极少量红酒，因为他不赞成进餐时大量饮酒。相反，他在船上配置了一个很大的图书馆。

1903 年 8 月 25 日，法兰西号载着 21 人离开法国，德·杰拉许也一同前往。夏科中途在马德拉群岛停留，他在这里与弗里肖夫号的船长格莱登见面并商讨了救援诺登斯克尔德的计划。然而，更加重要的事情也在这时发生了：德·杰拉许和两位科学家知会夏科，他们打算退出。三人在法兰西号抵达位于巴西的下一站时离开。德·杰拉许的公开解释是思念未婚妻，真相并不是那么令人愉快地“政治正确”。他私底下从一开始就不信任夏科的模糊计划，只是因为夏科的恳求才同意一同前往。航程的第一阶段就严重增加了他早先——对船本身和夏科的领导才能——的担忧。[1]

德·杰拉许的离开造成了一个重大的问题。毫无冰上经验的夏科能够独自领导一次南极探险吗？他与船上的高级海军官员兼探险队副指挥安德烈·马塔谈过此事，也跟气象学家 J. -J. 雷伊以及摄影师保罗·普雷诺谈过。他们全都渴望继续航行。夏科随后召集船员，告诉他们可以选择回国，但所有人都想继续。尽管夏科难以找到替代人选以弥补德·杰拉许那样丰富的南极经验，但他至少可以重新补充他的科考团队。他向国内发电报报告了人事变动。

夏科于 11 月 16 日抵达布宜诺斯艾利斯后，听说乌拉圭号几周前就出海搜寻诺登斯克尔德了。这个消息对夏科而言实际是一种解脱，因为他在这个节骨眼上也不能只身南下。他不仅要等待两位刚刚招募的科学家，而且法兰西号破旧的引擎发生故障后，也是一路从蒙得维的亚被拖到布宜诺斯艾利斯的。修理是免不了的。阿根廷政府像帮助瑞典人那样热情地帮助法国人，为他们提供了维修所需的一切。他们还安排了一艘政府船帮忙运送探险设备到乌斯怀亚，并在夏科抵达那里接手设备的时候向他们免费供应煤炭。

两周后，乌拉圭号带着诺登斯克尔德及其探险队回来了。现在，夏科可以全心投入自己的探险活动了。分别向诺登斯克尔德和拉森，以及刚刚从福克兰群岛归来的布鲁斯咨询过后，他决定在南极半岛西侧开展科考工作。夏科会在那里探索帕默群岛的西海岸，并且继续往南抵达阿德莱德岛，然后尝试前往亚历山大一世地，上次见到此地的还是德·杰拉许，时间为 1898 年。在别林斯高晋 1821 年发现此地后还没人前往调查过。

诺登斯克尔德的到来为阿根廷政府提供了另外一种帮助夏科的方式：海军把诺登斯克尔德送给伊里亚尔的雪橇犬给了他。夏科从未考虑过使用雪橇犬，原因可能是他的顾问德·杰拉许没有这方面的经验，而且船上也没人知道如何用这种犬干活，但他还是接受了。到他必须使用的时候，自会弄明白如何使用它们。乌拉圭号的船长伊里亚尔还贡献了另外一种动物，一只名叫托比的宠物猪，并向夏科介绍说："它是我们的吉祥物，我希望它也会成为你们的吉祥物！"[2] 作为最后的礼物，阿根廷政府承诺在接下来的夏天派船往南航行到欺骗岛和温克岛跟进他们的最新情况。

新招募的两名科学家——地质学家欧内斯特·古尔东和生物学家 J. 杜克特——也在 12 月初赶到。夏科此前完全不认识他们，他评论说他们看上去跟他想象中的探险家完全不一样。但是来都来了，他也只好带着他们上路。另外一名新人也在布宜诺斯艾利斯加入了探险队。根据比利时号探险队的反馈，夏科炒掉了原先那个让他不满的厨师，在当地重新雇了一个。所幸他们与比利时号探险队的相似经历也到此为止，这个来历不明的新厨子名叫罗索，事实证明这个选择非常正确。新来的科学家，尤其是古尔东，也很快打消了夏科的疑虑。

12月23日，法兰西号载着20名船员、宠物猪托比和一只猫离开了布宜诺斯艾利斯。夏科先航行到了火地岛开展测量等科考工作，中途为了接上雪橇犬还在斯塔滕岛停留了一下。完成这一区域的科考工作后，他在乌斯怀亚做了最后的停留，目的是装载探险设备和阿根廷政府捐赠的煤炭。

让-巴布蒂斯特·夏科和法兰西号探险队的大部分科考成员

前排左起：J. －J. 雷伊、夏科、安德烈·马塔；后排左起：保罗·普雷诺、J. 杜克特、欧内斯特·古尔东。（摘自《法兰西号的南极之旅》，夏科著，1906年）

夏科最终在1904年1月27日离开火地岛。随后穿过德雷克海峡的过程相当艰苦，船上几乎所有人都出现了晕船症状，但船员们在2月1日看到的第一座冰山还是让他们暂时忘记了胃部的不适。接着，大雾散去，史密斯岛的整个海岸映入了他们的眼帘，“极端险恶中出现了如此极致的美景，人在欣赏如此壮丽的景致时甚至会感到某种痛苦”[3]。尽管很高兴看到美景，但夏科并未在南设得兰群岛逗留，而且也完全绕开了欺骗岛——他曾说会在这座岛上留下信息。相反，他旋即沿着帕默群岛西海岸往南航行。

前不久刚刚修好的引擎再次失灵，一帆风顺的航程也戛然而止。法兰西号暂时只能靠船帆提供动力。夏科随后考察了沿途几处可停靠的地方以尝试修理，最后他在 2 月 7 日把船停在了弗兰德湾的固定冰区域，此处比勒美尔海峡稍稍靠北一点。船员们为修理引擎奋战了十一天，其他人倒是轻松些。科考队员们在忙着考察，夏科让兴奋的雪橇犬随意跑动，他自己则与马塔一道往海湾的尽头滑了一天的雪。这是夏科第一次滑雪，他写道："我陷入了可怕的纠结之中，摔倒在所难免……有时候，我感觉自己都成了杂志上的谜题：'今天的问题是……'"[4] 马塔也有类似的问题。更糟的是，他拒绝佩戴太阳镜，第二天就因为雪盲而痛苦了一整天。他们真的是极地菜鸟，艰难地学习着各种技艺。

2 月 19 日，船员们彻底修好了引擎，航程继续。接下来的几天，夏科在帕默群岛和杰拉许海峡附近巡航。德·杰拉许曾对这里展开第一次严肃的考察，但他不可避免会犯下错误——鉴于他眼前错综复杂的岛屿、海峡和海湾组成的迷宫，这一点也不令人感到惊讶。因此，夏科仍旧可以在这个区域做出大量发现。然而，秋天就快来了，他还没找到合适的地方作为过冬的基地。此外，他还答应要在温克岛上留下堆石界碑的信息。绕温克岛航行时，他在诺伊迈尔水道附近发现了一个小入口，里面就是一处非常好的避风锚地。夏科以法国海军部长之名把这里命名为洛克鲁瓦港。这是个完美的过冬之所，但也有两个不足之处：这里不仅比夏科心目中理想的基地靠北许多，而且作为一个极佳的避风港，尽管很舒服，却不利于气象学工作的有效展开。

夏科建造了堆石界碑。所有人都很享受初次造访企鹅栖息地的经历。接着，他们用夏季的最后几天探索和寻找过冬之所。夏科的第一个目标是驶过勒美尔海峡去探索南边一个向东的水道开口，当初德·杰拉许以为它可能通往威德尔海。然而，勒美尔海峡满是海冰，法兰西号的小马力引擎根本无力通过。接着，夏科试图从海峡西侧绕群岛航行。令他沮丧的是，那里也塞满了海冰。

夏科随后撤退到了布斯岛北侧的一处海湾，这里的陆地构成了勒美尔海峡的西岸。[5]等待海冰散开的同时，夏科还考察了这个区域，并且迅速得出结论说这里很适合过冬。此地唯一的缺点是它几乎和洛克鲁瓦港一样过于靠北了。就在第二天，2 月 23 日，他再次试图强行通过勒美尔海峡。他在坚持了几英里之后发现根本无法通过这些拥塞的海冰，于是掉头回到了布斯岛边的小海湾。接着，引擎锅炉爆裂，修理又花了一天时间。

25 日，夏科再次离开布斯岛。虽然天气不错，但塞满海冰的大海就没那么友善了。当法兰西号最终往西冲出布斯岛之际，夏科一行人已经驶离太远而无

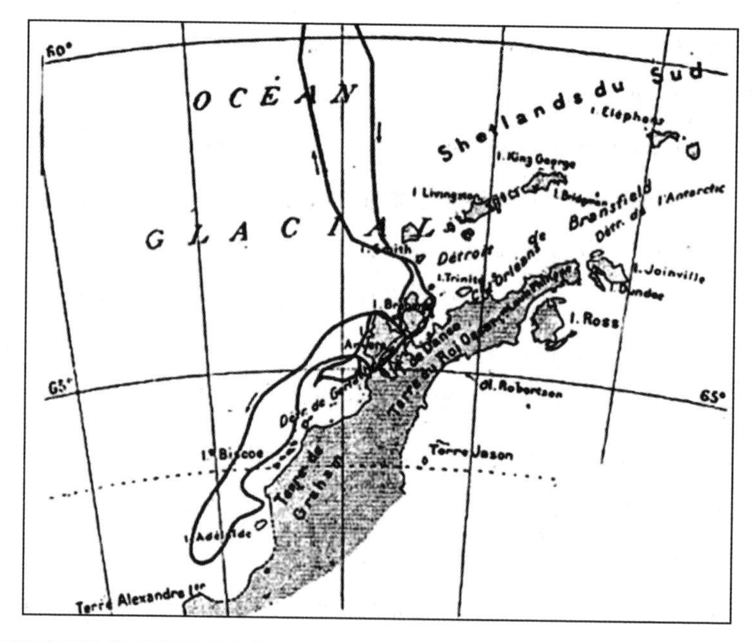

1903—1905 年间法兰西号探险队在南极地区的航行轨迹

这张地图显示了探险队的整体路线，它也反映了夏科所了解的这一地区的地理情况。（摘自《法兰西号的南极之旅》，夏科著，1906 年）

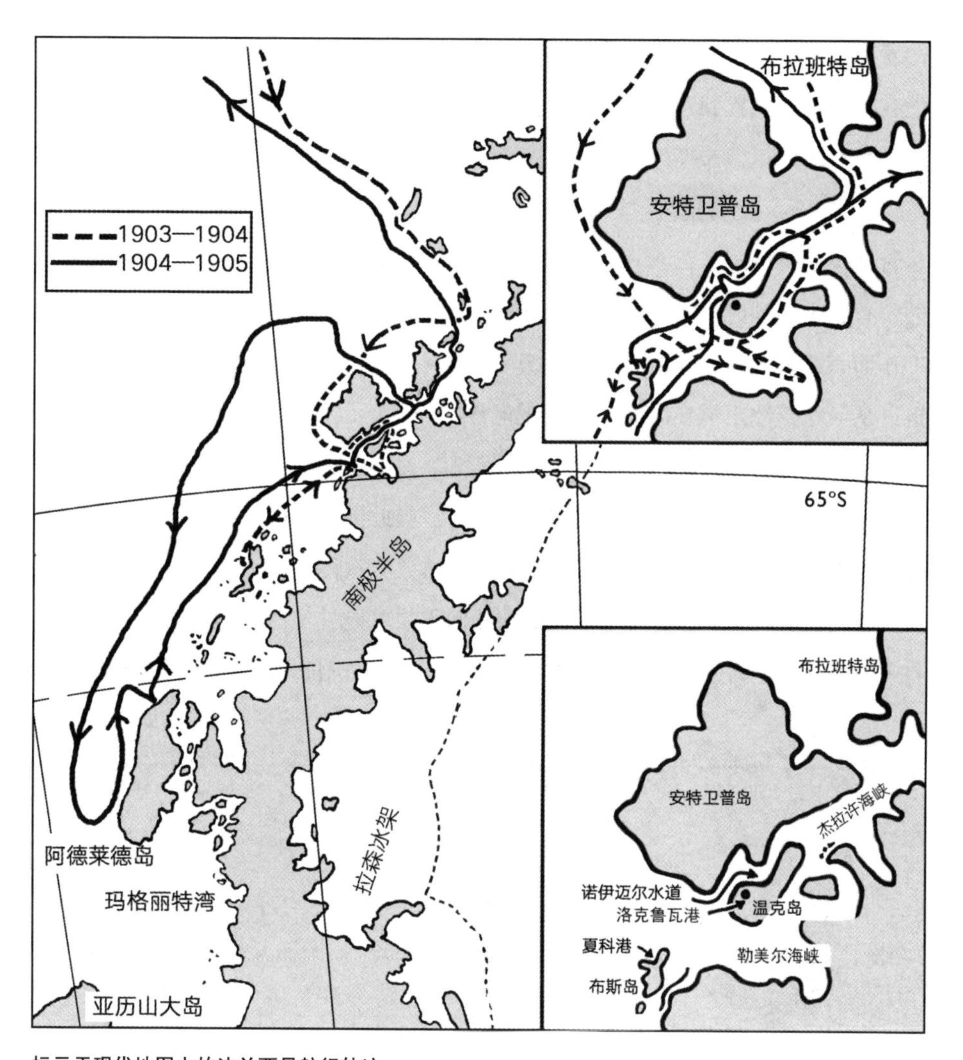

标示于现代地图上的法兰西号航行轨迹

这是夏科在帕默群岛复杂的水道迷宫和南方更远处的航线的简化版，它显示了法兰西号在 1903—1904 年夏和 1904—1905 年夏的航行路线。法兰西号就是在阿德莱德岛附近、1904—1905 年的航线急剧向右偏折处搁浅的。小插图则提供了法兰西号在帕默群岛南部和稍微以南一点的地区的详细航程信息，包括洛克鲁瓦港——夏科发现了这里，并且把它作为修理破船的避风港——和布斯岛的夏科港的具体位置，夏科 1904 年在此过冬。

法看见勒美尔海峡以南的海岸了。两天后，他到达南纬 65°58′附近，此处也是他在这个夏季航程到达的最南点。这里的浮冰很厚，而且引擎状态也非常糟糕，于是夏科决定返回布斯岛过冬。

3 月 3 日，夏科把法兰西号停泊在了布斯岛一处现在称为夏科港的小海湾。尽管他仅航行到了南纬 65°4′，不如他设想的过冬之地那么靠南，但他此时所在的位置也是比利时号的半岛探险之旅到过的最远端了。因此，这个地方就科考工作而言还是很有前途的。到了没几天，夏科就在海湾狭窄的入口处下满了锚链，从而把浮冰阻隔在外面。他还把船停在浅水区以保护它远离冰山的困扰。

法兰西号会成为他们过冬的基地，但科考人员还是会上岸做科学考察。夏科打算用雪橇犬拉雪橇搬运岸上会用到的设备。与此同时，他还乘机不再让它们登船了，因为它们在船上十分令人讨厌。它们被放养在海湾附近的一个小岛上，夏科以为它们会被安全地圈禁在此，但狗儿们很快就跑开了，它们兴奋地攻击正在打盹的海豹，还到企鹅群里搞破坏。大动肝火的夏科只能用绳子把它们拴在船边。

勒美尔海峡的北端

这个景致壮观的海峡位于图中左侧的南极半岛大陆和右侧的布斯岛之间。法兰西号探险队度过冬天的夏科港则位于布斯岛的西北海岸，它位于图中布斯岛右侧海岬远处看不见的地方。（作者供图）

科考队员卸下装备后，岸上的科考工作也旋即展开。许多工具实际上并不合用，但身兼木匠和司炉的利布瓦特别擅长改装东西。他把用过的补给罐改成浮子、水桶、烟囱、浴缸，甚至还用它们为地质学家古尔东做过花盆，因为古尔东带来了醋栗灌木，还尝试种植芦笋，但未获成功。

夏科一行人非常愉快地安顿下来准备过冬。他们的伙食不错，因为穿着拖鞋在甲板上晃来晃去的厨师罗索懂得烹饪海豹肉和企鹅肉的妙诀，他一周还会烤三次新鲜面包，而且每周日还会翻新花样。夏科想尽办法消灭漫长冬夜的无聊。他为船员们安排了课程，还有藏书丰富的图书馆供所有人使用。一些人会讨论几个月以前的报纸上的新闻。有两个人还研究了赛跑的成绩表，并从久远的比赛胜负记录中挑选出了胜者。此外，只要一有机会，他们就会办派对，天气允许的时候，夏科还会组织滑雪和雪橇比赛。

虽然夏科尽其所能让大家都能开心地有事可做，但在狭小的法兰西号上，他能够让大家达到的舒适程度也是有限的。在冬天维持船体温暖也是困难的。夏科自己的舱室距离炉子最远，也最寒冷。所幸有几只海豹就睡在船旁边，它们晚上睡觉时的鼾声会让他舒服点。

寒冷也为岸上的科考活动设置了障碍，而几乎从不间断的大风也在漫长的冬夜给科考队员们造成了困扰。夏科写道：

> 我们（会）……带着自认为最好的灯笼出发，还要留心保护它不被大风吹灭；正当我们要用它照明的时候，一阵风就会把它吹灭。考虑到在暴风雪中无法点燃火柴，我们必须返回（船上）重新点亮灯笼，并且……我们经常要反复再三才能最终成行。[6]

夏科在这个冬季只有一个有严重健康问题的病人需要医治。探险队的副指挥马塔在 7 月中旬病倒，可能是坏血病，也可能是心脏病。夏科并不确定，但

法兰西号上的动物们

左上：阿根廷政府捐赠的雪橇犬正在夏科港试探一只威德尔海豹。右上：宠物猪托比，“我们的朋友托比”，它正透过内舱窗口向外偷看。下图：冬天，两位在船上工作的科考队员，陪伴他们的是船上的小猫。（均摘自《法兰西号的南极之旅》，夏科著，1906 年）

他知道库克在比利时号上对这种病的治疗方法是成功的。因此，他开出的药方是让他赤裸身体在火热的炉子旁待上几个小时，同时摄入所有人都已经在吃的鲜肉。

夏科担心马塔的病不只是因为他为这个人着想，而且还因为这会影响春季的雪橇考察计划。他仍渴望去考察勒美尔海峡南边那个德·杰拉许猜测其可能存在的海峡，他现在计划从海冰上乘雪橇前往。马塔病倒一周后，夏科和另外两人在结满了冰的勒美尔海峡上滑雪去寻找可以作为补给仓储点的地方。三天后，他带领六个人和两队雪橇犬在选好的地方建了个补给点，它位于霍夫高岛南端，而霍夫高岛仅比布斯岛稍稍靠南一点。

修建补给点的团队及时赶了回来。当晚，一场强风暴推搡着夏科港的冰雪，不断撞击着法兰西号的船体。夏科匆忙带领大家从船上撤离，船员们把还在生病的马塔放进睡袋抬到了岸上的一个小屋里，其余人则挤在帐篷里，大家都在担心船还能不能保住。清晨，风暴减弱，这让他们松了一口气，法兰西号安全了。到那时为止，的确如此。几天后，另一场可怕的风暴袭击他们的法兰西号家园时，他们在岸上也跟上次一样提心吊胆。

马塔的病好了些，船员和船也都挺过了风暴，雪橇之行却取消了。大风摧毁海冰的速度几乎和它形成的速度一样快。夏科意识到，春季只能乘船考察了。讽刺的是，这意味着要等到海冰散得更开些。

11 月，气温终于回升，大家发现寒冷反而更好些，因为潮湿的空气让所有人都变得烦躁易怒。但夏科派大家出去收集企鹅蛋时，适当的运动和新的菜品又让气氛轻松起来。此外，企鹅不仅会下蛋，还给大家带来了欢乐。夏科突发奇想地揣度企鹅可能会如何看待他们这些袭击自己巢穴的动物：

> 这些奇怪的动物们在做什么？它们看起来像是巨型企鹅，有时候善良，有时候邪恶。谁会做这等不可思议之事？……类似的传奇故事会在企鹅中

> 间代代相传，也许某件被人落下的工具、某只古老的空瓶子、一些木块都会被当作圣物保存下来，进而展示给那些会自由思考的企鹅，尽管物证俱在，它们仍会耸耸肩，表示怀疑。然而，其他来自南极遥远地区的企鹅……则会点点头，并讲述在它们那边惊人奇迹是如何上演的，它们那边也流传着几乎完全相同的传说……天晓得这个冰冷的世界里，向来和平的企鹅界会不会爆发战争，并以此决定到底是杰拉许主义、斯科特主义、布鲁斯主义、诺登斯克尔德主义还是夏科主义才该受到万众敬仰！[7]

观察企鹅很有乐趣，但夏科真正想做的却是恢复他的探险计划。11 月 24 日，他和另外 4 人乘坐一艘负载满满的捕鲸小艇出发了。五天后，他们登上了勒美尔海峡南边的大陆海岸。此前三天，他们在穿过浮冰区的时候付出了艰苦的努力，有时候它们间距过宽而无法步行穿过，但经常又密集到小艇无法通过的程度。他们有时候还必须把小艇拖出水面在冰上拉着走，接着出现开阔水域的话，他们就能回到水中驾船前进一小段。但接下来他们面对的是另外一项挑战，即费劲地爬上 2 900 英尺（约 884 米）高的蒂克森角。顶端的美景是他们努

夏科正在与夏科港的阿德利企鹅交谈（摘自《法兰西号的南极之旅》，夏科著，1906 年）

力的回报，但夏科仍旧无法看到德・杰拉许说过的那条可能存在的海峡。他认为，4 英里（约 6.4 千米）开外的那个浮冰区中的岛可能会提供更好的视野。这个岛成了他的下一个目的地。

在蒂克森角的山脚下留下一个堆石界碑后，夏科等人就朝海岛出发了，但很快他们再次陷入海冰的包围之中。他们最终在 12 月 2 日到达目的地，结果就是一群小岛（现称贝尔特洛群岛）。站在其中最大一块陆地的 650 英尺（约 198 米）高的顶峰往下看，夏科找到了答案：对岸没有任何东西表明海峡的存在。

12 月 5 日，夏科等人在返程途中经历了同样的艰难后回到了法兰西号上。而早就从冬季神秘疾病中恢复过来的马塔，也一直在夏科等人外出期间努力为法兰西号做着行前准备。大家需要做的事情还很多，因为冬季上百英尺的海冰现在横亘在法兰西号和开阔水域之间。夏科试图爆破并用锯子锯开海冰，这约等于无用功，最后还是 12 月中旬吹来的强风帮了他的忙。与此同时，船员们则尝试把老出问题的引擎维修至良好状态。

在夏科港停留的最后几天里，一件事打击了大家的劲头。宠物猪托比死了。夏科写道："（我们）都很沮丧。我们真的很爱它。可怜的老猪！它的一生是多么奇特啊！"[8] 冬季的一天，托比因为偷吃鱼而吞下至少六个鱼钩。虽然夏科的紧急手术救了它的命，但它在 12 月初患上了某种无名病症。如今，尽管船员们专门给它喂了近三周的炼乳，但它还是死了。它的人类同伴们把它埋在了一只早先死去的狗旁边。

就在出发之前的平安夜，法兰西号的船员们用为企鹅举办留声机演唱会的形式表示庆祝。纸板制作的圣诞树挂满了金属箔和玩具，夏科的妹妹送的这个礼物摆在船官室，而船员们的舱室则挂满了旗帜和中国灯笼。午夜时分，所有人欢聚一堂点燃蜡烛和李子布丁上的烟花庆祝了一番。

法兰西号在 1904 年的圣诞节离开夏科港，像夏科希望的那样，向新的发现进发。他把小屋、一堆食物和一艘捕鲸小艇留在了岸边，以防他们还要回到这里再过上一个冬天。

夏科开始向北绕行到洛克鲁瓦港更新他留在堆石界碑中的信息。接着，他驾驶法兰西号掉头往南，途中接连多日都在风暴和冰山中艰难航行。天气最终在 1905 年 1 月 11 日好转，夏科写道："浮冰区就在眼前，迅速放晴的天空照亮了周围的美景。风暴过后的寂静最为彻底、完美，也最令人印象深刻和摄人心魄。"[9] 的确很美，却难以穿过。这实在令人抓狂，因为夏科能够看见南边若隐若现的亚历山大一世地，以及东边的壮丽山脉，而浮冰块让这两个地方都难以抵达。夏科沿着冰缘线航行了近两天，试图找到航道抵达别林斯高晋发现的这个地方，但毫无希望。就在准备放弃并掉头向北之际，他答应自己要再试一次。

1 月 15 日，在航海图上标记的阿德莱德岛所在位置以北几英里的地方，夏科发现了浮冰块中的一处开口，这让他离几天前看到的山脉又近了一步。因为地图显示比斯科岛仅 8 英里（约 13 千米）长，夏科觉得自己做出了一个重大发现——阿德莱德岛东边此前从未有人发现过的大陆。他兴奋地以法国总统埃米尔·卢贝之名把它命名为卢贝地，这位总统也是探险活动的热情支持者。接着，灾难降临。夏科写道："突然……我们感觉受到了强烈的冲击，颤抖的桅杆倾斜到我们担心它会倒下来的程度，随着一声巨响，船体几乎垂直竖立起来……"[10] 法兰西号撞上了一处暗礁，因为夏科天真地以为附近的冰山就是深水区的标志。如果冰山漂浮在海上，情况就会是夏科想的那样，但如果它们与地面相接，就刚好相反，现在就是如此。这些冰山是浅水区的标志，而非相反。

海水从船头涌入。因为引擎几乎没用了，木匠忙不迭给船体撞出的孔打补丁，其他船员则拼命徒手摇泵。夏科知道船损坏太严重，进一步的探索已不可能，而就在严重受损的法兰西号往北方撤退的途中，再次降临的风暴让航行变得更加危险。1 月底，夏科终于抵达了相对安全的洛克鲁瓦港。他在这里检查了船体，发现受损程度远比他想象的严重。船员在洛克鲁瓦港花了十天时间尽他们的最大努力修复漏洞，从而让夏科能够把仍在漏水的法兰西号开回至文明世界。

3 月 5 日，法兰西号停靠在了巴塔哥尼亚的小港马德林，此地位于布宜诺斯艾利斯海岸以南数百英里。夏科在这里得知了他离开的这段时间世界上发生的事情。最重要的事件当属日俄战争，这场战争在夏科抵达海冰区之际就爆发了。南极地区几乎没什么新闻，但阿根廷政府还是根据承诺派出了乌拉圭号搜寻夏科留下的信息。现在，他得知乌拉圭号返回后报告说自己的探险队已经失踪，大家也一直在担心他的命运。事实上，他从马德林港发出的宣告自己安全返回的电报及时到达了法国，阻止了众人进一步的救援行动。[11] 而他在个人生活方面则收到了一个悲伤的消息：他的妻子对他长期离家感到不满，已经决定离他而去。

3 月 14 日，夏科抵达布宜诺斯艾利斯，民众热烈欢迎，阿根廷政府也提供了维修法兰西号所需的一切费用。修理的工程量事实上相当巨大。法兰西号送进干船坞后，工程师发现它受损十分严重，他们都很讶异这船能开到布宜诺斯艾利斯而没有沉没。不过，法兰西号还是可以修好的。修复完工后，夏科把船卖给了阿根廷政府，后者用它为斯塔滕岛和劳里岛等地的气象站提供服务。阿根廷政府把它改名为南方号，并且在 1905—1906 年和 1906—1907 年的航海季把它用于劳里岛的救援活动。接下来的 1907 年 12 月，南方号在拉普拉塔河触礁搁浅，当时它正要出发前往夏科的布斯岛基地建立一个气象站。这一次，南方号彻底损毁，在基地建立气象站的计划也因为南方号的沉没而泡汤。

1905 年 6 月 6 日，法兰西号探险队搭乘一艘商船回到法国。这次一开始计划不明的冒险仍然取得了重大的成果。夏科和科考队员们开展了全面的科学考察，对 550 英里（约 885 千米）的海岸做了水道测量，还新发现了近 600 英里（约 966 千米）的海岸线和一些岛屿，并为它们绘制了地图，相应地，他们也为南极地图贡献了许多新地名。他们最终出版的科学成果多达十八卷，法国政府承担了全部出版费用。夏科讲述探险经历的作品《法兰西号的南极之旅》也于1906年出版，正是在这一年他们出版了第一卷科学成果。

比利时号、南极号、斯科舍号和法兰西号都往南航行到了其他船只不常去的地方，危险程度可想而知。但法兰西号探险结束之际，世界也在发生变化。劳里岛上已常年有人停留，捕鲸者也纷纷赶来。

第十章
捕鲸者的政治：1904—1918年

人类全年在南极常驻的历史始于威廉·斯皮尔斯·布鲁斯把他在南奥克尼群岛的气象基地移交给阿根廷的1904年初。次年夏季，另外一类长期在此停留的人也来了。这些人就是捕鲸者，领头的是拉森。

拉森和南极捕鲸业的开端

拉森曾在19世纪90年代早期先后两次驾驶亚松号前往南极半岛地区，后来他又以诺登斯克尔德的南极号船长的身份来过一次，其间他发现南极地区的鲸鱼种群十分丰富。他还看到了南乔治亚岛，并得出结论说，这里非常适合建立捕鲸基地。拉森有信心克服曾经打败过他和邓迪捕鲸者的技术问题，他决定干一番事业。

1903年底，拉森以获救的诺登斯克尔德探险队成员的身份抵达布宜诺斯艾利斯，此时他已不只是个果敢而有能力的捕鲸者了。诺登斯克尔德探险队的全体成员都成了名人，12月初，布宜诺斯艾利斯当地的商界名流还为他们举办了一场宴会。诺登斯克尔德发言结束后，就轮到了拉森。他首先感谢了阿根廷人的援救，接着，他问众人为何对自己家门口的鲸鱼视而不见，无数鲸鱼等着你们去捕捞。

阿根廷商界反响强烈，并且还愿意为南乔治亚岛建立捕鲸基地提供资助。拉森随后回到了挪威，他希望激发国人对捕鲸事业的兴趣。然而，挪威人非常不买账，于是，拉森接受了阿根廷人的邀约。史上第一家南极捕鲸公司阿根廷佩斯卡公司（简称佩斯卡）于 1904 年 2 月 29 日在布宜诺斯艾利斯注册成立。注册资本来自阿根廷，人员和设备来自挪威，拉森则是公司享有分红权利的经理。

甚至在佩斯卡成立以前，其他人就已经打响了南半球现代捕鲸业的第一枪。1903 年 12 月末，居住在蓬塔阿雷纳斯的挪威人阿道夫·阿曼多斯·安德烈森就在麦哲伦海峡捕杀了一头座头鲸。安德烈森也注意到当地鲸鱼种群十分丰富，但因为他并不是专业的捕鲸者，便回到挪威进行业务学习。后来，他回到蓬塔阿雷纳斯，并在一艘拖船上安装了一把捕鲸枪，以此历史性地实现了第一次捕杀。安德烈森接下来会更加专业，与拉森一样，他也会成为南极捕鲸故事中的主角。

至于拉森，他正在挪威忙着为新成立的公司招募经验丰富的捕鲸者、准备设备。最关键的一环是名为福尔图娜号的新型蒸汽动力捕鲸船，这艘船是拉森专门为南极捕鲸打造的。为了捕获曾经在亚松号上错失的鲸鱼们，这艘船比北极的同类船只更大、更快，也更坚固。

拉森于 1904 年 11 月 16 日到达他在南乔治亚岛的预选地点。这是一个名叫坎伯兰湾的小海湾，诺登斯克尔德的探险队员 J. 贡纳尔·安德松在 1902 年发现了这个海湾。瑞典人把它命名为古利德维肯（意为锅湾），因为 19 世纪的象海豹捕猎者留下的炼油锅散落在这里，到处都是——这些无声的证据表明这里深受此前的海豹猎人们喜爱。如今，捕鲸者不只是把它用作临时锚地，拉森从挪威开来的船队带了工厂设备、物资、储备以及两间预制房，他们还把拉森住了二十年的房子拆了带过来，它会被用作这位经理的家和行政办公室。

11 月 27 日，福尔图娜号捕获了它的第一头鲸鱼，一头座头鲸。12 月中旬，它开始全天候作业，捕鲸站也已做好了随时处理这些渔获的准备。拉森的公司第一年捕获了 183 头鲸鱼。坎伯兰湾的鲸鱼实在太多，福尔图娜号甚至都不用离岛出海。

拉森是一个捕鲸者，但正如他经常展现出来的那样，他也是一个兴趣广泛的人。因此，当斯德哥尔摩自然历史博物馆要求他把生物学家埃里克·索林纳入团队时，他欣然同意。索林在岛上一直待到 1905 年 9 月，其间他一直忙着制备鲸鱼、海豹和鸟类的标本。他还和拉森一道启动了岛上的气象观测活动。这项活动一直持续到 1982 年英国和阿根廷在南乔治亚岛爆发战争为止，这场战争史称福克兰群岛之战或马尔维纳斯群岛之战。

卡尔·安东·拉森和他于 1904—1905 年在南乔治亚岛建立的捕鲸站古利德维肯

左图：被众人视为南极捕鲸业之父的拉森。他在建立第一座南极海岸捕鲸站后，已完全从此前保利特岛的痛苦经历中恢复过来。（摘自《两载南极冰上之旅》，诺登斯克尔德等著，1904 年）右图：古利德维肯，照片为 1911 年德意志号探险队（详见第十二章）所摄。（摘自《第六大陆》，菲尔希纳著，1922 年）

1911 年，古利德维肯捕鲸站的工作人员坐在一头蓝鲸的尸体上

南乔治亚岛捕鲸业兴起之时，人们捕获的鲸鱼中有五分之四都是座头鲸，但从一开始，捕鲸者也一直在捕猎蓝鲸——体型最大的鲸鱼，古利德维肯第一年就捕获了 11 头。捕鲸者杀死的最大的蓝鲸于 1912 年运至古利德维肯，它长达 112 英尺（约 34 米），重量超过 170 吨。（摘自《第六大陆》，菲尔希纳著，1922 年）

租赁的政治：英国说了算

1904 年 11 月捕鲸者的到来就已经埋下了后来南乔治亚岛冲突的种子。拉森管理着一家阿根廷公司，他没有征得任何人的许可就在岛上建立了自己的捕鲸站。与此同时，主张对该岛拥有主权的英国不知何故错过了捕鲸者已经占据该岛的事实。实际上，就在拉森抵达的几个月后，英国政府就把南乔治亚岛租给了另一群商业冒险家，他们是由定居智利南部的英国人欧内斯特·斯温霍尔领导的一群农民。

斯温霍尔等人于 1905 年 3 月成立了自己的南乔治亚岛探险公司，而此时拉森已经在古利德维肯打下了良好的基础。南乔治亚岛探险公司租用了一艘名叫康索特号的小船，于 7 月驾船驶往福克兰群岛的斯坦利①取得自己的租约。租约以每年 1 英镑的价格授予他们在南乔治亚岛全境采矿和放牧的权利——这清楚地表明了这座岛在英国人心目中的价值。未来的殖民者们接下来就往自己的新家出发了。因为他们对场地的需求与捕鲸者相似，所以他们看到坎伯兰湾后就把船直接开了过去。

尽管在看到岛上已有的建筑后感到十分吃惊，斯温霍尔还是上了岸，他把船交给船长，让他驾驶康索特号绕岛捕猎海豹。8 月 22 日，斯温霍尔手持租约拜访了捕鲸站。一些人说，他与站里的居民管理者、卡尔・安东的兄弟劳里茨・拉森的会面气氛相当冷淡。但无论欢迎与否，斯温霍尔一行人都留在这里不走了，他们搭帐篷住在离捕鲸站不远的地方。9 月下旬，斯温霍尔向拉森提交了一封抗议佩斯卡公司的信件。然而，他那时已经得出结论：南乔治亚岛更适合作为捕鲸基地而不适合搞农业。

康索特号于 11 月下旬返回时，斯温霍尔重新规划了探险行程，往福克兰群岛驶去。他在这里向福克兰群岛的地方长官提交了一份报告，其中描述了南乔治亚岛目前的局势。然而，英国人已经知道捕鲸者上了岛，因为他们收到了鲸油运抵布宜诺斯艾利斯的报告。斯温霍尔与劳里茨・拉森的接触也产生了后续影响。挪威领事（同时也是佩斯卡的一位主管）和阿根廷政府官员正式拜访了英国驻布宜诺斯艾利斯大使，并提交了斯温霍尔的抗议信。也许是假惺惺地，他们声称佩斯卡的主管们并不知道英国主张过南乔治亚岛的主权。他们说现在知道了，公司也打算支付租金。

---

① 一直到 20 世纪末，福克兰群岛的首府通常被称作斯坦利港。但如今，大家直接将其唤作斯坦利，我在书中始终都遵循这种现代用法。——作者注

英国政府显然必须解决目前的问题。1905 年 12 月，海军会派船开往南乔治亚岛、唯一的捕鲸租约会落到斯温霍尔手中等传闻开始在斯坦利流传。这些谣言半真半假。1906 年 2 月 1 日，迈克尔·霍奇思船长驾驶英国皇家海军莎孚号进入坎伯兰湾，他与卡尔·安东·拉森进行了持续数日的会面。霍奇思的报告表明拉森态度友好，然而，一些捕鲸者后来则称霍奇思当时的态度很不友好。据他们说，这位英国船长命令拉森降下阿根廷和挪威的国旗。拉森拒绝后，霍奇思知会他，莎孚号会在三十分钟之内把旗帜击落。拉森屈服并且降下了旗。即便这个戏剧性的故事是假的，莎孚号的造访也的确达到了目的——一份宣布南乔治亚岛为英国所有的强制声明。随后，英国授予佩斯卡公司一项租约，从而让捕鲸者的占领在英国人那里变得合法。

霍奇思的到访为佩斯卡公司在岛上的运营增添了英国色彩。莎孚号于 2 月 5 日离岛之前，还派出小快艇调查了坎伯兰湾。由此绘成的航海图为捕鲸者口中的古利德维肯重新命了名，这里变成了爱德华王湾，建有气象站的陆地之舌则被重新命名为爱德华王角，而古利德维肯则作为捕鲸站的名称得以保留下来。

10 月，英国收紧了对南乔治亚岛捕鲸船的控制，它颁布了一项法令，规定在未获取许可证或租约的情况下捕鲸为非法行为。此外，英国还对每一头捕获的鲸鱼课税。

在佩斯卡之后获得捕鲸许可的是斯温霍尔，租金为每年 250 英镑。1908 年，由于未能筹集到足够资金启动捕鲸活动，他把租约作价 1 500 英镑出售后选择了退出。然而，拉森已经证明了，只要设备得当就没问题，于是其他人纷纷筹钱前往南极捕鲸。一战前的六年里，英国政府又就南乔治亚岛授予了七份租约，并且还授出了南设得兰群岛和南奥克尼群岛的租赁权。在南乔治亚岛的盛期，捕鲸者在岛上运营了六座主要的捕鲸站，全都位于东北海岸。

南极捕鲸业的出现造成了重要的政治影响。捕鲸者到来之前，英国政府绝少关注南乔治亚岛，甚至还怀疑这个岛是否值得拥有。捕鲸者的成功打消了所有的疑虑。1908 年 7 月 21 日，英国成为世界上第一个正式主张南极地区领土主权的国家。英国政府在一份“专利特许令”中正式确定了这一主张，这份特许令还整合了英国自詹姆斯·库克以来的相关发现和宣言。具体而言，该法令把南极地区西经 20°到西经 80°之间的饼状区域指定为福克兰群岛的附属地区。这个区域包含了南乔治亚岛、南桑威奇群岛、南奥克尼群岛、南设得兰群岛、南极半岛和科茨地。[1] 多年以后，阿根廷和智利会在相互竞争的声明中主张这个区域的大部分主权。然而，这两个国家在 1908 年都没有反对英国的法令，而且它们也没有在英国于 1917 年发布第二份澄清性“专利特许令”时提出抗议。

很自然，英国的下一步就是在这些地方建立政府机构。1909 年，福克兰群岛的管理者任命詹姆斯·因内斯·威尔逊为南乔治亚岛的常驻地方官。他的工作是管理捕猎鲸鱼和海豹的许可证事宜，负责邮政收发，并承担小型偏远社区中的管理者可能需要处理的其他所有事务。威尔逊于 11 月底到达古利德维肯，然后住进了当地的一栋房子，房间里的桌子和椅子都是用从捕鲸者那儿买来的旧包装箱做的。20 世纪 20 年代后期，一位捕鲸者绘声绘色地讲述了威尔逊到来时发生的故事：

> 第一位地方官从斯坦利下到我们这儿时……他那轻便旅行箱里塞满了衣物，另有为开展邮局业务而带来的价值 200 英镑的福克兰岛（原文如此）邮票。他把箱子用引缆下放到登岸的小船上，但他太醉了，松开缆绳太快，箱子里的行李都掉水里了。当大家一起在喊叫和惊慌中把行李全都捞起来后，所有东西都湿透了，他只好又带着它们回到了船上。他找来锅炉工为他烤衣服……他把黏糊糊的邮票摆在舱室地板和铺位上，到处都是。他当晚继续狂饮作乐……而且接连两次走错房间。然后，他在黑暗中扯掉衣服，光着身子滚上了床，一整晚都在打鼾，就像烂泥里的象海豹一样……这个

疯狂的家伙第二天早晨醒来时，从头到脚都粘满了邮票，管家只好用海绵沾了热水从他身上把它们揭下来。他发出的第一批邮件是用糨糊糊上的，因为邮票上所有的胶水都成了这位威严的不列颠地方总督爱出汗的皮囊的润滑剂。[2]

无论真实与否，这个故事都很能说明捕鲸者对这位地方长官的到来的感受。

1909 年 12 月 23 日，第一封正式的邮件从南乔治亚岛发出。威尔逊上岛后的第一个月便开展了一次人口普查。截至 1909 年 12 月底，当地共有 720 人，其中包括他自己、三个女人和一个小孩。其中 80% 以上为挪威人。

南乔治亚岛上的生活

南乔治亚岛海岸上的捕鲸站也不全都是鲸鱼加工厂，例如，古利德维肯就逐渐成为囊括了电影院、监狱、教堂、足球场和墓地的所在。少数高级主管甚至还带了妻子和孩子。当地也有新人口出生。首个降生在古利德维肯的是个女孩，她生于 1913 年 10 月 8 日。她的父亲弗里德肖夫・雅各布森是捕鲸站的副经理，同时也是卡尔・安东・拉森的侄子，一年之前他携妻子及三个孩子来到这里。骄傲的父母把他们这第四个孩子起名为索尔维格・冈布乔布，地方长官为她颁发了“南乔治亚岛一号出生证明”[3]。

多数捕鲸者都会在夏末时节离开，但少数人会全年待在这里保持基地运转，并且为来年夏季做准备。冬天比忙乱的夏天轻松多了，但即便在夏天，捕鲸者们偶尔也会有玩乐的时间。捕鲸站运营的早期，一些更有冒险精神的捕鲸者曾沿着南乔治亚岛的山脊向内探索。尽管并没有报告说谁深入到了岛上令人生畏的山脉深处，但至少奥拉夫王子港的一些人还是用了几天时间滑雪穿过了岛狭窄的北部，抵达哈康王湾后又折返。[4]

1911 年 11 月，拉森兄弟把斯堪的纳维亚半岛上的活物——驯鹿带到了南乔治亚岛。10 头驯鹿被放养在大洋港，大家希望它们能够繁殖到一定的规模，从而为众人提供运动项目，也为大家的餐桌提供一种不同的肉食。拉森兄弟于 1912 年在斯特伦内斯湾又放养了一批驯鹿，但第二批的后代全都死于 1918 年的雪崩。不过在 1925 年，其他捕鲸者又带来 7 头。1911 年和 1925 年引入的驯鹿种群适应得很好，它们在南乔治亚岛上的后代数量到 2011 年时已达 7 000 头，被冰川阻隔为两个独立的群体。2011 年初，政府宣布了一项针对岛上这一外来物种的清除计划。原因是多方面的：驯鹿造成了严重的环境破坏；冰川的消退很可能让两个驯鹿种群在未来混合；为了岛上灭鼠计划的成功，驯鹿也必须一并清理掉。2012—2013 年和 2013—2014 年夏天，清理团队几乎射杀了岛上所有的驯鹿，剩下的一些也在 2014—2015 年夏季清理干净。

清理驯鹿的同时，灭鼠团队也在南乔治亚岛上展开了一项雄心勃勃的计划，他们要解决自 18 世纪末随第一批捕鲸船到来后便一直造成困扰的鼠患。到 2015 年，老鼠没了，而长久未在南乔治亚岛筑巢的鸟儿们现在也回来了。

斯特伦内斯捕鲸站附近的南乔治亚驯鹿，1995 年。（作者供图）

古利德维肯教堂于1913年运抵岛上，这座可爱的小建筑是由卡尔·安东·拉森从挪威运来的。第一位牧师为克里斯汀·洛肯，祝圣日期为平安夜。就在第二天，洛肯主持了新教堂的第一次洗礼仪式，受洗的则是10月出生的婴儿索尔维格·冈布乔布·雅各布森。洛肯很快就离开了，也许是因为他发现（正如他所写的）“很遗憾，基督徒式的生活对捕鲸者而言并没那么重要”[5]。他的继任者履职的时间稍长，在后者也于1916年离开后，差不多隔了十年才又来了一位牧师。与此同时，这座建筑最大的用处竟然是放电影。捕鲸者把它拾掇为夜间电影院，旺季每周至少播放两场，但第一个专门的电影院于1929年开业后，教堂多数时间都处于荒废状态。

1913年底，岛上还建立了第一座监狱。它最早只是为关押一位不守规矩的古利德维肯工人而建。地方长官和他手下的警察——他几乎无所事事，平常的工作就是打杂——把这个囚犯关在一个仓库里，然后在他周围建了个牢房。建成后，囚犯立马在牢房粗制滥造的墙体上踢出个洞，逃到了附近的一座山上。度过一个自由但寒冷的夜晚后，他屈服了，并且保证将来会好好表现。尽管英国人于1914年按照更加正规的方式重建了监狱，但当地多年来对它几乎没什么需求。1931年，一位在古利德维肯工作的科学家写道：“主要因为当时有一些工作需要完成，比如为牢房重新喷漆，因为监狱迎来了新的房客。”[6] 但在后来的几年里，它

古利德维肯教堂

2009年，修缮并重新喷绘之后焕然一新。（作者供图）

事实上至少发挥了一种用途：20世纪50年代，它成了岛上访客的旅店。

驯鹿、教堂、电影院、监狱、客厅里的妻子、窗户上的窗帘和窗台上的花盆，以上一应俱全，但除此以外的古利德维肯捕鲸站并不怎么吸引人。捕鲸站及其周围的环境都很脏，而且真的臭气熏天。1904年以前来到这里的人可能会为这番景象感到震惊。与拉森一道在保利特岛度过1903年的可怕冬季的卡尔·斯科茨伯格，于1909年初来到古利德维肯拜访昔日的老船长。他写道："我印象当中未开发的锅湾长有茂盛的草丛，海象种群也很兴旺……（如今）鲸脂的冲人气味和岸上众多鲸鱼尸体的臭味混在一起，这真是无数叫个不停的海鸥和斗篷鸽的永恒盛宴。"[7]

海豹捕猎再现南乔治亚岛

斯科茨伯格见到的尸体并不都是鲸鱼的，其中一些属于他印象中咆哮不已的巨兽——捕鲸者到来以后，南乔治亚岛的象海豹捕猎活动也顺势死灰复燃。捕鲸者从鲸脂中提炼油脂，而象海豹刚好也可以提供这种东西。因此，与他们18世纪和19世纪的前辈们一样，南乔治亚岛的捕鲸者也开始捕猎海豹。

在做出福克兰群岛的属地声明后，英国人又通过实施保护性法规的方式承认了死灰复燃的海豹捕猎业。这些法规禁止在繁殖季（当年11月至次年2月）捕猎海豹；禁止猎杀雌性海豹及其幼崽；把南乔治亚岛海岸划分为四个区域，每个捕猎季仅允许猎人在其中三个区域作业；最后，还禁止猎杀海狗，如果真有人发现它们的话。这些法规执行得非常成功，甚至南乔治亚岛上的象海豹捕猎业一直到1964—1965年夏季都还有利可图。也正是在这个夏季，岛上最后一座捕鲸站正式关闭。事实上，尽管捕猎者从1910—1964年捕获了共计50万只象海豹，其种群仍旧很兴旺。1964年岛上的象海豹数量并不比1910年少，甚至还更多。

佩斯卡公司主宰着南乔治亚岛上的象海豹捕猎业，但1912—1913年，一艘重要的独立海豹捕猎船也在岛上作业。这个夏季，一艘小型的美国帆船来到了南乔治亚岛。384吨级的黛西号及其船长本杰明·邓纳姆·克利夫兰都让人想起19世纪捕猎鲸鱼和海豹的时代——一艘帆船和一位决心装满一整船货物的硬派船长。然而，他们的航行也有不同往昔之处。美国自然历史博物馆出资让克利夫兰带上一位博物学家，即二十五岁的罗伯特·库什曼·墨菲。墨菲刚做了新郎，他在日记和给新娘的信件中记录了自己的经历。几十年后，在鸟类学领域取得骄人成绩的墨菲，以他的日记和信件为素材写了一本名为《致格蕾丝的航海日志》的传奇作品，该书生动地描绘了南乔治亚岛的种种景象。

黛西号甫一抵达南乔治亚岛，克利夫兰就被强加在自己身上的捕猎规定激怒了，但在开始捕猎之前，他还是履行了手续并获取了所需的执照。接着，只要地方官不在跟前，他就会无视新规。黛西号于1913年3月15日返航，它也是最后一艘在南乔治亚岛作业的帆动力船。一个可以追溯至18世纪后期的时代终结了。

向南乔治亚岛以外扩张的捕鲸业

截至黛西号返航之际，现代南极捕鲸业已经远远超出了南乔治亚岛的范围。拉森在1905年年中回到挪威购置更多设备期间，向人谈起自己的冒险所取得的初步成功，而当初派拉森驾驶亚松号探险的船东克里斯滕·克里斯滕森也决定再往南极捕鲸业上努努力。然而，他并未在岸上建造捕鲸站，而是尝试用起了新装备——一艘可用作漂浮捕鲸工厂的大型母船。克里斯滕森购买了一艘2 400吨级的旧船，按照自己的设计对其进行了改装。他把船改名为阿德米拉仑号。

1905 年 10 月下旬，阿德米拉仑号带着两艘捕猎船离开挪威，后两者是按照拉森的福尔图娜号打造的。克里斯滕森的工厂船经理亚历山大·兰格在福克兰群岛附近着手捕鲸作业，他在 1 月中旬前往南设得兰群岛，一个月内就捕获了 58 头鲸鱼。接着，他就带着渔获返航了。尽管阿德米拉仑号此次远航的获利低于合作伙伴的预期，但克里斯滕森觉得开创性航行的经验远比这次航行的成本宝贵。他现在确信南极有利可图，开始往这里派出更多的工厂船。

其他人也作如是观。1906—1907 年，曾于 1903 年在麦哲伦海峡捕获座头鲸的阿道夫·阿曼多斯·安德烈森也装备了自己的大船格伯纳多·博列斯号，然后把它停靠在欺骗岛用作海上工厂。安德烈森的妻子威尔明妮带着一只鹦鹉和一只安哥拉猫同去陪他过了一个夏天。[8] 安德烈森夫人是记录在案的第一位到达南设得兰群岛的女性。

包括阿德米拉仑号在内的三艘海上工厂船于 1907—1908 年也来到了安德烈森的格伯纳多·博列斯号所在的欺骗岛。所有船都停在欺骗岛福斯特港内的一处小海湾里，这里很快就会成为众所周知的捕鲸湾。捕鲸者也在这一地区寻找过其他的安全港湾，特别是更南边的南极半岛沿岸，多年来，他们使用过洛克鲁瓦港、弗因港、天堂港和尼科港等港湾。然而，就夏季作业而言，上述所有港湾都不及欺骗岛。因此，福斯特港成了南乔治亚岛以南位于南极半岛地区的捕鲸活动中心。

虽然海上工厂常常停留在安全的港口，但它们的捕猎船遍布整个地区。不久之后，捕鲸者就开始修订起此前发布的旧航海图了，他们为其添加细节、做出更正、增添了许多新地名。捕鲸者还留下了其他证明自己来过的证据——生锈的锚链、系船柱和沉船残骸等，此外就是鲸鱼骨……如今这一地区的很多海岸上仍垃圾遍布。

南极捕鲸业正在疯狂扩张。1904—1905 年，拉森的古利德维肯捕鲸站加工的鲸鱼数量为 183 头，到 1906—1907 年的时候就暴增到了 1 000 头以上，这是头一回有不止一艘捕鲸船在南设得兰群岛作业。四个夏天之后，南乔治亚岛的捕鲸站和南极半岛的14座海上工厂捕获的鲸鱼数量就超过了1万头，多数海上工厂的作业区域都在南设得兰群岛和南极半岛沿岸。意识到南乔治亚岛以外捕鲸活动的扩张势头迅猛，福克兰群岛属地政府于1911—1912年往欺骗岛增派了一名常驻地方官。

捕鲸是一项危险的职业，多年来，众多捕鲸者和捕鲸船都遇到过大大小小的事故。1908年1月22日，一艘工厂船的船长诺卡德·戴维森从捕鲸船上落水溺亡。他在欺骗岛捕鲸湾一处缓坡上的坟墓，也是这个区域第一座真正意义上

欺骗岛上的捕鲸者墓地，1961年

从1908年到1931年，包括诺卡德·戴维森在内的三十五人相继葬于此，这里也因此成为南极地区南乔治亚岛以外的最大墓园。最左侧14英尺（约4.3米）高的混凝土方尖碑是这片墓地的第一块墓碑，它是捕鲸者为纪念戴维森而竖立的。这个方尖碑的建成及时赶上了戴维森死后三周内举办的追思会。（J. B. 基林贝克摄于1961年。承蒙英国南极考察档案局授权转载。档案编号：AD6/19/3/C/B6b。版权所有：自然环境研究理事会。）

的坟墓，悲伤的家人从国内运来的石头墓碑令人印象深刻。

就像以前的海豹捕猎者一样，捕鲸者之间也会相互照应，一人遇险八方支援。然而，一旦确认遇险的人生命无虞，多数人就会急着主张失事船只上渔获的所有权。1908—1909 年的捕猎季发生的一件事情就很有戏剧性。[9]

1908 年年底，克里斯滕森的捕鲸船队有一艘名为泰莱丰的补给船载着煤炭和其他货物抵达了南设得兰群岛，它此行是为工厂船运送补给，后者与安德烈森的格伯纳多·博列斯号一道停在欺骗岛。1908 年 12 月 26 日，泰莱丰号在乔治王岛的海军湾入口撞上了一处未经标记的暗礁（现称泰莱丰暗礁），海水从船体上的孔洞涌入，船长命令所有人弃船，其中包括一名特别的乘客，即阿德米拉仑号船长的夫人奥拉法·保尔森，她此行是前来陪丈夫一起度夏的。[10] 船上疏散的这二十个男人和一个女人（她身裹桌布取暖）在救生船上冻了几个小时后，一艘捕鲸船才救了他们。（这对保尔森太太来说真是个严峻的考验，她的丈夫因此拒绝她次年夏天再来南极。尽管如此，保尔森夫妇后来还是把他们的大儿子取名为阿恩·设得兰。[11]）

次日捕鲸船把泰莱丰号一行人送抵欺骗岛时，满载贵重货物的沉船的消息传开了，引发了一场争夺沉船打捞权的竞赛。安德烈森驾驶格伯纳多·博列斯号的一艘捕鲸船取得胜利，把沉船拖回了欺骗岛。他在福斯特港北端的一处海湾把获胜的奖品拖上了岸，后来这里又被称为泰莱丰湾。安德烈森当时没条件修理这艘船，但他另有打算。1909 年 11 月初，他带着专门为泰莱丰号挑选的一位船长、六名船员和一位受过专门训练的潜水员回到这里，同时还运来了几袋用于修复船体的水泥。安德烈森的计划成功了。1910 年 2 月，修好的泰莱丰号载着 2 400 桶油脂抵达蓬塔阿雷纳斯。

随着时间的推移，被更新的航海图收录的散落在南极半岛水域的危险暗礁也越来越多，但在这些水域航行仍然是——至今仍然是——一件危险的事情。无线电报于 1912—1913 年引入半岛地区，从此，远程求助成为现实。这个地区的第一次无线信息传输发生在 1913 年 1 月 25 日，欺骗岛的地方官向身处斯坦利的福克兰群岛管理者报告了一艘工厂船的损毁。

1914 年 8 月一战爆发以后，捕鲸活动反而蓬勃发展，因为军队要用鲸油的副产品生产硝化甘油炸药。然而，英国很快就开始向捕鲸者施压——几乎所有持有福克兰群岛属地许可证营业的都是挪威人——必须停止向德国出售鲸油。结果，英国逐渐成为这个行业唯一的客户，产品价格一时暴跌。外加战时船舶需求的增加，战争后期在南极捕鲸的船只数量也大幅下降。即便如此，整个战争期间仍有大量捕鲸船留在南极，它们不仅在夏季作业，而且也会在冬季前往南乔治亚岛作业。

捕鲸者的到来最终成为半岛地区探险的重大事件。新来的猎人不仅极大地更新了这个地区的地图，而且还为科考人员提供了支持。捕鲸者会提供当地水域和海岸的相关信息，还会提供航海基地和关键物资。他们长期在南极停留也让人在面临危险时确信真的可以获救。这种情况与比利时号、南极号、斯科舍号和法兰西号探险队面临的严峻形势相比实在是有了巨大的改观。自 1904 年起，南极半岛的夏季始终有大量人类停留。人们也会在这里过冬，至少南乔治亚岛和劳里岛的阿根廷基地在冬天会有人常驻。在南极探险的英雄时代，法兰西号之后每一支到达南极这个地区的探险队都会得到捕鲸者的慷慨帮助。对英雄时代的最后一支探险队而言，这种帮助至关重要——几乎肯定意味着生死之别。

第十一章

夏科携何乐不为号归来：1908—1910 年

1907—1917 年，南极地区又迎来了八支科考探险队，其中三支在南极半岛地区从事考察活动。让-巴布蒂斯特·夏科又回来了，而且是八支队伍中最先到的。

这位法国人在 1903 年的时候有些无的放矢，但到 1908 年，他已经明确知道自己要做的事了——返回这个他曾驾驶法兰西号展开过探索的地区。法国人对夏科的第一次南极探险颇感愉悦，这让他相对容易地募集到了第二次探险所需的资金。公众慷慨捐助，政府除了借调给夏科三名海军军官，还向他提供了大笔资金和大量科学仪器。大约一半的预算被用于购买新定制的探险船。夏科按照自己从前几艘船的名字给这艘新船起名为“Pourquoi-Pas?”（意为：何乐不为?），实际上，这是第四艘唤作此名的船。与法兰西号类似，这艘船也是配有辅助蒸汽引擎的帆动力船。法兰西号为 245 吨级，相比之下，800 吨级的何乐不为号要大得多。后者不仅 450 匹马力的引擎更强大，而且作为新船也更加可靠。

夏科没费什么劲就组建了一支才华横溢的科考团队，但除了地质学家欧内斯特·古尔东以外，其他都是新人。对夏科来说有点遗憾的是，其余的老科考队员都在别的地方脱不开身。至于船员，其中 8 位是此前法兰西号上的旧部，此外，夏科还从 200 多位申请者中挑选了 13 人。

法兰西号上的经历教会了夏科很多，他也因此为新的探险船和探险队配备了相应的设备。一些再次集结的老船员极有可能感觉到新船与旧船相比有一个明显的改进：这一次，夏科带了大量葡萄酒。他还计划使用新技术，最重要的就是一艘 8 匹马力的摩托艇，它专门为冰上作业而改装过。他还携带了几辆试验性的机动雪橇。至于何乐不为号，夏科为它安装了一个 8 匹马力的发电机给船上的电灯供电。这个设备最初只计划作为一周只用两次的奢侈品，但它运转良好，夏科在整个探险途中使用它的频率也变得很高。

尝试机动雪橇的决定源于夏科与英国人罗伯特·法尔肯·斯科特的联动，斯科特当时也打算第二次前往罗斯海探险。但夏科和斯科特都不是第一个把机动交通工具带到南极的人。1908 年 2 月，就在夏科乘坐何乐不为号离开法国之前几个月，欧内斯特·沙克尔顿就把一辆改装过的汽车带到了罗斯岛附近麦克默多海峡的冰天雪地里。这辆车的表现非常糟糕。（夏科把自己的机动交通工具带上何乐不为号时，他并不知道沙克尔顿内心的失望。）

夏科于 1908 年 7 月底从法国起航。一位特别的乘客，夏科的新婚妻子玛格丽特也在船上。他们结婚尚不满一年，他希望妻子陪在身边的时间尽可能多一些，直到探险活动把他们分开为止。何乐不为号于 10 月下旬抵达布宜诺斯艾利斯。尽管此前在法兰西号探险队的经历让他预期自己会受到热烈欢迎，但阿根廷人的接待还是超出了他最乐观的想象。政府不仅尽全力满足探险队的需求，而且还把何乐不为号运往干船坞，为它提供了应对冰雪条件所需的所有必要材料。

11 月 23 日，何乐不为号离开布宜诺斯艾利斯前往蓬塔阿雷纳斯。夏科夫人在这里离开探险队，她的空缺被一个膳务员取代。这位膳务员加入后，船上共计有 30 人，外加 1 只成年猫、3 只奶猫和 2 只宠物狗，这些狗是来自阿根廷政府的另一份礼物。

1908 年 12 月 16 日，夏科在蓬塔阿雷纳斯和玛格丽特作别。他刚抵达南设得兰群岛就立即往欺骗岛驶去。五年前，除了留下探险队的信息，夏科并没有在此停留的理由，当时他为节省时间绕过了这个岛。这一次，欺骗岛会让他收获满满。捕鲸者的根据地就在这里。夏科驶入福斯特港时见到的景象让他惊讶不已。这里看起来“太不可思议了……就像挪威一些繁忙的港口一样”[1]。包括安德烈森的格伯纳多·博列斯号在内的三艘工厂船停在港口，另有 200 人长期生活于此，这一个地方的人数就比到过南极半岛的比利时号、南极号、斯科舍号和法兰西号探险队加在一起的总人数还多。

捕鲸者见到夏科也很开心，部分原因是他带来了邮件。除此以外，捕鲸者还为夏科上次探险时绘制的航海图对他表示了感谢，让夏科感到高兴的是，他们也向他提供了进一步更正后的航海图。捕鲸者还为他提供了物资方面的帮助。夏科送来的其中一封信件来自安德烈森的公司，信中指示安德烈森向何乐不为号提供 30 吨煤炭。

一桩紧急医疗事件让夏科有了回报捕鲸者的机会。安德烈森的一名捕鲸工人在事故中重伤了一只手，众多捕鲸船上竟没有一个医生。经过细致的检查，何乐不为号上的医生雅克·利乌维尔得出结论说，必须截肢。次日，利乌维尔在负责为病人施用氯仿的古尔东的陪同下再次到来，为捕鲸者实施了手术。如果夏科没有来到欺骗岛，安德烈森就会把受伤的捕鲸者送往蓬塔阿雷纳斯。利乌维尔告诉夏科，如此一来，这个人就可能在途中死于坏疽。

夏科在欺骗岛花了两天时间装载煤炭，并且为他到目前为止的工作写了报告，让捕鲸者捎带回去。他的几名船员在这里找到了乌拉圭号于 1905 年建立的堆石界碑，其中还有加林德兹为“法兰西号的夏科”留下的信息。此时，“何乐不为号的夏科”阅读着这些信息，十分感动。12 月 24 日，安德烈森为何乐不为号装完了煤炭，截至此时，这艘船都为躲避捕鲸作业的难闻味道而停在福斯特港的另一头。夏科的人用来自家乡的礼物庆祝了平安夜。就像此前在法兰西号上一样，何乐不为号也有挂满了小饰品和蜡烛的纸板圣诞树，这个礼物是古尔东夫人听丈夫说起上次探险中的圣诞树后特意准备的。

何乐不为号在圣诞节这天离开欺骗岛。就在夏科打算离开之际，捕鲸者又为他送来了一份十分私人的圣诞礼物。安德烈森夫妇和其他几位船长利用捕鲸季为数不多的假期，从他们的捕鲸湾基地出发，滑雪几英里来到何乐不为号停泊的地方道别。他们还带了其他礼物，即未来会提供帮助的承诺。安德烈森告诉夏科，他会在 2 月前往洛克鲁瓦港——温克岛上的避风港，夏科于 1904 年年初发现了这个港口——捎上夏科想要寄出的任何邮件。此外，他或者别的捕鲸者将会注意在 1910 年 1 月经停洛克鲁瓦港和布斯岛（如果冰况允许的话）以搜寻信息。最后，如果夏科来年夏天返回欺骗岛，可以顺道在此装载煤炭。

欺骗岛福斯特港，一艘捕鲸船（右侧）正在给何乐不为号（左侧）装煤。（摘自《何乐不为号的南极之旅》，夏科著，沃尔什译，1911 年）

次日，夏科抵达了随后行程的第一站洛克鲁瓦港。他在这里以及 12 月 29 日在夏科港的故地重游都让他感慨万千。回忆淹没了他和跟随他一道回来的人，夏科被一种似曾相识的感觉裹挟，他感到“对参加过上次探险的人而言，真的会觉得自己又年轻了四岁！”[2]

结果，何乐不为号在夏科港停留的时间比预计的长。夏科抵达的两天后，大风吹来的海冰塞满了海湾，船因此受困。

虽然海冰困住了何乐不为号，但摩托艇进出自如。夏科和其他三名同伴在 1909 年元旦驾驶摩托艇从浮冰中溜出，往南经过勒美尔海峡抵达彼得曼岛。他们在这里发现了一个更适合何乐不为号停靠的港口，比夏科港更好。夏科把它命名为割礼港，以纪念耶稣接受割礼的天主教节日。晚上 10 点，摩托艇载着大家安全返回布斯岛。两天后，夏科港的海冰散开到了何乐不为号刚好可以前往割礼港的程度。

1 月 4 日迎来了近一周以来的第一个好天气。夏科、古尔东和借调的海军军官勒内·戈德弗鲁瓦抓住这难得的好日子乘摩托艇探索了一番。因为他们原计划晚上返回，所以并没有额外带衣物，带的食物也仅够吃一顿。他们轻松到达了附近的贝尔特洛群岛，在几个地方登陆，察看了一下，并对南去航线上的海冰情况作了进一步的了解。接着，在准备返航之前，他们坐下来吃光了所有食物，“真是奢华的一餐，我们……注定很快就会后悔”[3]。

他们到达贝尔特洛群岛的外缘才发现，浮冰在几个小时内就塞满了来时畅通无阻的开放水域。好天气也一并消失，天空开始下起了雪和冻雨。接下来的几个小时和后来的几天都让人害怕，寒冷中饥肠辘辘的几人与海冰展开了搏斗。三天过去了，几乎毫无进展，其间摩托艇的引擎也时好时坏，此时更是彻底坏了。大家尝试划船，但毫无可能。夏科最终决定弃船。正如他所想的，他们唯一的希望就是徒步穿过海冰，找到可以向割礼港发出信号的地方。

正当他们准备徒步穿过浮冰之际，他们听见了何乐不为号的汽笛声。他们爬上一块岩石大喊，一个声音立即做出了回应。军官莫里斯·邦格兰在夏科离开后接管了船，他在夏科三人看到船的时候也看到了他们，终于松了一口气。何乐不为号上的船员在等待夏科回来期间越发担心起来，他们有的步行有的滑雪，花了好几天寻找失踪的人。最后，邦格兰决定驾船寻找。何乐不为号缓慢靠近之际，夏科等人回到摩托艇上吃起了最后剩下的一点食物，船抵达的时候刚好吃完。夏科现在很是骄傲：他升起了一面旗帜，戈德弗鲁瓦拼尽全力重新打燃了引擎，但它几乎立即又停止了运转，夏科等人用船桨划完了最后几码距离。

1月8日，重新聚首的船员们重新回到彼得曼岛之前，随着一声刺耳的撞击声，何乐不为号搁浅了，锯齿状的船身碎片浮出水面。很不幸，此时已经是涨潮期。何乐不为号几乎没办法靠自己自由漂浮，船员们疯狂地忙碌了几个小时，才把最重的装备搬到船尾以减轻船头的重量。接着，在下一个潮头涌来之际，夏科把船头和船尾的引擎全打开了。突然间，随着一声可怕的嘶嘶声，船熄火并漂浮在了水面。夏科写道："可怕的暗礁真的撞毁了何乐不为号。"[4]

暗礁上的何乐不为号

船在涨潮时撞上了暗礁。退潮时，船头因为撞击而高高翘起，船头抬升非常高，乃至船尾的甲板没入水中。船头的重量把船往下压，因此夏科等人努力减轻船头重量，他们把沉重的锚和锚链搬下船放到岩石上，清空了水桶，并且把一切无法转移到船尾的重物都下放到小艇中。船最终脱险后，筋疲力尽的船员们又得重新把所有东西搬回原处。（摘自《南极的何乐不为号》，夏科著，1910年）

夏科于 1 月 12 日离开彼得曼岛往更远的南方航行。船上的人知道他们可能正驾驶着一艘危险的破船，但大家似乎都默契地忽略了这个想法。两天后，何乐不为号离 1905 年法兰西号发现的卢贝地很近了。这天天气不错，夏科似乎能够看到一个大海湾，他按照法兰西号副指挥的名字把这里起名为马塔湾。多亏了极佳的能见度，可以很清楚地看到卢贝地确实就是比斯科的阿德莱德岛的一部分，于是，夏科把卢贝总统的名字用来改称阿德莱德岛东边的大陆海岸了。他在这个地区停留的时间只够展开初步的测量，并稍微绕道调查一下阿德莱德岛是否真的是一座岛。尽管从桅杆瞭望台看去，这个地方可能是个大陆半岛，但夏科并不确定。直到离开，他也没有得到答案。

何乐不为号在夜里驶过了南极圈，并于 15 日上午绕过了阿德莱德岛南端。位于它前方的是一个巨大海湾，东部与新发现的大陆海岸相连。夏科迅速把船停靠在高高的岩石岛屿的冰体旁边，他以邦格兰夫人的名字把这里命名为热妮岛。几小时后，他和四名船员（讽刺的是，并不包括邦格兰）上岸，爬上了海拔 1 600 英尺（约 488 米）的山顶。山顶的景色非常壮阔。最重要的是，夏科看到了南方海冰上的开口。他知道远处有一块陆地——亚历山大一世地，但雾气挡住了视线。

接下来，夏科向西南方向驶出了这个他以妻子之名命名的玛格丽特湾。午夜时分，他看到南方的山脉在夏日阳光的映衬下熠熠生辉。山脉所在的就是亚历山大一世地。次日，因为海冰挡道，夏科未能去往亚历山大一世地和玛格丽特湾的南部海岸，而且在接下来的两周内，他的每一次努力都被海冰击退。后来，夏科的确往亚历山大一世地推进了几英里，但他唯一的成果是邦格兰花了三天时间拉雪橇外出调查得出的阿德莱德岛的具体情况。邦格兰带回一个明确的答案：那的确是个岛。另一天，何乐不为号停泊在热妮岛时，夏科尝试驾驶摩托雪橇前进，但让它发动起来就像是打仗一样，夏科最终放弃努力。自此以后，摩托雪橇就停在船上吃灰了，这与早先摩托艇的成功形成了鲜明对照。

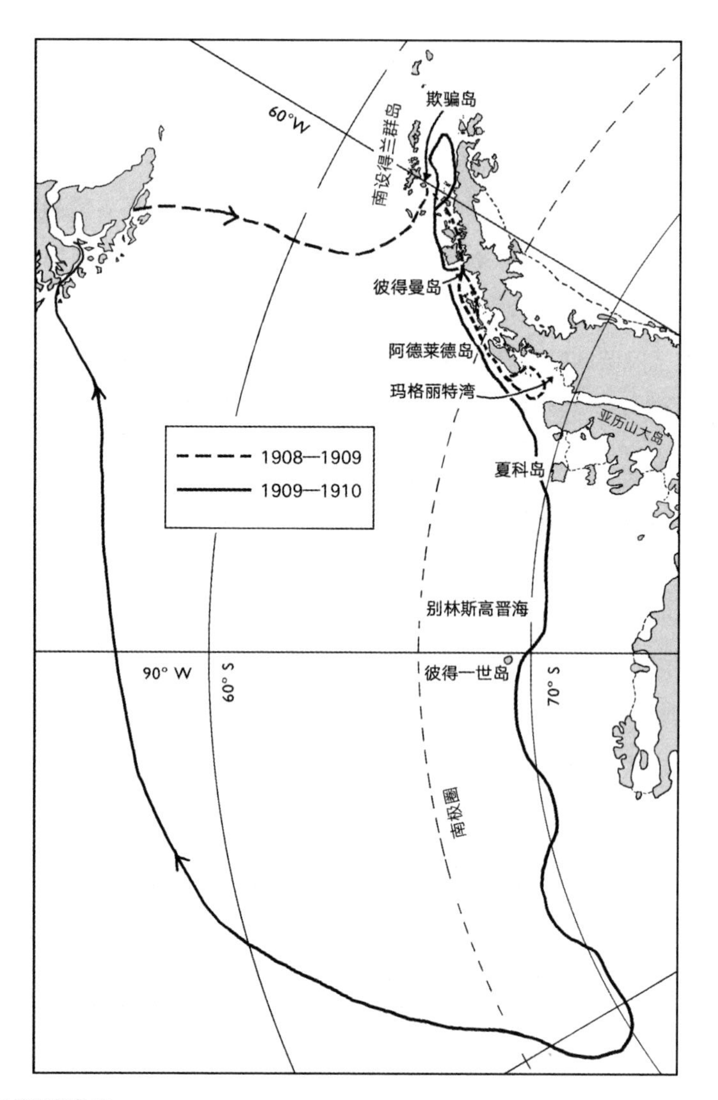

何乐不为号的航行轨迹

1908—1909 年，夏科从蓬塔阿雷纳斯驶往欺骗岛，然后向南，最终抵达玛格丽特湾。接着，他从这里往北折返至彼得曼岛，并在这里度过了 1909 年冬天。冬季过后，他先是往北驶往欺骗岛。1910 年 1 月，夏科南返，途经玛格丽特湾，驶入别林斯高晋海。接着，他继续往西航行一直到煤炭不足时，而对受损船只的担心也迫使他结束探险并离开南极。

夏科渴望在玛格丽特湾度过冬天，但海冰让这件事化作泡影。多年后，其他探险队会在这里建立越冬基地，但他们在下一个夏季离开的时候也不止一次遇到严重的问题。一队人员不得不乘飞机离开，另外两支探险队在这里度过了一个计划外的冬天，其他探险队则是在现代破冰船的帮助下才得以脱险。

夏科发现他的第二选项马塔湾的海冰也无法通过，因此他在 2 月 3 日重新进入彼得曼岛的割礼港。他后来正是在这里过冬的。这是个令人失望的替补选项，因为他实际上想在更远的南方过冬，而此地位于夏科港以南不足 10 英里（约 16 千米）处。

何乐不为号下锚后，夏科就让船员把锚索从海港一头拉到另外一头，以防海冰进入港内，就像他此前在夏科港做的那样。接着，所有人便着手把何乐不为号改造成越冬的基地，并打算在岸上另建一座小型的科学村。他们还从船上拉下电缆为岸上的小屋供电，这与 1904 年夏科一行人用的经常熄灭的灯笼相比简直是极大的奢侈了。

建立越冬基地花了近一个月时间，部分原因在于整个 2 月仅有四天适合干活。在这四天中的一天里，夏科去往夏科港，留下了他越冬基地的位置信息。他发现走在以前的旧基地上有一种离奇的感觉。站在这里，“我们在过去越冬的房间生活的画面是如此强烈……乃至我不得不一次次努力说服自己，此刻的南极只有我们自己”[5]。布斯岛可能满是鬼魂，但那里也有非常真实且有用的东西。夏科后来还多次回来搜刮 1904 年越冬基地留下的物品。

何乐不为号经过专门的设计，它能为在南极越冬的探险队员提供舒适的住处。船体可充分加热，船上各处都配有电灯，厨师很称职，葡萄酒供应充足，船员们也有足够的水洗漱，这在当时的极地探险中十分罕见。更引人注目的是，他们每周都有干净衣服穿，因为何乐不为号上配有洗衣机。每周五晚，船员都会往船上补给冰块，待冰块在夜里融化后，他们就会点燃海豹油脂加热冰水，然后洗涤衣物。

割礼港的薄饼日，2 月 23 日

科考人员暂停了建立彼得曼岛越冬基地的工作，并单方面宣布放假，身着盛装庆祝薄饼日。夏科写道："我们举办了通常意义上的化装舞会，快乐而简单……膳务员的打扮尤其特别，厨师则变身为豪华酒店的大厨……船员们热衷于挽起裤腿展示鲜红的内衣，外加蓝色针织背心和海豹猎人的靴子、帽子，整个凑成了一套非常可爱的制服。"[6]（摘自《何乐不为号的南极之旅》，夏科著，沃尔什译，1911 年）

正如当初在法兰西号上一样，夏科特别在意让所有人在整个冬天的每一天、每一周、每个月都有事可做。何乐不为号停在割礼港，但这个位置潜伏着意想不到的危险。入口处倾覆的冰山引发了巨大的浪涌，海浪把海冰推进了这个小小的海湾，可怕的冰块于是撞上了本已损坏的船体。接着在 4 月中旬，冰块把船体冻住了，夏科以为船总算安全无虞，但一场强风暴还是破坏了起到防护作用的缓冲区。这种天气模式在割礼港一直持续了数月之久。大风粉碎了冰块，为数不多的好天气又让冰块重新冻结，接着新的风暴又会袭来。何乐不为号在 1909 年冬季就没过上几天安生日子。

仲冬时节，健康问题又成了探险队的新困扰。夏科本人咳嗽不止，并伴有呼吸急促症状。曾在 1 月与夏科一道被困在贝尔特洛群岛的海军军官戈德弗鲁瓦也被同样的症状折磨，而且两人的腿部都出现了肿胀，原因未知，尤其是，其他人看上去都很健康。夏科最终诊断其为“极地心肌炎”，即便他自己也不清楚这意味着什么。

冬季快结束的时候，时间也慢了下来，对夏科而言尤其如此。也许是因为他病了，他不再为这第二次探险激动不已，而且他跟身边工作人员的关系也不如与法兰西号旧部那般亲近。至于其余船员，他们大部分时间都处得很好。尽管如此，有时候隐私的缺乏也会对所有人产生严重影响。

因此，大家都热情拥抱春天的到来，毕竟户外活动的机会更多了。夏科和戈德弗鲁瓦都感觉好多了。夏科急切地开始安排他的雪橇探险计划。早在 3 月，几名船员就乘坐摩托艇登上大陆并探索了内陆外沿。一群人甚至往陆地深处前

冬天停靠在彼得曼岛的何乐不为号

这里地处勒美尔海峡以南不远处。在船的正上方可见这条著名海峡的南入口。布斯岛位于夏科 1904 年越冬基地北侧海岸方向，它在上图中间偏左处，何乐不为号上方偏左的地方。（摘自《何乐不为号的南极之旅》，夏科著，沃尔什译，1911 年）

进了几英里。现在，继续探险的时候到了。这一次的探险具有真正的开创性，是世人第一次对南极半岛本身展开探索。但准备了几天之后，夏科和戈德弗鲁瓦旧疾复发。令人沮丧的是，夏科无法担任首次建立补给点之行的领队，他让地质学家、法兰西号上的旧部古尔东指挥了这次探险。

重点计划的雪橇探险于9月18日开始，古尔东再次担任领队。两周后，这支六人分队回来报告说这次探险喜忧参半。他们未能成功攀登半岛顶峰，因为正当他们爬到一条路的尽头时，突发的雪崩把巨大的冰块带得山上到处都是。但他们也取得了成功——宝贵的冰川学、地形学和气象学观测结果。古尔东的考察队离开了十五天，攀登到了近3 000英尺（约914米）的高度，陆上探险距离超过15英里（约24千米）。这个距离并不长，但因为环境恶劣，这一切都显得来之不易。

古尔东未能深入内陆，夏科因此放弃了他的雪橇探险计划。作为替代，他后来便专心驾驶何乐不为号探险了。夏科原计划于11月初离开彼得曼岛，计划的行程允许他前往欺骗岛装载安德烈森许诺给他的煤炭。接着，他将在南设得兰群岛考察几个星期，然后便往南航行继续上个夏天的工作。然而，驶离割礼港的计划很快就充满了变数。夏科在冬季期盼已久的海冰终于出现，而且遍布他目力所及之处。

与此同时，探险队的生物学家路易斯·盖恩则陶醉在企鹅回归的喜悦中，恢复了2月便开始的鸟类研究。尤其令他开心的是，身上带有他在上个秋天为它们戴上的运动环的阿德利企鹅也回来了。现在他知道了，这些鸟儿会回到同一个栖息地。第一批企鹅蛋诞下后，夏科宣布除盖恩外，其余人等一律禁止闯入企鹅栖息地。这位生物学家充分利用了这次机会，对半岛的企鹅群展开了第一次严肃正式的研究。

割礼港的海冰把何乐不为号一直困到了11月25日。两天后，经过在杰拉许海峡的冰山和重浮冰中一段时间的紧张航行，夏科抵达了欺骗岛。但捕鲸者也会这么早到达吗？

看到捕鲸船后，夏科便心中有数了。这艘捕鲸船隶属安德烈森的船队，这可能是他听到的最好的消息了。安德烈森和妻子看到登上格伯纳多·博列斯号的夏科后也同样开心不已。夏科询问煤炭事宜，安德烈森立即给出了肯定的回答。夏科可以得到 100 吨。安德烈森解释道，这些煤炭来自泰莱丰号，上个夏天它在夏科离开后的第二天就沉没了。但捕鲸者们提供的不只是煤炭，安德烈森夫人为他们送来了新鲜的土豆、苹果和橘子，还带来了来自文明世界的邮件和新闻：欧内斯特·沙克尔顿在 1909 年 1 月差点就抵达了南极点，但在距离目的地仅 112 英里（即 97 海里，约 180 千米）的地方，他和三位同伴放弃了，因为他们的时间已经不多，而且还处于食物匮乏的危险境地；罗伯特·皮尔里和弗雷德里克·库克都声称抵达了北极点；而法国人路易·布莱里奥则乘单翼机飞过了英吉利海峡。也许最让人满意的消息是，利乌维尔上个夏天给做了截肢手术的那个捕鲸者已彻底康复。

虽然夏科知道何乐不为号在上个夏天搁浅时严重受损，但他并不知道情况有多严重。现在，他试图弄清楚状况，但在没有干船坞的情况下也掌握不了多少信息。安德烈森帮忙解决了这个问题，他让此前打捞过泰莱丰号的潜水员下去看了看。12 月 8 日，安德烈森的潜水员仔细查看了何乐不为号的船体。下潜之前，夏科请求他，如果情况糟糕，就只把消息透露给他一人。因此，潜水员浮上来后，就报告说只出了个小问题。然而，潜水员私下向夏科给出的报告则完全不同。他最后说："你不能、你一定不要在这种情况下还在海冰中航行……普通的海上航行就已经很危险了，一丁点撞击就可能让你葬身海底。"[7] 夏科听着，礼貌地感谢了潜水员和安德烈森，接着若无其事地制订了自己的计划。他的确向船官和科考团队坦白了一些事实，但船员们还蒙在鼓里。

夏科决定继续探险，但他尚未准备好开启夏季探险计划。他认为现在还为时过早，因为南方仍聚集着大量海冰。相应地，他会一直等到浮冰化开的 12 月底。等待期间，他会留在南设得兰群岛展开自然史和地质学研究。夏科急着开始，但天气非常糟糕，于是他又在欺骗岛停留了两个星期。夏科终于在12月23日离岛，接下来的圣诞周他们大部分时间都是在乔治王岛度过的。何乐不为号于12月30日驶离乔治王岛时，船员们把古尔东夫人用纸板制作的圣诞树留在了岸上。第二天，夏科回到欺骗岛，与捕鲸者们做最后的道别。接着，他准备继续赶路，但天气不好，于是又返回继续等待。

最后，天气稍微好了些，夏科也在1910年1月6日开始了南下。何乐不为号是满载着燃料驶离欺骗岛的，但吃水线以下，它还是和此前一样受损严重。

这一次，夏科直接驶向了亚历山大一世地附近。1月11日发生了新航海季的第一件喜事。当天早晨，夏科爬上桅杆瞭望台观察，感觉自己在云间瞥见了什么。但究竟是什么呢？未弄清楚前他并未声张。中午时分，天空放晴，远处亚历山大一世地的山脉在阳光下熠熠生辉。但夏科认为自己看到的是别的东西，在距离更近处。他依旧保持沉默。出乎大家的意料，他改变航线，掉头向东。午饭过后，他再次爬上了桅杆瞭望台。眼前的确是陆地，“新的陆地……一片属于我们的陆地！……我压低了声音不断对自己重复这两个词，一片**新的陆地**（强调系夏科所加）！”[8] 夏科根据观测结果确定自己发现的陆地位于南纬70°、西经77°。最后，他在其他人的催促下把这里命名为夏科地（即现在的夏科岛），夏科一直坚称这个名字是为了纪念父亲，而不是纪念他自己。忘乎所以的夏科忽视了何乐不为号船体受损的情况，他强行在浮冰群中向自己发现的地方驶去。但浮冰过于密集，几小时后，他选择了放弃。至此，迷雾已经遮蔽了这片陆地。一直到1929年，夏科和其他任何人都没有再见过它。

对新发现充满期待的夏科继续往南边和西边航行。穿越南纬70°以后，他在当时所处的这一经度上创造了新的南纬纪录，接着，他在暴风雪中沿浮冰冰缘继续向前推进，大部分时间是向西航行，偶尔也往北一点，然后再次向西。

14日下午，夏科看到了彼得一世岛，这里自1821年被别林斯高晋发现以后就再无人得见。很遗憾，雾雪天气让夏科无法进一步丰富别林斯高晋对此地的简单描述，而且天气很快就变得更糟糕了。接下来几个小时的狂风和遮天蔽日的大雪更是可怕。夏科写道："冰山和浮冰块拥塞着四周的水域……船上的帆桁似乎就要碰到我们头顶高耸的冰山了，小一点的冰山则在船的前方舞动……时间飞逝，我们通向未知的疯狂航程仍在继续……" 不知怎的，夏科的何乐不为号从冰山最密集的地方穿了过去，这实在是太幸运了。接着，"突然之间……黑色的海湾变成了灿烂的金色，焕发着夺目的光彩……让人觉得从地狱进入了天堂"[9]。

从彼得一世岛的浮冰区逃离的四天后，何乐不为号抵达了威尔克斯探险队的孔雀号曾被海冰挡住去路的海域。然而，夏科发现海面开阔了很多，在任何情况下，他都可以发动引擎冲过曾经让美国人止步的浮冰区。最终，他驾船驶过了西经 107°的浮冰区，1774 年詹姆斯・库克正是在这条经线上创造了南纬 71°10′的南航纪录。密集的浮冰让何乐不为号往南的冲刺止于南纬 70°30′。夏科认为自己有可能抵达库克创纪录的纬度，但这只会让他消耗超出计划的时间和煤炭。天晓得他能不能抵达。随后的几年中，其他船只会继续尝试。然而一直到五十年后，两艘美国破冰船才最终挑战成功。

继续向西深入到其他船只从未通过的冰山区，夏科再次向南穿过了南纬 70°，最终还是被海冰挡住了去路。此时他位于西经 118°50′，在这里测得的水深刚刚超过 3 000 英尺（约 914 米），他由此得出结论说，陆地就在附近，并且这片不远的陆地就是从玛格丽特湾延伸至罗斯海的爱德华七世地的海岸的一部分。离陆地很近的结论是错的：南极大陆仍在 200 多英里（320 多千米）以南的地方。但他对连续的海岸线的判断是对的，这片难以琢磨的陆地延伸段一直到几十年后才被人类发现。而夏科已经在高纬度地区驶过了这一海岸长度的三分之二。天气非常糟糕，海冰也一直是挑战，而且夏科一路驾驶的还是受损的船。这可是一项了不起的成就。

夏科在 1 月 22 日结束了探险。他已经驾驶受损的船航行了尽可能长的距离，船员疲惫了，煤炭也快用完了。

2 月 11 日，何乐不为号有气无力地驶入蓬塔阿雷纳斯。激动的当地人热情迎接了探险队，世界各地的贺电也如潮水般涌来。接着，夏科决定先去蒙得维的亚修理何乐不为号，然后再返航。蒙得维的亚的一家干船坞检查了何乐不为号，并印证了安德烈森的潜水员做出的警告。最糟糕的是，船体左侧被撞出了一个 50 英尺（约 15 米）长的洞，外层板材有好几处被彻底击穿。再多几英寸就可能致命。尽管如此，何乐不为号基本上还是靠得住的，几个星期的修理之后，夏科启程返航了。

夏科于 1910 年 6 月初回到法国。他关于此次探险的著作《何乐不为号的南极之旅》在当年年底之前就已到了法国热心公众的手中。科学考察成果的分析和出版工作花的时间则长得多。二十八卷科考作品的第一卷出版于 1911 年，最后一卷出版于 1921 年。大量成果需要报告。探险队调查了 1 250 英里（约 2 012 千米）的南极海岸线，绘制了大量新航海图和地图，并且实施了全面的科考计划。除了亚历山大一世地是个例外，夏科发现并第一个为他在南极半岛地区西侧、阿德莱德岛南侧和东侧所知的一切绘制了地图。一直到近二十年后才有其他人做出新的推进。夏科以非常不确定的方式开启了自己的南极探险生涯，但他的确让法国人感到自豪。

1910 年后，夏科驾船把极地考察的阵地转移到了北极。1936 年 9 月，强风暴把何乐不为号吹到了冰岛南海岸的岩石上。船上唯一的幸存者说，他最后看到夏科——法兰西号和何乐不为号南极探险队队长——的时候，他正站在舰桥上，温柔地放飞笼子里的宠物海鸥。

第十二章
挣扎在威德尔海的菲尔希纳：1911—1912 年

威廉·斯皮尔斯·布鲁斯也跟夏科当年一样十分渴望回到南极。1908 年 4 月，他发布了一项大胆的探险计划，其特色在于，乘雪橇跨越南极大陆，从威德尔海岸前往罗斯海的麦克默多海峡。但在布鲁斯于 1910 年开始积极推动这个计划之前，另外一个人已经提前想到了这一点。此人来自德国。

1909 年，三十二岁的德国陆军参谋威廉·菲尔希纳决定率领探险队前往南极。菲尔希纳从未到过极地地区，他似乎只是因为想尝试新的挑战才把注意力转向南方的，而南极看起来正是个充满挑战的地方。事实上，他此前的确长途跋涉去往俄国和中亚探险，他也的确在这些地方有过多次冒险的经历，比如与强盗、野生动物、当地军阀狭路相逢，等等，但所有这些都不足以让他做好准备，组织和领导一次真正的极地探险。

菲尔希纳最初打算原样复制布鲁斯 1908 年的探险计划，而他在军队的上级也反应积极。但皇帝威廉二世最终没有批准。皇帝对埃里希·冯·德里加尔斯基 1901—1903 年驾驶高斯号前往东南极洲的探险活动所取得的成果相当不满，因此反对任何新的德国南极探险计划。[1] 这意味着探险队无法获得任何政府资助，菲尔希纳只好缩减行程。他打消了横跨南极大陆的念头，进而专注于威德尔海一侧大陆的考察计划。他会在这个地区建立一个过冬站，并把它用作科考活动和乘雪橇深入内陆考察的基地。

最初，菲尔希纳组织了“德国南极探险协会”，他把他的行政任务和权力全都转交给了该协会成员。他这样做是想把更多时间用于研究探险活动的技术细节。然后菲尔希纳就开始了准备活动。他在挪威购买了探险船，这是一艘配备了300匹马力辅助引擎的强大捕鲸船[2]，买来后他就把它改名为德意志号。选择船长并非易事。德里加尔斯基推荐了理查德·瓦瑟尔，他曾担任高斯号探险船的二副。

菲尔希纳心存疑虑，尤其在听说瓦瑟尔到处贬低他之前为德意志号挑选的挪威船长后就更犹疑了。而在德里加尔斯基的船长汉斯·鲁泽强烈反对他选择瓦瑟尔后，他的担忧又加深了一层。但菲尔希纳在这件事上并没有最后的决定权。德国海军坚持船长必须为德国人，探险协会只好遂了海军部门的愿，任命瓦瑟尔为船长。瓦瑟尔随后指派了船上其余的官员。菲尔希纳很快就发现得自食其果。

德意志号于1911年5月初离开德国。瓦瑟尔和其余4名船员曾跟随德里加尔斯基到过南极，冰上导航员和其他一些船员则具备丰富的北极冰上经验。至于科考人员，地理学家海因里希·泽尔海姆和气象学家埃里希·普利茨布洛克则在1910年跟随菲尔希纳到过斯匹次卑尔根岛上的极地区域预先适应、练习。另外一名科考成员是来自奥地利的登山家和博物学家菲利克斯·科尼格，他曾前往格陵兰学习如何管理德意志号上的数十只雪橇犬。（菲尔希纳还计划用满洲小马拉雪橇，这是从沙克尔顿那儿获得的启发，后者曾在1908—1909年的南极探险中用到了它们的西伯利亚表亲。小马驹被单独运往了布宜诺斯艾利斯。）

就在探险开始之前，德国海军给予了菲尔希纳悬挂海军旗帜的荣誉。当我们这位对海军事务一无所知的陆军官员接受这个荣誉后，德意志号就受到了海军章程的制约。直到后来，菲尔希纳才意识到这让船长成了船上的主宰。他一个不小心就把自己的大部分权力让渡给了瓦瑟尔。

探险途中的威廉·菲尔希纳。（摘自《驶往第六大洲》，菲尔希纳著，1922 年）

德意志号启程之际，菲尔希纳尚未出发。他会在完成国内的后续事宜后前往布宜诺斯艾利斯与探险队会合。这段时间，他任命自己的朋友泽尔海姆临时负责德意志号上的各种事宜。一开始的航程还挺愉快，但在德意志号穿越赤道之后，问题就出现了。军官、科考队员和船员们陆续开始拌嘴，最严重的是，泽尔海姆和瓦瑟尔很快就僵持不下。两人的关系急转直下，瓦瑟尔甚至向菲尔希纳发电报提出了最后通牒：他拒绝继续与泽尔海姆同行，两人必须有一人出局。

瓦瑟尔能够直接从船上发送电报是因为菲尔希纳已经为德意志号配备了无线电设备。尽管当时最好的无线电设备的通信范围仅为 400 英里（约 644 千米），但菲尔希纳还是希望这个新设备能够让他在海冰中航行时与文明世界取得联系。（澳大利亚人道格拉斯·莫森当时也在前往东南极洲探险的路上，他也想在这个夏季为南极引入无线电设备。1913 年 2 月，经由南极次大陆麦夸里岛上的一个中继站，莫森首次实现了南极大陆和外部世界的双向无线通信。）

最初，德意志号船长发出的最后通牒似乎让菲尔希纳——他是在前往布宜诺斯艾利斯的航程中收到通牒的——陷入了两难的境地。他要么必须牺牲泽尔海姆，要么在短期内找到新船长。然而，菲尔希纳认为自己已经遇到一个可以很好地接替瓦瑟尔的人。此人就是阿尔弗雷德·克林，他是送菲尔希纳前去与德意志号会合的商船上的年轻船官。就在菲尔希纳已经打算用克林替换瓦瑟尔，同时留下泽尔海姆时，这位地理学家并没把选择权留给菲尔希纳。泽尔海姆在德意志号停靠南美洲的第一站时辞职并离开了探险队。德意志号于 1911 年 9 月 7 日抵达布宜诺斯艾利斯。菲尔希纳和克林已于十天前抵达。菲尔希纳仍希望克林能担任船官。阿根廷人很好地招待了菲尔希纳，但他与瓦瑟尔的关系则是另外一回事了。瓦瑟尔以南极老手的身份质疑新手菲尔希纳的准备工作，并且竭力贬低这位探险队领队，瓦瑟尔也断然拒绝接受克林为新的大副。失去泽尔海姆就已经很是苦恼了，菲尔希纳此时坚持留下克林并任命他为科考队员。克林的第一份工作是陪同探险队的雪橇马搭乘一艘捕鲸船前往南乔治亚岛，目前它们正被关在布宜诺斯艾利斯的动物园里。

甚至在尚未抵达海冰区之时，菲尔希纳和瓦瑟尔的关系就已经出现严重问题，但菲尔希纳并没有解雇瓦瑟尔的权力，于是他唯一的选择就变成，要么自己退出探险，要么尽力挽回局面。菲尔希纳选择继续坚持，他说，这场探险就是自己的孩子，他不想放弃。

10 月 4 日，德意志号从布宜诺斯艾利斯出发前往南乔治亚岛。菲尔希纳计划缓慢航行，这样就可以在沿途开展海洋学研究，但离开港口十二天后，探险队的两名队医之一路德维希·科尔突发严重的阑尾炎。科尔第二天再次发作时，另外一名医生威廉·格尔德尔迅速实施了紧急的阑尾切除手术。接着，菲尔希纳直奔南乔治亚岛。

四天后，德意志号抵达南乔治亚岛，卡尔·安东·拉森热情接待了菲尔希纳。他们俩通过诺登斯克尔德介绍在挪威曾有过接触，拉森为菲尔希纳提供了宝贵的建议。在南乔治亚岛，他为后者提供了更多的帮助，包括把恢复期的科尔带回自己家休养。

菲尔希纳的团队在南乔治亚岛停留了一个半月，其间，他们开展了科考工作，深入岛内探索，调查并绘制了南乔治亚岛海岸线的地图，最后还为即将开始的探险活动做了充分的准备。在此停留的几周内，德意志号还短暂航行至南桑威奇群岛探险。几乎所有人都去了——甚至科尔也坚持参与，尽管他最近刚做了手术。德意志号在风暴中艰难航行了四天才抵达群岛。抵达后，可怕的风暴一场接一场袭来。扎瓦多夫斯基岛附近几乎无法想象的巨浪阻止了他们唯一一次登陆的尝试后，菲尔希纳便掉头折返南乔治亚岛。他自己总结说还是把时间花在南乔治亚岛更有意义一些，而且科尔旧病复发了。瓦瑟尔也病了，他抱怨说得了风湿，需要时间休息。

德国人重新开始他们在南乔治亚岛的工作，一切都进展顺利，直到后来发生了悲剧。11月26日晚，德意志号的三副沃尔特·斯洛萨尔齐克划船进入坎伯兰湾，但他并未返回。于是，菲尔希纳组织搜寻，但没人发现他的任何踪迹。三天后，入港的捕鲸船带回了他的空船。没有尸骨下葬，菲尔希纳的手下只能在古利德维肯墓地的一处小山坡上竖了个简单的十字架作为纪念。这个十字架也标志着探险队用无线电通信的希望破灭了，因为斯洛萨尔齐克是德意志号上唯一受过无线电工作培训的人。

克林和小马驹于12月3日前来会合。八天后的1911年12月11日，德意志号离开南乔治亚岛前往威德尔海。船上载有三十三人、八匹马驹、数十只雪橇犬、一只猫、两头阉牛、两头猪以及捕鲸者们赠送的几头羊。（科尔并不在船上，他在南桑威奇群岛之行中的旧病复发让所有人都明白，他病得太重，无法继续探险。）

菲尔希纳选择航线时，在很大程度上依靠的是来自布鲁斯的斯科舍号探险队的相关信息，以及布鲁斯本人的建议。这次探险计划先往科茨地航行，然后绕科茨地的海岸尽可能往南航行，最后再放下越冬团队。没人知道这一路会走多远，但菲尔希纳希望能超越布鲁斯曾经到过的南纬 74°。

刚离开古利德维肯三天，德意志号就零散地遇到了一些浮冰，从这时起，海冰就主宰着航程的进度。一路上走走停停，停停走走……有那么几天，德意志号突围到了开放水域，在 24 小时内往南推进了 100 英里（约 161 千米）以上。海冰再次封闭前进的航线，德意志号也再次陷入艰难前进的状态，甚至还会后退。缓慢的航程加剧了船员之间的紧张关系，他们现在已经分裂成不同的帮派。菲尔希纳及其三位铁杆支持者——克林、科尼格和普利茨布洛克——组成一派，瓦瑟尔、多数军官和多数科考队员另成一派。船员则被夹在中间。

德意志号最终在 1912 年 1 月 11 日跨越南极圈，此时距离它离开南乔治亚岛已一个月整。两天后，科考人员在南纬 70°2′、西经 27°26′开展了水深测量，得到了此次航行最重要的科考成果之一：此处的水深超过 15 000 英尺（4 572 米）。[3] 陆地显然还隔得很远。因此，菲尔希纳继续在海冰中往前推进。他在 1 月 29 日超越了威德尔于 1823 年创下的南纬纪录。次日，德意志号抵达南纬 76°40′、西经 31°32′，菲尔希纳的努力终于取得了回报：他看到了陆地，一处冰雪覆盖的斜坡缓缓上升到了 2 000 英尺（约 610 米）的高度。他以此次探险活动最重要的资助者之名，把这里命名为路易特伯摄政王地。菲尔希纳知道布鲁斯在科茨地并没找到登陆点，他确信路易特伯地是科茨地的延伸，但它是否更适宜登陆？满心挫败的菲尔希纳一开始并不清楚，因为时断时续的迷雾阻挡了他的视线。

次日清晨，天空终于放晴，冰盖在太阳下散发着神奇的光芒。景色十分壮观。更可喜的是，菲尔希纳发现了一个可能的登陆点——3—4 英里（约 5—6 千米）宽、7 英里（约 11 千米）长的一个小海湾，它东连路易特伯地，西接另外一个巨大的冰架。后者也是个重大发现。（如今我们知道它被称作菲尔希纳冰架。）1912 年 1 月 31 日，德意志号在南纬 77°44′创造了船只在威德尔海往南航行的纪录。也许是希望缓和与船长的关系，菲尔希纳把一处充满希望的海湾命名为瓦瑟尔湾。

菲尔希纳让瓦瑟尔把德意志号停在了瓦瑟尔湾的固定冰的冰缘处，然后派出侦察队寻找适合作为基地的地点。他们的报告令人沮丧，菲尔希纳只好沿着冰架寻找更好的地方。然而，往西才航行了 60 英里（约 97 千米）左右，德意志号就遭遇了密集的浮冰区。菲尔希纳掉头回到瓦瑟尔湾继续寻找越冬点。

回到瓦瑟尔湾后，一个新的侦察队报告说，把设备运上冰盖或冰架顶部的难度会很大。菲尔希纳毫不气馁，他决心找到抵达顶部的路线。他在第二天又派出了两个小组展开进一步调查。科尼格的小组找到一条通往冰盖的路线，并报告说那上面看起来适合当作基地。与之相对，地质学家弗里茨·海姆则建议把一个平顶冰山当作基地，这座冰山似乎是与海湾西侧的冰架连在一起的。菲尔希纳更倾向采纳科尼格的想法。尽管后勤保障会比较困难，但他觉得这样更安全，把基地建在内陆几英里的地方就更是如此了。

菲尔希纳打算继续向下一步推进。瓦瑟尔不同意。尽管两位领导的紧张关系让人感觉不愉快，有时甚至让人感觉互怀恶意，但此前都未对探险计划造成严重影响。现在，情况变了。瓦瑟尔公然反对菲尔希纳的决定，他固执地拒绝为建立冰盖上的基地提供所需的人手。瓦瑟尔同样不喜欢菲尔希纳的第二选项——冰架顶部，他认为把船停在冰架旁边卸载太过危险。到菲尔希纳不情愿地屈服于瓦瑟尔的所有反对意见时，剩下的唯一选项就是海姆的建议了。菲尔希纳对这个选项感到不满，他决定沿着冰架往西继续尝试寻找更好的地方。如果他这次再找不到更好的地方，就只好回到瓦瑟尔湾。德意志号于 2 月 3 日再出发，它沿着冰架一直往西航行到了比两天前所到之处远几英里的地方，但菲尔希纳并未发现可登陆点。两天后，他回来了。瓦瑟尔湾成了不二之选。

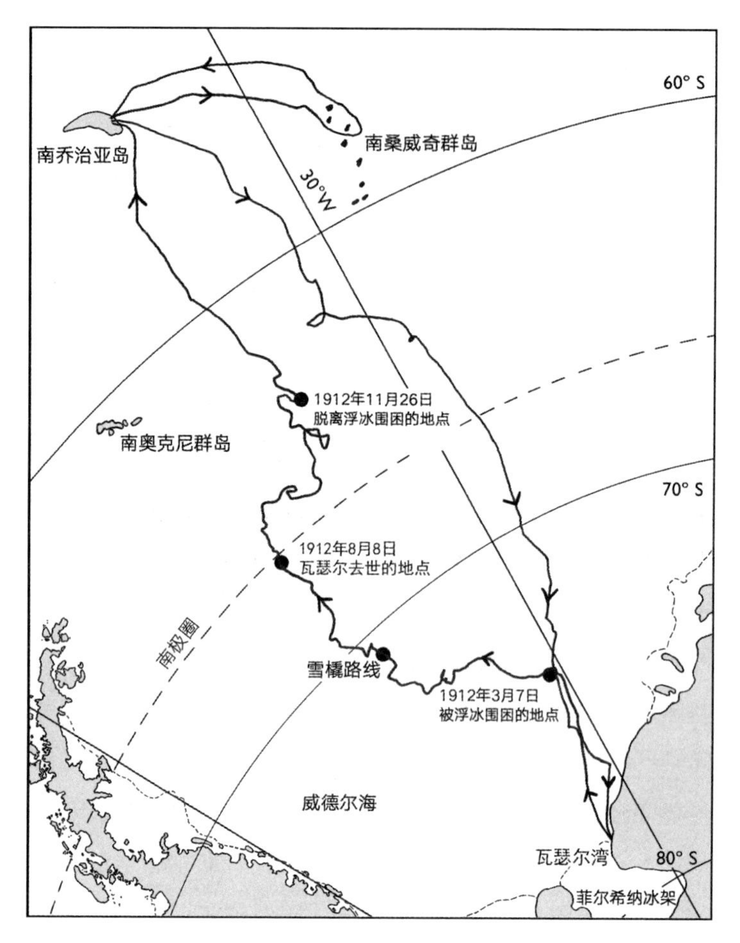

德意志号的航线

菲尔希纳的多数前辈在威德尔海都遇到过海冰造成的困难，其中自然包括迪维尔、罗斯和布鲁斯。唯一的例外是威德尔，他于 1823 年抵达南纬 74°15′，发现自己位于开放水域，视野范围内仅有三座平顶冰山。威德尔创下纬度纪录的位置位于德意志号被海冰拥塞的海域困住处西边不到 50 英里（约 80 千米）处，后者在此处漂流了近九个月。

瓦瑟尔湾，没错，但问题是，具体在哪儿建立基地呢？冰山的地形在短短三天内发生了巨大的变化，菲尔希纳需要展开新的侦察。这理应警醒他，选址会很不稳定，但不知何故，他和其他所有人都明显地错过了这个暗示。因此，尽管菲尔希纳又考虑了其他几处，但最后还是敲定了冰架上的选址。冰雪覆盖的斜坡缓缓从固定冰的连接处延伸到了基地的选址处，这意味着船不必在冰崖旁卸载人员和货物。这让瓦瑟尔接受了这个选址。但在卸载以前，菲尔希纳意识到他的选址实际上是一座冰山。这让他感到不安，但瓦瑟尔和海姆向他保证冰山是安全的，因为它与冰架紧密地连在一起，他们断言，即便它们最终裂开，他们所在的冰山也会是最后一个崩塌的。菲尔希纳仍在担心，他让瓦瑟尔咨询挪威冰上导航员保罗·布杰维克。瓦瑟尔回复说他已经咨询过了：布杰维克没有任何反对意见。不久后，菲尔希纳才晓得瓦瑟尔根本没有和布杰维克谈过，挪威人的真正意见是，“只有愚蠢的小屁孩才会想到在冰山上建立基地”[4]。

于是，菲尔希纳着手建立基地，他将它命名为冰山站。他本打算把这里当作临时基地，直到他在冬天把营地转移到冰盖上的合适地点为止。仅仅两天后，大风就刮裂了瓦瑟尔湾的固定冰，这是问题开始出现的征兆。到了晚上，两座大型冰山漂出了海湾。尽管这已经是第二次间接警告，但大部分物资的卸载仍继续进行，小屋的木材于 9 日开始卸载，然后是狗和小马。那天下午，上升的海面迫使德意志号航行到了外海。在离开之前，菲尔希纳急忙为建筑团队卸载了补给和露营装备，把它们留在冰上。两匹小马在匆忙中挣脱，其中名叫马吉的小马掉进了冰缝。

德意志号在两天后返回之际，建筑团队为菲尔希纳带来了好消息。他们不仅完成了小屋地基的建设，而且冰缝中的马吉还活着。按照菲尔希纳的命令，留下来担任负责人的科尼格向它开了几枪以了结它的痛苦。他以为马吉已经死了，但他过了几个小时回来检查时，发现冰缝下面站着一匹活蹦乱跳的小马。科尼格从卸载的储备中取了些干草扔给它，然后，他就留下马吉，等待船返回后人手够了再把它拉上来。

大家正在努力把小马马吉从冰山站的冰缝中拉出来
（摘自《驶往第六大洲》，菲尔希纳著，1922 年）

2 月 13 日，这些人为庆祝基地小屋即将落成举办了一个派对。四天后，菲尔希纳在日记中写道："我们（已经）经历了登陆过程中的（正面）转折点。"[5] 但他实际上提前一天过早地写下了这句话。

2 月 18 日早晨，"'轰'的一声，就像上百支重炮……同时发射"，众人耳朵嗡嗡作响。[6] 冰山站已经脱离冰架，并且正在漂移。菲尔希纳匆忙降下一艘小船救援站里的人，并尽可能抢救基地物资。到了晚上，几乎所有东西都运回了德意志号上。一只狗还在冰山上，它成功逃过了大家的每一次捕捉。（菲尔希纳想要射杀它，免得它在冰山上被饿死，但大雾让他的企图未遂。）菲尔希纳命名为瓦瑟尔湾的小入口已不复存在。相应的，超过 350 平方英里（约 906 平方千米）的冰山从菲尔希纳冰架脱落后，一个更大的海湾摆在了大家面前。[7] 冰山站最先漂走，而不是像瓦瑟尔和海姆信誓旦旦断言的，最后才漂走。它现在漂进了威德尔海，"就像领导着一场游行一样"[8]。在冰山站漂过的时候大家还能听见孤零零的犬吠声。

因为大家设法抢救了几乎所有东西，菲尔希纳决定把这场近乎灾难的打击视为一个挫折，并未因此终止建造越冬基地的计划。他会直接在如今已经扩大的瓦瑟尔湾寻觅一个新的地方。时间还够，因为瓦瑟尔此前同意德意志号就在这里过冬，而非按原计划向北方返航。然而，船长试图延迟建立基地，直到船完全冻结。菲尔希纳可以接受这个想法，因为瓦瑟尔最终还是愿意提供人手在冰盖上建立基地。

2 月 13 日，正在建设中的越冬站

尽管建筑尚未建成，但大家还是举办了庆祝屋顶结构成形的派对。一只母狗也表达了自己的祝福，它当天在未搭建完成的小屋内诞下了一窝八只小狗。（摘自《驶往第六大洲》，菲尔希纳著，1922 年）

但在随后的 3 月初，瓦瑟尔改变了主意。他告诉菲尔希纳，船在瓦瑟尔湾过冬会很危险，他们应该尽快朝开放水域航行。菲尔希纳恳请他留在这里，但瓦瑟尔是这艘船的主宰。他们还是会离开。

德意志号于 3 月 4 日放弃瓦瑟尔湾。三天后，在北边约 300 英里（约 483 千米）处，密集的浮冰区挡住了船的去路。接着，海冰把船团团围住。与此前的比利时号一样，它现在成了浮冰的囚徒，无助地漂浮在海上。

意识到真的被困以后，菲尔希纳马上制订了冬季日程安排。具体包括：日常一切事情的庆祝；有待展开的科考项目；船上的日常事务；雪橇犬和小马驹的照料；冰上娱乐等。大家的衣物和食物（包括新鲜的企鹅肉和海豹肉）都很充足，厨师也知道如何烹饪可口的饭菜。简而言之，困扰比利时号探险队的诸多问题对于德意志号上的人来说都不存在。

然而，菲尔希纳一行人还是面临着自己独特的挑战。他们分裂成了两个对立的阵营，在离开瓦瑟尔湾以后的几个星期里，这两个阵营甚至越发两极化。

瓦瑟尔故意在所有人面前奚落菲尔希纳，甚至因为冰山站的事故而非难他。因为菲尔希纳拒绝在公开场合为自己辩护，船员中的许多人一时间不清楚到底应该相信谁。这种恶劣的氛围只会加剧大家在南极冬夜漂流中遇到的困难。

小马驹和雪橇犬，尤其是小狗，让人类相互对立的小集团暂时从怨恨中脱身。它们是人类冲突中的中间派，许多人向它们寻求因为人际对抗而难以得到的简单友谊。4 月 1 日，菲尔希纳把雪橇犬转移到了冰上，几天后，小马驹也加入了雪橇犬的阵营。小马驹很快就有了固定的工作——拉集水雪橇，而雪橇犬则要等到有人乘雪橇远行才有活干。无论是否在干活，所有动物都需要照顾，这是一项挑战。一天，一匹唤作斯塔西的小马“吃下了一份《汉堡新闻》和一个带盖的雪茄盒子，然后就开始啃骨头”[9]，这是个特别的尝试。大家还必须应对物种之间的问题，因为在 5 月初雪橇犬吃了菲尔希纳射杀的一匹马的肉以后，已经习惯吃马肉了。但小马驹给出了自己的答案，几脚精准熟练的腾空踢之后，雪橇犬和小马驹再次成为朋友。菲尔希纳可能也希望如此简单地解决人与人之间的分歧吧。

雪橇犬终于在 6 月发挥了自己的作用，当时的德意志号已经漂到了距离本杰明・莫雷尔于 1823 年报告自己发现新南格陵兰岛之处 40 英里（约 64 千米）以内的地方。菲尔希纳发现乘雪橇考察的机会来了，同时还能逃离德意志号上的生活，于是他决定下船考察一番。

时值 6 月 23 日，菲尔希纳、科尼格和克林在南极冬夜最长时节踏上了自己的浮冰之旅。他们带了两只雪橇、十六只狗以及三个星期的补给。浮冰表面很快就被证明不适合拖动雪橇，冰脊和浮冰组成的混乱迷宫迫使三人不断迂回前进。克林在 26 日的定位数据表明他们已经非常接近莫雷尔报告的地方了。次日早晨，三人走了几英里后在一条冰间水道处停下并测试了水深。尽管菲尔希纳没带测量完全水深的工具，但很明显，此处水深至少 3 000 英尺（约 914 米）。在他看来，眼前没有陆地，再加上如此程度的水深，以上情况已经证明：新南格陵兰岛并不存在，至少不在莫雷尔报告过的地方。雪橇考察已经达到目的，是时候回到德意志号上了，不管它现在何处。

三人以他们来时的轨迹作为回程的指引，有时候会走错，雪橇犬也有几次因为追逐海豹而跑偏，但最后总是能及时纠正。29 日早晨，克林兴冲冲地爬上一座小冰丘张望寻找德意志号。令他惊奇的是，它就在 10 英里（约 16 千米）开外的地方。于是，三人向它赶去，但眼看着就差 4 英里（约 6 千米）了，眼前一条不断扩大的冰间水道挡住了去路。正当寻路跨越之际，他们听见了对面的喊声。德意志号上的人看见他们了，一些船员赶来帮忙。然而，这条冰间水道已经裂得太开而无法通过，他们又在冰上过了一夜。他们的经历就像是比利时号冬季雪橇队遭遇的重演。第二天早晨还是无法通过，菲尔希纳便派再次赶来的人回到德意志号上带一条小船来。6 月 30 日下午两三点，问题终于得到解决，所有人都安全地登上了德意志号。此次探险中路程最长的雪橇之行宣告结束。

左图，威德尔海浮冰上的帝企鹅，背景是被困的德意志号。右图，阿尔弗雷德·克林在船受困的冬季骑着探险队的一匹小马。（均摘自《驶往第六大洲》，菲尔希纳著，1922 年）

7月中旬，德意志号逐渐从两个月的极夜中露出了身影。到那时为止，紧紧包裹船身的海冰已把它往北挪过了南纬69°，带入一个躁动的浮冰区。这里的大风和洋流会粉碎它们所到之处的浮冰和其他一切。纯属运气，德意志号已牢牢地包裹在一块能够起到防护作用的大型浮冰之中。菲尔希纳的日记可能表达了所有人的感受："要是包裹着船的浮冰能坚持到我们穿过海冰压力最大的区域时就好了！"[10] 很幸运，它挺住了。

但德意志号的船长就没那么幸运了。瓦瑟尔在探险初期就曾多次抱怨风湿和其他病痛，而到6月的时候，他表现出了重病的迹象——咳嗽、昏厥和呼吸急促等。瓦瑟尔的病情在7月和8月初不断恶化，最终他在8月8日去世。据记载，格尔德尔医生宣布瓦瑟尔死于心脏和肾功能衰竭。这是一个体面但不彻底的诊断。格尔德尔私下向菲尔希纳透露，瓦瑟尔可能死于梅毒并发症。菲尔希纳并不很惊讶。他在德国的时候就听说了瓦瑟尔可能患有这种性病的流言。然而，瓦瑟尔坚决否认，菲尔希纳天真地相信了他的话。事实证明这是个严重的错误。晚期梅毒经常会导致脑损伤和精神疾病，包括偏执和非理性等，而这些正是瓦瑟尔在整个探险过程中反复表现的行为。

理查德·瓦瑟尔，德意志号船长

这张照片摄于他担任高斯号探险船二副期间，梅毒此时尚未摧毁他的健康。菲尔希纳在《驶往第六大洲》（他在该书中讲述了德意志号的探险之旅）中并没有收录对手瓦瑟尔的照片，很可能是故意遗漏的。事实上，《驶往第六大洲》中为数不多收录的探险队成员照片是一张船员的集体照（不包括军官），所有人都标注了名字，另外就是忠实支持菲尔希纳的成员的个人照——克林两张，普利茨布洛克和科尼格各一张。（照片摘自《南方的冰原大陆》，德里加尔斯基著，1904年）

瓦瑟尔去世两天后，他的船员为他盖上了德意志帝国的旗帜，把他沉入了浮冰之下。船长的死让所有人都感到难过，甚至菲尔希纳也是。他的死让菲尔希纳希望探险队紧张的人际关系，尤其是影响他个人的关系，能够得到缓解。然而，海军的规定意味着瓦瑟尔精心挑选的大副威廉·洛伦兹自动升任船长。菲尔希纳很快意识到自己的处境没有丝毫改善，因为死去的船长对他的敌意深深地影响了洛伦兹、其他军官以及多数科考队员。事实上，格尔德尔向菲尔希纳透露的瓦瑟尔的死因完全不同于他告诉朋友的版本。他对朋友们说，瓦瑟尔把自己的病症归咎于菲尔希纳。

几个月来，德意志号一直在断断续续往北漂流。对船上的人而言，这种感觉就像威德尔海在玩弄他们一样，洋流一会儿把他们带到北方，一会儿又带回南方……但他们基本上还是在缓慢地往北漂流，并且夏天眼看就到了。11 月 26 日，紧紧围绕德意志号的浮冰终于散开到足以让它逃离的程度。当时德意志号正在南纬 63°36′、西经 36° 34′，它终于结束了将近 9 个月的漂流。12 月 16 日，在海冰中缓慢航行了三周以后，德意志号抵达了浮冰区的北缘。三天后，它停靠在了古利德维肯。

德意志号靠岸后，菲尔希纳和洛伦兹的朋党之间随即爆发了骚乱，但毫无疑问拉森以及当地政府会站在哪一方。菲尔希纳是探险队的领队，他们只要知道这一点就够了。英国地方官在德意志号靠岸后就上了船，尽管他提出要逮捕菲尔希纳的反对者，但菲尔希纳觉得让其他国家的人看到自己的窘境有些难为情，于是他阻止了逮捕行动，不过他的确接受了拉森分离敌对朋党的帮助。接下来的时间，他和自己的支持者们继续待在船上，洛伦兹一伙人则被安置在岸上。

菲尔希纳认为他刚刚经历的哗变构成了任命克林为船长的充足理由。他们一起把德意志号开到了布宜诺斯艾利斯，反对派则被留在了南乔治亚岛。接着，菲尔希纳乘坐一艘商船返回欧洲，他想为 1913—1914 年的航海季募集继续探险的资金。而洛伦兹一伙人则搭乘一艘捕鲸船抵达布宜诺斯艾利斯，随后搭乘一艘客船回国，此后就发动了一场刻薄的“反菲尔希纳运动”。他们不仅指责菲尔希纳怯懦，蓄意阻碍他们登陆瓦瑟尔湾，而且还故意否认探险队做出的伟大发现，瓦瑟尔则被描绘成一位殉道者和探险英雄。菲尔希纳的支持者敦促他回应针对他的指控，但他拒绝了，哪怕名誉受损让他无法继续为探险募集资金也无动于衷。意识到这一后果之时，菲尔希纳已经不是很在意了。正如他对科尼格说的：“我对南极大陆的强烈渴望已经得到满足。”[11]

菲尔希纳把德意志号卖给了菲利克斯·科尼格，后者打算把它用于奥地利探险队 1914—1915 年前往威德尔海的探险项目。但第一次世界大战终止了这个项目，因为奥地利政府把科尼格所有手下都招入了军队，并且征用德意志号为海军使用。这艘在被威德尔海冰围困数月后幸存下来的强大探险船，最后在战争结束前沉没于亚得里亚海——打败它的是枪炮，而不是海冰。

菲尔希纳探险队有一名成员后来成功回到南极。此人就是路德维希·科尔，当时这位医生因为手术而被留在南乔治亚岛休养。科尔后来娶了卡尔·安东·拉森的女儿玛格丽特，并且把她的姓氏加到了自己的名字里。20 世纪 20 年代初，他陪同岳父前往罗斯海。1928 年 9 月，路德维希和玛格丽特·科尔-拉森回到南乔治亚岛，并且花了八个月探索这个岛。两人的探索活动包括在岛上的山区开展为期两周的雪橇之旅，他们此行是为了研究冰川。科尔-拉森为纪念德意志号上的朋友而把这片冰川起名为科尼格冰川。[12]

科尔-拉森向德意志号探险队表达了敬意，但在德国公众看来，这次探险活动却是个失败。菲尔希纳本人并未试图提高它的声誉。他的官方版探险记录《驶往第六大洲》用了十年时间才得以出版，它于 1922 年面世时呈现的故事已被严重阉割。多年后，菲尔希纳写了第二部作品，并称之为“袒露心迹”之作，他最终通过这部作品讲述了自己心中完整的探险故事。这本书出版于 1985 年，即他去世二十八年后。

尽管菲尔希纳未能实现其最初的目标，但他的探险的确取得了一些非常重要的成就。一处重要的陆地和一座冰架的发现可归于他的名下，他还测量得出威德尔海的水深为 1.5 万英尺（4 572 米），并且在威德尔海创下了新的南纬纪录。他甚至在船受困的冬天也取得了很多成果。菲尔希纳不仅证明不存在莫雷尔所谓的新南格陵兰岛，而且还收集了重要的气象数据，而这次漂移的路线也提供了威德尔海洋流的重要信息。路易特伯海岸、菲尔希纳冰架、瓦瑟尔湾——德意志号探险队在南极地图上留下了坚实的印记。即便如此，此次探险活动还是逐渐湮没无闻。

的确湮没无闻了，但还是有少数人记得。1956 年，菲尔希纳收到一封英国来信，信中写道："今年 1 月 29 日，星期日，我抵达了瓦瑟尔湾，沿着冰架边缘往西航行了 20 英里（约 32 千米）。我们在那里建立了基地……最后，我向您保证，在策划此次探险的整个过程中，脑中不断出现的就是**菲尔希纳**（重点符号系福克斯所加）这个名字……"[13] 这封信的落款是英国探险家维维安·福克斯，英联邦跨南极探险队的组织者。两年后的 1957—1958 年，福克斯从他于 1956 年建立的基地出发，领导了南极大陆第一次陆上穿越行动。

第十三章

坚忍号与沙克尔顿的虽败犹胜：1914—1916 年

曾在 1956 年向菲尔希纳亲切致意的维维安·福克斯并非第一个想要穿越南极大陆的人，他也不是第一个注意到德意志号探险成果的人。早在四十年前，英裔爱尔兰人、南极经验丰富的欧内斯特·沙克尔顿爵士就抢先展开了这一探险。

沙克尔顿差点成功抵达南极点的三年后，捕鲸者告诉夏科，另外两人成功了：挪威人罗阿尔·阿蒙森和英国人罗伯特·法尔肯·斯科特，前者曾跟随德·杰拉许乘坐比利时号去南极探险，后者曾在更早的 1901—1904 年带领英国的发现号探险队前往罗斯海。1911 年的冬天，两人都在罗斯海南岸度过，相隔数百英里。然后，他们在春天出发前往南极点。阿蒙森的五人团队于 1911 年 12 月 14 日率先抵达，他的团队成员全都安全返回。斯科特的五人小组则在五周后抵达南极点，他们发现挪威的国旗已经在此高高飘扬了。斯科特的五人小组在返程途中全部遇难。

南极点被征服后，沙克尔顿便十分渴望回到南极，他感觉“南极探险还剩下一个重要的目标尚未达成——从南极大陆一侧的海岸出发穿过南极点抵达另一侧的海域”[1]。他熟知布鲁斯的计划，当他宣布自己“恢宏的跨南极探险”时，他的探险计划主要就是谨遵斯科舍号领队的建议。沙克尔顿计划在威德尔海海岸尽可能靠南的地方建立基地，很可能就是菲尔希纳近期发现的瓦瑟尔湾，然后从这里出发穿越南极大陆；而在罗斯海的麦克默多海峡还有一支后勤队伍为他建立补给仓库，以便他在探险的最后阶段能够取用。将会有船只分别运送

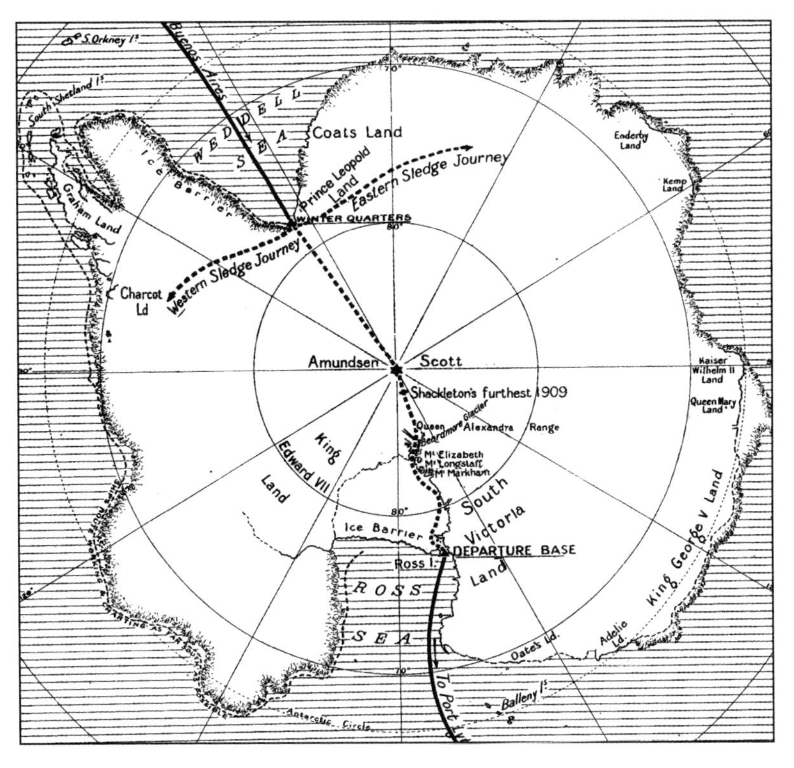

沙克尔顿为他“恢宏的跨南极探险”设计的跨南极路线和其他雪橇路线

穿越团队和科考人员会在南极大陆的威德尔海一侧登陆，大约在瓦瑟尔湾附近。穿越团队由沙克尔顿率领，他们会从这里出发，而其他登陆人员则分别会往东西两个方向乘雪橇开展探险科考活动。与此同时，另外一支队伍则会先期在麦克默多海峡的罗斯岛登陆，此地位于大陆的罗斯海一侧。他们会为穿越团队建立补给仓库，以方便他们在穿越南极点后获得补给。（插图摘自《恢宏的跨南极探险》之“计划书”，沙克尔顿著，1913 年）

两组人员，并为他们提供支援——威德尔海那边是坚忍号，罗斯海那边则是奥罗拉号。实际上，沙克尔顿计划开展两次独立但联系紧密的重要探险活动。以下就是坚忍号和威德尔海探险团队的故事。

坚忍号是 1912 年建造于挪威的一艘全新蒸汽帆船，当时德·杰拉许游说政府把它用作北极游轮或极地考察船。但沙克尔顿将其买下并以其家族格言“忍辱负重”为其命名的时候，这艘船尚未承担起德·杰拉许建议的任何一项职能。

沙克尔顿的计划让英国公众兴奋不已，近 5 000 人（以及 3 名“运动型女孩”）申请加入。仅有少数名额，因为沙克尔顿已经想到了很多“南极老将”。最重要的是弗兰克·怀尔德，此人的南极经验甚至比沙克尔顿本人还丰富。怀尔德专门为他口中的“老大”办事，此前曾三次加入南极探险队，其中就包括沙克尔顿 1908—1909 年试图前往南极点之旅。怀尔德最近一次前往南极是在 1911—1913 年，当时他跟随道格拉斯·莫森抵达了东南极洲。沙克尔顿还招募了莫森的摄影师弗兰克·赫尔利和汤姆·克雷安，后者曾加入斯科特的两次探险。坚忍号的船长是新西兰人弗兰克·沃斯利，尽管他欠缺冰区航行的经验，但他是一位出色的航海家和小艇驾驶专家，这两项技能最后都发挥了关键作用。

沙克尔顿于 1914 年年中完成探险准备工作之际，战争的阴云也开始在欧洲密布。就在他准备起航的 8 月 3 日，报纸宣布英国政府颁布了海军动员令。沙克尔顿立即向海军部发电报称愿意把船和人员用于战争所需。海军的回复很简洁，时任海军大臣的温斯顿·丘吉尔在电报中就回复了一个词：“继续。”[2] 乔治五世国王次日派人前去会见沙克尔顿并向他保证，尽管军事局势很严峻，但探险队还是会在他的批准下及时出发。

因此，坚忍号于 1914 年 8 月 8 日驶离英国，它要去打一场沙克尔顿所谓的“南方的白色战争”[3]。而他本人则要留下来处理一些重要的具体事宜，然后再搭乘商船前往布宜诺斯艾利斯与坚忍号会合。

坚忍号于 10 月 27 日离开布宜诺斯艾利斯，船员们在三天后发现了一名偷渡者，十九岁的威尔士人皮尔斯·布莱克巴洛，他是在两名船员的帮助下从阿根廷首都偷偷溜上船的。沙克尔顿对此非常愤怒。怀尔德在接受采访的时候透露，沙克尔顿怒吼道："我们在探险途中会经常挨饿，如果船上有偷渡者，他会第一个被吃掉，你知道吗？"怀尔德继续说道："沙克尔顿……体格相当壮硕，这位偷渡男孩眼巴巴望着他说道：'先生，你身上的肉比我多些！'老大转过身偷笑着让我把这小家伙交给水手长，但他补充道：'先领他见见厨师。'"[4] 布莱克巴洛很快就成了一名受欢迎的船员，沙克尔顿非常欣赏这位年轻人的勇气，并对他的加入表示开心。

当沙克尔顿于 11 月 5 日抵达南乔治亚岛时，古利德维肯的捕鲸者给他带来了坏消息：今年通往威德尔海的航线上浮冰异常密集。因此，他决定比原计划多停留一段时间，让海冰有时间化开。头几个星期过得很快，沙克尔顿接受捕鲸者的邀请四处参观，会见了捕鲸站的好几位管理者，其间科学家们也在岛上开展科考活动。但到 12 月初，沙克尔顿就变得不耐烦了，他决定离开，尽管捕鲸者警告说南去的航线上依旧拥塞着大量浮冰。

1914 年 12 月 5 日，坚忍号载着 28 人、几十只雪橇犬和两年的食物储备从南乔治亚岛出发了。两天后，它就第一次遇到了海冰严重拥塞的情况。这是个不祥之兆，但沙克尔顿只能在继续挺进和返航稍后再试中选择。他选择继续前进。接下来 100 英里（约 161 千米）的航程中，浮冰显得很稀疏。接着，海冰再次封锁航道，船以龟速前进，这与菲尔希纳当年的情况极为相似。

1 月 9 日，坚忍号终于在南纬 70°、西经 17°附近发现了开放水域。船于次日抵达南纬 72°，沙克尔顿在这里看到了科茨地。他在 12 日越过了布鲁斯往南到过的最远海域，然后发现了新的陆地，这片陆地就是科茨地和菲尔希纳的路易特伯地之间缺失的环节。与此前航行至这个海岸的两位前辈一样，沙克尔顿以他最慷慨的赞助人之名为自己的发现命名。因此，他发现的陆地就以詹姆斯·凯尔德之名命名为凯尔德海岸，他为此次探险提供了 2.4 万英镑的资助。五天后，沙克尔顿看到了路易特伯地，确认了威德尔海东侧存在着一片连续的土地。

1 月 19 日，坚忍号抵达南纬 76°34′、西经 31°30′，在这里，浮冰再次挡住去路。沙克尔顿对此并不在意：他在前面的航程中已经遇到过类似的情况，也许一两天后他就可以继续往瓦瑟尔湾航行——一次令人沮丧的延误，但并不会更糟。然而这一次，局面有些不同：坚忍号此时已经驶完了沙克尔顿能掌控的最后几英里。

一个月后，沙克尔顿才接受了这一事实：坚忍号在整个冬天都会被困住。2 月初，浮冰区出现了一道很长的裂缝，沙克尔顿认为突围的时机到了。但坚忍号的引擎动力略显不足。他在几天后再次尝试，这一次船员们用锯子切割浮冰，但同样徒劳无功。2 月 24 日，沙克尔顿终于选择放弃，转而把坚忍号用作浮冰包围期的过冬基地。就在两天前，这艘船漂流到了南纬 77°、西经 35°，这是它往南抵达的最远处，同时也是离它想去的瓦瑟尔湾最近处。

沙克尔顿先是把雪橇犬从船上弄到了大家在冰上为它们搭建的狗窝里。除了天气最恶劣的时候，狗们都很嫌弃这里。甲板上可堆放货物的空间增多了，沙克尔顿也清理了货舱内的空间，并让船员们把这些地方捯饬成了船官和科考人员的生活区。在这儿生活的人很快把他们的新家起名为“丽兹”①。

漂浮中的坚忍号上的生活相对比较舒适，即便在冬夜来临的 5 月 1 日以后，大家的精神气多数时间依旧高涨。沙克尔顿虽然因为穿越南极的希望逐渐渺茫而感到沮丧，但仍旧努力工作以维持众人的士气。这也是他在坚忍号受困后的头几个月里最关心的问题。毕竟，比利时号和德意志号都在被浮冰围困的漂流中挺了过来。但南极的浮冰变化无常，有时候它只是个安分的狱卒，其他时候则可能是噩梦，它那毁灭性的压力甚至能轧碎最坚固的船体。眼睁睁看着南极号沉入浮冰之下的诺登斯克尔德一行人自然可以证明这一点。

---

① Ritz，指代豪华旅馆。——译者注

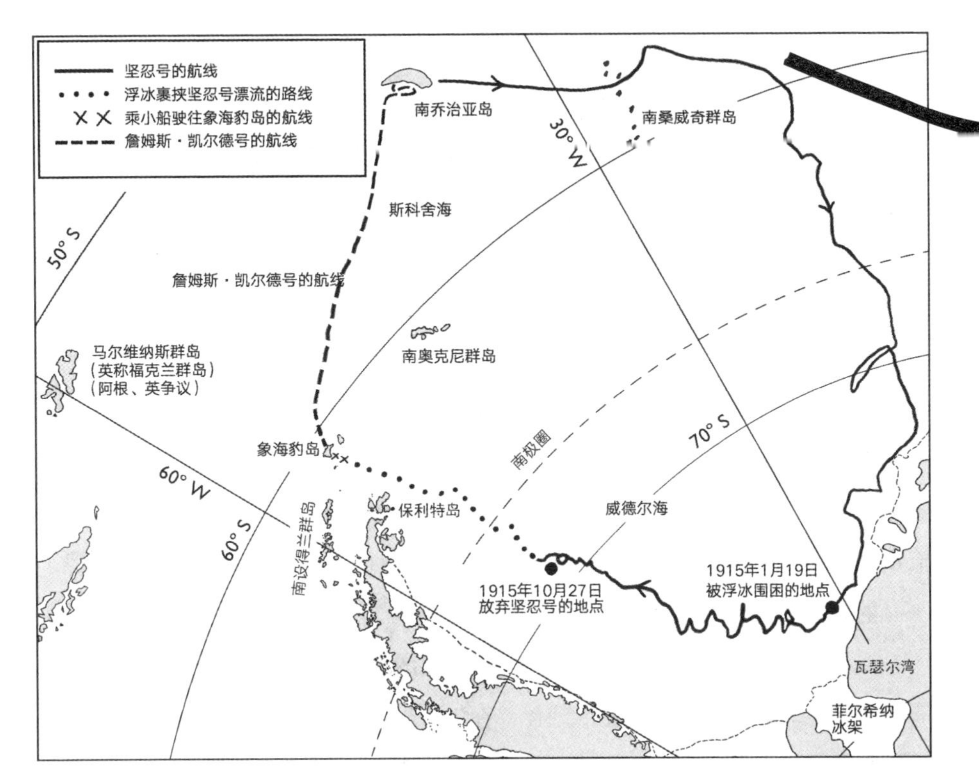

坚忍号的探险轨迹

跟菲尔希纳一样，沙克尔顿也一路历尽艰难地向南驶入威德尔海，经常需要和密集的浮冰缠斗。但坚忍号并未抵达瓦瑟尔湾，相反，它在 1 月底就被浮冰困住了。它不仅往南漂移到了比德意志号远得多的海域，而且还被洋流往西裹挟到了更远的地方，就快到南极半岛了。但此处浮冰挤碎船体的危险程度比德意志号曾经受困的威德尔海中部大得多。两艘船都有可能失事，但面临更大危险的是坚忍号，也正是它在和海冰的战斗中败北。

最初，威德尔海的洋流迂回地把坚忍号推往西边和北边，而且两边的漂移距离差不多。到 7 月 8 日，坚忍号漂移到了威德尔海高纬度海域，其他人从未到过的最西部。虽然这对地理科考活动有利，对坚忍号却意味着危险。此时的坚忍号正漂向大风和洋流驱动海冰猛攻南极半岛东海岸的区域，挤碎船体的潜在压力在增加。就在7月22日，极夜终结、太阳初升前的四天，海冰砸在坚忍号船体两侧。一个半星期之后，船体四周起保护作用的浮冰在狂风作用下解体。沙克尔顿写道："我们周围的压力令人畏惧。夹在相互挤压的浮冰之间的坚固冰块逐渐上升，最后像手指间的樱桃核一样'滋溜'而出。上百万吨移动冰块造成的压力正无情地挤压、摧毁着一切。"[5] 大家及时把雪橇犬赶上了船。狗窝已成废墟，不知何故，坚忍号的损伤却相对较小，但沙克尔顿对船只安全的信心遭受了严重的打击。

10月初，威德尔海里的浮冰又好几次挤压坚忍号。船体出现几处破损——支柱弯曲、船壳木板被撞破、船舵破损——但尚可修复。坚忍号现在正往北漂，它此时位于南纬70°以北，气温正在上升，浮冰上的海豹和企鹅也越来越多。春天快来了，自由指日可待，船官和科学家们也在10月12日从"丽兹"搬回了平时的船舱。

五天后，浮冰开始了最后的进攻。一开始来得很慢，第一天只是佯攻而没有造成真正的损害。然而，左舷的浮冰在18日裂开。巨大的冰块从船体侧面迸出，坚忍号的侧倾幅度达30°。船员们不得不像野山羊一样在船上移动，直到晚上压力解除，船体才摆正。浮冰接连好几天搅动船只。接下来的10月23日，大量翻腾而出的冰块在船体上撞出个洞。船员们整晚都在拼命用泵抽水，木匠哈里·麦克尼什则筑起了一道坝以阻挡海水大量涌入。

三天后，重新集结的海冰再次袭击了坚忍号，海水漫过了麦克尼什的大坝。当晚，冰上突然出现了八只帝企鹅，"它们一边走一边发出奇怪的声音，听上去就像是坚忍号的挽歌"[6]。次日早晨，亦即1915年10月27日晨，绝望的沙克尔顿下令弃船。

28个人，近50只狗和1只猫被困在了威德尔海海域南纬69°5′、西经51°30′的一块大型浮冰上。他们距离已知最近的避难所——诺登斯克尔德的雪丘岛小屋——超过300英里（约483千米），距离伊里亚尔1903年为救援瑞典探险队而建在保利特岛上的紧急补给站甚至更远。外界也根本没人知道他们现在面临的困境。是生是死全靠他们自己。然而，沙克尔顿似乎在无法战胜的命运面前展现出了自己的最佳状态。大家在冰上搭建起临时营地后，他召集所有人谈了谈自己的计划。沙克尔顿打算让大家拉着雪橇穿越数百英里的浮冰区前往保利特岛。他说，这是可行的。船长沃斯利写道，沙克尔顿的一席话“立刻起了作用：士气高涨，我们……对眼前的局面更加乐观了，但实际上，当时没有任何因素保证我们能扭转局势……我们知道，如果终有一人能带领我们走出困境，那就是沙克尔顿了”[7]。

“结束了”

这是沙克尔顿为坚忍号的遗照起的名字。一群狗正在远处观望。（英国皇家地理学会供图）

沙克尔顿旋即开始组织雪橇之旅。除了衣物和睡袋，他限制每个人携带两磅（约 0.9 千克）以内的个人装备。大家不得不放弃其余所有东西。沙克尔顿以身作则，他为此专门扔掉了黄金雪茄盒、金表、硬币等物件，最引人注目的是，他还扔掉了亚历山德拉女王赠予他的《圣经》。他仅保留了《圣经》的扉页，第二十三首圣歌和《约伯记》部分以“冰出于谁的胎?”打头的一页诗歌。沙克尔顿破例留下了属于气象学家伦纳德·赫西的班卓琴。他说，琴声有利于提振士气。但他并未看到动物也有同样的作用，在沙克尔顿看来，最小的几只狗崽只会增加食物的消耗。他让人射杀了它们。木匠的小猫也要被射杀，他解释说，以免剩下的狗更残忍地把它咬死。

10月30日，沙克尔顿带头朝浮冰区外出发了。其中15人拖的是载有坚忍号上两艘小艇——詹姆斯·凯尔德号和达德利·多克尔号——的沉重雪橇。其余人则与雪橇犬一道拉小一些的雪橇。雪橇犬很好地胜任了这项任务，但在崎岖的冰面拖动小艇则显得非常困难。结果，筋疲力尽地拖了两天，一行人才往前推进了2英里（约3千米）。但放弃小艇显然不可行：这两艘小艇对大家从开放水域抵达陆地而言是必不可少的。沙克尔顿已经放弃了斯坦科姆·威尔斯号这艘最小的小艇，他不愿再进一步缩小安全边界。

“第一次尝试前往346英里（约557千米）开外的陆地”

沙克尔顿为探险队的艺术家乔治·马斯滕的画作起的名字，这幅画表现了坚忍号一行人在浮冰块凹凸不平的压力脊上徒手拖动小艇的情形。坚忍号的残骸位于后方远处。（摘自《南极》，沙克尔顿著，马斯滕绘，1919年）

沙克尔顿终于在 11 月 1 日承认失败。他的新计划是就地搭建营地，然后静待冰况改善到适合拖动雪橇，或者等到浮冰散开到可以划船的时候。同时，脚下向北漂移的浮冰也会把他们带到离保利特岛更近的地方。沙克尔顿还派人返回坚忍号，尽可能多地取回一些食物和其他有用的物品。接下来的几周里，帐篷和其他建筑——这个大家口中的“海上营地”物资越发丰富，已经塞满了从船上抢救回来的物品，其中还包括弗兰克·赫尔利的一些底片。在未经沙克尔顿同意的情况下，赫尔利返回坚忍号，潜入冰水中抢救了数百张底片。沙克尔顿得知后，以底片过于沉重表示反对，赫尔利力争说这些照片在回去后会有巨大的价值。沙克尔顿不情愿地同意赫尔利可以留下一些最好的，两人最终选出了一百多张。他们撕碎了其余的底片以断来日念想。沙克尔顿还允许赫尔利保留他那些已曝光的电影胶片、一部小型袖珍相机和三卷未曝光的电影胶片。[8]

11 月 21 日，坚忍号的残骸沉入海底。看着它离去，大家的心情也很复杂，一方面见到坚忍号的痛苦终于有了了断而感到宽慰，一方面他们待了这么长时间的家的消失催生了一种孤独感。坚忍号消失后的几周里，大家的士气骤降。住在冰上的帆布帐篷里很难受，而北漂的速度也低于他们的预期，只有厨师查尔斯·格林有常规的工作要做。从建立海上营地到 12 月 20 日，他们总共推进了 100 英里（约 161 千米）左右，而沙克尔顿也越来越担心大家的精神状态，他决定再率领大家拉着雪橇往前走走。

沙克尔顿等人于 12 月 23 日出发，他们再次拖起了沉重的詹姆斯·凯尔德号和达德利·多克尔号。（他们曾取回斯坦科姆·威尔斯号，但为了减轻负重而再次放弃。）即便有前方人员回来帮忙在浮冰压力脊上拉船，所有人一次也只能徒手拉动一艘小艇。大家累死累活七天才推进了 7.5 英里（约 12 千米）后，沙克尔顿不得不再次承认拉雪橇是没有希望的。他们打算再次搭建营地，也再次把希望寄托在了北向的漂移上。12 月 29 日，沙克尔顿在他能找到的最大浮冰上建立了新的营地。

弗兰克·赫尔利（左）和欧内斯特·沙克尔顿爵士（右）在耐心营地的一顶帐篷前

两人中间就是营地的公用厨灶，它是用打捞自坚忍号的空油桶制成的，燃料是海豹油脂和企鹅皮。在右上方的背景中，一名男子站在一艘小艇前。未来几个月，这两艘小艇对坚忍号一行人的幸存将会发挥至关重要的作用。（英国皇家地理学会供图）

因为抛弃了许多东西，沙克尔顿起名为“耐心”的新营地比海上营地艰苦多了。食物和燃料也成了日益严重的问题，因为他们赖以生存的海豹和企鹅已经变得很稀少了。1 月中旬，沙克尔顿痛苦地决定杀死多数雪橇犬，雪橇之行希望的破灭让这些狗也变得多余，而且出于情感原因，他也不能再留着这些狗了。除了两只小的，他下令射杀了其余所有的雪橇犬。大家理解这样做的必要性，但很多人还是感觉自己像杀死了挚友的凶手。

破碎的浮冰以略微不同的速度向北移动，几周后，海上营地所在的浮冰距离新营地越来越近。2 月初，随行的两位医生中的亚历山大·麦克林与赫尔利一道带着剩下的两只雪橇犬出发了，他们去旧营地看看是否可用雪橇运回些什么。尽管海上营地一片狼藉，但两人还是找到了很多食物和几本书。他们尽可能多地带了东西回来。次日，沙克尔顿再次派人前去取了更多。食物很重要，但沙克尔顿现在意识到，海上营地最有价值的东西是被他们遗弃两次的斯坦科姆·威尔斯号。他们及时取回了威尔斯号。一天后，第三支搜索队不得不无功而返，因为浮冰之间新的冰间水道已经扩大到让他们无法抵达海上营地了。

即便从海上营地尽力取回了很多东西，耐心营地的坚忍号船员们多数时间里仍处于挨饿的边缘。到 3 月底，沙克尔顿意识到他们已经没什么食物留给自己和两只雪橇犬了。又是一个射杀动物朋友的伤心日。然而，大家这一次不像上次那样伤感了，曾经消耗食物的狗现在也成了食物。但沙克尔顿射杀这些狗的决定不只是出于食物方面的考虑。数周以来，耐心营地所在的浮冰正不断破裂，而他们四围的浮冰现在也不断涌上水来，似乎他们很快就可以驾船航行了：船上并没有多余的空间容下两只狗。

3 月初，耐心营地已经漂过了雪丘岛所在的纬度。到 3 月中旬，他们漂移到了保利特岛以东 60 英里（约 97 千米）的地方。但不管是 60 英里还是 600 英里，他们都无法抵达，因为海上的浮冰多到了船只无法通行的程度，但对于拉雪橇前进而言又显得不够。几天后，茹安维尔岛的山峰映入眼帘。这是大家一年中见到的第一块陆地，但它和保利特岛一样无法抵达。他们只能祈祷冰块能及时裂开，能在经过他们和德雷克海峡之间的小块陆地前驾上船。

紧张的等待于 4 月 9 日结束。临近午时，耐心营地的浮冰从正中间裂开了。这是个苦乐参半的时刻。沙克尔顿写道："浮冰已经成了我们的家……现在我们的家园在我们的脚底下破碎了，我们有一种难以名状的失落感和残缺感。"[9] 所有人都集中在这个"家园"最大的残余部分。被大风和洋流裹挟着随处漂流多个月后，现在他们终于放下小艇，牢牢地掌握起了自己的命运。

他们共有三艘船。22 英尺（约 7 米）长的詹姆斯·凯尔德号是其中最长、最适合航海的。略小的达德利·多克尔号也相当坚固。最弱的当属斯坦科姆·威尔斯号，沙克尔顿曾两次将其抛弃，但又在最后一刻从海上营地把它取回。满载状态下，威尔斯号两侧船舷仅高出水面 17 英寸（约 43 厘米）。沙克尔顿带领12人登上了詹姆斯·凯尔德号，坚忍号船长沃斯利和另外9人乘坐达德利·多克尔号，导航官休伯特·哈德森则与其余4人驾驶斯坦科姆·威尔斯号。

离开耐心营地的当晚几乎酿成灾难。那天晚上，沙克尔顿把他的小型船队绑在一块小型浮冰上，船员们在冰上搭起了营地。夜里，涌来的海浪把他们的营地冲成了两半，裂缝正巧就在一处帐篷的下方，里面的一个人随即掉进了冰冷的水中。慌乱中，同一个帐篷的伙伴赶在浮冰合上之前把他拉了上来。接着，浮冰再次分开，着急想来搭把手的沙克尔顿此时发现，自己错误地站到了正在张开的浮冰的另一边，上面还有詹姆斯·凯尔德号和其他两人。三人合力把詹姆斯·凯尔德号推到营地另一侧后，沙克尔顿的两位同伴跳了过去。然而，轮到沙克尔顿自己时，裂缝已经张开到无法越过的程度。幸运的是，怀尔德早就看到了这一切，他甚至在沙克尔顿呼救之前就放下了斯坦科姆·威尔斯号。

接下来的两天里，沙克尔顿一行人用桨划动小艇往北走，有时候在浮冰中艰难前行，其他时候还要跟风暴中的大海搏斗，这种时候他们就只好把船系在浮冰上等待海面平静些再出发。尽管经历了第一天晚上的突发状况，他们第二天晚上还是选择在冰上露营，所有人都因为太累而没心思考虑这样做的危险，这一晚他们睡得很沉。接下来的一个晚上，大家都在小艇上度过，注意避开凸起的、可能让小艇搁浅的浮冰。这一次，因为寒冷和浮冰的威胁，无人入眠。

大家太过专注于和浮冰斗争，而没有考虑到他们在4月13日中午把浮冰甩在身后造成的影响。他们最初只是单纯地感到开心，因为“我们终于不用再面对浮冰了，船也可以在水中航行了”[10]。的确可以航行了，但也没办法喝水了。抵达开阔水域给大家带来的狂喜很快就消失了，因为他们意识到，没有人想过带点冰块当饮用水。很快，大家也明白了，浮冰块为他们阻挡了汹涌的海浪。如今，满载的小艇时刻处于倾覆的危险之中。

次日黎明时分，大家看到了 30 英里（约 48 千米）以外在阳光下熠熠生辉的象海豹岛，它是南设得兰群岛最东边的岛屿之一。这天无风而宜人……仅对于观赏风光而言。大家筋疲力尽地划着桨，就像把性命搭在上面一样。的确如此。傍晚，终于起风了，沙克尔顿也终于能用上船帆了。詹姆斯·凯尔德号在前面牵引着斯坦科姆·威尔斯号，这种情况自然把两艘小艇连为一体，但沙克尔顿很快就看不见达德利·多克尔号了。晚上刮起了风暴，一些人——疲惫、口渴，被冻到失去知觉——情况非常糟糕，沙克尔顿担心他们无法挺到第二天早晨。但他们都挺了过来。他只能祈祷达德利·多克尔号上一行人也能幸免于难。

4 月 15 日，他们离开耐心营地的第七天，沙克尔顿终于在象海豹岛东边远端的情人角找到一个登陆点。令他十分宽慰的是，达德利·多克尔号不久以后也出现了。很快，所有 28 人齐聚海滩。赫尔利写道：

> 我们太惨了。很多人都已严重冻伤，半数都已神志不清。一些人六神无主地晃悠着，突然就一头倒在了海滩上，他们紧紧抱住岩石，让细小的卵石从手中缓缓落下，就好像它们是金块一样。实在难以描述站在陆地上……带给我们的快乐——不会裂开和分离的陆地！[11]

象海豹岛不只是坚实的陆地。这里还有淡水、食物和燃料。饥肠辘辘的坚忍号船员们抵达海岸后不久就杀死了一头象海豹，厨师格林烹饪了几个小时，因为他的“燃脂炉火光四溅……不只是做一顿饭，而是很多顿，合在一天吃”[12]。这是他们几个月来第一次吃饱。然而，沙克尔顿很快意识到，情人角的乱石滩不过是个危险的避难所，因为这里经常被风暴卷起的海浪淹没。登陆后的第二天，他派怀尔德驾驶斯坦科姆·威尔斯号前去寻找一个更安全的地方。怀尔德发现一个岩石遍布的陆地尖角看上去要好些，此地在西边 7 英里（约 11

千米）处，位于象海豹岛北岸。

沙克尔顿在 4 月 17 日把大家转移到了这个他命名为怀尔德角（Cape Wild，如今称作 Point Wild）的地方，而新家迎接他们的欢迎仪式是一场持续到第二天的强风暴。这个地方只是一两英亩（约 4 000—8 000 平方米）大、岩石和鹅卵石遍布的所在，在任何天气下都显得十分荒凉。

终于，坚忍号的船员们抵达了安全的地方，但这里所谓的安全却十分脆弱。很多人极度虚弱，食物尤其匮乏，特别是冬天也快来了。鉴于这些情况，沙克尔顿认为在象海豹岛苦等，寄希望于来年夏季捕鲸者的救援相当于是给部分船员判了死刑。因此，他决定孤注一掷。他将驾驶三艘船中最好的詹姆斯·凯尔德号前往文明世界唤来一艘救援船。北边 550 英里（约 885 千米）处位于福克兰群岛的斯坦利，是最近的有人居住的地方，但对于企图向北行驶的小型帆船而言，盛行风的方向不利于航行。最好的选择是南乔治亚岛，它位于东北方向近 800 英里（约 1 287 千米）处，风向有利，沙克尔顿知道自己会在岛上找到愿意施以援手的捕鲸者。

沙克尔顿的这一提议意味着，在初冬时节驾船在世界上最汹涌澎湃的海域航行数百英里，而且他们的船仅是一条 22 英尺（约 6.7 米）的捕鲸小艇。尽管很危险，但很多人都想同去。沙克尔顿选择了弗兰克·沃斯利，因为他具备高超的航海技术，并对小艇了如指掌，选择克雷安是因为他强壮可靠，而哈里·麦克尼什则因为木工活可能会很重要。整个小队还包括两位海员——蒂莫西·麦卡锡和约翰·文森特。沙克尔顿拒绝了怀尔德的加入请求，因为他需要后者在象海豹岛主持大局。

尽管条件十分有限，这些人还是尽可能装备了詹姆斯·凯尔德号。他们使用雪橇上的滑行装置、箱盖和帆布建造甲板。为了让船更加防水，他们用艺术家的油画颜料当填缝材料，还从象海豹岛上取了 2 000 磅（约 907 千克）的岩石作为压舱物。

沙克尔顿驾驶詹姆斯·凯尔德号孤注一掷的航行始于 1916 年 4 月 24 日。他和 5 名同伴远航之际，回头望了望留下的 22 人，“留在海滩上的人实在可怜，身后是高耸的海岛，脚下是翻涌的海浪，但他们还是向我们挥手致意，并向我们发出了三次热烈的欢呼。他们心怀希望，相信我们能带回他们所需的帮助”[13]。

自始至终，船上一行人都被寒气包围，待在临时甲板下也好不了多少。睡觉成了他们绝少享受的奢侈。詹姆斯·凯尔德号在翻涌的海浪中经常处于颠簸和倾斜状态，外加船体狭窄，这让做饭成了一场艰苦的斗争。但所有的努力都是值得的，热饮和餐食成了他们悲惨生活中难得的享受。

在他们出发后的第三天晚上就刮起了大风。第五天晚上，他们驶离象海豹岛 300 英里（约 483 千米）左右的时候，沙克尔顿为了让大家都能休息一下而把船停了下来。黎明破晓的时候，甲板下的六个人感觉情况有点不对劲。他们爬出去查看船为什么感觉有点颠簸，眼前出现的却是可怕的景象。凯尔德号被海冰紧紧盖住，海冰增加的重量让他们就快沉没了。沙克尔顿立即扔掉了两个当时已经湿透的睡袋，还把所有多余的船桨一并扔到了船外。接着，6 人开始疯狂地敲碎冰壳。

冰壳能够移除，风暴可以挺住，但如果他们偏离了航线，这一切就都没了意义。离开象海豹岛之际，沃斯利观测得出了太阳的相对位置，然而此后阴云密布的天空让他不得不依靠航位推测法导航，这对于一艘驶往浩瀚海洋中某一特定岛屿的船而言是相当冒险的举动。5 月 1 日，太阳终于再次出现，沃斯利也得以确定他们的位置。他们并未偏航，此时正航行在象海豹岛和南乔治亚岛的中途。这次导航真算得上是一次壮举了。

但这次航行差点在 5 月 5—6 日夜间过早地终结。午夜时分，沙克尔顿以为自己看到了地平线上的晴朗天空。但令他恐惧的是，他

> 很快意识到自己看到的并不是云朵之间的天空，而是一排巨浪的白色波峰……这是海洋强有力的一次隆起，远非我们连日来一直面对的白色冰雪翻涌的广阔海面可比……我们感觉船就像是在惊涛骇浪中不断被卷起又落下的软木塞一样。我们陷入海水肆虐的混乱之中……[14]

凯尔德号挺了过来，但大家花了很长时间才把船上的水舀出去。他们在5月7日又遇到一次打击。此前，他们在离开象海豹岛的时候装了两桶淡水和250磅（约113千克）冰。冰块早已用完，第一桶水现在也喝完了，于是他们打开了第二桶水。令人震惊的是，桶里的水非常咸，他们可能会再次体验前往象海豹岛的途中经历的令人毛骨悚然的干渴状态。但好在航程将尽，沃斯利计算出他们还剩70英里（约113千米）要走。

凯尔德号于5月8日抵达南乔治亚岛附近，但当它靠近南乔治亚岛的西南海岸时，黑夜也正在降临。因为他们唯一的地图是菲尔希纳为这个岛的海岸绘制的草图，其中几乎没有进一步的细节，沙克尔顿认为在黑暗中登陆太危险了。于是，他们停下来等待天明。

六人因为干渴而度过了一个难熬的夜晚。接着，情况变得更糟了。凌晨5点，暴风雨袭来。沃斯利在大风中花了很长时间控制住凯尔德号，同伴们则忙着打包物品。但风暴终于还是在下午晚些时候战胜了沃斯利，把小船刮到了安年科夫岛的岩石峭壁边。沃斯利刚开始思考为何他们到达南乔治亚岛时没看见什么人的时候，大风就突然停止了。然而，这场风暴还是持续了一整天，天色再次暗了下来，安全登陆已不再可能。大家不得不在海上度过又一个极度干渴的夜晚。

5月10日，离开象海豹岛十六天后，凯尔德号驶入了南乔治亚岛哈康王湾的一处恬静小海湾。在沃斯利的导航和娴熟驾船技术的支持下，沙克尔顿完成了一次可被称作海上传奇的航行。

“胜利在望：向南乔治亚岛冲刺”

沙克尔顿为这幅画起的标题。“取材自小艇远征队提供的材料”，画面展示了凯尔德号在汹涌的海上往南乔治亚岛冰川覆盖的山脉努力航行的情形。（摘自《南极》，沙克尔顿著，1919 年）

凯尔德号一行人在接下来的五天里都在恢复状态，但旅途尚未结束：他们登陆的是南乔治亚岛无人居住的西南海岸，所有的捕鲸站都建在海岛的另一边。沙克尔顿面临三个选择。他可以尝试继续驾驶凯尔德号四处看看，但这个选项因为船体受损而无法实现。他还可以就在此地过冬，趁机修复凯尔德号或者等待来年春天捕鲸者的到来。沙克尔顿否决了这个选项，因为他必须立即返回象海豹岛与自己的船员们会合。最后，他可以选择穿过南乔治亚岛尚未开发、冰雪覆盖的山脉，从而抵达捕鲸站。这是他唯一可接受的选项。

穿越南乔治亚岛之旅与此前凯尔德号的航行一样令人生畏。的确，捕鲸者多年来都在夏季闲暇时节穿过岛北的狭长地带，来往于东北海岸的波塞申湾奥拉夫王子港捕鲸站和西南海岸的哈康王湾（凯尔德号就停在这里）之间，但这并非沙克尔顿打算采纳的路线。离他们最近的冬季捕鲸站位于斯特伦内斯湾，与他们之间的直线距离超过20英里（约32千米），这条直线是岛中央一座完全未知的山脉的对角线。这也是沙克尔顿不得不采纳的路线，此时已是初冬时节。

沙克尔顿于5月15日驾驶凯尔德号抵达哈康王湾的岬角。他们把船拖到岸上，把它翻过来，改造成一个地基遍布岩石和杂草的简陋小屋。沙克尔顿为纪念狄更斯《大卫·科波菲尔》中的船屋主人而把他们的新家起名为皮格蒂营地——未免有些对不住这个名称。随后几天里，沙克尔顿一直在为此次陆上之行做准备。他已经确定了参与人员——他自己、克雷安和沃斯利。沙克尔顿和克雷安在此前的南极探险中都爬过山，而沃斯利则攀登过新西兰的高山。另外三人中有两人尚未从凯尔德号的航行中恢复过来，他们会留下，等待时机成熟的时候被接走。

沙克尔顿、沃斯利和克雷安于5月19日凌晨三点出发，三人身体都很虚弱但意志坚定。他们的随身装备包括三天的补给、一个炉灶、少量火柴、约90英尺（约27米）长的绳索、麦克尼什的木工斧（用作冰镐）、一个航海经线仪、两个指南针、一副双筒望远镜、一小幅菲尔希纳绘制的南乔治亚岛地图，以及他们肩上披着的衣物。[15] 这就是他们的全部家当——他们迎着晴朗天空中的满月悲壮地出发了。

第一天早晨黎明时分，他们走到了一个高高的山脊顶部，底下似乎是一个巨大的冰冻湖泊。沙克尔顿决定下去看看，因为湖泊似乎在他们的路线上。下山途中，雾气渐消，显现出所谓的湖泊实际上就是波塞申湾。不仅如此，这里位于他们想去的地方以北很远。于是，他们爬回山脊上并选择了一条往东的路线。这只是一开始犯下的诸多错误中的第一个。穿越南乔治亚岛最终成为绕道、越过冰缝、从山脊顶部的悬崖边撤退、在冰上滑行的过程，但他们从来没真正弄清楚自己身在何处以及前方有什么。

沙克尔顿带领的小队所冒的风险是连装备更好的登山者都不敢想的。他们压根没有时间寻找最安全的路线。有一次，他们发现自己正在一个尖状山脊的高处。当时已是深夜，弥漫的大雾让山上变得更冷了。除非他们迅速下山，否则会被冻僵。沙克尔顿一开始还小心翼翼地走在冰上，三人慢慢地往下走，但这样太慢了。后来他们豁出去了，沃斯利写道：

> 我们都把自己那部分绳子盘成可以坐在上面的垫子状……沙克尔顿坐在他踩出的大脚印上，我坐在他的身后，两腿叉开盘在他身上，双手紧紧搂住他的脖子，我身后的克雷安则如法炮制……然后，沙克尔顿双脚一蹬，我们像是飞起来了一样……[16]

狂野的滑行最终缓缓地落在了——一处雪堆中。他们仅用几分钟就向前冲刺了 1 000 多英尺（300 多米）。

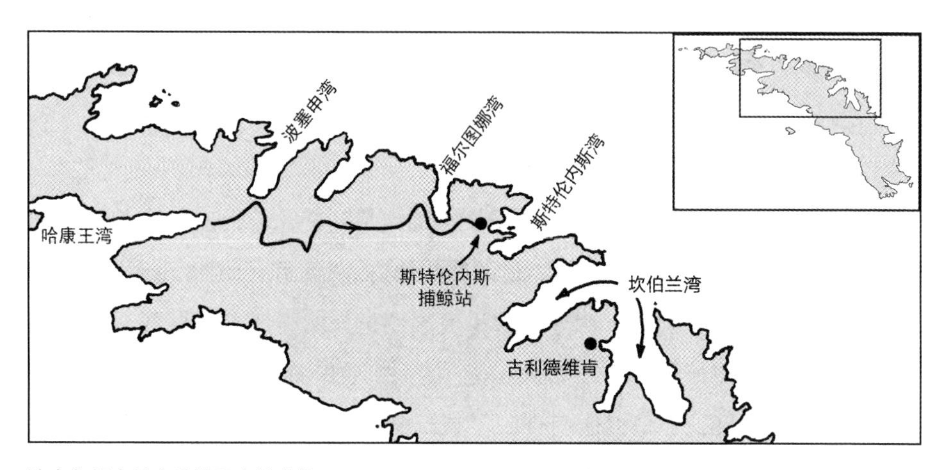

沙克尔顿穿越南乔治亚岛的路线

沙克尔顿、沃斯利和克雷安在次日上午抵达南乔治亚岛东边。在稍作休息吃早饭之际，他们听见了来自捕鲸站的汽笛声。这个简单的声响包含了太多的信息：捕鲸站就在附近，捕鲸者并未离开。1965 年，一支装备精良的探险队重走了沙克尔顿的路线。他们的领队写道："快半个世纪后，我们又踏上了同一片土地……汽笛声不再，但我们此刻仍能体会到沙克尔顿一行人心潮澎湃的感觉。沙克尔顿用了二十四小时抵达这里，而我们用了十二天……"[17]

虽然空气中传来了汽笛声，但三人还要艰苦跋涉最后几英里才能抵达发出振奋人心的汽笛声的地方。最后，他们登上一个山脊，看到一艘船正开进斯特伦内斯湾，远处捕鲸站上的小人们正忙活着。沙克尔顿的小队停了一下，相互欣喜地握了握手，然后继续出发。最后的挑战是从一个高度为 25—30 英尺（约 7—9 米）的瀑布上下来。关于抵达瀑布底部的过程，沙克尔顿写道：

> 我们从瀑布顶部抛下了锛子、航海日志和包裹在衣服里的炊具。除了我们的湿衣服，这些就是我们从南极带来的全部……它们都看得见摸得着，但我们的回忆更为丰富。我们的外表都破破烂烂。因为我们"历经磨难、饥饿，并最终挺了过来，尽管谨小慎微但还是迎来了光荣的胜利，整个过程让我们变得更加强大了"。我们见到了上帝的荣光，听见了自然的教导。我们的灵魂得到了升华。[18]

三人在 5 月 20 日下午三点走进了斯特伦内斯捕鲸站，此时距离他们离开哈康王湾仅三十六小时——他们走过的路线约为 30 英里（约 48 千米）。没人认得这些稻草人一般肮脏、满身油脂和烟灰且蓬头垢面的家伙。两个小女孩看到他们就掉头跑掉了，第一个碰见他们的大人也一样。[19] 但另一个人没有走掉，尽管满腹狐疑，还是把他们带到了捕鲸站的经理室。此人进去跟经理托拉尔夫·索尔勒说，这三个奇怪的人声称自己翻越了岛屿。

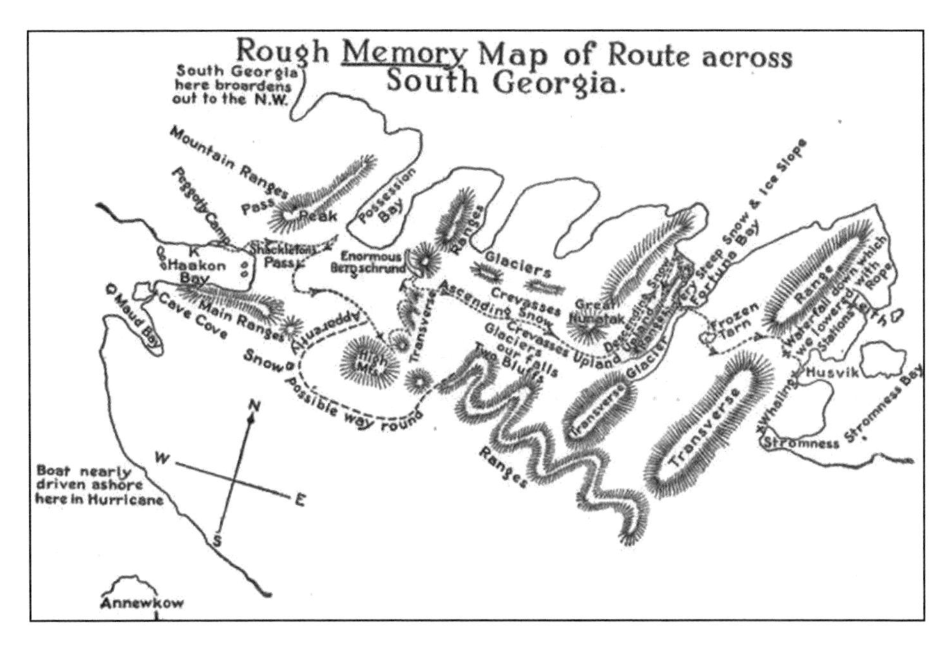

弗兰克·沃斯利“模糊记忆中的地图”，图中显示了他和沙克尔顿、克雷安穿越南乔治亚岛的路线

请注意，沃斯利的图错误地显示他们在斯特伦内斯湾的胡斯维克结束了此次穿越，但他们实际的终点是斯特伦内斯捕鲸站。这是因为他错误地互换了图中两个捕鲸站的位置。（摘自《南极》，沙克尔顿著，1919 年）

好奇的索尔勒走到门口。沙克尔顿曾在坚忍号于 1914 年停靠南乔治亚岛的时候见过索尔勒，他记录了接下来发生的对话：“‘你好?’‘你不认得我了吗?’我说。‘我记得你的声音。’他迟疑着回答说……‘我是沙克尔顿。’我说。他立即伸出手说道：‘快进来，快进来。’”[20]

索尔勒对他们关怀备至。他邀请他们前往自己家，让他们吃饱喝足，痛痛快快地洗了热水澡，还找了干净衣服给他们换上。[21] 当晚，索尔勒派出一艘捕鲸船，它载着沃斯利前往哈康王湾接回了在那里等待的三个人。捕鲸船还运回了凯尔德号，他们带着崇敬之情把凯尔德号安放在了甲板上。[22]

当晚，沙克尔顿和克雷安睡在索尔勒家中柔软的床上，远离他们刚抵达斯特伦内斯捕鲸站时袭来的风暴。如果当时他们还在穿越南乔治亚岛的途中，他们可能会在风暴中丧生。他们有着奇迹般的运气。平日里对宗教相对无感的沙克尔顿后来写道：

> 毫无疑问上帝在引导我们……在我们跨越南乔治亚岛无名山脉和冰川的三十六小时漫长路途中，我常常觉得我们是四个人而不是三个。我并没有对同伴说起过这件事，但后来沃斯利对我说："老大，一路上我有一种还有一个人和我们同在的奇怪感觉。"克雷安坦承自己也有同感。[23]

次日，索尔勒跟他们讲了进行中的战争和其他世界上的大事。但他也讲了与他们有关的事情：沙克尔顿的罗斯海团队遇到了麻烦。一场风暴袭击了他们的船奥罗拉号，当时它正停在麦克默多海峡，后来在海冰包裹中开始了长达数月的独自漂流。它最终摆脱了海冰的包围，但还有 10 人留在了南方。尽管这就是索尔勒所知的全部，但沙克尔顿现在意识到，他要同时操心两支孤立无援的探险队了。然而，他第一个担心的还是象海豹岛上的人们。当他想到怀尔德和他们在一起后，他又稍微安心了点。尽管如此，以沙克尔顿对象海豹岛的了解，他知道那就是个残酷的荒凉之地。

对于在象海豹岛上等待的 22 个人而言，怀尔德角也变得越发熟悉，他们对这个地方最好的赞美之词就是，这是一片坚实的土地。频繁的暴雪和狂风刮过他们所在的陆地尖角，空气也总是阴冷潮湿。因为就地取材建造庇护所至关重要，怀尔德立即让这些人开始建造房屋。他们打造了一个组合结构建筑物——基础墙由当地的岩石建造，斯坦科姆·威尔斯号和达德利·多克尔号翻转过来并排搭成了顶墙和屋顶。房子内部则狭窄、寒冷、黑暗、臭气熏天，唯一的热源会产生脂肪的恶臭。食物一直都是个问题。他们还有少量从坚忍号抢救出来的补给，但大部分食物都取自象海豹岛那贫瘠的土地。多数海豹和企鹅都因为冬季来临而离开，他们只能靠偶尔出现的猎物维持生存，如果有的话。但这也只是勉强够吃。

在这种情况下，多数人依旧十分健康，虽然亚历山大·麦克林和詹姆斯·麦克罗伊这两位船医曾警告沙克尔顿，他们中有些人挺不过一个月。这是沙克尔顿离开的原因，也是他想尽快返回的原因。值得注意的是，几个身体状况看上去非常不稳定的人也很快恢复了健康。其他人费的时间长些，但也都慢慢恢复了过来。唯独剩下皮尔斯·布莱克巴洛，这位前偷渡者的左脚在来到象海豹岛的途中冻伤了，后来发生了坏疽，到 6 月中旬的时候已经很明显，如果不采

象海豹岛小屋剖视图

综合了马斯滕的画作和赫尔利的照片。小屋内部尺寸：18 英尺（约 5.4 米）长，9 英尺（约 2.7 米）宽，最高处为 5 英尺（约 1.5 米）。象海豹岛一行人中的探险队物理学家雷金纳德·詹姆斯曾写过一首名为《南极建筑》的歌曲，合唱部分的歌词是：“我的名字叫弗兰基·怀尔德，象海豹岛是我家/墙上没有半块砖，房顶没有一片瓦/但举目四望你就明白/象海豹岛上最富丽堂皇的居所非此莫属。”[24]（英国皇家地理学会供图）

取行动，他就会死去。15 日，医生们把大家请出了房间，他们和怀尔德、赫尔利、布莱克巴洛以及另外两位病人留了下来。赫尔利在屋子里生了火，以便医生可以蒸发他们仅剩的一点氯仿。他往炉灶里填满了海豹脂肪和企鹅皮，从而把屋里的温度升到了 80 华氏度（约 26.7 摄氏度）。然后麦克林蒸发了氯仿，麦克罗伊则在怀尔德的协助下进行手术。几分钟后，布莱克巴洛五只长了坏疽的脚趾都不见了。

几个月过去了。6 月变成 7 月，7 月变成 8 月，他们仍在等待。凯尔德号抵达南乔治亚岛了吗？大家确信它到了。沙克尔顿遭遇失败是令人难以置信的事情。但他人又在哪儿？救援船什么时候才会出现？

实际上，沙克尔顿正想尽一切办法往回赶。他在到达斯特伦内斯的三天后就做了第一次尝试。捕鲸者借给他一条名叫南方天空号的捕鲸船，他带着一队志愿者向象海豹岛进发。但在距离象海豹岛 70 英里（约 113 千米）左右的地方，海冰挡住了去路，沙克尔顿于是让船长把他带去福克兰群岛。

沙克尔顿在福克兰群岛向媒体发电报描述了自己的经历。他还向英国政府求助。可以理解的是，英国政府当时更关心第一次世界大战的战局，而非拯救陷入困境的探险家，但如果沙克尔顿愿意等几个月的话，政府的确可以提供一艘救援船。但沙克尔顿没法干等着。因此，他根据英国政府的建议联系了乌拉圭政府。作为非参战国的乌拉圭愿意立即提供一艘救援船。引擎不太可靠的破船渔业研究所号在 6 月中旬前往福克兰群岛接上了沙克尔顿、沃斯利和克雷安等人，接着就往象海豹岛驶去。海冰在船离岸 20 英里（约 32 千米）的地方挡住了去路。沙克尔顿因过于焦急而等不了乌拉圭政府充分装备研究所号后再试一次，他驾船前往蓬塔阿雷纳斯打算找别的船试试。

蓬塔阿雷纳斯的英国人团结一心向沙克尔顿提供支持。三天之内，他们就为他募集到了租用艾玛号的足够资金，这是一艘小型风帆游轮。此外，智利政府还提供了野丘号蒸汽船，可在半道为艾玛号提供牵引。这一次，海冰在距离象海豹岛 100 英里（约 161 千米）的地方阻断了去路。于是，沙克尔顿再次回到福克兰群岛，他在此得知英国政府派出的船会在 9 月中旬左右抵达。沙克尔顿还是不愿等，于是他回到蓬塔阿雷纳斯，请求智利人再次把野丘号借给他。他们同意了。

野丘号于 8 月 25 日离开蓬塔阿雷纳斯，随行的智利船员受路易斯・帕尔多指挥，沙克尔顿、沃斯利和克雷安则以乘客身份随行。在凯尔德号出发前往南乔治亚岛的四个月后，野丘号于 8 月 30 日抵达象海豹岛。最终，海冰裂开了。沃斯利在正午将近的时候发现了营地，他看到人们纷纷跑出小屋，朝着眼前的船欢呼。怀尔德写道："我们当时正在小屋里吃午饭。我正在分发海豹肋骨做的炖菜，一声'看见船了'让我们都匆忙跑出了小屋，炖菜还在锅里。"[25]

沙克尔顿和克雷安乘小船靠岸之际，赫尔利用他最后三卷胶片拍下了当时的场景。沙克尔顿首先问了个问题：所有人都活着吗？答案是肯定的。在凯尔德号上的沃斯利和象海豹岛上的怀尔德的大力支持下，沙克尔顿几乎创造了一个奇迹。所有离开南乔治亚岛的坚忍号船员都活了下来。

1916 年 9 月 3 日，野丘号抵达蓬塔阿雷纳斯，众人热情地欢迎了它的到来。在智利狂欢庆祝了数周之后，沙克尔顿前往新西兰加入罗斯海探险队的营救行动之中，其余很多人都加入了英国陆军或海军。所有人都在坚忍号沉没之后挺了过来，其中一些人却在一战中丢了性命。

沙克尔顿恢宏的跨南极探险团队中有三人未能重回故乡，他们隶属于罗斯海探险队，这支探险队于 1915 年 1 月乘坐奥罗拉号抵达麦克默多海峡，打算为沙克尔顿的穿越团队建立补给站。在原定的路线上储备了一些基本的供给后，他们就准备回到船上过冬。接着，就像索尔勒告诉沙克尔顿的那样，一场大风把奥罗拉号吹离了锚点，船上的 18 人跟着奥罗拉号在罗斯海向北漂移，而探险队的多数补给和设备也在船上。岸上孤立无援的 10 人在斯科特的埃文斯角小屋内度过了冬天。在不知道沙克尔顿也在挣扎中求生并且永不会到来的情况下，他们在次年夏天英勇地建立了其余的补给点，但其中 3 人因此丧命。与此同时，奥罗拉号冲出了浮冰的封堵，最终抵达了新西兰。1917 年 1 月，沙克尔顿与奥罗拉号上的人员会合，一同返回埃文斯角救出了其余 7 名幸存者。[26]

第一次世界大战推迟了《南极》的出版，沙克尔顿在其中描述了此次探险经历，它在 1919 年一面世就成了畅销书。公众也纷纷前往观看赫尔利拍摄的电影。这部作品是用他从沉船中打捞回来的静态照片和动态影像剪辑而成的创意之作，其中还包括赫尔利在 1917 年专门回到南乔治亚岛追加拍摄的一些野生动物镜头。

沙克尔顿的罗斯海团队的获救宣告了整个南极英雄时代的终结。从 1897—1914 年，共计有十五支探险队往南极航行，其中七支的目的地是南极半岛。这七支探险队全都来自欧洲，但阿根廷人也表现积极，他们慷慨地为所有探险队提供帮助，还接管了威廉·斯皮尔斯·布鲁斯在南奥克尼群岛的基地，并维持了它的后续运营。智利和乌拉圭则为营救沙克尔顿的探险队员提供了船只。去往南极半岛探险的人数已超过 200 人，其中 191 人在南极度过了一个或两个冬天。他们在不到二十年的时间里为世人带回了大量关于南极的知识，甚至超过了人类自德拉罗什 1675 年第一次见到南乔治亚岛至英雄时代之前对南极的全部了解。

英雄时代开始之际，南极半岛的地图至少比较准确地显示了南设得兰群岛、南奥克尼群岛、南桑威奇群岛和南乔治亚岛。然而，南极半岛两侧却只被模糊地描绘成推测中的海岸和岛屿，以及位于南纬 68°附近的可能存在的大陆。除此以外，其余的一切都还未知。至于威德尔海，它被描绘成了遥远南方一个假想大陆边的假想深湾。1916 年以后出版的地图就完全不同了。新的地图更加完整和精确地——至少大体如此，如果不去深究细节的话——显示了南极半岛西海岸及其相邻的岛屿，向南远达亚历山大一世地。南极半岛东岸（威德尔海西岸）的轮廓就没那么鲜明，也没有得到很好的绘制，但这个地区的地图一直到南纬 68°以北都是大致正确的：往东，威德尔海已经有了确定的东岸（科茨地、凯尔德海岸和路易特伯地），外加纬度已知的南部边界（菲尔希纳冰架）。然而，南极半岛内陆的地图几乎完全空白。尽管前往南极其他地方的英雄时代探险家已开展了几次重要的内陆探险，甚至抵达了南极点，但半岛地区探险队仍把主要精力放在了半岛沿岸。后来的探险队注定要为南极大陆这个地区的内部增添细节。

第十四章
一战之后的十年：1919—1927 年

连续四年，第一次世界大战的大屠杀都强烈地吸引着世人的注意力，极地探险和其他事情一样，无人问津。至少两场计划中的南极探险被取消，这让沙克尔顿成为唯一一个在战争开始后前往南极的重要探险家。在救出沙克尔顿的象海豹岛团队和孤立无援的罗斯海团队后，整个南极几乎就被人类抛弃了。几乎，但并非全部：阿根廷继续往南奥克尼群岛的小基地配置人手，而一些捕鲸者也继续留在半岛地区作业。当停战协定于 1918 年 11 月终止了战争以后，大量捕鲸者便迅速回到南极。与此同时，很多人呼吁重新开启探险活动。尽管世人用一场真正意义上的探险活动做出回应且要等到近十年后，但在 20 世纪 20 年代初，的确有两支小型探险队驶往南极。他们都致力于考察南极半岛地区。

南极孤零零的两个人

1919 年末，沙克尔顿罗斯海团队中 27 岁的幸存者约翰·拉克兰·寇普宣布了一项宏大的南极考察计划。除了其他一些想法，他还提议使用英国皇家飞行队多余的飞机以接力的方式飞往南极点。然而，这个提议不仅定义不明，而且代价高昂，即便皇家飞行队打算无偿提供飞机，寇普也无法募集到必要的资金。接着，他提出了一个更加实际的计划，这个计划的重点与此前那个想法中提到的飞机相关。就在这时，三十二岁的澳大利亚人乔治·休伯特·威尔金斯出现了。威尔金斯拥有丰富的北极经验，并在一战后期与坚忍号的老将赫尔利一起工作，担任过摄影师。跟赫尔利共处的时光点燃了威尔金斯对南极的热情，寇普的计划让他激动不已。威尔金斯在战争期间曾是澳大利亚皇家飞行队的早期飞行员，他意识到寇普的计划可能会让自己成为第一个飞翔于遥远南方的人。[1] 然而，寇普在经济和组织方面的问题让他不得不再次缩减计划。这一次，他完全放弃了飞行计划，并宣布自己只会带领一支四人探险队前往南极半岛东海岸。威尔金斯因飞行计划的取消而感到沮丧，他几乎就要退出了。但他想去南极看看，于是最终决定留下。

寇普的四人组包括具备极地经验的威尔金斯和他自己，以及托马斯·巴格肖和马克西姆·莱斯特。后两者自愿加入探险，巴格肖担任地质学家，莱斯特担任测量员。但他们的简历简直夸大其词。巴格肖年仅十九岁，从未受过任何地质学以及相关学科的学术训练，而二十四岁的莱斯特唯一的类似经验也只是在不定航线的不定期货船上当过二副。

寇普和威尔金斯在去往南极途中的蒙得维的亚会面。威尔金斯在这里得知寇普已经破产，而一路搭载他的捕鲸者也拒绝继续运送他和他的设备。尽管威尔金斯介入并说服捕鲸者按原先的承诺提供帮助，但这件事体现出了寇普的能力不足，这让威尔金斯再次怀疑自己加入探险的决定。与此同时，莱斯特和巴格肖正跟随其他捕鲸者前往欺骗岛。整整一个月后，寇普和威尔金斯才带着福克兰群岛的八只雪橇犬姗姗来迟。

寇普计划让捕鲸者把他们送到希望湾，此地正是诺登斯克尔德的三名探险队成员度过 1903 年冬天的地方。接着，探险队和雪橇犬会乘他们自己的小船前往雪丘岛，抵达后，他们就会在诺登斯克尔德的小屋内过冬。然而，希望湾附近的冰况让他无法按计划行事，因此，寇普打算实施另一个计划：他将从半岛西侧开始探险，并从陆上徒步至威德尔海海岸。这是一个十分雄心勃勃的想法，因为在此之前人们只从半岛两侧到达过内陆几英里处。

1921 年 1 月 11 日，寇普的团队跟随捕鲸者离开了欺骗岛。第二天，他们抵达了天堂港的北侧，这里是半岛西侧、杰拉许海峡东岸沿线的一处海峡。捕鲸者在这里帮助探险队把他们的设备和物资卸载到了一个小岛上，这个岛在涨潮时就会与大陆分开。一艘因为搁浅而废弃的捕鲸供水船让寇普生出了给小岛取名的灵感——水船角。更重要的是，这艘运水船成了探险队重要的临时居所，它会一直充当庇护所，直到探险队穿越半岛进而入驻诺登斯克尔德的旧营地为止。补给箱提供了建造墙面的材料，接着，大家往运水船的四面钉麻袋，并在内侧的墙面挂上被褥以保持温暖——巴格肖写道，这种装潢“看上去与我心中疯人院内的软垫病房十分类似”[2]。

四人用一周时间在水船角建立了一个基地。接着，他们乘船出发前往半岛寻找一个适宜开始穿越的地方。寇普因为这项搜寻任务而在一个月的时间里频繁往返水船角，但没有任何进展，于是他在 2 月下旬决定撤退到蒙得维的亚重新安排计划。寇普打算来年夏季再回来。因为对寇普和整个探险队心生厌恶，威尔金斯说自己已经受够了。于是，他回家了。相反，莱斯特和巴格肖则一时冲动决定要在水船角过冬。寇普承诺会在 1922 年 2 月来接他们。

寇普、威尔金斯和莱斯特乘小船出行试图寻找一艘捕鲸船，希望后者愿意运送两位经验丰富、正准备离开的探险队成员去往北方，巴格肖则留下来照顾雪橇犬。他孤独的等待仅持续了一星期，随后，一艘捕鲸船就带着他的三位同伴回来了。寇普和威尔金斯在一个小时内仓促收拾完自己的行李，就又乘船离开了。这是莱斯特和巴格肖最后一次在南极见到这两人。

当时是 1921 年 3 月 4 日，冬季即将来临。莱斯特和巴格肖即将做的事情可真是有些疯狂。他们只有两人，而且背景完全不同。他们能在南极的冬季里好好相处吗？哪怕可以，他们又能做成什么事呢？两人不仅没受过任何相关训练，而且寇普也几乎没留下什么补给或装备。寇普和威尔金斯离开的第二天，另外一艘捕鲸船出现了，船上两位工厂船船长前来告诫他们不宜在此过冬。当两位年轻人顽固地拒绝改变主意后，其中一名唤作安德森的捕鲸船船长保证说，如果寇普没能在下个航海季回来，他就会来接上两人。捕鲸者摇摇头离开了，莱斯特和巴格肖再次陷入孤独。

至于威尔金斯和寇普，他们正向北去往文明世界。抵达蒙得维的亚后，威尔金斯继续前往美国，他当时决心买几架飞机，来年自己重返南极。寇普告诉威尔金斯，他会前往英格兰弄一艘船，然后重新组织探险。但寇普实际上去了福克兰群岛，他在这里无所事事，直到英国当局"给了他一份在苏格兰蒸汽船上削土豆的活计"，威尔金斯尖刻地写道，然后他就被送回家了。[3]

而莱斯特和巴格肖此时正在水船角的临时小屋里，随着冬天的来临，天气也越来越恶劣。这两位新探险家发现他们的装备和储备问题不断。一些问题微不足道，例如两人仅有一把叉子，而这把叉子来自巴格肖个人的野餐套装工具。更重要的问题是，他们几乎没有医疗用品。寇普留给他们的食物也很有限，他

巴格肖和莱斯特的小屋在水船角的位置

小屋靠近天堂港的北部开口，后者是杰拉许海峡南部的分支。1951 年初，智利在水船角建立了加夫列尔·冈萨雷斯·魏地拉总统基地。这个全年作业的基地一直运作到 20 世纪 60 年代中期，此后几年里，它仅在夏季投入使用。智利的魏地拉基地开始投入使用的同年夏天，阿根廷则把附近的庇护所扩建成了全年运转的基地布朗海军上将站。这个工作站也全年运转了很多年。

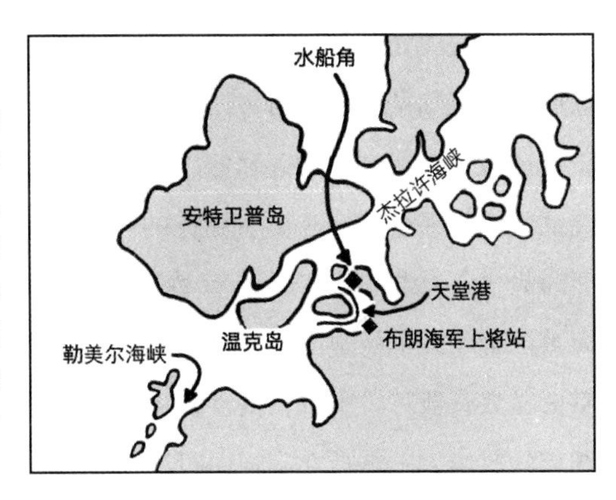

们不得不主要依靠海豹和企鹅维生。此外，油桶制成的炉子也像一头喜怒无常的野兽，总是在他们最需要的时候仿佛故意熄火。莱斯特和巴格肖在水船角待得一点都不舒服，他们的生活条件徘徊在不太坏（最好的情况）和几乎没法过（最坏的情况）之间。尽管如此，他们还是尽可能以文明的方式生活，吃饭的时候甚至还用桌布，并且坚持每周六清扫屋子。

他们的科研项目只能在这个小岛附近的范围内展开了，因为寇普在福克兰群岛收集的杂种狗无法充当雪橇犬。两人的确在 8 月末进行了一次简短的人力雪橇之旅，但他们在这天结束时就回来了，因为他们认为在只有两个人的情况下继续往前会很危险。此外，如果他们外出的时间过长，这些狗又怎么办？这些动物没有任何实际用途，照顾起来也颇费精力，而且还会对两人的探险能力构成限制。即便如此，莱斯特和巴格肖还是很高兴有它们的陪伴，因为人和狗已经形成友谊。因此一只狗在 4 月初淹死后，他们感到极度失落。8 月中旬另外一条狗死去后，巴格肖写道："这场悲剧让我们感觉死亡近在咫尺。我们嘴上不说，但心里已经意识到彼此依靠是多么重要……心中满是孤零零被留在南极的想法，对救援人员是否会来的担心可真是场噩梦，我们都不敢细想。"[4]

在美丽的夏日，天堂港也会显得名副其实。此时它就是一个为日出日落所辉映之地，波光粼粼的蓝色水域中，外形奇伟、色彩瑰怪的冰山很是惹眼，水面倒映着崎岖的山脉、冰崖，以及从半岛大陆上滑出的冰川。这里也是海豹、企鹅和鲸鱼嬉戏的家园。然而，1921 年初春的天空阴沉乏味，天气不稳定，升高的气温让莱斯特和巴格肖储存的肉类腐烂了。他们扔了这些烂肉，转而在需要时再捕杀海豹和企鹅。尽管替换肉类储备没有问题，但影响士气则另说了。腐败的食物、不稳定但通常很恶劣的天气，以如此小岛为家，就像生活"在小型监狱式营地"[5]，狭窄、漏水，还常常很冷的小屋，等等，不一而足。9 月快结束的时候，巴格肖在日记中写道："把这里叫作天堂的人……真应该享有住在这里的荣幸！”[6]

六十多年后，阿根廷布朗海军上将站（位于距离水船角几英里远的天堂港）的基地领导显然更怀疑这种“荣幸”。1984年4月，因为无法承受在此过冬的想法，他故意纵火烧毁了基地，以此迫使政府将其撤离。一艘美国船当天就响应了基地的求救信号，并很快就解救了岛上越冬的7人。他们在天堂港的家园成了“烧毁的木材和扭曲的金属瓦楞构成的黑色废墟”[7]。这些获救的人最终被带到另一个阿根廷基地，然后乘飞机回国了。重建布朗海军上将站后，阿根廷政府把它作为仅在夏季运营的基地。

生活在南极的两人

左图：冬天披着皮草的巴格肖。右图：来接他们的捕鲸者抵达后不久，站在小屋前面留影的莱斯特。巴格肖也以同样的姿势为自己拍了一张照片，“巴格肖看起来也很高兴”[8]。（均摘自《南极二人行》，巴格肖著，1938年。由剑桥大学出版社授权转载。）

虽然趁早离开并非莱斯特和巴格肖的选项，但春天最终还是来了，这让他们整个改变了想法——因为企鹅也回来了。水船角住着约 1.2 万只金图企鹅，附近的小岛则同时生活着金图企鹅和帽带企鹅。[9] 两人逐渐真正喜欢起了这些鸟儿，并花了很长时间研究它们。莱斯特和巴格肖都没有受过正式的博物学训练，但他们仍将对金图企鹅和帽带企鹅做出令人震惊的历史性的研究。

春天也把他们的思绪带向了故乡。12 月 18 日，来了一艘捕鲸船。3 月曾经造访他们的船长安德森兑现了自己的承诺，而且不止于此。因为很多英国人都在挂念这两个年轻人，所以安德森专程从欺骗岛前来接他们俩。令安德森惊讶的是，巴格肖和莱斯特想继续停留一段时间，从而完成自己的企鹅研究。尽管捕鲸者感觉他们的想法难以理解，但还是同意过几周再回来。与此同时，安德森把剩下的六只狗接到了欺骗岛，把它们分到捕鲸船上当宠物。安德森于 1921 年 1 月 13 日再次返回，此时距离莱斯特和巴格肖初次抵达水船角刚好一年零一天。对两人来说，离开时他们在情感上很难割舍。巴格肖写道：

> 很奇怪，我们喜欢上了这个破旧的小屋和这个荒凉的小岛……孤零零把它留下像是遗弃了它一样……我们想知道……企鹅是否会怀念我们。它们是我们的朋友，我们知道自己会想它们……虽然我不会特别想要重新经历这一切，但我说什么也不愿意错过这里。[10]

1923 年，莱斯特在《地理杂志》上发表了一篇关于探险的文章，然而，巴格肖一直到 1939 年都没有写下点什么。这时，他终于回应了南极同行的催促，撰写了一部名为《南极二人行》的著作，外加两篇描写探险经历的文章。在这三个作品中，他对自己和莱斯特的研究相当不屑一顾。但巴格肖错了。尽管年轻且缺乏经验，但他们两个冲动的年轻人除了生存还做了很多其他的事情。就人均数据量而言，他们收集的数据比此前任何探险队员都多。如今，他们的水船小屋残骸被认定为受《南极条约》保护的历史古迹。

莱斯特和巴格肖就此结束了自己的南极之旅。寇普也是如此。他再也没有回到南极。然而，威尔金斯的故事还远没有讲完。实际上，他曾八次回到南极。第一次是在莱斯特和巴格肖离开的那个夏天，当时他是跟随再度归来的南极老将沙克尔顿爵士率领的探险队回来的。

探索号：沙克尔顿的绝唱

坚忍号探险活动之后的几年里，沙克尔顿忙于为英国政府的战事而工作，但他在内心深处仍是一位探险家，并在 1920 年决定前往加拿大的北极地区探险。1920—1921 年间，他和加拿大政府商讨了资助的额度。与此同时，沙克尔顿购买了一艘北极海豹捕猎船，并将其命名为探索号。接着，加拿大的新政府掌权，并决定退出他的探险项目。

加拿大政府资助的可能性已经不再，沙克尔顿就把注意力转向了他最了解的南极地区。他的老朋友约翰·奎勒·罗伊特帮他解决了资金问题，后者几乎提供了探险所需的全部资金。他和沙克尔顿商定的计划是：利用探索号开展两次夏季航行，从而探索并绘制亚南极群岛的地图；绘制东南极洲 2 000 英里（约 3 218 千米）海岸的地图；寻找矿藏；开展海洋学、生物学和气象学研究。这是一个漫无目的但雄心勃勃的计划，罗伊特打开他那深不见底的钱袋子后，这个计划也跟着不断扩大。罗伊特的资金还让沙克尔顿能够为这艘船配备无线电设备和小型飞机。不幸的是，英国的工业动荡让他无法替换船上原有的老旧引擎。

沙克尔顿探索号探险队的 21 人中，有 8 人是此前坚忍号的老将。他们分别是作为副指挥的弗兰克·怀尔德，作为船长的弗兰克·沃斯利，两位医生亚历山大·麦克林和詹姆斯·麦克罗伊，以及年轻的气象学家伦纳德·赫西，此前他的班卓琴因为能提振士气而未被沙克尔顿扔掉。如今渴望跟沙克尔顿一起飞向南极的威尔金斯也作为新人加入。沙克尔顿还邀请英国童子军派出一名鹰级童子军。在一场吸引了 1 700 名申请者的全国性比赛之后，沙克尔顿选择了两名童子军，十七岁的詹姆斯·马尔和另外一个名叫诺曼·穆尼的男孩，后者因为严重晕船而在马德拉群岛早早离开了探险队。

探索号于 1921 年 9 月 24 日离开英国。尽管探险队员都在船上，但设备只有部分在船上，因为探索号太小，没办法装下所有东西。沙克尔顿解决这个问题的办法是，提前把飞机的浮筒、机翼以及大部分极地设备运送到开普敦。他很快意识到，探索号远不止有运载能力不足这一项缺点。他没办法更换的引擎不仅不可靠，而且动力不足，每一波海浪涌来，泄漏和摇摆的狭窄船身都让人很不舒服。甚至经验丰富的水手都要与晕船做斗争。威尔金斯不无讥讽地评论说，为沙克尔顿购买这艘船的中介一定“喝醉了，看花了眼”[11]。

沙克尔顿在里斯本花了一个星期的时间修理这艘船，又在里约热内卢用了一个月的时间修理引擎。因为这些延误，他决定推迟探险计划的开头部分，首先去往南乔治亚岛，但这又引发了新的问题，因为沙克尔顿已经把很多东西运往了开普敦。虽然他认为自己可以在南乔治亚岛找到多数设备的替代品，但那里肯定没有飞机缺失的部分器件。

探索号并不是探险队中唯一健康状况不佳的成员。离开里约热内卢的前两天，沙克尔顿感觉很虚弱，派人去找麦克林医生。但等到麦克林来了以后，这位老大说他已经恢复并拒绝接受检查。探索号于 12 月 19 日驶往南乔治亚岛，航程中暴风雨不断，发动机的锅炉也很快出现了泄漏。显然，探索号仍存在严重问题。沙克尔顿也是如此。麦克林认为自己的领队看起来很劳累并且生病了，他劝他另外找人代他驾船。沙克尔顿拒绝了。

探险队于 1 月 4 日抵达南乔治亚岛，沙克尔顿在甲板上用一副双筒望远镜望了一整天，愉快地回忆着詹姆斯·凯尔德号的航行。当晚，他在日记中写道：“最后……我们停靠在了古利德维肯……美妙的夜晚……‘渐暗的暮色中，我

探索号离开英国、踏上航程之际驶过伦敦塔的情形

这艘引擎老旧且不可靠的小型船成了探险队员们非常不舒服的家。（照片摘自《沙克尔顿最后的航行》，怀尔德著，1923 年）

看到一颗孤独的星星在天上盘桓/宛如高悬在海湾上空的宝石一样。’”[12]

1922 年 1 月 5 日凌晨两点刚过，正在值班的麦克林听见沙克尔顿的船舱中传出了响声。医生往里瞧了瞧，沙克尔顿说自己无法入眠。麦克林回应他说这是操劳过度。沙克尔顿开玩笑说：“你总是想让我放弃点什么。现在你想要我放弃什么？”[13] 接着，当着麦克林的面，沙克尔顿的心脏病严重发作。惊恐的麦克林马上跑去找人来急救，但老大在麦克林带着麦克罗伊回来之前就去世了。两位医生伤心地叫醒弗兰克·怀尔德，把这个可怕的消息告诉了他。

怀尔德接管了这次探险。次日早晨，他把沙克尔顿去世的消息告诉了其余所有人，并宣布他决定继续探险。然而，他的当务之急是照看好沙克尔顿的遗体。怀尔德最初的想法是把自己的老领导埋在南乔治亚岛，但他并不确定沙克尔顿夫人的想法。因为探索号的无线电设备失灵而无法征询意见，怀尔德于是决定把经过防腐处理的遗体送回家。一位捕鲸者热心地制作了一口特别的棺材。怀尔德选定赫西陪同沙克尔顿走完最后一段航程，于是赫西带着棺材登上一艘捕鲸船，踏上了首先去往蒙得维的亚的旅途。

探索号则在1月18日离开南乔治亚岛，船上弥漫着悲伤的氛围，新的领队决心以探险的成功来告慰故去的沙克尔顿。三天后，探索号的泄漏越发严重，船员们只得每天花好几个小时用泵抽水。除此以外，怀尔德写道："探索号像水中的原木一样晃来晃去，齐腰的海水像泛滥的洪水一般不断从一侧涌向另一侧，所以很少有人在船上走而不被弄湿的。"[14] 所有这些，外加航海季的延误，以及问题不断的引擎耗煤量巨大，怀尔德不得不放弃了绘制东南极洲海岸地图的打算。相反，在抵达南极大陆后，他会往西航行，穿过威德尔海北部抵达南设得兰群岛，接着再返回南乔治亚岛。

怀尔德于2月4日在南纬65°07′、东经15°21′驶入浮冰区。尽管探索号问题不断，但船上的老将新兵们都很兴奋，至少怀尔德是这么认为的。他于2月10日抵达此次探险的最南点，南纬69°18′。怀尔德在此想起了沉没的坚忍号，那可是一艘比探索号强大得多的船，这让他决定返航，因为开阔海域正不断形成海冰。

从坚忍号探险活动中归来不久的弗兰克·怀尔德

不管在坚忍号还是探索号的探险活动中，怀尔德都是沙克尔顿忠诚的副指挥，他也是那个时代最有经验的南极探险家。1901—1904年，怀尔德跟随斯科特的发现号探险队第一次去往南极。探索号之行是他的第五次——也是最后一次——南极探险，这也是他唯一一次没有在南极冰面上度过哪怕一个冬天的探险之旅。在此前的四次南极探险活动中，他总共在南极度过六个冬天，其中包括在坚忍号探险活动中度过的两个冬天。（英国皇家地理学会供图）

正当他要掉头之际，怀尔德意识到，很多人对自己带队感到不满。他们此前是冲着沙克尔顿才加入的，现在老大已经去世，他们对航程也没什么热情了。不可避免的是，大家会用批判的眼光看待怀尔德所做的一切，对那些没有一起在坚忍号上共患难过的新人而言尤其如此。怀尔德作为副指挥已经足够优秀，却不是特别有魅力的领队，如今沙克尔顿也不会回来帮他提振大家的士气了。然而，怀尔德还是尽力在做自己该做的事情，他首先表达了自己的担忧，并宣布他不会容忍对自己权威的公开讽刺。怀尔德认为他的努力有了效果。也许吧，但有些人认为，大家真正的反应更多是公开表达不满的程度发生了变化，人们真正的感受并无多大改观。

怀尔德往西穿过威德尔海，继续朝象海豹岛前进，他想在岛上储备一些象海豹油以补充船上不断减少的煤炭。但怀尔德此行也基于另外一个不那么务实的想法——重访这个他和以前的同伴们在 1916 年度过了四个半月悲惨时日的地方。威德尔海北部浮冰遍布，怀尔德抵住了所有探索的诱惑，但尽管他小心翼翼，浮冰还是在 3 月 15 日困住了探索号。当时船已经位于南纬 63°51′，但浮冰裹挟着它往北漂。六天后，散开的浮冰让探索号得以逃脱，但逃离行动很快就成了喜忧参半之举，因为探索号再次回到剧烈晃动的状态，船身也很快被冰霜覆盖。所有人都很遭罪，哪怕南极经验最丰富的怀尔德也是如此。一位船员在日记里如此写道：“（某天）在驾驶台上，指挥官怀尔德说：‘只是为了体验一下南极而来到这里的人真是疯狂；来两次的人简直没救了；来五次的人（他本人）——’他说不下去了。”[15]

探索号于 3 月 25 日抵达象海豹岛。怀尔德首先在怀尔德角斜对角的角落下了锚，大家在此登岸捕猎象海豹。第二天的另一次登陆收获了更多海豹油脂。几天后，怀尔德环岛航行到了怀尔德角，但当时不具备安全登陆的天气条件。由于不是非要登上怀尔德角的海岸不可，怀尔德便作罢，掉头向南乔治亚岛驶去。

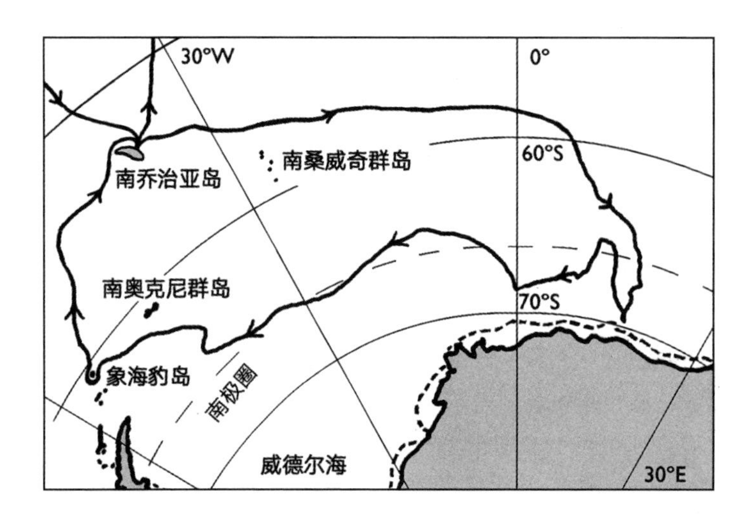

探索号的航行轨迹

沙克尔顿最初的计划是调查东南极洲的大部分海岸。然而，探索号无法胜任这项任务。在沙克尔顿去世后接手的怀尔德明智地决定削减这一计划。

一路上海风很大，探索号因此得以靠着风帆驶完了这段航程。由于引擎全程空闲，大家在象海豹岛收集的象海豹油脂也没什么用了，于是当探索号于4月6日抵达南乔治亚岛后，他们就把油脂扔出了船。出乎所有人意料的是，赫西已在此恭候多时。

按照怀尔德的指示，赫西把沙克尔顿的遗体带到了蒙得维的亚，然后发电报给沙克尔顿夫人，告知她丈夫死亡的消息。她回复说希望把丈夫埋葬在南乔治亚岛。但在赫西把沙克尔顿的遗体送回岛上之前，包括乌拉圭总统在内的蒙得维的亚人民早已携带鲜花和来自世界各地的花圈聚集在当地的英国教堂以示纪念。接着，送行的队伍把沙克尔顿的棺材安放在了炮架上，护送灵柩穿过拥挤的街道登上了一艘英国海军舰艇。十七响致敬礼炮过后，舰艇载着赫西和沙克尔顿的遗体返回了南乔治亚岛。3月5日，捕鲸者们在岛上的古利德维肯教堂又举办了一次纪念活动。随后，大家就把沙克尔顿葬在了古利德维肯墓地，一个坐落于陡峭山丘底部的小地方，距离捕鲸站仅100码（约91米）之遥。

探索号抵达南乔治亚岛一个月后的5月初，沙克尔顿的手下为了纪念他，在爱德华王角一处显眼的地方建造了一座堆石界碑。众人在界碑顶部立了一座十字架，界碑的石头上还镶嵌了一块铜制牌匾，上书："欧内斯特·沙克尔顿爵士/探险家/逝世于此，1922 年 1 月 5 日/他的队友们立。"[16] 一直到 1928 年初，沙克尔顿真正的坟墓都仅以一个木制十字架标记。后来，福克兰群岛的主政官来到南乔治亚岛，专门为沙克尔顿精心修建了石质墓标，它至今仍赫然屹立在

古利德维肯的捕鲸者墓地，欧内斯特·沙克尔顿爵士埋葬于此

墓地位于右侧最下方，如今它已被白色栅栏围了起来。沙克尔顿的墓碑是墓地里最高的那座，位于墓地左后侧。怀尔德是如此描写沙克尔顿最后的安息之所的："这块墓地是一个简单的小地方。上面已经竖立了少量十字架，一些已经年代十分久远，静静地提示着被人遗忘的悲剧……另外还有一些刚竖立不久……所有这些十字架都是强者之墓的标志。"[17]

墓园后面，南乔治亚岛的山脉赫然耸立，山间竖立着两座纪念十字架。较低的一座是为了纪念德意志号探险队的沃尔特·斯洛萨尔奇克，他于 1911 年 11 月在坎伯兰湾去世。较高的一座是为了纪念在 1998 年的一场风暴中因为渔船沉没而丧生的 17 个人。（作者供图，2009 年）

墓园之中。(堆石界碑冢也还在，尽管在二战爆发之际，众人为了腾出炮位而稍微移动了它的位置，导致基座遗失。)

探索号于1922年5月8日离开南乔治亚岛。在北去的路上，怀尔德还分别在特里斯坦-达库尼亚群岛和高夫岛停留了一周时间。接着，他前往开普敦对探索号进行了修理和改装。然而，探索号探险队的行程也就此终结，因为罗伊特不愿意在少了沙克尔顿坐镇的情况下继续资助探险。

而对和自己一道四次远征南极的那个人忠心耿耿的怀尔德，则在问题不断的探索号和不情愿的同伴身上尽了自己最大的努力。最终，这次航行还是取得了一些成就。船员们在南大洋开展了大量深海探测，并对海底沉积物和浮冰区以外的海洋生物进行了采样和拖网作业。他们还开展了大量科考活动，尤其是地质学考察，但有一件事他们没做：在南极上空飞行。

爱德华王角上的十字架和堆石界碑，探索号一行人为纪念沙克尔顿所立

怀尔德写道："我们当中没有专业的泥水匠，但界碑完工后的外观十分赏心悦目。"[18] 这张照片系威尔金斯所摄，原图系浅粉色和蓝色相间的彩照。这张照片也被怀尔德用作《沙克尔顿最后的航行》(1923年)一书的卷首插图。

探索号探险队是 20 世纪 20 年代末最后一批考虑在南极飞行或者在遥远南方开展重要探索的人。但南极 19 世纪的寂静岁月早已过去，半岛也早已不再荒凉，不仅捕鲸业仍在蓬勃发展，而且一项旨在保护和控制捕鲸业的计划也逐渐发展成为第一个持续经年的南极科考项目。

发现号调查项目

甚至在一战结束之前，这一科考项目的基础性工作就已经展开。1917 年，英国殖民署成立了一个旨在通过相关科学研究保护限制捕鲸业的委员会。由此得出的报告于 1920 年出版，其中概述了关于鲸鱼自然史的一系列研究计划。报告还强调，英国政府需要对福克兰群岛附属地区开展彻底的水文调查。第二个委员会于 1923 年制订了最终的计划。次年初，英国政府购买了罗伯特·法尔肯·斯科特的旧船发现号，并且为了监督此前建议的研究项目，政府还专门指派了一个执行委员会，当时被称作发现号委员会。1925 年 2 月，发现号委员会和一个由 5 人组成的生物实验室一道在南乔治亚岛的古利德维肯启动了调查工作。这一实验室将会在每个捕鲸季启动工作，直至 1930—1931 年夏。

1925 年底，发现号从英国出发着手执行发现号委员会的主要任务。沿途的海洋学研究延误了航程，发现号最终于 1926 年 2 月下旬抵达南乔治亚岛。接着，科学家们在岛附近的捕鲸场工作了两个月，但事实证明，最终他们对发现号的了解胜过了对鲸鱼的了解。这艘被赋予“发现号委员会”之名的船动力不足，而且对于海上科考活动而言，它也过于不平稳了。因此，发现号转而在开普敦过冬，同时进行船只改造，大家想先解决这艘船的问题。与此同时，发现号委员会收购了另一艘叫作威廉·斯科斯比号的船，这艘船是被设计用于标记鲸鱼的——把标记飞镖射向鲸鱼——同时还搭载了开展海洋学研究的设备。

1926 年 12 月初到 1927 年 1 月底，这两艘船都在南乔治亚岛附近开展科考活动。此后，它们就分开了，斯科斯比号继续在南乔治亚岛附近标记鲸鱼，发现号则驶往南设得兰群岛和南极半岛开展水文研究。发现号是这个水域第一艘能够直接接收格林尼治时间信号的船，船上的人用这个信号在地图上核对经线的位置。他们很快意识到，现有的地图上只有一片陆地的位置是准确的，即欺骗岛。完成了这个航海季的考察工作后，发现号团队已经完成了重要的海洋学研究，包括确定了南极辐合带（或者用现代科学术语来称呼——极锋）的存在。

另外一艘船也几乎同时证实了这个结论。就在发现号开展1925—1927年科考活动的同时，德国科考船流星号也正在南极考察。一开始，流星号的主要目标是调查德国气象学家威廉·迈纳杜斯的研究结论，相关结论是他从德里加尔斯基1901—1903年的探险活动所得的研究数据中得出的。迈纳杜斯认为，这些数据指出了南大洋的生态边界，这条边界上，亚南极和南极水域的密度和温度会呈现系统性变化。流星号的科学家在南极大范围的观察证实了迈纳杜斯的结论，他们把这个发现命名为“迈纳杜斯线”——这个名字很快就被如今我们更熟悉的术语取代。

流星号的南极之旅在它于1927年返航时结束。发现号还会再一次来南极开展探险活动，但这次随行的不是发现号委员会，探索范围也不是南极半岛。它是一艘不错的探险船，但第二次的远航证明它完全不适合承担科考任务。发现号委员会用发现二号替换了它，这是一艘专为科考任务而设计的新船。

建造新船是发现号委员会的工作转向后来被称为“发现号调查项目”的科考活动的开端。这个雄心勃勃的南大洋航海科考项目会在每年夏天进行，一直持续到20世纪30年代末，其中也有几次是在冬季开展的。项目的调查结果最终以南极水文、海洋生物以及其他相关主题的一系列开创性论文面世。这些体量庞大的工作成果被统称为“发现号报告”，最终超过1.4万页。然而，发现号调查项目旨在改变捕鲸方式以保存鲸鱼种群的目标却未能实现。

远洋捕鲸业的开端

捕鲸者们能够无视发现号调查项目相关报告的一个原因在于，他们几乎就在这些科考活动开始的同时，把捕鲸范围扩展到了南极半岛以外。福克兰群岛属地政府至少还对捕鲸业实施了一些有限的控制，因为捕鲸者对福克兰群岛属地港口或海岸的使用受捕鲸许可证附属条款的约束。不可避免地，这些限制以及福克兰群岛属地政府的特许使用费都促使捕鲸者在南极其他地方寻找捕鲸场。1923—1924 年夏，正是南乔治亚岛捕鲸业的开创者卡尔·安东·拉森迈出了重要的第一步，把捕鲸业扩展到了福克兰群岛属地以外。拉森通过前往罗斯海的尝试性捕鲸之行发现那里的鲸鱼种群相当丰富，但如果没有安全的港口，他的工厂船将难以处理捕获的鲸鱼。这个问题后来因为彼得·索尔勒的技术性突破而得到解决，此人是挪威的鲸鱼狙击手。他的突破彻底改变了整个捕鲸业。

索尔勒的创新源于他在 1912—1913 年航海季的一个想法。他当时正在南奥克尼群岛作业，那年夏天两艘工厂船在 11 月中旬抵达南奥克尼群岛，但他们发现有密集的浮冰挡道而无法前往安全的港口。等待浮冰散开的同时，他们的捕鲸船也开始沿冰缘线作业。鲸鱼狙击手索尔勒就在其中一艘捕鲸船上，他看到工厂船难以在海上处理鲸鱼尸体。沮丧地过了几周后，他想出了一个解决方案。他的想法是在工厂船的末端插入一个滑坡，他把这个装置称为滑道，然后，捕鲸者就能使用机动绞车把鲸鱼尸体直接拉上船处理。

索尔勒用了十年时间攻克他方案中的难点。挪威政府于 1923 年为他设计的设备授予了专利，两年后，工程师们就在挪威工厂船蓝星号上安装了第一条滑道。1925 年 12 月，蓝星号的船员们把一头大型南极蓝鲸拉上了船。很明显，索尔勒的发明成功了。远洋捕鲸业的完整链条——捕获并完全在海上处理鲸鱼，而无须停靠岸上的站点或安全的港口——已逐渐成型。相应地，这让捕鲸者们能够放开手脚在南大洋的任何地方捕猎了，整个南极地区捕获的鲸鱼数量也呈爆炸式增长。蓝星号安装滑道的1925—1926年夏季，南极捕鲸者捕获的鲸鱼数量刚刚超过1.4万头，而且基本都捕获于半岛地区的海域。五年后，被捕获的鲸鱼数量增长到了此前的近三倍，超过4万头。远洋捕鲸船队——多数在罗斯海和东南极洲沿岸作业——贡献的捕获量占总捕获量的四分之三以上。发现号委员会成立之初的活动范围仅限于福克兰群岛属地，后来他们也跟随捕鲸者的脚步去往南极半岛以外，他们的考察范围也和后者一样扩展到了整个南极地区。

随着20世纪20年代的终结，探险家们也回到了南极地区，捕鲸者（以及这个时期加入的发现号委员会）再次为探险家们提供了帮助。与英雄时代相比，此时期的主要变化在于，探险家们可获取帮助的范围扩大到了整个南极大陆。但这个时期较早到来的探险队得到捕鲸者大量帮助的地方，刚好就是后者初次出手相救的地方——1909年和1910年，安德烈森曾在这里为夏科提供了煤炭和大量其他帮助，这个地方就是南设得兰群岛的欺骗岛。

第十五章
第一批飞向南极的飞行员：1928—1936年

暂时中止的南极探险活动在1928—1929年夏季重新活跃起来。两支具有历史意义的探险队抵达南极，他们带来的技术——飞机和可靠的无线电设备——对探险活动的革命性意义就像滑道之于捕鲸业那般。美国人理查德·E.伯德率领的探险队规模更大些，他们专门探索罗斯海地区。声称自己于1926年驾驶飞机飞过了北极点的伯德带来了3架飞机、1辆机动车、近100只狗和42个人，他们在鲸湾附近一处被伯德起名为小美利坚站的基地过冬。1929年11月，他从小美利坚站出发往南极点进行了一次往返飞行。然而，甚至在伯德于1928年12月从新西兰向南极航行之前，另外一个人就已经翱翔于南极的天空。此人就是休伯特·威尔金斯，这是他第三次回到南极。与上次一样，他这次去的也是南极半岛地区。

休伯特·威尔金斯终于飞向南极

威尔金斯想在南极飞行的愿望此前两次都落了空。在跟随沙克尔顿的探索号第二次去往南极探险的途中，威尔金斯逐渐把注意力转移到了北极。1928 年初，他和他的美国飞行员卡尔·本·艾尔森从阿拉斯加的巴罗角出发，飞行 2 500 英里（约 4 023 千米）穿越了北冰洋，最后抵达了挪威以北 400 英里（约 644 千米）处的斯匹次卑尔根。在这个地区首次“重于空气的飞行”为威尔金斯赢得了爵位，还为他募集资金前往南极探险建立了所需的名声。[1] 他的大部分资金，包括来自赫斯特出版社的 2.5 万美元，均来自美国。一家挪威捕鲸公司则提供了大量实际的帮助，比如运送探险队成员前往欺骗岛，以及在工厂船上为威尔金斯等人提供生活设施等。

威尔金斯的目标是从欺骗岛出发飞越南极大陆抵达罗斯海的鲸湾，但他计划的路线——长 2 000 英里（约 3 219 千米）——是不经过南极点的切线，因为他认为飞越南极点的航线对于当时的飞行技术而言过于激进了。威尔金斯还认为直飞的风险太高。相反，他打算以侦察飞行为开端，从而在欺骗岛以南 500—600 英里（约 805—966 千米）处找到一个地方作为前方基地，也许就在 1910 年夏科最后一个看到的亚历山大一世地附近。他会把这个基地作为飞越南极大陆的主要航段中的一个经停点。

威尔金斯和艾尔森飞往斯匹次卑尔根的飞机表现十分出色，威尔金斯相信它在南极也会如此。这款飞机的设计在当时算是新颖的了，威尔金斯觉得自己能找到它实属幸运。在 1927 年末的旧金山，正当他从窗户往外张望之际，一架飞机碰巧飞过，当时他觉得这款飞机看起来十分适合用来飞越北极。经过对当地机场展开密集搜索，他终于找到了这款飞机，并了解到它是洛克希德公司制造的原型机。威尔金斯立即前往这家位于洛杉矶的公司，并向飞机设计师杰克·诺斯罗普咨询。咨询之后，威尔金斯相信这款飞机的确就是能满足需求的不二之选，尽管这架原型机事实上还从未执行过长距离飞行任务。威尔金斯回来后不久，这架飞机就在飞往夏威夷的比赛中途失事了。尽管如此，他仍然相信它就是合适的机型，并订购了两架。其中一架在他拿到手之前就坠毁了。他为第二架飞机起名为洛杉矶号，然后驾驶它飞向了斯匹次卑尔根。

也许威尔金斯是个有点迷信的人，他感觉让他与飞机相遇的好运也潜藏于飞机本身。他当然需要一架值得信赖的飞机，就像他在北极的飞行一样，他即将飞过的地方都是救援队无法抵达的。他那架洛克希德飞机及其 220 匹马力的莱特 J5 旋风引擎——查尔斯·林德伯格 1927 年具有历史意义的跨大西洋飞行的飞机就采用了该款——已经证明了自己的实力，而且在一个适于长途飞行的飞机设计刚刚起步的时代，这一切对威尔金斯而言已经足够。支持者都要求他准备第二架飞机，他却买了一架洛杉矶号的同款，起名为旧金山号。他为两架飞机都配备了滑雪板、轮子和浮筒，从而使它们能在任何表面移动。他的北极飞行员本·艾尔森一开始就被列入了南极飞行计划，另外一名美国人乔·克罗森则加入驾驶第二架飞机。外加一名飞行机械师和一名无线电通讯员，威尔金斯的探险队就组成了。

威尔金斯跨南极洲飞行的目的地是鲸湾，这里也恰好是理查德·伯德打算建立其越冬基地的地方。尽管伯德的探险队明显代表美国，威尔金斯的探险队就没那么明晰了。在政治意义上，这是个很重要的问题，威尔金斯应该拿定主意。他说自己的探险队属于美国，因为探险经费多数来自美国。但内心，他属于澳大利亚。

在威尔金斯和伯德筹划探险行动的时期，政治在南极已经成为一个日益重要的问题。1923 年，就在声称几乎整个半岛地区都是福克兰群岛属地的十五年后，英国又替新西兰主张了罗斯海地区的主权。一年后，法国政府主张自己对东南极洲的阿黛利地享有主权。随后，阿根廷向英国发起挑战，并于 1925 年对南奥克尼群岛含蓄地提出了领土主张，后来还在 1927 年明确要求南乔治亚岛和南桑威奇群岛的主权。因此，英国政府几乎不可避免地会对澳大利亚人领导的探险产生兴趣。

威尔金斯于 1928 年 10 月乘商船抵达蒙得维的亚，他在这里换乘前往欺骗岛的赫克托利亚号工厂船。在往南的路上，赫克托利亚号去福克兰群岛进行了一次例行拜访。然而，这次对福克兰群岛的造访对于威尔金斯而言却并不一般。出乎他意料的是，当地主政官向他提交了一份英国外交部的机密备忘录，旨在授权他代表英国为他在空中发现的新土地提出主权声明。这种做法在国际法中并无先例。

11 月 6 日，赫克托利亚号到达欺骗岛。四天后，捕鲸者帮助威尔金斯把配有浮筒的洛杉矶号卸载到了水上。但是当艾尔森在水面滑行准备飞向岸上时，以鲸鱼腐尸为食的鸟儿们飞来飞去，有几只刚好撞上了螺旋桨。威尔金斯只好投降，把飞机拖上了岸。

威尔金斯很快意识到，他面临的严重问题远不止自杀的鸟儿。与他料想的不同，这里没有冰雪覆盖的土地，也没有厚厚的海冰，平坦的地方也因为没有积雪而不适合作为装备了滑雪板的飞机的跑道，海湾中的海冰因为太薄也不适合作为这种飞机的跑道。他最好的选择似乎是个山坡，那里有一小块地方可用作轮式飞机的跑道，至少他可以在这里试飞。

1928 年 11 月 16 日，威尔金斯乘坐艾尔森驾驶的洛杉矶号起飞了。因为变坏的天气，他们仅飞行了二十分钟就降落了，但这是第一次有飞机在南极飞行，威尔金斯立即用无线电向全世界传达了他们的成就。[2] 大约一周后，克罗森驾驶旧金山号短暂地飞了一次。11 月 26 日，两架飞机再次飞行了几个小时，这次是为了寻找更好的跑道。不幸的是，厚厚的云层让他们看不到任何东西。

威尔金斯如此沮丧，以致决定在海湾的冰上碰碰运气。但当艾尔森驾驶洛杉矶号从岸上起飞，降落在冰冻的海湾上时，飞机把薄薄的冰层压碎了。如果机翼没有挂在机身砸出的冰洞边缘，飞机就彻底沉没了。威尔金斯只好使用浮筒，但飞机为长程飞行加满油之后，浮筒又根本不够用，于是，他无奈地得出结论，唯一的选择就是使用陆上跑道和轮子。这意味着他分阶段穿越南极的飞行计划注定要泡汤，因为轮式飞机无法从更遥远南方的雪地起飞。哪怕长距离往返飞行也是危险的，因为迫降可能会让飞机出问题。

尽管存在风险，威尔金斯还是决心至少要用飞机进行探索。然而，想要稍微做出点成绩，他就得装满燃料，而轮子所需的跑道仍是个问题。他此前使用的跑道根本就太短了，他不得不修建一个。威尔金斯写道："要在火山岩堆（看上去就像大块的焦炭）里修建跑道，乍一看根本就不可能……"[3] 但捕鲸者提供了人手，还带来了桶、铁锹、耙子和手推车，他们和威尔金斯的探险队一起清理了大量岩石，最终建成了一条2 500 英尺（约760 米）长的跑道。这对于满载的飞机而言勉强够用。由于地形的原因，即便这个距离，威尔金斯也不得不接受跑道中出现两个 20°的弯道。

卡尔·本·艾尔森（左）和休伯特·威尔金斯（右）在旧金山号前，1928—1929 年，欺骗岛

尽管南极历史学家将南极首飞的荣誉归于威尔金斯，但 1928 年 11 月 16 日操纵飞机执行历史性首飞的是飞行员本·艾尔森。威尔金斯至少向一个人坦白过这件事。这次飞行的当晚，他给艾尔森的父亲发电报："本今天在南极首飞成功。祝好，威尔金斯。"[4]（照片复制于《恐怖时刻》，伯克著，1994 年）

12 月 20 日，威尔金斯和艾尔森驾驶旧金山号起飞，飞机上装有足够飞行 1 400 英里（约 2 253 千米）的燃料和三十天的应急口粮。他们一开始沿着南极半岛西海岸往南飞。在靠近杰拉许海峡南端时，他们以 9 000 英尺（约 2 743 米）的高度横跨半岛，接着沿东海岸往南飞。在天上探险实在令人激动万分。八年前，威尔金斯跟寇普一起尝试抵达半岛上空而不得，而且当时他们用了几周时间才绘制了东海岸 40 英里（约 64 千米）的海岸线，如今，他仅用 20 分钟就飞了 40 英里。循着此前从未见过的景色往南飞行之际，威尔金斯还为那些突出的地形分配了名字。这些名字旨在纪念他的美国金主，但与此同时，他还投下了主张英国主权的文件。

飞行至南纬 66°附近时，威尔金斯发现一处冰川遍布的山谷，其尽头是威德尔海海岸。它似乎是横穿半岛的一个海峡的终点。再往南，他认为自己看见了另外两个同样的海峡。他为最南边的海峡命名为斯蒂芬森海峡，以此纪念曾于 1913—1917 年与他一道前往北极的加拿大/美国探险家。几十年来，人们一直猜测可能存在横贯南极半岛的海峡。如今，威尔金斯认为自己找到了。旧金山号继续往南飞行到了南纬 71°20′、西经 64°15′，随后威尔金斯让艾尔森返航。起飞十个小时后，他们安全回到了欺骗岛，其间往返飞行 1 200 英里（约 1 931 千米），途中所见都是从未被发现的土地。威尔金斯不失时机地通过无线电向世界展示他的成就，以及他那令人兴奋的发现，即格雷厄姆地实际上是个群岛。

不幸的是，对于威尔金斯来说，南极的航空测绘面临很多问题。他是第一个如此尝试的人，就像很多后来人一样，他也犯了错。很快，威尔金斯以为看见的海峡出现在了这个地区所有的新地图中，但事实上它们并不存在。

欺骗岛的天气情况排除了在接下来几周里开展任何长距离飞行的可能性。终于，在 1 月 10 日威尔金斯和艾尔森沿着半岛西海岸向南飞行了 250 英里（约 402 千米），他们想为来年夏季寻找一个更加靠南的基地，可惜厚厚的云层让计划泡汤。随后，威尔金斯把飞机停在了欺骗岛的捕鲸站，就驾船北归了。

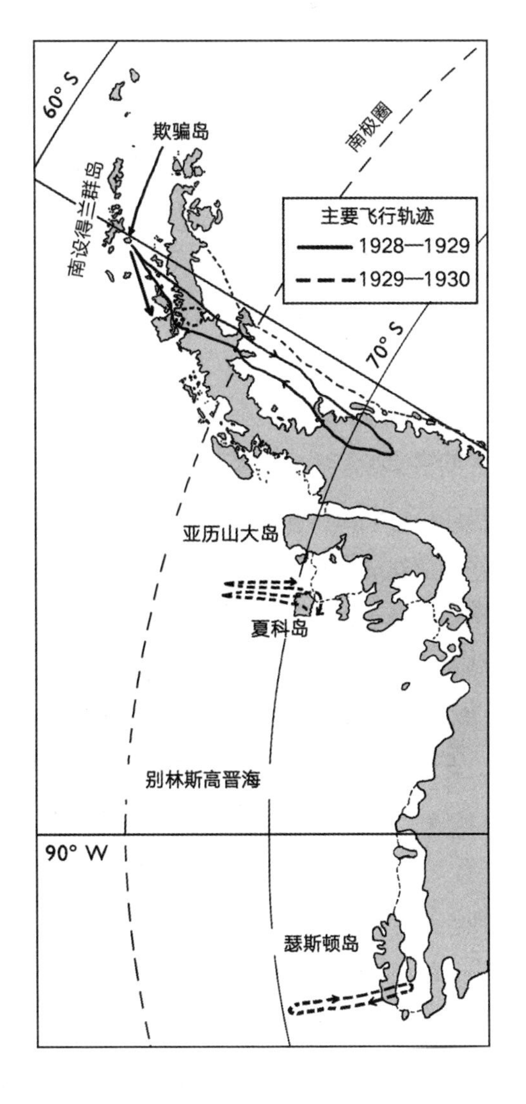

威尔金斯的主要飞行路线

威尔金斯在 1928—1929 年夏季开展了多次飞行，全都是从欺骗岛起飞的，其中包括他在 1928 年 11 月 20 日持续二十分钟的飞行，这是飞机第一次飞翔于南极大陆上空。但他在 12 月 20 日的那次飞行才是真正的“划时代”，是南极空中探险的第一个壮举。次年夏天，威尔金斯驾驶威廉·斯科斯比号去寻找新的起飞地点，这些起飞点让他在欺骗岛以南很远的几处地方飞行过好几次。

威尔金斯并不知道赫斯特出版社还愿意资助下一个夏季的费用，他转而向伦敦的发现号委员会寻求支持。他已经有了自己的飞机，捕鲸者也会继续提供帮助。当发现号委员会同意把斯科斯比号交给威尔金斯，同时还给予他 1 万英镑的赞助后，威尔金斯也不再需要美国方面的资助了。他的第二次探险无疑打着英国的旗号。威尔金斯也换了飞行员，因为艾尔森和克罗森在美国接受了新任务。他聘请了加拿大无人区飞行员阿尔·奇斯曼和美国人帕克·克莱默作为替代。

威尔金斯于 1929 年 12 月初乘坐捕鲸船抵达欺骗岛。飞机的状态极佳，但这也是唯一的好消息。又一次，海湾里的海冰和岸上的积雪无法满足飞行需要。而令人悲痛的消息也很快传来，一则无线电消息称本·艾尔森的飞机在北极失踪了，乔·克罗森正带队搜寻。（几周后，克罗森在白令海峡的西伯利亚海岸发现了艾尔森所驾飞机的残骸。几天后，搜寻队也找到了艾尔森的遗体。）

就在威尔金斯得知艾尔森失踪后不久，斯科斯比号来到了南极。12 月 12 日，威尔金斯把洛杉矶号运上船，驾船沿半岛西海岸往南航行，为雪上起飞寻找光滑的浮冰。但威尔金斯一无所获，他在南纬 67°30′选择放弃，并返回洛克鲁瓦港的安全水域，打算用浮筒起飞。威尔金斯在 12 月 19 日进行了这个夏天的第一次飞行。由奇斯曼驾驶，他飞向半岛上空重新核对上个夏天的发现。返航过程中，威尔金斯在洛克鲁瓦港稍南的地方发现一处海冰覆盖的海湾，看起来适合当跑道。第二天，他把洛杉矶号卸载到了海湾的浮冰上。一切看起来都还不错，这时飞机的滑雪板开始下沉。威尔金斯匆匆把飞机运回船上，继续驾船往南搜寻。

威尔金斯这次搜寻光滑浮冰的任务同样失败了，但他发现浮冰区内部有一块合适的开阔水域。12 月 27 日，他和奇斯曼用浮筒起飞，飞向南边 150 英里（约 241 千米）处的夏科地。这次飞行从一开始就让人头疼，因为，威尔金斯写道："水面上密集地漂浮着小冰块，它们能让任何尝试着陆的水上飞机失事。"[5] 他们一开始的飞行高度为 2 000 英尺（约 610 米），但很快就不得不降低高度躲避云海。不到一个小时，洛杉矶号就在 500 英尺（约 152 米）的空中从乱七八糟的浮冰区掠过，这里位于夏科地附近，此地的悬崖高达 2 000 英尺。不仅如此，威尔金斯还意识到，"突然转弯会让我们继续下降，从而有撞上冰山的危险"[6]。他谨慎地决定，返航更安全。两天后天气转晴，这一次，洛杉矶号终于抵达夏科地。威尔金斯这时意识到，这里其实是亚历山大一世地以西的一个岛，与这片陆地相连的是后人所称的威尔金斯冰架中的一处海峡。威尔金斯从夏科地上空飞过时，扔下了很多装有文件的罐子，这些文件声称这块土地属于英国，而夏科从没为法国做过这样的事情。（在其两次南极航行中，夏科从来没有为自己发现的地方提出主权要求。）

接着，威尔金斯掉头往北去为斯科斯比号补充燃料。这艘船停在了沿途的洛克鲁瓦港，尚未执飞过的克莱默说服威尔金斯离开这艘船，和自己一道飞完去往欺骗岛的剩余航程。两人于 1930 年 1 月 5 日着陆，紧接着就发现捕鲸者们激动地议论着岛上刚刚发生的地震。虽然没有造成重大破坏，但港口底部下沉了 15 英尺（约 4.6 米）。此外，这也是近期的第二个警告信号，标志着欺骗岛可能是个危险的地方——差不多五年前，捕鲸湾的沙滩就开始剧烈移动。随着一声巨响，一块火山口壁坍塌并掉进了岛外的海里。接着，捕鲸湾的海水开始沸腾。由于工厂船的引擎在夏季是熄火的，因此它们无处可逃。捕鲸者所能做的只有等待和祈祷。幸运的是，当时情况并未继续恶化，至少 1930 年这次没那么糟糕。（近四十年后，其他停留在欺骗岛的人就没这么幸运了。）

威尔金斯和克莱默抵达欺骗岛的几个小时后，斯科斯比号也来了，它继续驶往福克兰群岛补充燃料。当它在三个星期之后回来时，威尔金斯再次驾驶它前去寻找起飞点。这一次，他不间断地往西南方向航行了 1 000 多英里（合 1 600 多千米），最后才在南纬 70°10′、西经 98°附近浮冰区边缘的一处小海湾里停下。威尔金斯于 2 月 1 日最后一次起飞。在飞抵南纬 73°时，他认为自己可能看到了南边有陆地，但因为此处刮起了暴风雪，他决定终止探索。但他还是扔下了最后一个装有主权主张文件的罐子以防万一。

之后，斯科斯比号回到了欺骗岛，威尔金斯也搭乘一艘捕鲸船前往北方。两架飞机都在捕鲸船上，后来被卖给了阿根廷政府。威尔金斯最终实现了他目标中的一个，即在南极上空飞行。然而，依旧没有人从空中穿越南极大陆。

威尔金斯一马当先，他每次起飞都冒着生命危险。他知道，如果飞机失事，基本上就是死路一条。他知道，此前几架同款飞机都坠毁了。他在 1929—1930

年飞行之际，也知道艾尔森已经在北极失事了。尽管如此，他还是毅然飞上了南极的天空，他的追随者们也是如此。除了理查德·伯德从鲸湾起飞以外，另外两支探险队的活动范围都在东南极洲海岸，他们在威尔金斯飞过夏科地的那个夏天也驾驶飞机飞上了南极的天空。而这个夏天还有一支探险队使用了飞机。在东南极洲海岸作业的捕鲸工厂船科斯莫斯号也载有一架用于捕鲸侦察活动的小型双座飞机舞毒蛾号。1929 年 12 月 26 日，飞行员列夫·里尔和随船医生英格福德·施赖德在巴雷尼群岛附近起飞。他们再也没有回来。任何其他前往南极的早期飞行员都可能重蹈他们的覆辙。

20 世纪 30 年代的发现号调查项目和捕鲸业

结束为威尔金斯提供支持的任务以后，斯科斯比号就重新承担起了发现号委员会的调查工作。而在斯科斯比号为威尔金斯提供服务的这个夏天，发现号委员会的新船发现二号也正式投入使用。发现号调查项目的工作在 1939 年因二战的爆发而终止，但这个项目在整个 30 年代取得了大量调查成果，且十分有挑战性。科学家们不仅对南极海洋生物开展了研究，为后续相关工作奠定了基础，而且他们对南大洋大部分地区开展了海洋学调查，并在这个过程中发展出了海洋学学科本身。发现号调查项目还历史性地开展了南极陆地调查。第一次调查开展于 1929—1930 年夏季，当时，发现二号正在例行巡航到南桑威奇群岛的途中，船上的科学家们发现整个群岛地区竟完全没有海冰。科考队兼探险队领队斯坦利·肯普决定抓住这个难得的机会，放弃原先的计划，转而专心开展针对这个地区的首次深入考察。1932—1933 年，南奥克尼群岛也出现了类似的情况，这个机会也让科学家们做出了开创性研究。1932 年，发现二号的科学家们再次创造了历史——在冬季实现了绕南极地区航行，其间，他们成功地绘制了围绕大陆的南极辐合带的大致位置。

发现号调查项目的科学家们偶尔会撞见一些意外的惊喜。最激动人心的事情发生在 1933—1934 年夏季，发现二号的科学家们当时在南乔治亚岛附近的伯德岛偶然发现了 36 只成年海狗及其幼崽。这是一个重要的发现，因为多年来都没人在这个地区发现过哪怕一只海狗。[7] 科学家们报告了这个发现，但出于动物保护的原因没有透露发现的地点。

为威尔金斯提供帮助的捕鲸者们也在继续忙碌着，但一年后他们也不会在欺骗岛作业了。由于远洋捕鲸业具备更大的灵活性，欺骗岛海岸的捕鲸站最终在 1930—1931 年航海季结束之际关闭，南乔治亚岛上的捕鲸站大致也在这一时间停止运营，但整个南极洲范围内的捕鲸量却呈爆炸式增长。认识到这一点后，国际联盟于 1930 年起草了一份控制该行业的国际公约。当时所有深入参与南极捕鲸业的国家都在 1931 年签署了这份公约。可悲的是，它收效甚微。但至少在一段时期内，有个情况的确打击了整个南极地区的捕鲸业，那就是 20 世纪 30 年代初全球经济的大崩溃。事实上，大部分捕鲸活动都在 1931—1932 年夏季停工。尽管南极捕鲸活动在次年夏天再度回潮，但行业完全复苏尚需时日。在其恢复之后，捕鲸者们也打破了此前的捕捞纪录。1937—1938 年，南极捕鲸者的捕获量超过 4. 6 万头，占全球总捕获量的 83%。

大萧条也给探险活动造成了严重打击。一些人直接选择了放弃，另外一些人则缩减了探险计划，与许多前辈一样渴望重返南极的威尔金斯则另辟蹊径。1933—1934 年，他成了一支资金充足的探险队的经理人，这支探险队的领队拥有雄厚的个人财富。

飞越南极大陆的林肯 · 埃尔斯沃思

雇用威尔金斯的是美国人林肯 · 埃尔斯沃思。尽管直到 1933 年 12 月，五十三岁的埃尔斯沃思才第一次见到南极大陆，但他多年来一直痴迷于极地地区。

1925 年，埃尔斯沃思在父亲的支持下开始了个人第一次极地探险之旅，当时他资助并陪同罗阿尔·阿蒙森从斯匹次卑尔根飞往北极点。他们驾驶了两架飞机，其中一架出现引擎故障，被迫紧急降落在了距离北极点不到 200 英里（约 322 千米）的浮冰上。这支六人探险队在冰上停留了近一个月时间，然后才成功驾驶没有问题的那架飞机飞回文明世界。在这一个月里，埃尔斯沃思的父亲去世了，留给他数百万美元的遗产。次年，埃尔斯沃思和阿蒙森重返北极。这次他们驾驶的是名叫挪威号的飞艇，这艘飞艇主要是用埃尔斯沃思的钱从意大利政府手中购买的，两人率领一支探险队从斯匹次卑尔根飞越北极点，最后抵达了阿拉斯加的特勒尔。这是有史以来第一次成功的跨极点飞行。

四年后的 1930 年，威尔金斯前去拜访埃尔斯沃思，两人谈起了威尔金斯在南极的飞行经历。次年，他们再次会面，两人为埃尔斯沃思的南极探险活动制订了计划，这次探险也可算是威尔金斯此前探险的延续。埃尔斯沃思聘请威尔金斯为技术顾问和探险队经理，还雇用理查德·伯德的飞行员伯恩特·巴尔肯作为自己的飞行员，后者曾在 1929 年跟随伯德飞越南极点。三人一致同意，埃尔斯沃思和巴尔肯将尝试从伯德在罗斯海建立的小美利坚基地出发，飞行到威德尔海伸进内陆的地方，然后返回，往返行程共计 3 400 英里（约 5 472 千米）。

埃尔斯沃思有一架专门为这次探险设计和建造的飞机。它是新成立的诺斯罗普飞机公司生产的第一架飞机，该公司的创立者是威尔金斯的洛杉矶号的设计师。埃尔斯沃思的飞机配备了一台 600 马力的普拉特惠特尼引擎，扩容的燃料箱让它的最大理论航程达到了 7 000 英里（约 11 265 千米）。埃尔斯沃思自豪地把它命名为“极地之星”。他还购买了一艘挪威的鲱鱼拖网渔船用作探险船。在威尔金斯的监督下，这艘船做了改装，后由埃尔斯沃思做了最后的调整。他把这艘船重新命名为怀亚特·厄普号，以此纪念他少年时的英雄，美国 19 世纪的边境治安官怀亚特·厄普。埃尔斯沃思写道：“我想不出此前有哪艘船上像这样满是船名所指的人物形象……”[8] 船上的图书馆收入了两本厄普的传记不说，埃尔斯沃思还把英雄的子弹带挂在了自己的舱室里，手上戴的也是厄普的遗孀送给他的一枚金质婚戒。[9]

1933—1934 年夏季，埃尔斯沃思和他的团队踌躇满志地驶往小美利坚基地。他们抵达几天后，巴尔肯便试飞成功。大家把飞机固定在海湾的浮冰上，为次日早晨的正式探险做好了准备。但灾难就在当晚袭来：浮冰破裂了，极地之星号严重受损，无法当场修复。深感受挫的埃尔斯沃思驾船回到了新西兰，把怀亚特·厄普号留在达尼丁过冬。接着，他把极地之星号运回国维修。

这次事故让埃尔斯沃思多了一些时间重新考虑他的计划。他不仅像威尔金斯最初计划的那样把跨大陆飞行缩减为单程，而且还把出发地换成了大陆另一侧。他计划从欺骗岛起飞，从那里飞向鲸湾。当时已经重回南极探险的伯德也会驻扎在那儿，伯德的小美利坚基地可以为埃尔斯沃思和他的飞行员提供舒适的住处，他们将在那儿等候威尔金斯驾驶怀亚特·厄普号绕大陆前来会合。

1934 年 10 月 14 日，厄普号在暴风雪中抵达欺骗岛。次日早晨，天气稍微好转，所有人都前往海岸寻找合适的跑道。最终，巴尔肯找到一块他认为合适的雪地。暴风雪再度袭来，等待数日之后终于平息，埃尔斯沃思的团队把极地之星号卸下并拖到了陡峭的海滩上，然后又花了一周时间为飞行做准备。

就在他们计划试飞的 10 月 29 日，暴风雪下得更猛了。令埃尔斯沃思沮丧的是，他不得不取消飞行，但他认为至少应该在收工过夜前稍微运行一下引擎。机械师启动电机，螺旋桨随之开始转动。然而电机突然就卡住了，裂开的巨响宣告连接杆已经折断。如果有替代品的话，这就是个小故障，但他们没有。不过这一次埃尔斯沃思想出了一个解决办法，威尔金斯通过无线电订购了一根连接杆，他驾驶厄普号前往智利的蓬塔阿雷纳斯将其取回。

包括埃尔斯沃思和巴尔肯在内的另外五人则留下等待，他们在当地捕鲸站一座废弃的建筑中扎营，同时继续为飞行做准备。当他们选择的雪地跑道逐渐融化时，大家也只能眼巴巴地看着。待到 11 月 16 日厄普号返回之际，雪地已无法使用了。

埃尔斯沃思仅在欺骗岛停留到了引擎修好的时候，然后他就驾船沿半岛西海岸往南航行去寻找一个地方——管他什么地方，只要能用作跑道就行。但埃尔斯沃思的运气跟威尔金斯此前一样差，于是他改变路线掉头往东海岸驶去。最终，埃尔斯沃思在诺登斯克尔德的雪丘岛上找到了合意的地方。探险队员们于 12 月 2 日把飞机运到了岛上。与此同时，埃尔斯沃思造访了诺登斯克尔德留下的小屋，这是自 1903 年以来第一次有人造访这座小屋，他在这里发现了瑞典探险队留下的大量文物。埃尔斯沃思从中选了一些（后来把它们交给了纽约市的美国自然历史博物馆），接着他就回到了自己的探险队。

当一切快准备就绪之际，埃尔斯沃思也通过无线电跟伯德成功联系上了，交换了天气信息。但局面似乎还是陷入了窘境——日复一日的大雾、大风和暴雪。埃尔斯沃思还要面对另外一个问题：在欺骗岛等待之际就郁郁寡欢的巴尔肯此时坚持让埃尔斯沃思再带一个人上飞机，以便他们在飞行途中的经停点需要清扫跑道时能多个帮手。埃尔斯沃思拒绝了，因为他觉得多一个人就多了很多重量。他只希望巴尔肯能在飞行之前改变想法。

12 月 18 日是自探险队两个月前抵达欺骗岛以来第一个晴空万里的日子。大家花了一整个早上从雪堆中挖出了飞机，接着，巴尔肯和埃尔斯沃思就开始了试飞。所有部件（包括彻底检修过的引擎）都运转完美，埃尔斯沃思相信他将在次日早晨起飞穿越南极洲。但事与愿违，坏天气又回来了，接下来的第一天、第二天、第三天乃至许多天都无法飞行。待到雪丘岛附近的浮冰开始合拢，埃尔斯沃思决定，如果到 1 月 1 日还是无法起飞，他就打道回府。天气在截止日期前一天好转，于是大家再次挖出了飞机。然而，巴尔肯劝说埃尔斯沃思推迟到次日早晨再起飞。结果，次日早晨又起了大雾。

1935 年 1 月 3 日，机组人员开始把燃油桶移到飞行区以外，并准备离开。接着，天空奇迹般地放晴了。巴尔肯同意立即起飞，激动的埃尔斯沃思向媒体发布消息："转眼间——巴尔肯和我今晚就朝着未知的地方起飞了。期待已久的伟大冒险即将到来。"[10]

从雪丘岛起飞仅一小时，巴尔肯便驾驶极地之星号返航了。埃尔斯沃思很是疑惑地问了句"为什么"，他的回应是，前方天气太糟糕。着陆后，巴尔肯告诉威尔金斯："埃尔斯沃思想自杀的话，随他的便，但不能拉上我垫背。"[11] 他已经决定，如果不增加一个人，他只会在具有 100% 把握可以不间断飞行的情况下，才会继续。埃尔斯沃思非常愤怒，因为他的计划是飞到天气变坏才降落。两人都没有接受对方的立场。

1 月 3 日中途夭折的飞行是埃尔斯沃思这一季的最后一次飞行。在天气糟糕的情况下，机组成员用了六天时间才把飞机运上船，最后在 1 月 9 日迎着风离开了雪丘岛。埃尔斯沃思很快就发现海冰也难以征服，厄普号用了十一天时间才抵达欺骗岛。机组成员在这里拆卸了极地之星号，把它放到船上，往北驶去。这是一次紧张的航行，鼠患自他们离开新西兰以来便一直是个问题，而此时老鼠数量的激增让情况变得更加糟糕了。在他们去往北方的途中，温暖的天气让老鼠不再躲藏，而是满船乱窜。老鼠甚至咬死并吃掉了船上的一只猫。一天早晨，埃尔斯沃思发现自己舱室的天花板上挂着一只硕大的老鼠，终于忍无可忍。大家用棍棒打死了甲板上的 169 只老鼠，以及甲板下面的几十只。

但从欺骗岛离开的时候，埃尔斯沃思心中惦念着比老鼠更重要的问题。接连两次受挫，他现在已经对未来的计划不是那么有信心了。他已经花掉了 15 万美元，航行了 4.3 万英里（约 6.9 万千米），但并没获得任何值得炫耀的东西。他在抵达美国后不久便下定了决心。他写道："纽约的氛围并不是那么鼓舞人心，大家并无恶意地劝阻我再次回到南极……这个来自明智、舒适世界的建议坚定了我的决心。我不会服输——我会乘飞机飞越南极。"[12]

埃尔斯沃思对巴尔肯非常不满，即便如此，他还是考虑再给巴尔肯一次机会，但巴尔肯已经不再感兴趣了。威尔金斯随后找到两位优秀的替补：加拿大航空公司的飞行员赫伯特·“伯蒂”·霍利克-凯尼恩和詹姆斯·哈罗德·“雷德”·利博纳。埃尔斯沃思两个都雇用了，从而让他们彼此制衡，以防重蹈他在巴尔肯这儿的覆辙。

厄普号于1935年11月4日再次抵达欺骗岛。埃尔斯沃思在这里停留了一周时间等待机组人员组装极地之星号，然后他们就朝邓迪岛驶去，他上个夏季在这里看到的场景意味着此地可能是个好的飞行场地。他想对了。这个地方非常不错，威尔金斯甚至告诉埃尔斯沃思，“如果我在五年前（原文如此）就知道这个地方，你现在休想成为飞越南极的第一人”[13]。不仅此地有一个好的雪地跑道，而且天公也作美。两位飞行员都试飞完毕后，埃尔斯沃思向经验更丰富的霍利克-凯尼恩点头表示了赞许。

11月20日，埃尔斯沃思和霍利克-凯尼恩从邓迪岛起飞，再次飞向了伯德的小美利坚基地。但这一年，伯德不会在那里迎接他们。伯德已于2月离开，他在此前完成的探险中乘飞机做出了重要的陆上发现，并且第一次成功地在南极使用了陆上机动运输工具。值得一提的是，伯德在小美利坚基地以南100英里（约161千米）的地方独自度过了五个月的冬季。因为伯德已经离开，除了救急的补给以外，埃尔斯沃思还往极地之星上装了——当时其顶部油箱中已经装了3 700磅（约1 678千克）燃料——150磅（约68千克）食物。埃尔斯沃思希望这足够让他和霍利克-凯尼恩撑到厄普号与他们会合的时候。（埃尔斯沃思还设法为一些稀奇的美国玩意儿腾出了空间——怀亚特·厄普的子弹带、一个米老鼠玩偶，以及他多年前在加利福尼亚死亡谷找到的一块制作于1849年的牛蹄铁。）起飞后不到两小时，燃油量表开始显示严重泄漏，眼看就要彻底爆裂了。情况非常危急，埃尔斯沃思只得同意返航。

第二天，维修完成之后，埃尔斯沃思和霍利克-凯尼恩又起飞了。几个小时后，当极地之星号沿着南极半岛飞过威尔金斯 1928 年抵达的最南点，云层开始变厚。埃尔斯沃思在霍利克-凯尼恩开始往云层之上爬升之前，发现了一座巨大的山脉。兴奋之余，他将其命名为永恒山脉。他确信这只是此次飞行中即将到来的众多发现中的第一个，但一个半小时后，霍利克-凯尼恩返航了。心烦意乱的埃尔斯沃思在发动机的噪声中咆哮着问他为什么。霍利克-凯尼恩递给他一张纸条，上面写着前方云层太厚。埃尔斯沃思后来写道："在回来的路上，我一直在试着决定应该如何面对这次惨败，以至于几乎没从飞机上往外看……"[14]

极地之星号降落在邓迪岛后，埃尔斯沃思就气冲冲地走掉了，没和任何人说一句话。这天晚些时候，他告诉威尔金斯，自己会在第二天再次尝试，但不是跟霍利克-凯尼恩一起，他会带上利博纳。但利博纳已经连续工作了三十六小时，而且身体出了点状况。于是，威尔金斯就替精力更加充沛的霍利克-凯尼恩说情。埃尔斯沃思最终同意了，但加上了强制性的附带条件：这一次霍利克-凯尼恩会一直飞行，无论情况怎样。

1935 年 11 月 22 日，埃尔斯沃思和霍利克-凯尼恩再次起飞。短短八个多小时后，无线电设备停止了工作。埃尔斯沃思选择继续飞行。在此之前他一直和威尔金斯保持着联系，而他发出的最后一则消息是一切都好。他相信威尔金斯会意识到，自己的沉默只是因为无线电设备出了故障。

埃尔斯沃思在约一个小时之后投下了一面美国国旗，以此为美国宣布领土主权，因为他估计自己已经飞到西经 80°附近，这里正好是英国福克兰群岛属地领土主张的西部边界。又四个小时过去了，此时距离他们从邓迪岛起飞已有十三个小时，根据飞行的时间和速度，埃尔斯沃思估计此时飞机已经接近小美利坚基地了。但太阳的位置表明情况并非如此。埃尔斯沃思粗略地读了一下导航数据，结果让他吓了一跳：此时他们距离航位推测法得到的地点还有几百英里。

一小时以后，埃尔斯沃思决定降落，以便更加准确地测定位置。这也是有史以来飞机第一次在南极大陆内部降落，可以理解，埃尔斯沃思和霍利克-凯尼恩都很紧张。地表是否足够光滑？是否足够坚固？令他们宽慰的是，他们并未遇到任何困难。埃尔斯沃思写道："我们浑身僵硬地爬出了飞机，站在南极的中心环顾四周。冰雪覆盖的大陆中心孤零零地站着两个人。"[15] 他们降落的地点位于南纬 79°、西经 104°附近，鲸湾尚在 700 英里（约 1 127 千米）开外的地方。

再次起飞之前，埃尔斯沃思和霍利克-凯尼恩在地面停留了十九个小时。他们再次面临着紧张而关键的考验——又是一个第一次：他们能在极地高原上起飞吗？这一次他们依然没有遇到问题，但仅飞行了三十分钟，坏天气就迫使他们降落并停留了三天时间。两人的下一次飞行同样短暂，因为就在他们起飞后不到一个小时，一场强暴风雪就袭来了。这一次，他们在地面停留了一个星期，头三天的大风吹破了他们的帐篷，而不断堆积的雪也让他们花了几天的时间清理。接着，就在他们重新装好飞机之前，又一场暴风雪袭来。当两人最后顶着

埃尔斯沃思的极地之星号第一次降落后停留在南极极地高原上

埃尔斯沃思和霍利克-凯尼恩在这里支起了帐篷，他们每次降落后都是这样在飞机外面度过的。（摘自《我的跨南极飞行》，埃尔斯沃思著，1936 年）

坏天气起飞后，他们发现坏天气只局限在这一小块地方。他们飞行了四个小时，再次着陆确认位置。此时他们已经抵达罗斯冰架，小美利坚基地就在附近。埃尔斯沃思决定在此露营，然后在次日完成飞行。

极地之星号于 12 月 5 日最后一次起飞。仅过了一个多小时，埃尔斯沃思就看见了远处的罗斯海。这时引擎开始噼啪作响。飞机的燃料在二十小时又十五分钟的飞行后耗尽，极地之星号直接往下滑行，这也是它在 2 300 英里（约 3 701 千米）的航程中最后一次着陆。埃尔斯沃思和霍利克-凯尼恩用当天剩余的时间把飞机安顿在了一个安全的地方，并准备拉着雪橇前往小美利坚基地。航位推测法显示基地就在 4 英里（约 6 千米）以外的地方，但该朝哪个方向走呢？12 月 13 日，接连几天走错方向并艰难撤退后，他们最终抵达了罗斯冰架面海的边缘。两天后，他们发现了小美利坚基地。他们总共拉了十天雪橇、前进了 100 英里（约 161 千米）才到达——其实基地离飞机降落的地方仅 16 英里（约 26 千米）。

起初，他们看到的伯德的废弃基地只是一丛杆子。接着，埃尔斯沃思发现冰面露出了一个烟囱。两人挖了一下，发现一个天窗，撬开天窗后，他们便进入了伯德的无线电站。进去之后，埃尔斯沃思给了他的飞行员一个惊喜。三年来，埃尔斯沃思一直怀揣着妻子给他的两小瓶拿破仑白兰地，为的就是庆祝跨南极飞行的成功。打开它们的时刻终于来到。他写道：“这是我尝过最好喝的白兰地……霍利克-凯尼恩抿了一小口，露出了会心的微笑。”[16]

确信威尔金斯不会让他们失望，两人便安顿下来等待怀亚特·厄普号的到来。很快，他们便为炉子找到了大量煤炭，还找到了远超他们所需的大量食物。但日子变得越来越难熬，对脚被冻伤而多数时候卧床不起的埃尔斯沃思而言尤其如此——他是在拉雪橇的过程中被冻伤的。同样令人沮丧的是，他还把眼镜落在了飞机上，因而无法读书打发时间。相比之下，霍利克-凯尼恩从头到尾都很享受伯德的团队留下的破破烂烂的侦探小说。

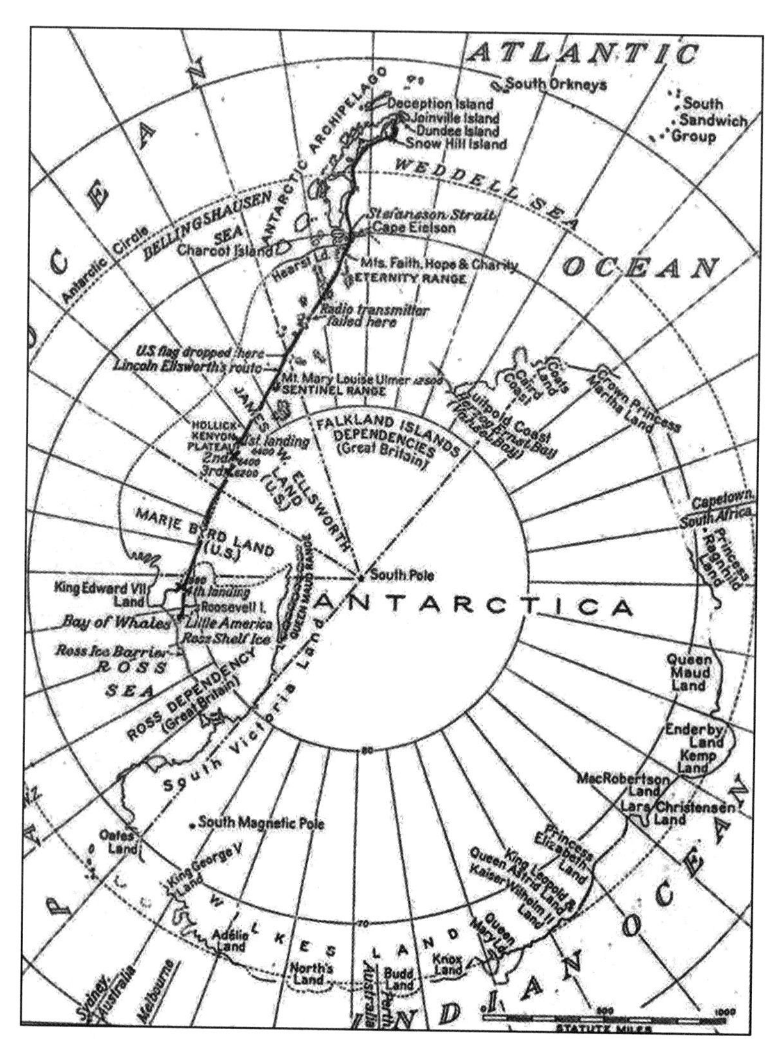

林肯·埃尔斯沃思和霍利克-凯尼恩于1935年11月22日到12月5日飞越南极大陆的航线

图中南极大陆模糊的边界和海岸线显示，截至埃尔斯沃思飞越南极之际，南极还有多少未知领域。请注意，这张地图把南极半岛标记为“南极群岛”，并把它呈现为一群大型岛屿，这反映出埃尔斯沃思接受并自以为确认了威尔金斯在其报告中的说法，即海峡隔断了南极大陆。（地图摘自《我的跨南极飞行》，埃尔斯沃思著，1936年［深色的路线来自原文，沿线的“X”标志着极地之星降落的地方。］）

更糟的是，这两人并不适合作伴，他们除了同乘一架飞机以外，几乎没有任何共同之处。霍利克-凯尼恩是个寡言少语的人，他的洁癖激怒了埃尔斯沃思。这位美国人写道："他每个早晨都要刮胡子，不管在何等困难的情况下都是如此，晚餐以前只要有机会融化雪水，他总会用海绵擦拭……他对待身上的衣服十分小心，哪怕在探险结束之际，他裤子上的折痕还是跟刚穿上时一样。"[17] 而霍利克-凯尼恩发现，埃尔斯沃思几乎在任何事情上态度都十分随意。随着时间的流逝，两人在漫长的等待中变得越来越暴躁，同时也在疑惑，威尔金斯何时到来。

威尔金斯的确在赶来的路上，不管怎样，整个世界都知道埃尔斯沃思乘飞机探险的事情。正如埃尔斯沃思所料，无线电联络的中断并未让威尔金斯感到担忧，因为最后一条令人安心的信息报告了一切都好。不幸的是，威尔金斯每小时都会向媒体发报，这意味着他只能让整个世界都知道埃尔斯沃思失联了。当然，埃尔斯沃思夫人也知道了，她立即派出一架飞机供身在南极的威尔金斯使用，如果有必要展开一场搜救的话。这架飞机在途中失事了，幸好机组人员并未受伤，而埃尔斯沃思夫人立即又派出了一架。威尔金斯从邓迪岛往北航行，并于 12 月 22 日在蓬塔阿雷纳斯接收了这架新飞机，接着途经德雷克海峡往南返回。此后，他便绕大陆往西航行前往鲸湾。

另一艘船也在前往鲸湾的路上。尽管威尔金斯胸有成竹，但极地之星号的命运已成为全球关注的焦点，特别是在澳大利亚。澳大利亚总理联系了发现号委员会，后者同意派出发现二号前往鲸湾寻找埃尔斯沃思——这正是威尔金斯驾驶厄普号要去做的事情。威尔金斯抗议说同胞的努力全无必要，但澳大利亚民众态度坚决。[18] 发现二号比厄普号早四天进入罗斯海的浮冰区。因为这两艘船通过无线电建立了联系，它们都知道对方的位置，双方难免形成竞争心态。

发现二号获胜。它在 1 月 15 日抵达鲸湾，并在当天接上了霍利克-凯尼恩，埃尔斯沃思则因为脚上的冻伤而在无线电站待到了第二天。发现二号一行人非常失望，因为他们发现自己前来解救之人并无大碍，除了埃尔斯沃思的脚以外。霍利克-凯尼恩作为一名被解救者尤其令人失望。发现二号的一位科学家写道："在我们想象中，他们可能满脸胡子拉碴，被埋在积雪下面阴暗的小房间里挨饿数周而显得消瘦。但他的脸颊因为刚刚刮过而显得很干净，格子衬衫下健壮的体格透露出了健康和活力。"[19]

威尔金斯于三天后到达，清楚地证明了发现二号的出动是多么不必要。尽管如此，埃尔斯沃思还是承认澳大利亚人为他做出了慷慨的努力。在跟威尔金斯讨论过此事后，他搭乘发现二号返回澳大利亚并向他们亲自道谢。霍利克-凯尼恩则与威尔金斯一道搭乘厄普号前去取回极地之星号，然后返航纽约。

埃尔斯沃思（左）和霍利克-凯尼恩（右）在刚刚抵达鲸湾的发现二号上休息

两位令人沮丧的被营救者，尤其是霍利克-凯尼恩，他在被解救时相当健康、干净，而且还刚刮过胡子。但埃尔斯沃思在拍这张照片之前才梳洗了一番。登船时的他正好是发现二号的救援者们期待看到的"胡子拉碴"的形象。（照片摘自《南纬地区》，翁曼尼著，1938年）

埃尔斯沃思和霍利克-凯尼恩做到了。他们开展了第一次跨南极大陆的飞行。这次飞行的成功，是精心挑选的飞机、出色的极地飞行员和大量运气相结合的产物。霍利克-凯尼恩再没回到南极，但埃尔斯沃思、威尔金斯和“雷德”·利博纳回来过。1938—1939 年夏，埃尔斯沃思第四次也是最后一次前往南极探险，他这次去的是东南极洲。利博纳担任飞行员，威尔金斯再次成为探险队的组织者和技术顾问。除了一次从海岸向南探测数百英里的调查飞行以外，此次探险几乎毫无成就，原因不仅在于难以找到好的起飞点，还在于厄普号上的一位船员严重受伤，他们不得不缩短在南极停留的时间。

至于极地之星号，埃尔斯沃思写道，它“为了飞行这关键的 2 300 英里（约 3 701 千米），而被运送了 6.5 万英里（约 10.5 万千米）。它的性能就像新的一样好，却是我心中无比珍贵的纪念物，它不能变老然后被送到飞机坟场里”[20]。1936 年末，埃尔斯沃思把它捐赠给了华盛顿特区的史密森学会。这架飞机如今还在那里，它已成为学会的航空航天博物馆的航空黄金时代陈列室里一件令人骄傲的展品。

第十六章
越冬探险者归来：1934—1941 年

在 1934—1935 年和 1935—1936 年这两个夏季里，除了林肯·埃尔斯沃思的探险队以外，二十九岁的澳大利亚人约翰·里多克·赖米尔率领的探险队也对南极半岛开展过空中考察，但后者的探险有很多不同。赖米尔不仅同时在地面和空中探险，而且他的探险队还不间断地在南极地区驻留了两年。

约翰·赖米尔和英国格雷厄姆陆上探险队

在最终把探险项目确定为英国格雷厄姆陆上探险项目之前，赖米尔曾多次改变自己的南极探险计划。1934—1935 年，他曾驾船沿南极半岛西海岸向南航行到玛格丽特湾，然后不仅乘飞机开展了空中考察，而且还用狗拉雪橇开展了陆上探险。他在这里停留了整整两年，一直到 1936—1937 年夏季结束，这也是玛格丽特湾自 1909 年被夏科发现以来首次有人开展探险活动。

在此前英国组织的一次格陵兰探险活动中，格雷厄姆探险项目的五人曾在格陵兰越冬。这五人分别是赖米尔自己、探险队副指挥兼飞行员 W. E. 汉普顿、气象学家昆汀·莱利、首席测量员阿尔弗雷德·斯蒂芬森、医生兼首席训狗师爱德华·宾汉。九人岸上探险小组的其他三名成员也曾到过北极。另外六名不具备极地经验的船员则组成了船上探险分队。除了借调自英国海军的船长 R. E. D. 瑞德和总工程师 H. 米利特以外，其他四人均是业余水手。船上探险分队的人数后来增加到了七人，因为发现二号的船员邓肯·卡斯在福克兰群岛加入。

格雷厄姆探险队的预算为 2 万英镑。如此有限的资金意味着赖米尔必须一切从简。首先就是他那艘三十二年船龄的法国纵帆捕鱼船，他以自己澳大利亚南部的家乡为它起名为佩诺拉。尽管很小，佩诺拉号却十分坚固可靠。船上的双辅助引擎则另当别论。赖米尔有一阵曾考虑过替换它们，但因为成本过高而放弃——这个决定会让他付出沉重代价。紧张的预算也影响了飞行计划。赖米尔仅有一架航程有限的小飞机，即搭载了单引擎的德哈维兰狐蛾号，机身同时配备有滑雪板和浮筒。然而，他还是花了不少预算为狗队购买了牵引机以增加动力。

1934 年 9 月 10 日，佩诺拉号离开伦敦驶往福克兰群岛，船上搭载了 12 名探险队员。宾汉留下等待接收其他的狗，随后会乘坐一艘商船跟上大部队。汉普顿和斯蒂芬森则在几个月前就搭乘另外一艘船出发了，他们还先期带走了飞机和探险队的大部分装备，因为佩诺拉号实在太小，装不下所有东西。当赖米尔于 11 月 28 日抵达福克兰群岛的斯坦利时，汉普顿、斯蒂芬森、宾汉以及大约 50 只狗已经在此等候多时。发现二号也已准备好装上大部分探险设备、飞机和狗队，将按照预先的安排把它们运往洛克鲁瓦港。这是赖米尔选定的地方，靠近杰拉许海峡的南端，因为这里有一个安全的港口，发现二号可以安全地把装备留在这里等待佩诺拉号前来接收。

几天后，发现二号往南方驶去。汉普顿和宾汉随行，以便在佩诺拉号抵达洛克鲁瓦港前照料狗队。幸好他们在船上，因为发现二号在颠簸海面的剧烈晃动严重破坏了甲板上的狗栏。赖米尔的这两位手下很快发现，他们得忙着逮住四处乱跑的雪橇犬，包括那些在无人照管的铺位上睡得正香的家伙们。

赖米尔和佩诺拉号直到 12 月 31 日才离开斯坦利。这次延期是为修理引擎，它们从英国出发开始就一直问题不断。刚从斯坦利出发几个小时，引擎就再次出现故障，恼怒的赖米尔把船停在了福克兰群岛东岸的一处小海湾，看看能做点什么。情况很糟糕，赖米尔面临两个选择。他可以继续留在福克兰群岛修理引擎——这样做可能会耗时良久，从而无法在即将来临的夏季抵达南极大陆；另外一种选择是，他可以暂时靠佩诺拉号的风帆继续航行，然后在冬季修理引擎。最终，他决定起航。

赖米尔最终在 1935 年 1 月 22 日抵达洛克鲁瓦港。汉普顿和宾汉正在此等候，尽管他们也只独自等了几天而已，因为他们在路上也遇到过麻烦。发现二号抵达杰拉许海峡后，船长发现拥塞的海冰挡住了去路，于是他掉头把赖米尔的随行人员和狗队放到了欺骗岛。接着，船长自己出发前往南设得兰群岛巡航，留下汉普顿二人和狗队在欺骗岛待了一个月，他们住在废弃的捕鲸站里等待发现二号的归来。

现在，赖米尔必须找一个过冬的地方。佩诺拉号的引擎问题已经导致当年无法在玛格丽特湾过冬，因为赖米尔认为，仅靠风帆航行到如此遥远的南方是件十分危险的事。但他还有一架飞机，他可以通过它寻找附近的过冬点。他在 1 月 27 日从空中考察了这个地区并得出结论说，位于洛克鲁瓦港以南约 30 英里（约 48 千米）的阿根廷群岛似乎最适合过冬。次日，赖米尔乘汽艇再次考察，这一次的发现让他很满意——一个适合修建小屋的地方和一个绝佳的港口。佩诺拉号来回两次从洛克鲁瓦港运送物资和人员，汉普顿随后也把飞机开了过来。2 月 14 日，佩诺拉号缓缓驶入了这个由赖米尔起名的温特岛。

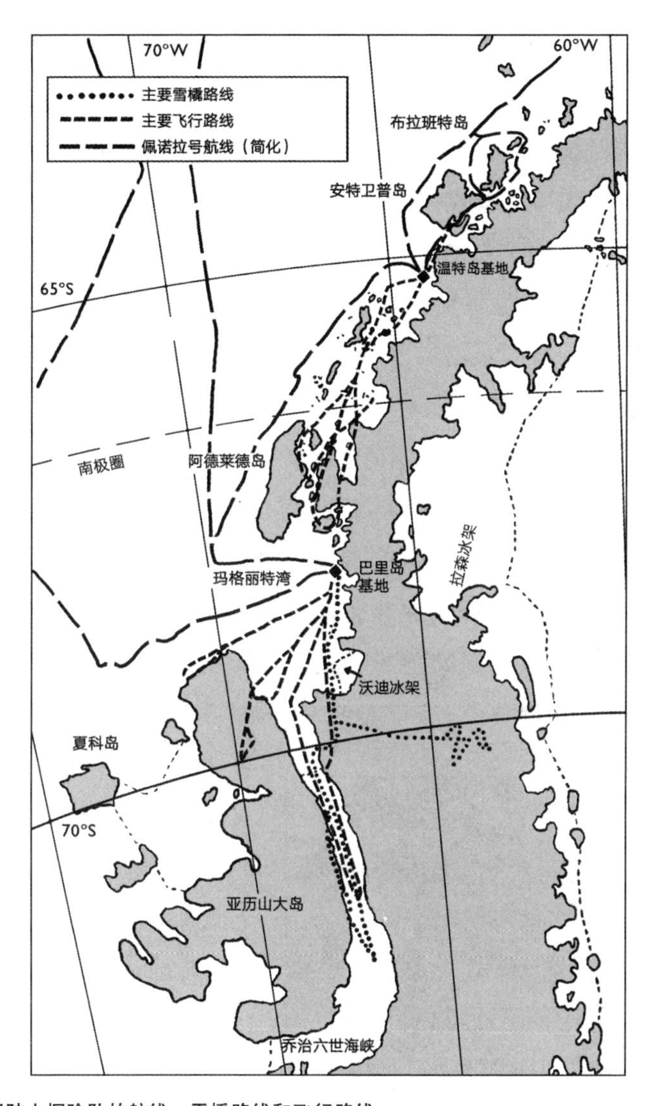

英国格雷厄姆陆上探险队的航线、雪橇路线和飞行路线

格雷厄姆探险队的佩诺拉号的航线、小飞机多次飞行的航线以及他们庞大的雪橇探险计划覆盖了北至帕默群岛、南至乔治六世海峡的广大地区。图中显示的是佩诺拉号航线的简化版，以及最重要的飞行路线和最重要的两条雪橇探险路线。不仅飞机的航线远超图中所展示的部分，而且实际的雪橇探险路线也比图中显示的多得多，尤其是在温特岛和巴里岛附近。

两周后，赖米尔和汉普顿开展了第一次重要的飞行考察。他们上升到 7 000 英尺（约 2 134 米）的高度后，看到半岛上的一些山尖耸入云端。这也就是这个高度上的全部发现了。然而，稍微降低一点，赖米尔就清楚地看到，半岛的高峰周围并没有合适的攀登路线。他们过冬的地方离夏科 1909 年的越冬点不过几英里远，赖米尔发现自己的处境与这位法国人十分相似。但他的空中侦察可以得到进一步的信息，这是夏科当年无法做到的。因此，与当年的前辈不同，赖米尔决定集中精力乘雪橇沿海岸往南探险，而不是徒劳地把时间耗在深入半岛腹地上。

几个月之后，阿根廷群岛周围的海冰才变得适合雪橇探险。其间，九名探险队员舒服地生活在岸上的小屋中，而其他七人也同样安逸地待在船上。所有人相互协作，他们度过了一个忙碌而愉快的冬季。但其中一位队员无法完全参与进来：岸上的鸟类学家布莱恩·罗伯茨当时因为阑尾炎反复发作而无法安心工作。他的疾病将会对整个探险活动造成重要影响。

赖米尔最终在 8 月 18 日开始了他的雪橇探险项目。那天，他和另外八人带着三支狗队出发了。人和狗都很兴奋，因为他们要沿着曲折的海岸线往南走，而以前的人只在船上看到过这些地方。第二天，其中四人行至温特岛以南 18 英里（约 29 千米）附近便分头向东去往一处大型海湾执行别的任务。到 8 月 22 日，其余南下的雪橇队员已经前进至温特岛以南 60 英里（约 97 千米）处。他们在这里为飞机标记了紧急着陆带，还为雪

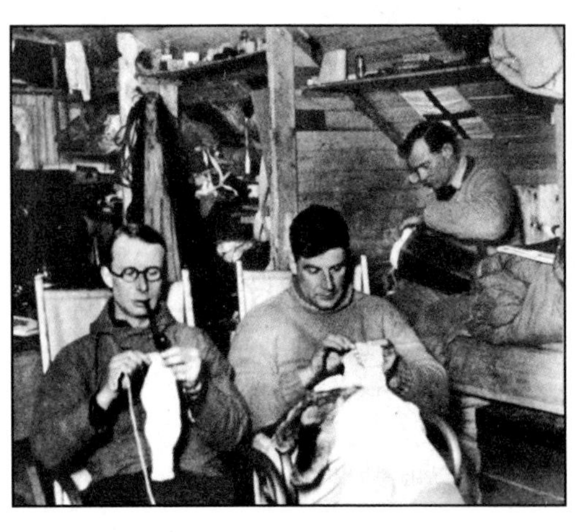

温特岛小屋内的日常生活（照片摘自《南极之光》，赖米尔著，1938 年）

踏着破碎的海冰返回的雪橇探险队（摘自《南极之光》，赖米尔著，1938 年）

橇探险项目建立了一个仓储点。接着，赖米尔和另外两人折返，剩下宾汉和瑞德继续向南去往阿德莱德岛，他们计划在岛上再标记一个着陆带。

第二天早上，宾汉和瑞德遇到了真正的麻烦——雪橇下的薄冰令人不安地吱吱作响。接连两天危险的雪橇行仅让他们往南推进了几英里，但两人已经尽力了。阿德莱德岛已经赫然耸现，近在咫尺却无法抵达实在让人无比沮丧。瑞德通过无线电向温特岛报告了这个坏消息，赖米尔接着就乘飞机前来查看情况。令人沮丧的讨论之后，赖米尔放弃了他大部分春季雪橇探险计划。

温特岛雪橇探险项目的失败让赖米尔更加渴望前往玛格丽特湾了。然而他遇到一个问题：由于暴露在潮湿天气中，小屋的木板膨胀并裂开了，已经无法在新基地里继续使用，但赖米尔没有额外的建筑材料，因为他原本打算两个冬天都在同一个地方的同一个小屋中度过。宾汉和汉普顿记起欺骗岛上废弃的捕鲸站中还有一些废旧木材，赖米尔便决定以扫货行动开启佩诺拉号的夏季航程。欺骗岛上的材料正好是赖米尔需要的。瑞德船长花了两个星期时间在这里装载了一些木材和发现的少量煤炭。在返回南方的途中，瑞德为地图上增添了几个新名字，包括佩诺拉海峡和鲁姆斯暗礁（现称鲁姆斯岩［Lumus Rock］），前者系他为阿根廷群岛和南极大陆之间的水道起的名字，后者是他为纪念船上的小猫而为一小群岩石命的名。

格雷厄姆探险队的小猫露摩（Lummo）躺在温特岛的积雪上

猫的名字与同名暗礁在拼写上略有差异，这主要是船上的船员和科学家们对正确拼写的看法不同所致。（照片摘自《南极之光》，赖米尔著，1938年）

从欺骗岛返航几周后的1936年2月17日，佩诺拉号从温特岛出发驶往玛格丽特湾。汉普顿、斯蒂芬森则和飞机一道暂时留了下来，他们会在收到指令之后往南飞行。赖米尔沿海岸缓慢往南航行，随行的船员们在沿途开展考察，还在最初打算乘雪橇抵达的几处地方登陆。佩诺拉号于24日驶入了玛格丽特湾的北缘，一天后，汉普顿和斯蒂芬森也飞了过来。在离开温特岛以前，他们用木条封好小屋的门窗并在门上贴了一张便签，上面写着："招租，限1936—1937年夏。"[1]

汉普顿和赖米尔于2月27日起飞为新的基地选址。很快，他们就看见了大约80英里（约129千米）以外的亚历山大一世地上耸立的山脉。此外，他们还能看见100英里（约161千米）远处的其他山峰。很可能这些山峰就是埃尔斯沃思三个月前命名的永恒山脉，但赖米尔并不知道埃尔斯沃思所做发现的具体细节，于是高兴地把它们视为自己此次探险的第一个重大的陆上发现。最重要的是，他们在玛格丽特湾发现了一个不错的基地选址，相应地，这次飞行的实际目标也就实现了。这个选址位于佩诺拉号东南方向约50英里（约80千米）处，同时也位于这个巨大海湾的疑似南部边界以北100英里（约161千米）处。

第二天，佩诺拉号抵达了选定的基地区，这里是距离大陆海岸几英里远的小群岛。赖米尔为纪念罗伯特·法尔肯·斯科特1910—1913年探险队中的澳大利亚地质学家福兰克·德贝纳姆而把它命名为德贝纳姆群岛。他选择在巴里岛上修建小屋，该岛名得自德贝纳姆的一个孩子的名字。[2] 大家旋即着手把东西搬到岛上，越冬团队最终于 3 月 12 日转移到岸上，他们会把玛格丽特湾附近的这个小岛当作自己的家园。夏科当年也十分想在以自己的妻子命名的这个地方过冬，现在赖米尔的团队会实现这个目标。他们在这里开展的工作不仅是该地区第一次重大勘探活动，同时也是整个半岛地区的第一次重要陆上考察。

佩诺拉号在第二天离开。它载着布莱恩·罗伯茨前往文明世界，因为赖米尔认为，这位鸟类学家曾在温特岛阑尾炎发作，让他继续待在这里过冬非常危险。船上团队的生物学家科林·伯特伦会承担起罗伯茨的职责。然而，佩诺拉号上的其他人则无法在南极度过自己的第二个冬天了，因为他们没办法在冬天

赖米尔的飞机停在雪橇站的冰面上

在中途无须着陆的几次飞行中，德哈维兰狐蛾号是通过浮筒从水上起飞的。巴里岛小屋附近的跑道准备就绪后，这架飞机就可以使用滑雪板起飞了，这也使得陆上降落成为可能。（摘自《南极之光》，赖米尔著，1938 年）

来临之前归来。

赖米尔在玛格丽特湾地区开展的早期空中侦察已清楚表明，周围的环境与威尔金斯的描述并没有什么相似之处。但斯蒂芬森海峡的真实性尚待考察，威尔金斯的报告说它在赖米尔飞行路线的南方。如果它的确存在，它就可能提供一条通往半岛东岸的便捷路线。如果不存在，根据空中调查的结果，赖米尔就至少需要从巴里岛往南跋涉 100 英里（约 161 千米）去往玛格丽特湾的遥远南端，此地有条件可入山攀登。然而，他且须等待数月才能开展地面侦察以确定雪橇探险计划。于是，赖米尔只能再次驻留在岛上，一直等到海冰冻结才离开。

新的小屋是用欺骗岛的废旧木材造的，但这个屋子与他们留在温特岛上的那个一样舒服。大家在雪橇探险开始前等待了几个月，其间，巴里岛上的 9 个人陷入了基地忙碌的日常事务之中。当地的勘测活动、地质学和生物学研究，以及雪橇探险的准备活动等都很容易让他们忙得不亦乐乎。尽管这些人已经在一起生活了一年多，但他们在晚上依然不乏谈资。与此前的越冬团队不同，他们通过无线电与外界建立了联系，据赖米尔观察，这种联系为大家提供了丰富的话题。赖米尔说，实际上，他和多数同伴此时对世界大事的兴趣比以前在国内时强烈很多。[3]

6 月初的一次空中侦察似乎表明，覆盖玛格丽特湾的冰层足以胜任雪橇考察的任务。几天后，7 名探险队员就出发了。赖米尔和其他 4 人驱赶狗队，汉普顿和莱利则负责用牵引机拖动两辆雪橇。他们此行的目的是要在巴里岛以南 100 英里（约 161 千米）的小冰架上建立一个供应仓储点。赖米尔已经在一次考察飞行中看到过这个冰架，并把它命名为沃迪冰架，以纪念沙克尔顿坚忍号探险队中的地质学家詹姆斯·沃迪。但就在基地以南 40 英里（约 64 千米）的地方，一场猛烈的风暴把海冰搅成了压力脊和破碎浮冰组成的迷宫。因为没办法让牵引机通过海冰和水洼混杂的雪泥，于是大家放弃了牵引机，还差点没能带着狗队逃到附近的岛上。抵达坚实的陆地令人如释重负，赖米尔于是把他们露营的这一小块陆地命名为大地岛。他们在这里困了五天，然后才撤退到巴里岛上的小屋。牵引机以及两架雪橇被留在了原地，从此消失无踪。

赖米尔已经吸取了教训，海冰尚需更多时日才能凝固起来。在此期间，汉普顿又开展了多次侦察飞行。在其中最重要的一次飞行中，赖米尔认识到，他最初以为玛格丽特湾东南角有一处小峡湾，事实上这里很可能是一个更大海峡的入口。这里可能是去往东边的威德尔海的水道，也可能是把亚历山大一世地和大陆隔开的海峡。

最后，赖米尔等人于 9 月 5 日开始了正式的雪橇探险。那天，两支探险小队带着狗队踏上海冰往南方出发了。斯蒂芬森负责一支三人探险队，他们旨在搜寻斯蒂芬森海峡，如果找到，就向东通过海峡。赖米尔和宾汉则计划探索西边的亚历山大一世地。五个人一开始是一起走的。拖着雪橇艰难地走了三周之后，他们才从巴里岛往南前进了 100 英里（约 161 千米）出头，距离队伍计划分开的地方也还有点距离。他们在冰上的缓慢推进让赖米尔改变了计划。他把自己的补给交给了斯蒂芬森，然后和宾汉掉头向北重新获取补给，而斯蒂芬森的队伍则继续独自往南挺进。

9 月 30 日，斯蒂芬森穿越了这道疑似海峡东边上部的斜坡。次日，人和狗从上面冲了下来，到了海峡的浮冰上。接着，因为压力脊和浮冰开裂，他们又回到最初几天往南推进的艰难状态。然而，一旦过了艰难跋涉的区域，雪橇在冰面上就变得十分顺滑了。斯蒂芬森以每天 20 英里（约 32 千米）以上的速度往前推进，但依旧不见通往东边的海峡的踪影。相反，“随着时间的推移，这道疑似海峡的东侧就会隐约显现新的海岬，而西侧的‘末端’则依旧在遥不可及的前方”[4]。10 月 19 日，斯蒂芬森在南纬 72°附近折返，因为他的补给只容许他走这么远。这是个艰难的决定。他确信自己就在海峡的南端附近，还差几英里他就能证明，是这条海峡把亚历山大一世地和大陆隔开了。他在最重要的这一点上是对的：亚历山大一世地的确是一座岛，我们如今称之为亚历山大岛。但他搞错了自己还差多远能做出这个发现，海峡的末端仍在150英里（约241千米）以外的地方。

回程期间的一个晚上，斯蒂芬森经历了一件特别的事。他走出帐篷，打开无线电设备接收时间信号以确定自己所在的位置。他写道："我在无线电设备前跪下了，很快就全神贯注地听起了欧洲一场公众集会的广播。演讲非常有说服力，听众也激动得欢呼雀跃，结果，有那么五分钟，我感觉自己身在欧洲。"[5]接着，他抬起头回过神来，才想起自己和同伴身在何处——"完全无依无靠，所在的位置比世界上任何其他人所在的地方都更靠南上百英里。"[6]几个月以后，他才意识到自己当时聆听的是阿道夫·希特勒在纽伦堡的一次民众集会上发表的演说。

斯蒂芬森的队伍在回程途中多次踏上亚历山大岛。他们发现这里的岩石是沉积岩，于是就开始寻找化石。"我们像勘探者一样急切地在碎石斜坡上搜刮起来，急不可待地捡起一个又一个石块……"[7]然后大家就找到了想要的东西：数十个带有贝壳和植物的清晰残余印记的化石。亚历山大岛的海岸是地质学家的天堂，这是一个令人振奋的探索之地。但大家也担心春季气温的上升，这会让他们不得不在融雪的泥泞冰面拖动雪橇。前进慢如龟速，斯蒂芬森被迫削减了大家的每日食物配给，还杀掉了7只最孱弱的狗，以保证其他狗的食物供给。11月11日，他们在靠近玛格丽特湾南部边缘的地方看见两个黑影正在靠近。那是赖米尔和宾汉，他们开始了自己的探险，而他们采取的路线刚好可以碰见斯蒂芬森的探险队。

在9月29日回到巴里岛后，赖米尔立即开始策划新的探险。他打算乘雪橇沿那条可能存在的海峡向南，直到可向西横穿亚历山大一世地然后到达夏科岛。两支探险小队相遇后，斯蒂芬森回答说，办不到。赖米尔和宾汉不可能按照设想的路线抵达夏科岛，除非他们花远超预期的时间在路上，这意味着赖米尔二人不仅要重走斯蒂芬森一行人的路线，而且路程还会更加遥远。赖米尔也有自己的消息要传达，一个悲伤的消息。斯蒂芬森写道："从站立的地方……我们看见了北边的阿德莱德岛和玛格丽特湾的壮丽景色，也许是冥冥中注定的巧合，此情此景之下，我们……收到了 J. B. 夏科医生的死讯，他就是我们眼前这片土地的先锋探险家。"[8]

会面结束，斯蒂芬森的队伍继续往回走。他们于 11 月 19 日抵达巴里岛，这也标志着半岛地区到那时为止最大规模——700 英里（约 1 127 千米）路程——的地面探险活动取得了巨大成功。他们绘制了超过 500 英里（约 805 千米）的海岸线地图，其中大部分都前所未见；他们第一次踏足亚历山大一世地，并且在那里发现了珍贵的化石，还几乎确定了这片土地是个岛。（赖米尔后来将这条把别林斯高晋于 1821 年发现的土地和大陆隔开的冰上通道命名为乔治六世海峡，以纪念这位英国的新国王。）这些在探险全程都十分享受的人，现在也为舒坦的小屋感到开心，他们梳洗一番、饱餐一顿，然后美美地睡了一觉。至于那些狗，斯蒂芬森写道："它们已经有十一个星期没有沾过泥土了，之前它们每晚都睡在雪地里，身上十分干净……现在，它们可以在最脏、最'黏糊糊'的泥地上撒泼打滚了……它们和我们一样开心。"[9]

与此同时，赖米尔和宾汉则乘雪橇驱赶着自己的狗队继续前进。收到斯蒂芬森的报告后，他们便放弃了夏科岛这个选项，重启了往东穿越半岛的计划。斯蒂芬森的另外一个发现——似乎并不存在横穿半岛抵达东边的海峡捷径——也影响了这个计划：赖米尔不得不更加艰难地完成这次考察，须登上山峰，然后以某种方式下到威德尔海沿岸。玛格丽特湾的上坡路十分难走，人和狗用了几天时间在暴风雪中分段把物资运上坡。但最终，在 11 月 24 日，赖米尔和宾汉登上了海拔 7 500 英尺（2 286 米）的高原，成为登顶南极半岛的第一人。这是个胜利的时刻。第二天，他们抵达高原东部，然后花了好几天时间寻找下行的道路。11 月 30 日，他们已经下行 1 700 英尺（约 518 米）并走到了一座冰川跟前，他们以为沿着冰川就可以往下走。事实恰恰相反，这座冰川是一个裂缝遍布的危险迷宫。两天后，宾汉失去了他的领头犬，其间两人也多次差点出事，于是，赖米尔最终选择放弃。

回到高原后，赖米尔便开始从高处寻找斯蒂芬森海峡——他现在已经严重怀疑这条海峡是否存在。先往南后往北乘雪橇走了两周以后，他们依然找不到任何迹象表明海平面存在穿过半岛高地的海峡。赖米尔断定威尔金斯搞错了。斯蒂芬森海峡并不存在，南极半岛也并非群岛，这个发现让赖米尔终止了此次探险。1937 年 1 月 5 日，他和宾汉回到了巴里岛，他们载入史册的 615 英里（约 990 千米）的探险旅程也宣告结束。

从半岛高原上具有历史意义的雪橇探险中归来的赖米尔（左）和宾汉（右）（摘自《南极之光》，赖米尔著，1938 年）

2 月 23 日，佩诺拉号归来。3 月 12 日，岸上探险队离开巴里岛，他们当然为自己的成就感到骄傲。赖米尔的小型探险队取得了很大的成就，特别是在玛格丽特湾期间。除了重要的自然史研究和地质工作以外，乘雪橇开展的数百英里的地面考察，以及一百一十小时的空中考察都为半岛地图做出了大幅订正，包括恢复半岛作为大陆组成部分的地位，以及试探性地把亚历山大一世地和半岛分开。此次探险具有历史意义，也是到那时为止半岛地区开展的最广泛的陆上考察工作，通过空中和地面考察精心结合而完成。

但正如几十年后的研究所表明的，有时候甚至地面和空中考察相结合也不足以确定南极的真实地形。实际上，威尔金斯和赖米尔都搞错了——威尔金斯错误地认为斯蒂芬森海峡穿过了南极半岛，而赖米尔则错误地认为半岛真的是南极大陆的组成部分。尽管在威尔金斯所谓的斯蒂芬森海峡一带并不存在任何把半岛一分为二的海峡，但如今对覆盖南极半岛的冰面开展的地震反射探测表明，半岛有些地方的冰体深达数千英尺，有时候会延伸到海面以下很深的地方。[10] 简而言之，如果冰体消失，半岛的确就是个群岛，而不是南极大陆主体的延伸。然而，只要厚厚的冰体一直存在，出于实际需要，我们还是会把半岛当作南极大陆的一部分。

尽管格雷厄姆探险队取得了真正重要的成就，但它从未得到应有的认可。赖米尔的探险队回国之际，公众的注意力都在迫在眉睫的战争上。当然，另外一个原因可能也同样重要。格雷厄姆探险队和布鲁斯的斯科舍号探险队一样，并未创造史诗般的剧情提供给媒体，也未能创造埃尔斯沃思飞越南极这种激动人心的成就。此次探险不过是一项执行度很高且收获颇丰的工作。

赖米尔离开后的三年里，捕鲸者和发现号考察项目的科学家们成了半岛地区仅存的人类。后来，探险家们回来了，他们也步赖米尔的后尘在玛格丽特湾过冬。与普罗大众不同，这些新来者非常清楚格雷厄姆探险队考察活动的价值。

美国在南极的服务性考察活动

到 20 世纪 30 年代，阿根廷、澳大利亚、法国、英国、新西兰和挪威都曾就南极某些地区提出过主权要求。1938—1939 年，纳粹德国向东南极洲的毛德皇后地派出了一支夏季探险队，他们乘水上飞机往南极海冰上投掷了数千支纳粹标志样式的飞镖以宣布主权。挪威迅速做出回应说这片区域是自己的领土。此时也正好是林肯·埃尔斯沃思再次乘坐厄普号返回南极的那个夏天，他在美国政府的秘密要求下，从空中向东南极洲投掷了声明主权的文件，而澳大利亚曾主张过相关地区的主权。至于半岛地区，阿根廷政府在 1939 年创立国家南极委员会的时候，曾在此前主权声明的扩展版中暗示过自己对这个地区的主权。

除了对埃尔斯沃思提出的秘密要求以外，美国显然不在对南极做出主权声明的国家之列。的确，美国不仅没有公开提出领土要求，而且还采取了国务卿查尔斯·埃文斯·休斯于 1924 年首次提出的立场，即所有关于南极主权的主张都是无效的，因为没有哪个国家在南极建立过实际的定居点。[11] 1939—1940 年，美国将成为第一个建立这种定居点的国家，美国修建的永久性基地会允许它根据自己提出的条件主张主权。

1938 年，美国政府开始考虑派出一支小规模探险队前往玛格丽特湾或更靠南一点的地方，同时，理查德·伯德也正在制订第三次南极探险计划。同年晚些时候，罗斯福总统提议将这两项计划整合为一项由政府资助的探险项目，由伯德担任总领队。美国南极服务性考察项目随之诞生，它很快就发展成为一项野心勃勃的探险计划。美国探险队计划建立两个南极基地——亚历山大岛附近的东部基地和罗斯海地区的西部基地。这两个基地都将是永久性的，由多个探险队接续在这两个基地开展考察工作。

1939 年 9 月 1 日，德国入侵波兰，发动了第二次世界大战，欧洲局势的紧张也日益加剧。然而，美国保持中立态度。在欧洲的战争持续两个月之后的 11 月，美国探险队的贝尔号和北极星号启程前往南极，随船的伯德则在夏季担任领队一职。1 月下旬，西部基地的探险分队在罗斯海的鲸湾下船。接着，北极星号往北折返为东部基地取来额外的物资和设备，而贝尔号则往东驶往南极半岛。

美国探险队在修建东部基地

这是由美国陆军工程兵团设计的、用预制构件组建的建筑群。主体建筑的大小为 60 英尺（约 18.3 米）×24 英尺（约 7.3 米），内部中间走廊的两侧各有五间带窗的小卧室，每间小卧室里面配有两个双层铺位。厨房位于建筑的一端，病房和基地领队的卧室则位于另一端。地板为间距 16 英寸（约 40.6 厘米）的双层结构，厨房的暖气可在地板之间流通。这种设计有效防止了冰雪在地板上积聚的情况。（美国国家档案馆/国家地理资料库供图）

3 月 5 日，这两艘船在玛格丽特湾会合。三天后，他们确定了东部基地的选址。这是一座低矮且岩石遍布的小岛，距离赖米尔的巴里岛仅几英里之遥。伯德为纪念美国海豹猎人纳撒尼尔·帕默位于康涅狄格州的家乡而把这座小岛命名为斯托宁顿岛。他选择这座小岛的原因在于，大陆上的一座冰川一直延伸到了小岛的边缘，为大家前往半岛提供了一座桥梁，从而使东部基地的队员可以不依靠海冰进入大陆。

贝尔号和北极星号在3月21日离开，留下26名探险队员和75只狗在此过冬。伯德1933—1935年鲸湾探险活动中的两位老将负责基地工作——理查德·布莱克为领队，芬恩·龙尼为副领队。在运输方面，他们有一架双引擎的寇蒂斯·孔多尔双翼飞机，它比赖米尔的小飞机大得多，飞行距离也远得多；探险队还配有一辆轻型军用坦克、一台轻型火炮牵引车，以及一支狗队。船离开时，留下的人都住帐篷，但队员们充分利用白天的所有时光，一周内就完成了主要生活区的组装工作，接着就住了进去。然而，直到4月底，队员们才完成陆军工程兵团精心设计的五栋营地建筑。

第一次侦察飞行于5月20日启动，返航的飞行员带来了意想不到的好消息。尽管赖米尔的结论是，附近并不存在任何通往半岛高地的可行路线，美国探险队却在斯托宁顿岛稍北的地方发现了一条可能的路线。次日的第二次飞行是往南飞的。这一次，飞机在沃迪冰架上降落并建立了一个补给点。值得注意的是，美国人用来覆盖补给点的油布上还贴有一张主权声明。这是美国政府的探险队在南极半岛做出的第一个主权声明，这个声明跟英国对福克兰群岛属地的主张若合符节。很不幸，这架飞机在回程的降落过程中受损。这次事故外加恶劣的天气，让探险队直到8月才再次开展空中探险。

飞行暂停了，大家也在冬季安顿下来，进而对基地周围开展气象学、生物学和地质学研究，而探险这项主要任务则要等到春天才能恢复。但与此同时，对于飞行员充满吸引力的报告中提及的进入内陆的可能路线，布莱克已经忍不住想要跟进了。他开展了三次冬季雪橇考察以查明真相。

前两次侦察之行取得了鼓舞人心的成果。第三次更是野心勃勃，旨在尽力把侦察范围扩展到半岛的山脉地区。布莱克亲自率领10人和55只狗于8月6日出发。他们证明了，从斯托宁顿岛附近的确有可能登上半岛的山脊顶部，但过程并不轻松。他们用了三天时间才艰难地登上山，中间有一段陡峭的冰面，大家一次只能拖一只雪橇。当所有人最终登上5 500英尺（约1 676米）高的山

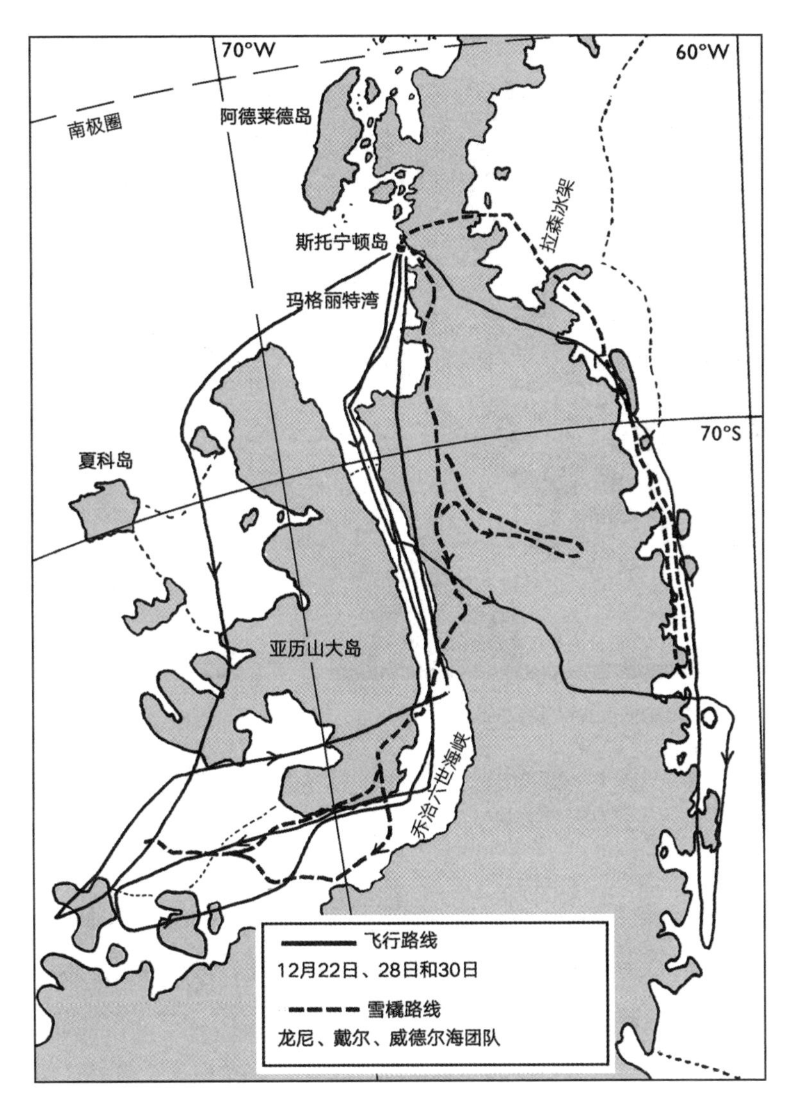

美国探险队东部基地的野外考察路线

东部基地的探险队在南极考察的地区大致与格雷厄姆陆上探险队第二年的相同。位于斯托宁顿岛上的基地多次派出飞机和雪橇小队。这张地图仅显示了三次最重要的飞行的路线，以及三次最重要的雪橇探险的路线。一张完全展示全部飞行路线的地图会像蜘蛛网一样复杂，而玛格丽特湾及其南部、亚历山大岛和乔治六世海峡上空的飞行轨迹则尤其复杂。

美国探险队东部基地的队员庆祝仲冬的到来

从英雄时代第一批探险队活动的时期起，仲冬就一直是南极越冬者们一年中最重要的节庆日。（美国国家档案馆/国家地理资料库供图）

顶后，他们的成功换来的奖赏却是，如布莱克描述的——他经历过的最大的暴风和暴雪。飓风级的狂风接连三天蹂躏着他们的帐篷，最终天气好转，他们才得以返回东部基地。

布莱克曾计划让雪橇团队和飞行队配合探险。这在理论上看起来不错，但坏天气让他们在多数时候都无法实现。9 月 3 日，布莱克在日记中写道："如果我再来这里探险，我会做一个橡皮图章，上刻‘阴天——下雪——大风。今日不飞。’的字样。"[12]

虽然无法改变天气，但布莱克认为他至少能够提高预测天气的能力。于是，他决定在高原上建立一座气象前哨站。10 月 23 日，探险队员带着狗队和 1 300 磅（约 590 千克）的设备、物资从斯托宁顿岛出发了，其中还包含两个可以充满 25 只气象气球的沉重氢气瓶。当时，布莱克的队员已经发现了一条通往内陆的便捷路线，大家仅用了两天时间就到达了选定的地点，即 8 月里暴风雪袭击探险队的同一个地方。接着，两名探险队员在这个营地驻扎了两个多月，他们住在帐篷里，帐篷外面建有一座雪墙以阻挡频繁肆虐的暴风雪。这座前所未有的高海拔南极气象站为即将开展的正式飞行探险任务的成功和安全做出了重大贡献。同样重要的是，这座气象站开展了近 300 次气象观测，积累了一座高海拔地带大气压、气温和风力模式的数据宝库。

11 月 6 日，芬恩 · 龙尼指挥一支 5 人探险小队、一支 2 人支援队以及 55 只狗往南开始了雪橇考察之行。按照这个计划，两支队伍会一道行进几天，接着支援队会往回走，再过几天，剩余的五人探险小队又会分成两组，龙尼和探险队的鸟类学家卡尔 · 埃克隆德会前去探索乔治六世海峡，而其他三人则会在格伦 · 戴尔的率领下前往埃尔斯沃思的永恒山脉。

大部队是在多云的天气中开启雪橇之行的，当时的能见度很低。他们先是往南行进，然后用了几天时间穿过玛格丽特湾的海冰。接着，他们继续艰难前进了四天，龙尼写道："我相信，我们遇到了南极最危险的冰缝。巨大冰缝最为常见，我们从狭窄的雪桥通过，但隐藏的冰缝也大量存在。"[13] 走完这段可怕的路程之后，支援的二人组便返回了。11 月 21 日，其他五人抵达乔治六世海峡东侧上方 7 000 英尺（约 2 134 米）处，随后他们便按计划分成了两组。

龙尼和埃克隆德带着 15 只狗和两个多月的补给出发了。布莱克通过无线电通知他们下到乔治六世海峡，去检查为支援航空探索计划而建立的航空补给站，于是，他们放弃了乘雪橇登上南极高原这个最初的打算。12 月 3 日，他们到达了补给站和海峡，此地位于斯蒂芬森此前的掉头折返点以北几英里处。同样的巨大冰上跑道在两人面前铺开，召唤他们往南完成格雷厄姆陆上探险队 1936 年未竟的事业。

12 月 21 日，横七竖八的冰体阻挡了龙尼和埃克隆德南去的道路。他们爬上附近的斜坡寻找通路，却发现一座巨大的冰山漂浮在开阔的蓝色海域。他们已经走到了乔治六世海峡的尽头。现在一切都已明朗。亚历山大一世地的确是一座岛。当晚，龙尼通过无线电告诉布莱克他打算折返，他的时间和食物都已耗尽。

回程的最初几天，一切都还挺顺利。接着，狗群显得有些吃力了，因为仲夏强烈的阳光将地面照化成了雪泥。于是，龙尼改成夜间赶路，但这又导致一个新问题：夜晚雪泥冻结，碎冰碴会割伤狗的爪子。其中 8 只狗基本已无法走路，于是，龙尼射杀了它们。1 月 6 日，龙尼和埃克隆德蹒跚着抵达了一个月前他们初次抵达乔治六世海峡时检查的补给站。龙尼在这里发电报给东部基地报告说，他们需要在此露营几天，以便让剩下的狗好好休息一下。很不幸，他们的无线电发报机此后不久便停止了工作。然而，接收机却保持正常。祈盼接收机仍在正常工作的布莱克还是继续发送着对他们开展救援计划的相关信息。

十天后，龙尼和埃克隆德重新上路。休息让狗恢复了元气，外加它们现在套上了帆布爪套，可怕的冰面就更不成问题了。在他们离开海峡前的那个露营之夜，龙尼在无线电广播中听说飞机在起飞时损坏，而且大家十分担心他们探险小分队的情况。他写道："我们坐在帐篷里，听着一个接一个的紧急消息，却没办法告诉担心的基地人员，我们绝对安全。"[14]1 月 27 日，在距离斯托宁顿岛仅 22 英里（约 34 千米）的地方，龙尼和埃克隆德遇到了前去救援他们的布莱克。

布莱克本打算早点提供帮助，他先是准备派飞机，但由于天气的原因，起飞推迟了几天。接着，飞机就出了事故。最后，布莱克决定自己率领雪橇队前去救援。27 日，他们在南去的路上遇到了龙尼和埃克隆德。布莱克写道，两人“看起来严重晒伤且非常疲惫，但他们看上去肯定不需要救援”[15]。一天后，所有人都安全地回到了东部基地。龙尼富有成效的 1 264 英里（约 2 034 千米）的探险之旅也就此终结。

格伦·戴尔三人探险队的探险活动也很成功，尽管他们的行程要短得多。与龙尼分开后，他们就朝东南出发了。一周后，他们抵达了永恒山脉北端的一座小山峰。他们在这里建造了一座堆石界碑，升起了美国国旗，并且还另外放置了一张主权声明。戴尔的探险队在 12 月 11 日回到东部基地。

龙尼的探险实现了布莱克的一个目标。他的另外一个目标是穿越半岛，并乘雪橇沿威德尔海海岸向南探索完全未知的区域。布莱克把这个任务分配给了地质学家保罗·诺尔斯，后者此前已在半岛高原上储备了供给，还在 9 月探出了东边的一条下山道路。11 月 19 日，诺尔斯和两个同伴带着两支狗队离开斯托宁顿岛。从仓库获取补给之后，人和狗沿着满是裂痕的冰川往下走，一直走到了威德尔海边缘的拉森冰架。接着，他们乘雪橇往南前进到了靠近南纬 72° 的地方。去程于 12 月 22 日在这个纬度附近结束。当他们于 1 月 17 日抵达东部基地时，三人已经走过了 800 多英里（约 1 297 多千米），他们对南极圈以南的半岛东海岸开展了第一次陆上调查，而且还实现了第一次半岛往返穿越——两个方向上均属首次。

雪橇队开展陆上考察之际，飞机也在空中考察。东部基地的最后一次探险飞行是在 12 月 30 日，飞机穿越半岛，接着向南朝威德尔海海岸飞到了比诺尔斯雪橇队远得多的南方。因为诺尔斯已经在八天前折返，飞机完全是独自飞行，如果发生任何不测，它也无法获得帮助。事后，机组人员生动地向基地人员讲述了一个令人震惊的状况：他们往威德尔海下降的过程中，两个引擎突然停止运转了 20—30 秒钟。当时也在飞机上的布莱克多年后说道：“真是度秒如年——坟头这边已经陷入死寂。”[16] 当大家意识到引擎只是在切换到新的燃料箱后，所有人都大松了一口气。由于天气变得糟糕，布莱克在南纬 74°37′返航。因为集聚的云层阻挡了南边的视野，布莱克并不知道自己实际上距离威德尔海东南角仅几英里。

龙尼的团队返回后，东部基地的野外考察工作也结束了，不久之后，美国探险队的所有探险活动也宣告终结。从美国的角度看，1939 年以来，国际局势已严重恶化，政府决定撤出这两个基地，而不是像最初设想的那样派人前去轮班。关闭西部基地的工作进展很顺利，但东部基地则不。

贝尔号和北极星号于 1941 年 2 月 17 日抵达玛格丽特湾附近，却在距离斯托宁顿岛 60 英里（约 97 千米）的地方被无法穿越的海冰挡道。于是，两艘船往北航行，在帕默群岛下锚，等待海冰散开。等到 3 月中旬，海冰还是没有散开的迹象，于是急躁的伯德决定从空中撤离，让基地人员乘飞机自行飞出基地。

北极星号在 3 月 20 日航行到蓬塔阿雷纳斯放下西部基地的人员，并装上了东部基地来年的补给，以防空中撤离失败。如果发生这种情况，伯德会把补给空投给受困人员。北极星号离开后的第二天，贝尔号运了些人到米克尔森岛，这是位于斯托宁顿岛以北 120 英里（约 193 千米）处的一个小岛，隶属于比斯科群岛。大家在这里划定了一个着陆带，然后通过无线电告知布莱克在天气允许的情况下随即开始空中撤离。东部基地的飞机要往返两次运送人员、科考记录和最重要的科考采集物。其他一切都不得不放弃——设备、其他全部科学标本、多数个人财物和狗。

3 月 22 日上午，首席飞行员阿什利·斯诺带着副飞行员和第一批 12 名乘客飞离东部基地。而在斯托宁顿岛这边，其余 12 人焦急地围在主楼中的无线电设备周围，布莱克则用一支红色的粉笔在墙上潦草地写下即时飞行日志，这样所有人都能知道飞机目前的状况。当贝尔号的无线电操作员报告飞机安全地降落在了米克尔森岛后，人群中一片欢呼。在等待飞机返航期间，东部基地的人员加固了建筑物，布莱克也写好了一封即将被留在主建筑小屋中的信。他在信中请求后来者尽可能收集所有的科考材料以及个人物件并寄回美国。最后，大家执行了最为痛苦的任务——处理雪橇犬。他们一开始射杀了大部分雪橇犬，接着把剩余28只拴在了飞机跑道旁，并把连有计时器的炸药放在狗群周围。这种残忍的安排必不可少，因为如果第二次撤离失败，他们仍需要这些狗。大家设定了计时器以留出时间切断引信阻止爆炸，如果有必要的话。[17]

快到当天正午之际，飞机回到东部基地接上了其余人员。起飞时大家回头望向狗群，它们正耐心地躺在狗绳下。想到它们在探险活动中那样辛苦，此情此景真是令人无比心碎。但其中一只狗活了下来，是一只小公狗，探险队最年轻的成员哈里·达林顿悄悄把它带上了这最后一班飞机。达林顿把它当作宠物带回了家。

飞机第二次安全降落在米克尔森岛后，布莱克的队员们直接把飞机留在了岛上，他们希望大风把它刮到空中，然后像准维京式的葬礼那样掉入海中。东部基地的人员全部安全登船后，贝尔号随即向北方驶去。

美国南极服务性考察项目是一项雄心勃勃的事业，但由于二战的蔓延和白热化，项目未能实现建立永久性南极基地的主要目标。即便如此，探险队还是取得了大量成果。就东部基地而言，队员们实现了第一次半岛穿越，并且还向南沿威德尔海海岸开展了雪橇考察活动，他们最终确定亚历山大一世地实际上是个岛，还开展了大量空中考察，建起了南极第一座高海拔气象站，并在此停留了两个月之久。

美国政府将探险活动的期限延长了半年，并且雇用了另外的人手转录科考日志、绘制地图和筹备非科学报告。正式的考察活动就此结束，但科学家们还要处理考察得出的各种数据，尽管因为战争的需要，他们仅有少量时间进行这项工作。结果，很多人都未能正式发表自己的考察成果。最后，这项考察仅出版了一卷论文集，即《美国 1939—1941 年南极服务性考察项目科考活动报告》，仅收录了四十篇文章。这本大开本文集以《美国哲学学会会刊》分卷的形式于 1945 年 4 月出版。这本文集实际上远不能覆盖探险队完成的大量科考工作，这也让历史学家把美国政府的此次考察称为“南极历史上成果产量最低的正式探险活动”[18]。

第十七章

第二次世界大战、新的基地和政治冲突：1940—1955年

第二次世界大战对南极地区的影响不同于第一次世界大战。这一次，捕鲸活动在战争爆发的最初几年几乎完全停止，而包括军舰在内的非捕鲸船只则因为战争来到南极。1941年初，德国劫掠者在东南极洲海岸俘获了一支挪威捕鲸船队，而所有这些事情基本上都发生在半岛地区。[1]

战争年代和塔巴林行动

二战开始之际，英国就在南乔治亚岛建立了有限的防御阵地，政府为古利德维肯和利思港的两个捕鲸站分别配备了一台4英寸（约10厘米）口径的老式火炮。英国的想法是，如果有必要，古利德维肯和利思港的捕鲸者组成的志愿部队可以用它自卫。多年以后，当年一位志愿者回忆起自己在利思港时与火炮相关的经历。他写道：

> 我甚至都不知道他们在捕鲸站上方的小山上放置了重型火炮，我却被派去操作火炮……大家把火炮拖上山时，它还是一堆零件……于是，我们就把它组装好，然后还得试着开火。我们让人驾驶机动船把浮筒制成的筏子带到 1 英里（约 1.6 千米）以外利思港入口的尽头处。然后，大家围过来向筏子开火。炮弹越过山下的捕鲸站，站里建筑物的所有窗户都被震碎。但我们距离筏子仅几码远，能瞄得很准，如果把筏子换成德国船，我想我们会击中的。[2]

德国船并未出现，火炮却在山上耸立多年，最后慢慢地生锈了。

到 1941—1942 年，南极捕鲸业已大幅萎缩，仅有古利德维肯和利思港附近还有一些捕鲸作业。少数捕鲸者一直在这里停留到了战争结束，但远洋捕鲸业已彻底销声匿迹，因为参战方几乎把世界上所有的工厂船都改装成了用于战争的油轮，捕鲸船则被改造成了扫雷艇和驱逐艇。

几乎所有的捕鲸者都已离开，但仍有一些人出于别的目的前往南极，特别是英国海军和阿根廷海军。他们在战争期间零星地出没于半岛地区，原因有二：一是英国海军当时在搜寻传闻中出没于这个地区的德国劫掠者，二是英国和阿根廷都对这个地区抱有政治诉求。

当时最早来到这个地区的是一艘英国海军船舰，这艘船此前是一艘客轮，名为百慕大女王号，后来海军将其改造成了武装商业巡洋舰。该船在 1941 年初航行到了南极半岛，以保护仍留在此地的少量挪威和苏格兰捕鲸者。尽管完全不适合在浮冰区航行，但百慕大女王号还是航行到了靠近南极圈的威德尔海海域。它还造访了欺骗岛，在此停留期间，船员们破坏了废弃的捕鲸站中的燃料设施，以防它被德国人使用。但其他建筑一如其旧。

相关各方在一年以前就启动了战时政治行动。英国和阿根廷在数十年前就对半岛部分地区提出了正式的主权声明，而智利对南极的兴趣则有点游移不定。[3]

客轮时期的百慕大女王号

女王号航行至南设得兰群岛时，船长杰弗里·霍金斯上校受命前往欺骗岛，并在这里破坏可能被德国劫掠船利用的任何设施。但他首先要驾驶这艘前豪华客轮通过福斯特港狭窄的入口“海神的风箱”，从没有人驾驶如此巨轮通过这个入口。霍金斯后来说道：“入口很窄，航道中间还有一座海底山峰。除了一张大地图上一块 2 英寸（约 5 厘米）见方的插图，我们手上并没有别的描绘入口地形的地图，但一艘工厂船的船长给了我一张图纸，并告诉我应该如何进入。这一点也不轻松。我们在岛附近被入口处的一座小型冰山挡住了去路，因此不得不等到它漂走才能进入。整个过程相当困难。”[4]（照片经弗内斯·威迪租船有限公司许可使用）

1940 年，事实上跟阿根廷一样属于战时中立国的智利发现插足南极的机会来了，因为它认为英国眼看要被德国击败。因此，智利政府第一次正式提出了自己对南极的领土要求，它声明智利政府对“西经 53°到 90°之间已知或即将被发现的所有土地、大小岛屿、岩石礁石和冰川（以及浮冰），及相应的附属领海……”享有主权[5]，涉及地区与英国 1908 年的福克兰群岛属地主权声明存在诸多重合之处。

智利政府在发表声明后并未立即采取进一步的行动。然而，阿根廷政府的策略则有所不同。1941 年 11 月，阿根廷政府宣布南奥克尼群岛的劳里岛基地为阿根廷官方邮局。两个月后，阿根廷政府向南极派出了海军舰艇五一号以扩大主权要求。智利政府代表也随船前往，这反映了两国就南极局势达

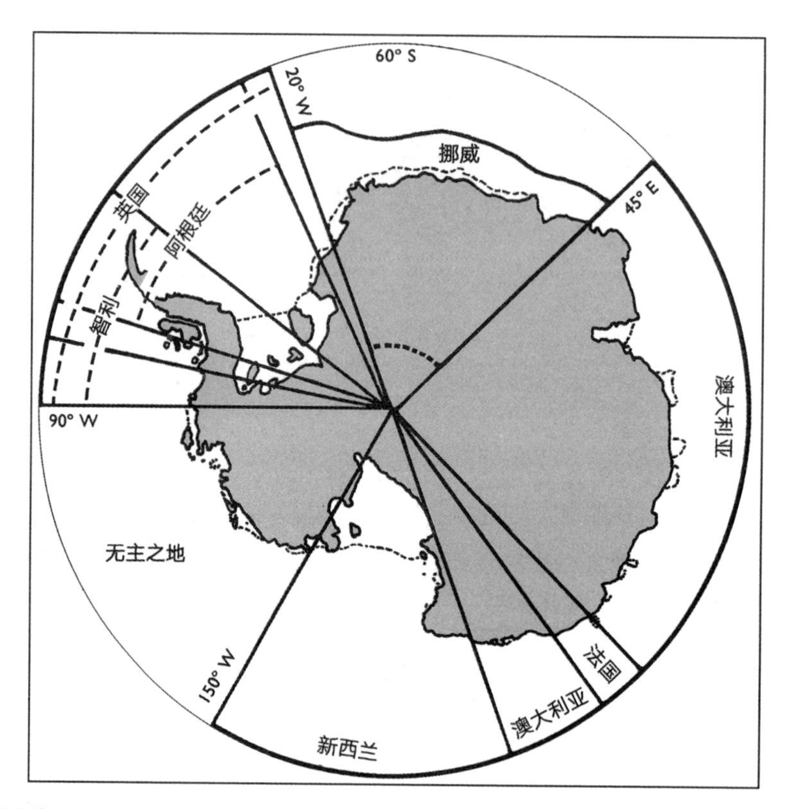

各国对南纬 60° 以南的南极地区（《南极条约》生效区域）的领土要求

共有七个国家对南极地区提出了领土要求。其中四国主张的领土位于南极半岛地区以外——分别是澳大利亚、法国、新西兰和挪威——这些主权要求彼此毗邻，但并不相互冲突。然而在南极半岛地区，共有三个国家提出了主权要求——阿根廷、智利和英国——它们彼此在很大程度上相互重叠。英国还主张对南乔治亚岛和南桑威奇群岛拥有主权，两者都在南纬 60° 以北。阿根廷针锋相对地提出自己对这些岛屿也拥有主权，尽管它在 1982 年争夺这些岛屿的福克兰群岛/马尔维纳斯群岛战争（具体见第十九章）中败北。此外，西经 90° 到 150° 的南极大陆地区则属无主之地。

成的一个共识，即“南美南极洲的确存在，唯一对这个地区享有主权的国家是智利和阿根廷”[6]。

1942 年 2 月初，五一号抵达欺骗岛并留下了一个铜制圆筒，内含文件一份。

文件正式宣布阿根廷享有南纬 60°以南、西经 25°到 68°34′之间所有地区的主权（后来又扩展到西经 74°）。船员们还把捕鲸站一座废弃建筑物的墙体涂上了阿根廷的国旗。接着，五一号继续沿着半岛西海岸往南航行。2 月 20 日，船上一群人登上了梅尔吉奥群岛（隶属于帕默群岛），升起了阿根廷国旗，并竖起了另外一座铜制的主权纪念碑。他们最后还登陆了温特岛，并在赖米尔的小屋附近升起了国旗以宣告主权。至此，阿根廷和智利一道主张了他们在英国福克兰群岛属地的大部分主权。然而，鉴于当时的局势，阿根廷并未声张自己的行动。

但关于五一号此次航行的传言很快就不胫而走，随之而来的就是一场针锋相对的博弈。1943 年 1 月，英国派遣军舰卡那封城堡号前去欺骗岛核实传言。画在墙上的阿根廷国旗立即证实了这些传言。卡那封城堡号上的人在阿根廷国旗上画了自己的国旗，拿走了铜制圆筒，并清除了五一号来过的所有痕迹，接着，他们升起了英国国旗。船长还往一栋建筑上钉了一则告示，指出捕鲸站在捕鲸公司的租约到期后就已经变成英国政府的财产。英国人后来通过官方渠道把五一号对欺骗岛的主权声明文件归还给了阿根廷。

阿根廷也随即采取应对措施。1943 年 2 月，五一号再次起航，它先是前往梅尔吉奥群岛和洛克鲁瓦港重新宣示主权，接着继续向南进入玛格丽特湾，船员们在美国南极服务性考察项目遗留的基地中停留了两天。尽管阿根廷人发现这些建筑库存充足且状态良好，但到阿根廷人离开之际，情况又大不相同了，因为他们带走了很多东西。事实上，阿根廷人带走的东西远超布莱克在信中请求对方寄回美国的数量。（最后，阿根廷人的确按照布莱克的请求寄回了他们带走的物品。第一批寄回的物品于 1944 年运抵美国。）返航途中，五一号在欺骗岛短暂停留。船员们移除了卡那封城堡号在岛上留下的英国标记，重新刷上了阿根廷国旗，不过这次是刷在一个鲸鱼油箱上的。他们还竖立了一座铜制的主权碑取代被英国人带走的圆筒。

随即，英国人采取了更为实质的反制措施。1943 年 5 月，英国战时内阁决定派出一支探险队前往福克兰群岛属地建立永久基地，以巩固英国的主权声明。这个探险项目最初属于高度机密，其代号为塔巴林行动，这个代号取自巴黎著名夜总会巴尔·塔巴林夜总会。（两位组织者选择这个名字是因为“在这个行动之初……我们不得不从事很多夜间工作，整个组织总是像夜总会那般混乱……”[7] 但探险队成员对这个名字另有说法，他们给出的原因是，“探险队成员一直被组织者隐藏起来，就像夜总会观众一样”[8]。）海军部任命詹姆斯·马尔为探险队的领队，他此前曾作为童子军跟随沙克尔顿的探索号探险队一同前往南极，后来还担任过发现号探险队的生物学家。马尔将建立两个基地，一个在欺骗岛，另外一个更重要的则建在位于半岛主体位置的希望湾。

伦敦的挪威流亡政府提供了探险船。英国人把探险船重新命名为皇家海军布兰斯菲尔德号，这是个极具象征意义的做法，因为布兰斯菲尔德 1820 年的声明是英国福克兰群岛属地主权声明的主要支撑。但行动队开局不利，因为一场狂野的船上派对破坏了船体，这让探险队的出发时间往后推迟了两个月。布兰斯菲尔德号最终在 11 月起航之际，船体几乎立即就发生了致命的泄漏，勉强开回港后就沉没了。在战时找到替换的船只是个严峻的挑战，后来福克兰群岛的主政官提出了解决办法，他提供了发现号考察项目的威廉·斯科斯比号，当时这艘船作为扫雷舰停在斯坦利。由于太小无法装下所有物品，塔巴林行动队还租用了福克兰群岛公司（该群岛上的主要机构）的 S. S. 菲茨罗伊号。海军派船把人员和装备运送到了斯坦利。

1944 年 1 月 29 日，斯科斯比号和菲茨罗伊号载着塔巴林行动队的 14 名队员离开了福克兰群岛。所有人接下来要在南极待上两年之久。他们在五天后到达欺骗岛，船队在整个航程中都处于熄灯和无线电静默状态，以防附近出现德国劫掠船。德国人并没有出现，但他们的确找到了五一号的船员们在十个月前喷绘的国旗。作为回应，塔巴林行动队升起了英国国旗，他们还把英国国旗刷在了阿根廷喷绘的国旗之上，一直保持到来年夏季。而在欺骗岛建立基地则是件容易的事：行动队的 5 人小组直接搬进捕鲸者的宿舍即可。

这两艘船接着往希望湾驶去。虽然斯科斯比号近乎随意地穿过了希望湾里拥塞的浮冰带，但菲茨罗伊号的船长断然拒绝驾船驶入。这让马尔别无选择，他不得不另找据点。他最终把船上其余 9 人安顿在了洛克鲁瓦港，这里是夏科 1904 年拒绝停靠的地点，马尔同样认为这里不尽理想，但他的理由是政治而非科学层面的。洛克鲁瓦港基地位于岛屿而非大陆上，正如马尔的副指挥官安德鲁·泰勒多年后总结的："如果你想占领整个大陆，你就要登上大陆，而不是站在 10 英里（约 16 千米）开外宣示主权。"[9]

两个基地在第一个冬季都做了少量科考工作，主要是气象学研究，洛克鲁瓦港的一些人还在温克岛上进行了一次雪橇之旅。除此以外，他们只是出于政治原因待在原地。

1944 年 2 月，希望湾的海冰问题促使行动队寻找更坚固的船加入斯科斯比号和菲茨罗伊号第二季的活动。英国人在纽芬兰找到了这样一艘船，是一艘结实的海豹捕猎船，名叫 S. S. 伊格尔号。此外，探险队还从拉布拉多引入了 25 只雪橇犬。这些动物将开辟英国在半岛地区近半个世纪不间断的狗拉雪橇史。

1944 年 11 月初，斯科斯比号往两个基地运送了新鲜的食物。它返回福克兰群岛后，马尔就与探险队的组织者商讨了来年的打算。他的计划是把洛克鲁瓦港的大部分队员转移到希望湾和玛格丽特湾的新基地。除了继续行使塔巴林行动队总指挥的职责外，他还会亲自负责玛格丽特湾基地的事务。泰勒则主管希望湾基地。

1945 年 1 月下旬，斯科斯比号、菲茨罗伊号和伊格尔号离开福克兰群岛。马尔也在船上，带着几位新人、狗队和福克兰群岛主政官前来与南方基地的人员会合。船队于 1 月 27 日抵达欺骗岛，斯科斯比号继续驶往洛克鲁瓦港接上泰勒和在基地度过了 1944 年冬季的多数队员。2 月 8 日以前，一切都进展顺利。接着，局面就发生了变化。当天，福克兰群岛的主政官让泰勒惊诧不已——前者请求泰勒接任马尔的探险队总领队一职。他说，马尔因为健康状况不佳而辞职，并且即将北返。探险队前往玛格丽特湾建立基地的计划也被取消，所有本要去往那里的人都会加入希望湾的团队。

主政官抛出重磅炸弹的三天后，伊格尔号便离开欺骗岛前往希望湾建立基地。这艘小型海豹捕猎船装了太多东西，多到二十岁的无线电操作员写道："我们看起来更像是诺亚方舟，而不是执行军队秘密任务的船，尤其那 25 只雪橇犬还不停咆哮。"[10]

讽刺的是，希望湾当年基本上处于无冰状态。泰勒在距离 J. 贡纳尔·安德松 1903 年住过的小屋废墟半英里（约 800 米）的地方找到了一个好地方，接下来他的团队花了一个多月的时间建造了三座新的小屋。建成后，他们从瑞典人的房屋结构中取出了一根木杆，把它作为旗杆安在自己的建筑上。

塔巴林行动队位于希望湾的基地

较小的建筑物上的旗杆是从安德松的小屋废墟中捡来的。（照片来自麦肯齐·兰姆，1944 年。经英国南极调查档案局授权转载。档案编号：AD6/19/1/D165/26。版权所有：自然环境研究理事会。）

在建造基地小屋的大部分时间里，伊格尔号都停留在近海。暴风雨和浮冰有时候会让它的位置摇摆不定，但一直到 3 月中旬，船长罗伯特·谢泼德都能很好地应对。接下来，就在伊格尔号载着最后一批补给从欺骗岛归来之际，一场猛烈的风暴袭来。风暴先是破坏了一条锚索，接着，浮冰撞破了船头，另外一条锚索也随之损坏。斯夸尔斯向岸上团队发报说："我们……几乎就要弃船了……船长正考虑让它靠岸……请你们带上绳索前往'汉迪湾'待命……"[11]希望湾的年轻助理、调查员戴维·詹姆斯写道：

> 多么绝望的权宜之计！这就是风暴的力量。"汉迪湾"不过是一片岩石海滩，水中的岩石肯定会洞穿船底。如果伊格尔号在风力减小之前就被破坏，想在狂风暴雨中把人救上岸也是很困难的，船上的人基本上也就没

S. S. 伊格尔号受损的船头，在返回斯坦利的途中进行了临时修理

离开希望湾后，这艘船又挺过了暴风雨最终减缓前的一个晚上。接着，大家就开始了临时修理工作。无线电操作员斯夸尔斯写道："我们把所有备用的毯子和睡袋都塞进了船头被冰山撞出的洞里。木匠齐佩坐在水手长的椅子上，被降到船头以下，试着为受损区域蒙上一层帆布保护罩。但伊格尔号会不时地一头扎进海浪中，齐佩也两次被甩回甲板，但他不惧海浪，爬上船头继续修理。这一天结束之际，帆布罩也已就位……"[12]（图片摘自《S. S. 伊格尔号》，斯夸尔斯著，1992 年）

> 有生还的希望了……第一支雪橇队刚刚出发，（无线电操作员）再次发来了消息……说船长决定前往（福克兰群岛）……勇敢的小船冒着蒸汽缓缓地离开了，船的两侧满是海冰，船头也被击穿。[13]

伊格尔号成功回到斯坦利，但这也只是侥幸脱险而已。

塔巴林行动队现在建立了三个基地——欺骗岛、洛克鲁瓦港和希望湾，前两个基地各配有4名队员，后一个基地配有13名队员和所有的雪橇犬。第二年的情况与第一年完全不同，不仅队员们开展了更多的科考和探险工作，而且在1945年5月德国投降后，行动队与国内的交流也更加公开和频繁。

8月8日，泰勒、詹姆斯以及其他2人带着狗队离开希望湾，他们要沿着半岛东岸往南走。其中仅有泰勒使用过雪橇，而且所有人都不会驾驭雪橇犬。于是，他们就一边走一边学，发现一路比想象中困难许多。他们在23日走到了雪丘岛以南几英里的地方，接着就开始返程。几天以后，队员们在无意中发现了诺登斯克尔德留下的一个小仓储点。鉴于他们自己日益减少的补给，这些存放了四十三年的储备实在是不可多得的补充。接着，他们到达了雪丘岛的小屋。詹姆斯写道："身临其境，一种虚幻的感觉油然而生——就像在贝克街跟福尔摩斯一起喝茶一样——除了这一点，我们肯定也期待这里有好吃好喝以及安逸的环境。"但眼前的景象让他们大失所望，"就好像本来被邀请去参加婚礼，结果误打误撞地走进了葬礼现场，一切都笼罩着难以形容的阴郁氛围……"[14] 尽管建筑结构完好，但窗户全都没了，屋里都结上了冰，也找不到什么吃的。

几天后，泰勒等人找到了乌拉圭号建在西摩岛上的一个仓储点。与雪丘岛的小屋不同，这里全是补给。整个事件充满了反讽：这支英国行动队打算在阿根廷声明过主权的地方宣示自己的主权，但他们因为补给不足又要从此前阿根廷人留下的仓储点中取食。不过泰勒等人只是单纯地把这个仓储点与诺登斯克尔德的传奇故事联系在一起。再说，他们本来也需要这些食物。截至9月7日回到希望湾时，泰勒等人走了大约 270 英里（约 435 千米），在艰难的路途中学到了很多拉雪橇的方法。

二战之后

二战甫一结束，探险家们随即回到了南极。这一次，领头者是各国政府，探险家们还带来了因战争而发展起来的各种技术——远程飞机、直升机、破冰船、高效的陆上车辆和经过改进的通信设备——所有这一切为南极探险带来了革命性的变化。

而在半岛地区，塔巴林行动在 1945 年 7 月正式结束。但基地依旧忙碌，因为根据福克兰群岛属地调查（FIDS）这个新项目的需要，福克兰群岛政府接管了这些基地开展任务。尽管已不具备军事属性，但这些基地仍然是英国占领的象征。如今，它们会发挥比塔巴林行动时期更多的作用，比如会成为探险和科考活动的枢纽。由此，在南奥克尼群岛和南乔治亚岛以外，半岛地区也开始长期有人居住了。

1945—1946 年，福克兰群岛属地调查项目曾轮流在塔巴林行动的三个基地开展任务，其间项目组还另外建立了两个新基地。其中一个位于斯托宁顿岛，与美国服务性考察项目的旧基地仅几百码之遥，另外一个位于南奥克尼群岛的劳里岛，距离阿根廷当时正在运营的基地不远。爱德华·宾汉曾是赖米尔的医生兼首席训狗师，此时担任了项目总指挥和斯托宁顿岛基地的负责人。宾汉在去往玛格丽特湾的途中曾停留温特岛，并且短暂地考虑过重新启用岛上原有的小屋。幸运的是，他最后放弃了这个选项，因为这个小屋在次年夏天之前就会消失，很可能是被 1946 年 4 月 2 日洛克鲁瓦港附近记录到的同一次海啸冲走的。

阿根廷和智利都在密切监视英国在与他们有主权纠纷的地区的行动。1946—1947 年，这两个国家第一次往南极派出了正式的探险队。阿根廷建立了自己的第二个南极基地，这个全年不休的基地位于帕默群岛的梅尔吉奥群岛。智利则建立了它的第一个南极基地，这个基地位于南设得兰群岛的格林尼治岛。

阿根廷人已经多次在夏季前往南极，但对于智利人而言，自野丘号于 1916 年营救沙克尔顿的象海豹岛探险分队以来，1946—1947 年的探险可以算是他们第一次正式的南极探险。格林尼治岛的基地建成后，智利人继续前往斯托宁顿岛，他们派出一支分遣队于 2 月 21 日在此登陆。在智利人访问英国基地期间，双方互换了正式的文书信件表达抗议，接着一起开了派对。令人遗憾的是，许多智利船员还洗劫了闲置的美国探险队的小屋。这引起了英国人的强烈不满，他们曾努力清理这个长期闲置、后来又在 1943 年遭到阿根廷人一通乱翻的小屋。[15]

跳高行动

1947 年 2 月，另外一个国家也在南极开展活动。美国政府发起了跳高行动，这是南极有史以来规模最大的探险项目，在 1946 年 11 月向南极派出了十三艘船（包括世界上第一批抵达南极的破冰船）、许多飞机和 4 700 人。虽然此次探险主要考察半岛以外的地区，但乔治·杜费克率领的三艘探险船仍旧往东穿过了别林斯高晋海，在 2 月初抵达亚历山大岛。水上探险飞机在亚历山大岛和夏科岛开展了多次空中考察，其间，美国人还向阿根廷、英国和智利早就宣示过主权的地方投下了主权声明文件。杜费克也试图乘坐摩托艇前往夏科岛，但漂浮的海冰迫使他在距离小岛 500 码（约 457 米）的地方掉头返回。几天后，大风把探险队挡在了玛格丽特湾外面。船队的气象学家们预测一场巨大的风暴即将席卷整个南极半岛地区，杜费克便命令他的船往北航行，绕过半岛驶入威德尔海。他打算从这里一直往南推进，从而可以用水上飞机飞抵威德尔海的南部海岸。此前仅有菲尔希纳的探险队员们隐约看到过这里，他们当时离瓦瑟尔湾西侧仅几英里。从那里到南极半岛的中间地带仍旧不为人知，因此也是南极地区仅存的最神秘而漫长的海岸之一。

风暴逐渐成了真正的威胁。在船队绕半岛航行的途中，狂风和巨浪强力拍打着这些小船，但几个地狱般的日子之后，船队最终在 2 月 19 日抵达南奥克尼群岛。杜费克从这里往南航行，但当船队航行至南纬 66°时，浮冰已密集到令人绝望的程度，而这里距离他打算抵达并开启空中考察的地方至少还有 100 英里（约 161 千米）。于是，杜费克转头往东航行。到他最终找到跨过南极圈的航道时，船队正位于 0°经线的位置，距离杜费克想要飞行侦察的地区很远。继续往西航行了一段之后，2 月 28 日，他放下了两架水上飞机。刚飞行了 50 英里（约 80 千米），云层就遮住了天空，但飞行员继续向前，试图升到云层以上。其中一架飞机爬升到了 1.4 万英尺（约 4 267 米）的高度，却看不到下面的任何东西。两名飞行员最终选择放弃，飞回了船上。尽管杜费克尽了最大的努力，但地图上威德尔海底部的空白仍未被填满。总有一天会有人填上这个空缺。

巧得很，就在 3 月初跳高行动的船队往北返航之际，后来在杜费克失败的地方取得成功的人已经在去往南极的路上了。此人恰好是乔治·杜费克的熟人，他们曾一起跟随理查德·伯德 1933—1935 年的探险队在南极过冬，而且还在 1939—1941 年的美国南极服务性考察项目中同乘一船。

回到斯托宁顿岛的芬恩·龙尼，以及随行过冬的两位女性

最终得见威德尔海整个南部边界的人是芬恩·龙尼，即美国南极服务性考察项目中东部基地分队的老将，他曾在 1940—1941 年探索乔治六世海峡。1947 年 3 月，龙尼率领自己的龙尼南极研究探险队来到斯托宁顿岛，打算重启美国探险队的旧基地。

龙尼南极研究探险活动是一次私人探险活动，但得到了政府的大力支持。美国空军借调了 2 名飞行员和 3 架飞机，海军研究所也提供了适合远洋航行的

木质拖船——龙尼把它重新命名为博蒙特港号——陆军则提供了2辆开发于二战时期的全地形履带式车辆。

美国政府还以别的方式为龙尼提供了支持。得知美国人打算重新启用此前的旧基地后，英国人不高兴了，他们正式向美国国务院提出抗议。他们指出，不仅美国的旧基地建在英国声明过主权的领土上，而且斯托宁顿岛上的资源也不足以支持两支探险队。但龙尼没钱在别的地方建立新的基地，于是，美国政府出面支持他的行动，拒绝接受英国严禁龙尼使用旧基地的禁令。（而对于美国暂时占领自己曾主张过主权的地方，智利就没那么多顾虑。事实上，它认为这是重申自己主权的机会，至少要做做样子，于是就为龙尼的探险队签发了智利南极地区的官方签证。）

龙尼如今是第三次前往南极探险，另有几位“老人”也跟随他一同归来，其中就包括前东部基地的探险队员哈里·达林顿，他此次担任龙尼探险队的首席飞行员，还包括达林顿的宠物雪橇犬克努克，即年轻的哈里于1941年救下的小狗。整个探险队共有23人，其中2人为女性，她们也是第一批在南极大陆腹地过冬的女性。

龙尼几乎是在无意间打破了南极的性别藩篱。他的妻子伊迪丝（即杰基）和达林顿的新婚妻子珍妮一同跟随探险队到了智利，她们打算在丈夫们从这里继续前往斯托宁顿岛时返回美国。临别之际，龙尼决定把杰基带到南极协助自己发布新闻。一些队员对于有女性跟随探险队一同前往的想法感到十分沮丧，并威胁退出。但当这些人意识到自己只是少数派后便妥协了，并表示带两名女性比带一名好。龙尼接受了这个提议，而反对带任何女性前往的达林顿则告诉珍妮她被选中了。于是，她和杰基便迅速为自己意料之外的南极冬季之旅做好了准备。

龙尼的探险队于1947年3月12日抵达斯托宁顿岛时，英国人表现出的欢迎程度远超龙尼的预期。实际上，福克兰群岛属地调查项目的领队凯尼姆·皮尔斯-巴特勒当时在岸边亲自迎接了来自博蒙特港号的第一艘小艇。相比之下，刚刚被智利人造访过的美国旧基地则显得一片狼藉。龙尼的探险队花了几个星期才把基地整理得适合居住，其间所有人都在船上生活。

不幸的是，龙尼一开始做的一件事情就与皮尔斯-巴特勒的热情欢迎格格不入：他在旧基地的旗杆上升起了一面很大的美国国旗。这再次引发了英国人的不满，他们正式照会美方并询问道，旗帜是否意味着领土主张。如果是，英国领队说，他就不得不提出抗议。龙尼也很正式地予以回复。他的照会结束得有些不坦诚："作为一支重新利用斯托宁顿岛旧基地的美国探险队，我们在美国营地的美国旗杆上重新升起了美国国旗。"[16] 在此次交流后的一段时间里，双方的关系明显冷淡了下来。但常识逐渐占据了上风，龙尼的探险队和福克兰群岛属地调查队后来还是建立了工作上的合作关系——这对双方都有利，因为彼此都可以取长补短。

龙尼本打算用雪橇犬开展雪橇探险，但很遗憾，几乎半数雪橇犬都在前往智利的途中死去，虽然他后来努力在蓬塔阿雷纳斯寻找替代犬，但仅收获了一些不合适的杂种狗。珍妮·达林顿十分生动地描述了英国人对这些狗的反应："这些耐心的英国人（他们都是爱狗之人）看到我们那群营养不良的智利杂种狗后——其中包括一条西班牙的柯基、一条种类未知的牧羊犬，还包括无趣而'无毛'的惠比特犬等——他们确信美国探险队是来南极杂耍来了。"[17] 而英国人有很多出色的狗。但除了剩下的两支优良狗队以外，龙尼还带来两辆全地形履带车和三架飞机——这些装备对皮尔斯-巴特勒唯一一架小型奥斯特飞机而言，无疑是一种宝贵的补充。

遗憾的是，龙尼和英国探险队的默契日益增长，他自己的探险队内部却关系紧张。龙尼会对在他看来挑战自己权威的任何事情产生强烈反应，因此，美国基地中很快就爆发了激烈的个性冲突，龙尼和达林顿之间尤其如此，后者的脾气有时候也很倔。龙尼的探险队到达斯托宁顿岛几个月后，龙尼就把达林顿排除在了所有探险活动之外。这种情况迫使其余队员也必须选边站队。两位妻子自然支持自己的丈夫，不久之后，南极仅有的两位女性就几乎没了交流。当时的事态十分严重，乃至珍妮在春季结束时意识到自己怀孕后，也刻意没有告诉杰基。几个月之后，龙尼夫妇才得知珍妮有孕在身。

前往南极的两位女性和她们的丈夫

上图：伊迪丝·“杰基”和芬恩·龙尼在斯托宁顿岛上的探险队办公室并肩工作。芬恩的母语为挪威语，杰基在这方面为他提供了大量帮助，除了打字，她还帮忙撰写和编辑丈夫的新闻稿。（照片摘自《征服南极》，芬恩·龙尼著，1949 年）

下图：哈里和珍妮·达林顿。在龙尼解除了哈里的首席飞行员身份后，斯托宁顿岛上的探险工作也基本与他们无缘了。（照片摘自《重新收回失去的南极基地》，帕菲特著，1993 年）

尽管探险队的人际关系很紧张，但龙尼还是继续执行着自己雄心勃勃的探险计划。他在冬季开展了几次短途雪橇探险，其中一次几乎酿成大祸。7 月中旬，龙尼效仿美国探险队之前的做法，率领一支六人探险队登上半岛高原建立气象站。他们在冬季的黑暗中用了两天时间才抵达高处的冰原。接着，强风暴袭来。天气到第八天才好转，龙尼和其他三名队员也得以返回斯托宁顿岛。探险队的气象学家哈里斯-克里希·彼得森、助理地质学家兼测量员罗伯特·多德森则留守在新的营地。

回到基地几天后，龙尼就与高原营地上的两人失去了联系。出于担心，他派出一架飞机前去查看情况，但飞行员们并未发现两人，于是，龙尼决定开展空中和地面搜救工作。就在他做好出发准备之前，多德森独自跌跌撞撞地回到了基地。他告诉龙尼，风暴在龙尼走后依然没停，大风刮烂了帐篷。绝望之际，他和彼得森便放弃营地往回赶，但彼得森后来掉进了一处冰缝里。多德森意识到，如果没有别人的帮助，自己没法救出彼得森——后者当时卡在裂缝下方 100 英尺（约 30 米）处，于是他把国旗和彼得森的滑雪板留在原地作为标记，匆匆往回赶。多德森打起精神，紧张地穿过了后来大家所谓的“彼得的冰缝”，急急往下赶到基地寻求帮助。当多德森带着自己的紧急情报回来时，他发现龙尼的探险队员们正在和英国人一起享受周六的电影之夜。英国考察项目的领队皮尔斯-巴特勒立即让自己这边具有丰富冰缝救援经验的团队提供帮助。在英国人组织人员的时候，多德森转身带着龙尼探险队的两名队员出发了。天气已经有所好转，黯淡的月光和星光投下的阴影却让人难以确定彼得森的位置。但营救人员最后还是发现了多德森留下的标记，他们往冰缝深处看，看见了彼得森，他还卡在多德森几个小时以前离开时的位置。美国和英国的探险队员们一起把一根绳索绑在了英国探险队医生理查德·巴森身上——他是这群人中个子最小的——小心地把他降到了受困的美国队员旁边。接着，巴森把另外一根绳子绑在了彼得森身上，上面的人合力把两人拉了上来。彼得森在这座可怕的冰冷监狱中待了十个小时，幸运的是，这并未对他造成永久性损伤。

8月底，另外一支雪橇队终于建好了高原气象站。自那时起，这个气象站一直持续运行到了龙尼的空中考察任务结束之际。龙尼还在半岛东侧、斯托宁顿岛东南方向约100英里（约161千米）的基勒角建立了一座前方基地，为雪橇和飞行考察提供支援。

建设基勒角基地的难度很大，而且与气象站一样，这个基地在刚开始建设时也几乎酿成灾难。9月15日，英国的奥斯特飞机带着三名英国探险队员起飞了——雷金纳德·弗里曼、伯纳德·斯通豪斯和汤米·汤姆森——他们此行是为了给龙尼那架大得多的诺斯曼飞机铺设一条着陆带，后者负责为基地运送补给。但不幸的是，两架飞机在飞行中失去了无线电联系。龙尼的团队飞抵约定的地点后并没看到这架奥斯特飞机，于是他们又飞回了斯托宁顿岛。没人知道这架英国飞机的下落。

接下来的一周里，龙尼的飞行员詹姆斯·拉希特和查尔斯·亚当斯多次空中搜寻未果。9月22日，拉希特把搜索范围转向半岛西侧，最后在这个区域发现了失踪的队员，他们当时正艰难跋涉在斯托宁顿岛以南30英里（约48千米）处玛格丽特湾的浮冰上。拉希特降落并了解了他们的遭遇，这些人正在挨饿，情绪也快崩溃了，好在没有受别的伤。此前他们飞抵基勒角时降落在了比约定地点更靠内陆的区域，诺斯曼飞机正好从他们头顶飞了过去。英国考察队员意识到美国人已经和自己失之交臂，于是就起飞返回斯托宁顿岛，但飞行员汤姆森在暴风雪中迷了路，最后在玛格丽特湾上空紧急降落。由于发报机因事故受损而无法发报请求援助，他们决定徒步回基地。接下来的一周真如噩梦一般。他们几乎没有食物，生存设备也很少，天气糟糕透顶，而脚下的路最难走。拉希特找到这些人时，他们才走了不到20英里（约32千米）。

龙尼需要基勒角基地以开展其雄心勃勃的空中探险计划，但他的雪橇考察项目却先行开始了，因为和此前的美国探险队一样，糟糕的天气让他不得不推迟空中长途考察计划。第一个雪橇团队用的是龙尼自己带来的雪橇犬，在将近三个月的考察时间里，他们在玛格丽特湾周边及亚历山大岛行进了约 450 英里（约 724 千米），开展了地质考察，英国探险队的两名成员也在中途前来一起考察了一段时间。

另外一次雪橇考察则是美英探险队的联合行动。英国人提供了所有的雪橇犬，美国人则提供了空中支援。一支四人组成的先遣队沿着此前美国南极服务性考察项目探险队最早开辟的路线穿越了半岛。随后，皮尔斯-巴特勒接管了基勒角，并率领双方各两名队员组成的探险队往南出发，到龙尼的飞机建立的仓储点中取些补给。一路上天气很好，雪橇队面对的冰面状况也不错。12 月 13 日，这支联合雪橇队在快到南纬 75°的地方折返，此处已超过美国南极服务性考察项目派出的威德尔海雪橇队最终抵达的地点 200 英里（约 322 千米）。所有的人和狗都在 1948 年 1 月 22 日回到斯托宁顿岛，往返总路程约为 1 200 英里（约 1 931 千米）。

雪橇队开展地面考察的同时，龙尼也开始了他的空中探索。11 月 21 日，他第一次开展了长程飞行。诺斯曼飞机载着五桶燃料从基勒角前方基地往南出发了，一架比切科夫特飞机紧随其后。两架飞机在基地以南数百英里的地方降落，机组人员把诺斯曼的燃料匀了一半给比切科夫特飞机。然后龙尼和操作相机的比尔·拉塔迪、驾驶员拉希特乘着比切科夫特飞机一起向未知之地进发，他们沿半岛东海岸往南飞，一直飞到了南纬 77°30′、西经 72°附近，飞越了南极大陆的主体范围。

接近三周之后，龙尼开展了他的第二次重要飞行。12 月 12 日，他再次利用诺斯曼飞机将飞行起点往前推到基勒角以南，然后再次乘坐比切科夫特飞机往东南方向飞行，一路上循着威德尔海南端的冰架往其东飞行了数百英里，最终

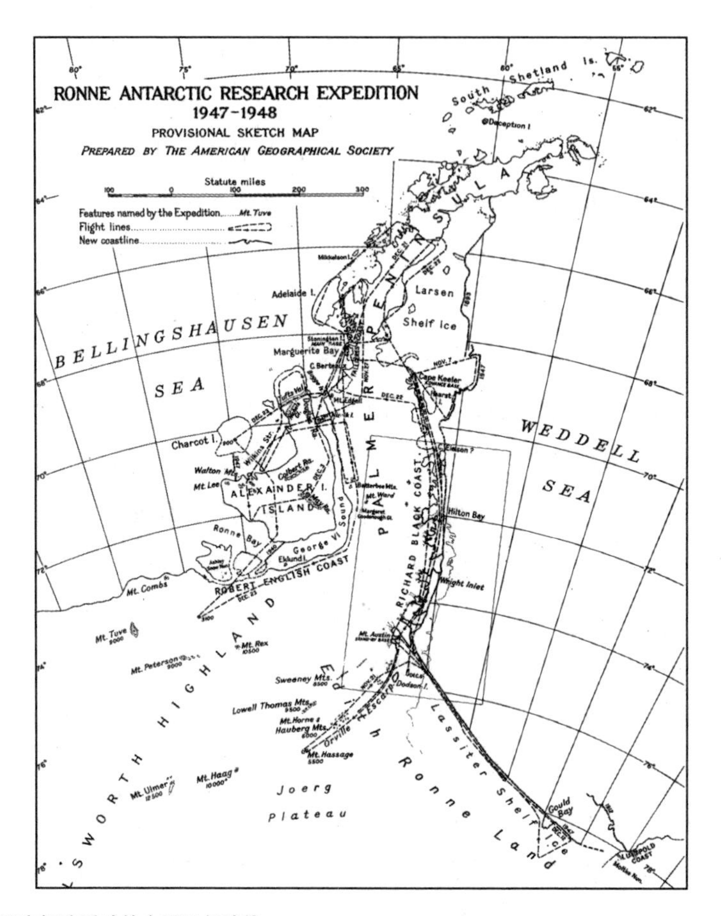

龙尼南极研究探险活动的主要飞行路线

这张官方探险地图生动地展示了探险飞行作业的复杂程度，但即便此处展现的复杂飞行轨迹网也只是高度简化的版本。探险队的飞机在这个区域共计降落了 86 次，半数降落在首次发现的地区。探险队的三架飞机飞行了共计 3.7 万英里（约 6 万千米），调查了 25 万平方英里（约 65 万平方千米）此前未被发现的土地，总共发回了 1.4 万张航拍照片，这些照片反映了南极半岛两侧、亚历山大岛以及威德尔海冰架区域的地理特征。这些飞行中尤其值得注意的是两次从半岛东岸起飞的漫长探索飞行。第一次飞到了南方很远的地方；第二次先是往南飞，然后沿东南方向飞到了从未被发现的威德尔海南端。而最重要的一次雪橇考察——上图中并未体现出来——则是美国和英国探险队合作的结果，他们穿过了南极半岛，往南一直推进到了威德尔海西海岸附近。（地图来自《1946—1948 年龙尼南极研究考察项目》，美国空军报告，华盛顿特区，1948 年）

抵达了位于瓦瑟尔湾的冰架东缘。他以为下方除了冰架，就是大片陆地。他按照自己的首席飞行员的名字将这片被调查的区域——从 11 月 21 日所在的西端到 12 月 21 日发现的东端——起名为拉希特冰架，还用妻子的名字将下方的陆地命名为伊迪丝·龙尼地。（实际上，龙尼飞过的大部分区域都没有陆地。伊迪丝·龙尼地这个名字现已从地图上消失，取而代之的是龙尼冰架，也就是覆盖了龙尼所看到的大部分区域的冰架。拉希特这个名字被转而用来指涉大陆海岸一处主要的延伸段。）[18]

12 月 23 日，龙尼探险队开展了最后一次重要的空中考察，这一次，飞机往西南方向飞到了超出乔治六世海峡南端很远的地方。远方赫然耸立着此前不为人知的山脉，龙尼一边把它们画进地图，一边为它们分配名字。[19] 在南纬 74°、西经 79°35′附近的冰面着陆后，龙尼便掉转头往西北方向飞到夏科岛并登陆。这也是人类第一次踏足这个岛。

龙尼最初计划在 3 月中旬离开南极，然而，玛格丽特湾的海冰到 2 月份依旧坚硬，甚至还在变厚。但这一次，他们可以选择空中撤离。破冰船早就来到南极，其中两艘隶属于美国的风车行动，执行该行动的探险队主要在半岛以外开展活动，它们在 2 月底前来解除了博蒙特港号的海冰之围。探险队从玛格丽特湾撤离对探险队员珍妮·达林顿而言是个重大安慰，因为当时她的肚子已经很大了。（她的女儿辛西娅于 1948 年 7 月在美国出生。[20]）

离开之际，龙尼明白自己私人出资的探险队与英国探险队开展了深入的合作，也取得了巨大的成就。他的飞机在这个地区着陆 86 次，其中一半都降落在此前未被发现过的地方，调查了大约 25 万平方英里（约 65 万平方千米）从未被发现的土地，其中包括威德尔海南缘，这里也是当时南极海岸地图上最大的空白。雪橇考察非常高效，局部性更强的科考工作也是如此。尽管取得了这些重要成果，但龙尼探险队可能还是因两位先锋女性而最为人铭记，而她们从未主动寻求此种荣誉。

政治与冲突

龙尼在 1948 年 2 月离开后，南极半岛地区的探险就成了三个宣布过主权声明的主要国家的天下了，这三个国家彼此谁都不服谁。1947 年 7 月，阿根廷与智利就两国在南极的主权事宜签署了联合声明。几个月后，英国驻布宜诺斯艾利斯和圣地亚哥的大使分别向阿根廷和智利政府递呈了正式的抗议照会，反对他们在 1946—1947 年对福克兰群岛属地的“非法入侵行为”。这些照会重申了英国的主权，并呼吁阿根廷和智利把相关争端提交海牙国际法院裁决，英国愿意接受法院的任何裁定。智利和阿根廷当即回绝了这个提议，后来英国再次提出这个方案，还是遭到拒绝。与此同时，三国都加紧在南极建设新的基地。

1947—1948 年夏季，阿根廷在遥远的南方开展了混合编制的海军军事演习。这次军演声势浩大，共有 15 艘军舰、5 名海军上将、若干报纸记者和多名特邀嘉宾参与其中。1948 年冬季，一支较小的舰队再次加强了阿根廷在南极的存在感。

智利也在同年夏季增加了自己的筹码。当时的智利总统加夫列尔・冈萨雷斯・魏地拉前往智利主张的南极领土开展正式访问，是第一位前往南极的国家元首。官方的访问团包括魏地拉的妻子和女儿们、几名政府部长、海军和空军的最高统帅、若干参议员，以及一些记者和新闻摄影师。1948 年 2 月 17 日，官方访问团视察了智利在格林尼治岛建立的第一个南极基地。次日，魏地拉总统正式宣布智利的第二个南极考察站开始投入使用，它位于南极大陆尖端；他还以个人名义重申智利对南极的领土主权，并以智利首位总统之名把南极半岛命名为奥希金斯地。(阿根廷也曾按照本国英雄的名字把半岛地区命名为圣马丁地。)

阿根廷的军事演习、智利总统的访问以及英国的一再抗议都加剧了南极半岛地区的紧张局势。主张领土主权的各方都不愿妥协，但它们也同样不希望局势朝真枪实弹的方向发展。1948 年年底，三国政府正式达成一致意见，它们都不会往南纬 60°以南地区派遣海军舰艇，“但多年来已成惯例的常规行动除外”[21]。1948 年以后，这项三方协议每年都会更新一次，一直到 1959 年的《南极条约》让它变得多余为止。但并不令人惊讶的是，各方会按照自己的方式解读这一宣言。1948 年以后，阿根廷和英国几乎每年都会派个别军舰进入宣言规定的禁区，其中一些航行远非常规作业。

1952 年年初，一个发生在宣言相关区域的事件差点让三国卷入武装冲突。当年夏天，阿根廷开始在希望湾建设自己的埃斯佩兰萨基地，而福克兰群岛属地调查项目的一支团队也在 2 月初抵达希望湾，并且在距离阿根廷新基地不远的地方登陆，打算在此重建自己的希望湾基地——上一个基地因为大火烧毁了主建筑而在 1949 年初关闭。于是，阿根廷指挥官正告英方团队，他受命“阻止你们在此建设基地，必要时会使用武力”[22]。接着，他命令部下向“入侵”的英国人头顶上方射击，并要求他们回到自己的船上。

手无寸铁的英国人不情愿地撤退了，他们一上船就通过无线电向福克兰群岛政府报告了这个消息。福克兰群岛主政官迈尔斯·克利福德命令英国船长守在原地。克利福德还向伦敦殖民署报告了当前的局势，英国政府立即向阿根廷政府提出了强烈抗议。后者随即反驳说这是个误会，并指责埃斯佩兰萨基地指挥官反应过度且滥用职权。与此同时，克利福德在未等到上级指示的情况下，便召来了一艘军舰驶往希望湾。抵达后，他便派船上的海军陆战队上岸与阿根廷人对峙。幸运的是，埃斯佩兰萨基地的成员已经奉命撤退到了半岛腹地，局势得到了缓解。英国人开始重建自己的基地，阿根廷很快也替换了被当作替罪羊的基地领队。

次年夏天再次发生了一个差点酿成危机的事件。这一次，英国人在捍卫己方基地时采取了挑衅性行动。1953 年 1 月，智利和阿根廷都在欺骗岛上建立了新的庇护所，它们距离英国基地仅几百码的距离。因为阿根廷在岛上已经建有一座全年作业的站点，因此建造这座新建筑的意图尚不清楚，但智利修建庇护所的意图是为了在后期进一步扩张。了解到岛上建了这些建筑后，英国政府命令克利福德（当时仍是福克兰群岛主政官）前去拆除并赶走相关人员。

在没有提前警告阿根廷或智利的情况下，克利福德派出军舰斯尼普号前往欺骗岛。1 名地方法官、2 名福克兰群岛警员和 15 名海军陆战队队员登陆欺骗岛拆除了相关建筑，他们还逮捕了建筑里的 2 名阿根廷人。接着，斯尼普号驶往南乔治亚岛，把 2 名囚犯移交给了一艘开往布宜诺斯艾利斯的阿根廷船。就在此时，驻布宜诺斯艾利斯和圣地亚哥的英国大使分别向两国政府提交了正式照会，照会中详细说明了斯尼普号的行动，并抗议对方侵犯所谓英国主权的行为。阿根廷和智利均在 2 月 20 日的回复中申明了自己的领土权利，并对英国的行为表示抗议。最终，三国一致同意平息整个事件，冲突没再进一步激化。

1951—1952 年和 1952—1953 年发生的事件险些酿成灾难，但最终都是冷静的头脑占了上风。此后，三个国家勉强达成和解，包括默许对方增加新的基地。到 1954—1955 年，阿根廷和英国已在半岛地区各建有八座基地，智利则建有四座。阿根廷也毫不隐瞒自己的意图，1954 年 4 月胡安・多明戈・贝隆总统宣布他的政策是“让阿根廷的南极地区住满阿根廷人”[23]。

与此前捕鲸者的时代一样，南极地区人口最多的地方还是欺骗岛。虽然阿根廷和智利都没有重建他们的庇护所，但阿根廷和英国仍坚定地维持着岛上全年基地的运营，智利也在 1954—1955 年建立了自己第三座全年运营的考察站。这座考察站距离福克兰群岛属地调查项目的基地仅几英里之遥，但英国这一次只是提出了一下正式的抗议而已。尽管官方的政治争执不断，但三个基地上的工作人员相处融洽，他们你来我往，交换食物和饮料，并在需要时相互帮助。事实上，一直流传着一个真假未知的故事：多年来，三国的探险队员们私底下会通过一系列足球比赛或飞镖比赛“解决”岛屿的主权归属问题，获胜队伍可以自己国家的名义主张岛屿的主权，直至下一场比赛。

第十八章

国际地球物理年和《南极条约》：1955—1959年

虽然在20世纪50年代初的南极半岛建起了越来越多的基地，但在其他地方发生的一件事却对整个南极洲产生了重大影响。1950年，美国和英国一些科学家向世界各国提议举办第三次国际极地年（IPY）。国际科学界对这个提议反响热烈，世界各国也都同意参加。第二次国际极地年举办于1932—1933年，当时距离把德国探险队带往南乔治亚岛的第一次极地年已五十年。因为经济大萧条的缘故，第二次国际极地年项目几乎精简到仅限于北极。相反，这次新的极地年会把极地工作的重心放在南极洲，其正式的名称为国际地球物理年（IGY），持续时间为一年半，从1957年7月1日一直到1958年12月31日。十二个国家以建设南极基地的方式加入项目：三个已经在半岛地区建立基地的国家——阿根廷、智利和英国，外加澳大利亚、比利时、法国、日本、新西兰、挪威、南非、苏联和美国。

国际地球物理年项目于1955—1956年启动了场地准备工作，几个国家在南极建立了新的基地，比如在罗斯海地区建立基地的美国，以及在东南极洲海岸及内陆建立基地的苏联。其他国家也在1956—1957年先后到达，更多的基地随之建立，其中包括美国在南极点建立的阿蒙森—斯科特科考站。这十二个国家在南极大陆及邻近地区建设的基地总计超过五十座，大约半数位于半岛地区。按历史标准来看，南极洲正遭受人类入侵。从 1955 年年末到 1958 年年底，成千上万人（包括少数俄罗斯女性）在冰封的南极留下了自己的足迹——这一时期的非商业访客数量已超过自詹姆斯·库克 18 世纪 70 年代绕南极大陆航行以来访问南极的人数之和。

尽管在 20 世纪 50 年代后半期，与国际地球物理年相关的工作占了南极科考和探险活动的绝大比例，但这在半岛以外地区尤其如此。在南极半岛，阿根廷、英国和智利的基地在国际地球物理年开始之前就已运作多时，现在只需把国际地球物理年的相关任务纳入现有的项目之中。半岛地区仅有两个基地是专门为国际地球物理年而建的，其中一个是独立于福克兰群岛属地调查项目的英国科学机构所建，另外一个由美国建立，这两个基地都位于威德尔海深处。阿根廷的贝尔格拉诺将军站也是如此，该站建于 1954—1955 年夏，除了服务于国际地球物理年，还兼具政治目的。

南极半岛地区的国际地球物理年活动

英国皇家学会提前在 1955—1956 年（国际地球物理年开始的前一年）夏季专门为国际年活动建立了基地，以便有充分的时间在科考活动正式展开的 1957 年 7 月 1 日之前做好所有的准备工作。皇家学会租用了二战期间的老式拖网渔船兼海豹捕猎船图坦号运送先遣队。1955 年圣诞节后的第一天，图坦号离开南乔治亚岛前往威德尔海，它此行的目的是尽可能沿威德尔海东海岸往南航行。它轻松抵达了科茨地北部，接着沿科茨地海岸往南航行。1 月 6 日，就在离探险队组织者预定的目的地很近的地方，密集的海冰挡住了去路。先遣队在南纬 75°36′、西经 26°41′处安顿下来准备建立基地，他们把这里取名为哈雷湾，旨在纪念这位 1700 年来到南极边缘考察的英国科学家。他们所在的地区看不到岩石，但他们认为自己选择的地方是冰雪覆盖的山麓，至少也是一座与地面相连的冰架。然而他们很快就认识到自己错了，哈雷湾基地建在了一座漂浮的冰架上，冰架表面一直在缓慢而稳定地漂向威德尔海。

1956 年冬季，先遣队的 10 人为来年的工作建立了基地。21 人组成的正式科考队于 1957 年初到达，接替了先遣队的位置，接着就展开了国际地球物理年项目中的气象学、地磁学、冰川学以及电离层的观测等工作。

哈雷湾基地最初打算在国际地球物理年结束时关闭，但它的位置非常适合研究大气现象，于是，福克兰群岛属地调查项目在 1959 年接管了该基地。这项工作证明，保持原来难以维持的基地的持续运转是合理的。事实上，在后来的几年里，英国不得不多次重建这个基地，因为不断漂移的浮冰会反复破坏基地的建筑结构。截至 2011 年，哈雷湾的基地——现在简称为哈雷——已经重修了六次。

在英国建立哈雷湾基地之后的那个夏天，美国在威德尔海建立了自己的国际年南极半岛考察站。它是美国七座国际年考察站之一，大家为了纪念第一位飞越南极大陆的人而给它起名为埃尔斯沃思站。这个基地的建设并不容易。1956 年 12 月中旬，怀恩多特号货船和斯塔滕岛号破冰船驶入威德尔海，两船打算沿半岛东海岸往南航行为基地选址。斯塔滕岛号在前方带路，它们先是推进到了威德尔海深处，接着缓慢突破海冰往西驶往半岛，有时候海冰会一次困住它们长达数日之久。这次航行危险又艰难，对于脆弱的怀恩多特号尤其如此。海冰在船体上撞出一个洞，船身结构因此弯曲，四个螺旋桨的顶部也被削平。即便是专门为海冰设计的斯塔滕岛号也丢失了一整片螺旋桨。尽管受到破坏，但两艘受损的船还是穿过了浮冰，抵达了距离龙尼冰架和南极半岛交界处仅数英里的地方。但在美国国内，美方的国际年活动组织者越发担心起来，因此他们命令两艘船的船长在到达预定的基地选址之前就返航。最终，埃尔斯沃思科

斯塔滕岛号破冰船正带领怀恩多特号货船穿过威德尔海中的密集浮冰区，它们此行是去建立埃尔斯沃思科考站（图片归美国海军所有，转引自《冰上的牺牲者》，贝内特著，1998年）

考站的建设团队在菲尔希纳冰架上另外找到一处选址，在瓦瑟尔湾以西不到80英里（约129千米）处。

芬恩·龙尼也率领了一支39人越冬探险队来到南极。就像他的龙尼南极研究探险队一样，这支探险队的人际关系也出现了严重的问题。龙尼和他的科考队员之间的矛盾尤其尖锐。一些队员在阅读了珍妮·达林顿的《我的南极蜜月之旅》后，同情之心油然而生——珍妮前不久刚刚出版了这本讲述她在斯托宁顿岛经历的作品。在龙尼这边，他发现大家都在阅读这本书后简直勃然大怒。

与哈雷湾的英国人把时间和精力都花在了他们的基地附近不同，这些美国人把很多时间都用于野外考察，包括地面和空中考察。埃尔斯沃思科考站还停了几架飞机，龙尼用它们开展空中考察，其中一次飞行开展于1957年10月21日，其间，他飞越菲尔希纳冰架以南的山脉，并投下了宣示主权的文件，这也是美国人对南极洲最后的主权声明。[1]

这个团队最重要的陆上考察被队员们称为“菲尔希纳冰架穿越行动”。

1957 年 10 月 28 日，五名科学家驾驶两辆雪地猫①出发了。他们的目的是对冰架展开研究，测量地磁和引力数据，并开展地震相关的调查活动。除了上述科考任务（它们是国际地球物理年官方项目的一部分），他们还打算探索并研究冰架南侧新发现的山脉，它们是埃尔斯沃思站的队员在执行飞行任务时发现的。当巨大的裂缝挡道而难以通过时，穿越团队就向科考站求助，埃尔斯沃思站的飞机飞来在空中为他们导航。这次陆上考察结束于 1958 年 1 月 17 日，其间取得了大量成果。在大约 1 200 英里（约 1 931 千米）的行程中，队员们到达了菲尔希纳冰架最南端的陆地和山脉，对冰架结构及其底部的海床开展了首次重要研究，还发现了伯克纳岛，这座 85 英里（约 137 千米）宽、200 英里（约 322 千米）长的冰雪覆盖的岛就镶嵌在冰架之中，此前大家一直以为它是威德尔海顶部冰架的延伸段。因为这最后一个发现，伯克纳岛西侧的冰架会被重新命名为龙尼冰架，而其东部的冰架依然使用最初发现者的名字，叫作菲尔希纳冰架。

1958 年 1 月，40 名新到的探险队员和龙尼头一年的团队轮岗，继续推进基地国际年项目中的气象学、地磁学、电离层以及其他方面的研究，而且又开展了一次正式的陆上穿越行动。国际地球物理年结束之际，美国人把埃尔斯沃思站移交给了阿根廷，这让此前对南极半岛地区声明过主权的三个国家再次成为半岛上仅存的三个建有基地的国家。

阿根廷的贝尔格拉诺将军站早埃尔斯沃思站两年建成。这个科考站也建在菲尔希纳冰架上，位于美国基地以东 35 英里（约 56 千米）处。它于 1955 年 1 月中旬正式启用，第一年主要专注于气象学的研究。1955—1956 年，后援船运来了第二架飞机。因为两架飞机提供了更高的安全性，阿根廷人也把自己的活动范围扩展到了空中。他们最重要的空中探险持续了五个小时，抵达了内陆

① 雪地猫（Sno-Cats），一种雪地履带式汽车。——译者注

深处，飞行员还发现了两条不为人知的山脉。遗憾的是，阿根廷人从没有为外部世界记录自己的发现，结果，这个发现就成了英国人命名的塞隆山脉和沙克尔顿岭，这通常归功于维维安·福克斯的英联邦跨南极探险队成员，他们在1956年2月初的一次飞行中发现了这些山脉。[2]

福克斯的探险队在半岛上修建了国际年项目的第四座基地，这个基地与哈雷湾站的英国团队和埃尔斯沃思站的美国团队积极开展合作。然而，它并不是专门为国际年的行动而设，而是一个非政府探险活动在威德尔海设置的中转站，这个探险活动计划首次穿越南极大陆。由于这个基地在威德尔海的位置以及它与德意志号探险队和坚忍号探险队的关系，我们在此对这个复杂的探险活动做出简要介绍。

英联邦跨南极探险活动

此次探险活动的领队名叫维维安·福克斯，他曾在20世纪40年代末担任福克兰群岛属地调查项目在斯托宁顿岛的领队。探险队1949年冬季的一次雪橇考察因为暴风雪而受阻之后，福克斯想出了一个更具野心的考察计划：他打算率领探险队完成首次从陆上穿越南极大陆的活动。福克斯最终制订了一个计划：取道威德尔海前往南极点，然后再前往罗斯海的麦克默多海峡，其间他会用机动车运输装备，用狗探路，飞机则提供空中支援。从麦克默多海峡开始执行任务的第二个团队会探索出一条通往极地高原的路线，并在途中为穿越团队设置补给点。正如福克斯欣然承认的，这个计划基本上就是沙克尔顿最初的坚忍号探险项目的现代版本。

此次探险的多数经济支持来自四个英联邦国家，它们分别是澳大利亚、英国、新西兰和南非，四国都对南极很感兴趣。四国政府不仅提供了经济支持，还都提供了后勤保障。福克斯的角色与沙克尔顿类似，他是总指挥，负责威德尔海一侧的行动，还担任穿越团队的领队。新西兰负责为罗斯海团队提供帮助，他们指派 1953 年征服珠峰的艾德蒙·希拉里爵士领导支援工作。

福克斯计划在国际年项目中期的 1957—1958 年夏完成穿越，但探险队在两年前就着手开展各项准备了，以便为建设中转基地留出时间。1955 年 11 月初，探险队租用的塞隆号载着即将于 1956 年在威德尔海越冬的团队离开英国。这个先遣队的负责人是肯·布莱克洛克，他曾和福克斯一同在斯托宁顿岛工作过。福克斯和希拉里也随船一同来到了南极。他们打算前往瓦瑟尔湾。福克斯研究过德意志号的报告，确信自己可以抵达这个地方。当然，他也知道坚忍号曾在类似的航行中失事。但与这两艘英雄时代的船相比，塞隆号的引擎要强大得多，而且它携带的水上飞机还可以开展空中侦察。福克斯相信这项新技术可以让自己通过浮冰区。

塞隆号在 1955 年 12 月 21 日离开南乔治亚岛，一天后，它就遭遇了浮冰挡道。五天后，福克斯的首席飞行员约翰·刘易斯从水上起飞，往南侦察浮冰的情况，他发现的冰间水道为探险队指明了前进的方向，但后来强风把冰间水道合上了，服务于空中作业的开放水域也随之消失。在那以后，浮冰裹挟着塞隆号漂浮了一个月之久。最后，它凭借一艘英国海军舰艇搭载的飞机提供的侦察信息才得以脱险，这艘舰艇是专门航行到威德尔海北缘来协助福克斯的。1 月 20 日，塞隆号终于摸索到了足以让自己的飞机起飞的开放水域。三天后，航道中的浮冰块越来越稀少——空中侦察的确起到了作用。

福克斯在 1 月 27 日抵达刚刚建立的哈雷湾基地。尽管此地比他预想的更靠北，但他还是愿意考虑在此停留，毕竟有现成的基地可用。但在空中侦察的过程中，刘易斯发现几英里以外的内陆地区有大量的冰裂隙。这让福克斯改变了主意，他带领团队继续往瓦瑟尔湾驶去。

福克斯在 1956 年 1 月 30 日抵达瓦瑟尔湾，此时距离菲尔希纳发现这个地方差一天就足足四十五年了。这两位领队面临着同一个棘手的问题：这里有适合建基地的地方吗？从这里往南走是否行得通？菲尔希纳并没有机会研究第二个问题，但福克斯的飞机可以从空中寻找答案。这一次，刘易斯带回了好消息：南去的道路似乎适合机动车通行，而且就在瓦瑟尔湾以西几英里、菲尔希纳冰架上，有一个地方很适合建设基地。

1 月 31 日，大家开始卸下用于建设（后来的）沙克尔顿基地的材料。不巧的是，天气和不断聚拢的海冰打乱了福克斯打算花几周时间帮助布莱克洛克的先遣队建设基地的计划。尽管在塞隆号于 2 月 7 日离开之际所有东西都已运到岸上，但留下过冬的 8 人先遣队还有大量工作要做。不仅多数储备还留在海湾的浮冰上，而且用于居住的小屋也没有盖起来。布莱克洛克的团队并没有立即修建小屋，而是先装好了一个雪地猫封装箱作为临时住处。大家白天在这里工作，晚上就在里面搭帐篷睡觉，整个寒冬都是这样度过的，一直到 9 月中旬，他们终于建好了小屋并搬了进去。至于冰上的储备，大家努力把它们搬到安全的地方，

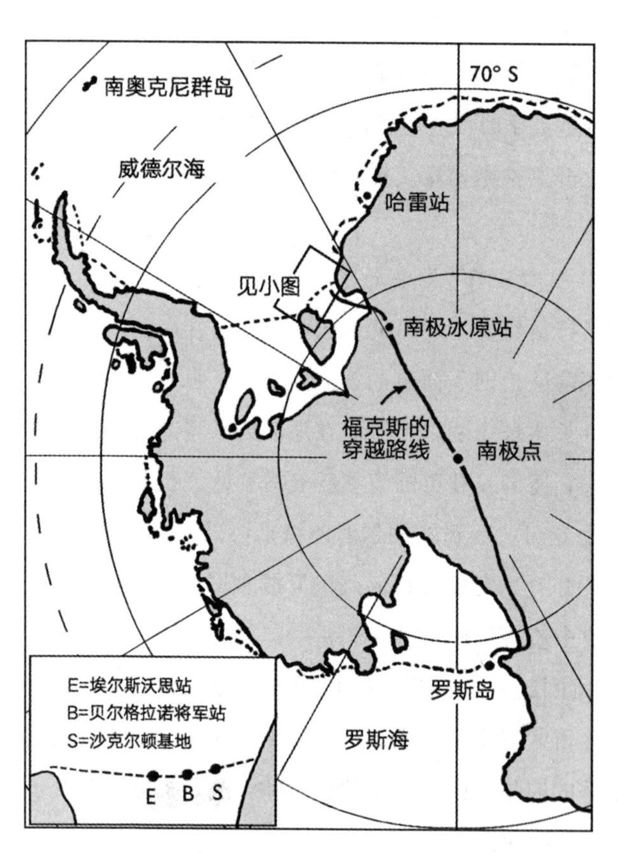

维维安·福克斯的英联邦跨南极探险队穿越南极的路线，以及国际地球物理年期间在威德尔海区域运营的四座基地的地址。

但在快搬完的时候，一场风暴破坏了海湾里的浮冰，浮冰上的 25 吨煤炭、建造木制车间的材料、一台牵引机、240 桶液体燃料以及科考所需的 2 吨化学品也跟着漂走了。尽管度过了一个可怕的冬季，但到福克斯带领整个探险队在次年夏季回来时，先遣队已经完成了大量任务。他们建好了小屋，安装了无线电设备和电气设备，训练了雪橇犬，开辟了南去的路线，甚至还匀出时间开展了科考工作。[3]

1956—1957 年夏季的大部分时间里，福克斯的整个威德尔海团队都在沙克尔顿基地做准备，还忙着建设南极冰原站，这个前方基地位于沙克尔顿基地以南 300 英里（约 483 千米），海拔为 4 430 英尺（约 113 米）。福克斯完全是靠一架小型飞机来建设南极冰原站的，这架飞机共计飞行了二十次，每次运送 1 吨的补给和设备。1957 年，布莱克洛克带领 3 名队员在南极冰原站过冬，福克斯则负责沙克尔顿基地中的 16 人。

整个冬天，基地上的队员们都忙着为即将开始的穿越行动和科考活动做准备。春天到来之际，福克斯便启动了自己的主要任务——穿越南极大陆。1957 年 10 月 8 日，他和另外 3 名队员出发勘查通向南极冰原站的路面冰况。结果，通往前方基地的道路非常难走，似乎遍地都是冰缝，车队完成三十七天 400 英里（约 644 千米）的行程之时，四辆雪地车中的两辆都已被抛弃在了途中。而 4 人随后飞回沙克尔顿基地仅用了不到三小时。11 月 24 日，穿越行动正式在沙克尔顿基地拉开序幕。这一天，福克斯和 9 名同伴乘坐两辆雪地车、三辆雪地猫、一台马斯基牵引机出发了，狗队则在前方探路。才走了 30 英里（约 48 千米），大家就再次陷入了“冰缝的迷宫”之中，福克斯写道：“如果不是老天故意作对，那这也太蹊跷了。”[4] 福克斯此前用了一个多月时间开辟陆上路线，但现在又面临全新的挑战，因为夏季升高的气温让冰缝的压力脊变得很脆弱。当他于 12 月 21 日再次抵达南极冰原站时，时间已过去了一个月，雪地猫也几乎就要卡在冰缝中出不来了。

雪地猫和狗队抵达南极点，旗帜在车上迎风飘扬（美国国家档案馆/国家地理资料库供图）

1957 年圣诞节这天，福克斯带着 8 辆车和 12 名队员离开了南极冰原站。南极点还在 555 英里（约 893 千米）以外，他们要在完全未知的土地上开辟路线。福克斯的车辆很快就遇到另外一个挑战——雪脊，即大风在高原上吹出的紧致雪面形成的雪坡。就在福克斯的车队每天拼了命才能推进几英里的同时，在罗斯海这边开展活动的希拉里设置好了仓储点，朝南极点出发了。福克斯在他们到达两周之后才抵达南极点。[5] 他在 1958 年 1 月 19 日写道："我们爬上了一个雪脊，突然就看到——一小排房屋和无线电天线杆：那就是美国阿蒙森—斯科特国际地球物理年考察站。”[6] 福克斯还在南极点短暂升起了斯科舍号探险队的旗帜，此举是为了纪念威廉·斯皮尔斯·布鲁斯，正是他最早提出了陆上穿越南极大陆的倡议。[7]

穿越团队在南极点停留了五天，其间他们享受了热水浴和冰镇啤酒——考虑到他们的所在，这真是一种神奇的体验。下一步去往麦克默多海峡的路也充满挑战，但相对平安无事，其间只发生了一次紧急医疗事件，但也在美国飞机的帮助下得到妥善处理。福克斯于 3 月 2 日抵达斯科特基地，当时的情况是：

> 雪地猫在山脊之间轰鸣，各种车辆在旁边护送，数十人夹道欢迎，相机咔咔作响……美国麦克默多站临时拼凑的乐队……糟糕地演奏了我们国家的歌曲，我们被告知时方才知道结束曲是《天佑女王》。这支乐队是前一天晚上成立的，成员是那些自认为能够演奏乐器的人。他们被告知“会不会演奏都没关系”，“但你们要噪一点”。他们当然做到了。[8]

福克斯完成了南极大陆的第一次陆上穿越行动，实现了沙克尔顿的梦想。但他的这次探险也是最后一次（准）独立的、由个人领导的南极重大探险活动。新的时代开始了，政府主导的探险逐渐成为南极活动的主流，这一变化源于二战后引入南极的新技术的成本提升。这种情况在国际地球物理年期间已越发明显，因为大规模的项目为南极考察引入了越来越复杂的技术和后勤保障，而这些技术仅有政府负担得起。国际地球物理年结束后，对南极感兴趣的个人只有在小型私人或半私人的探险队中才能找到自己的位置。

《南极条约》

国际地球物理年改变了人类与南极的关系。国际科学界的这项通力合作取得了巨大成功，由此产生的大量科学成果为此后多年的南极研究奠定了基础。这个时期发展出的后勤技术也让人们得以更容易地前往南极大陆。专门为国际地球物理年建设了基地的一些国家，尤其是苏联和美国，决定长期在此停留。最重要的是，参与了国际年的国家意识到，他们如果要继续合作，就需要制定一个长期的合作框架。

1958 年 5 月，美国邀请十二个在南极建有基地的国家前来参加会议。尽管冷战的局势仍很紧张，但参会各方还是达成了《南极条约》。条约于 1959 年 12 月 1 日在华盛顿特区签署，最后的签约国智利在 1961 年 6 月批准通过之后，条约正式生效。

《南极条约》的签订是南极洲人类故事的分水岭事件。历史上头一遭，无论来到南极的访客带着什么样的目的，他们都需要在法律框架的约束下克服南极的挑战，这些法律反映了前往南极的人必须认可的准则。最早的《南极条约》看似简短，其十四条言简意赅的条款适用于南纬 60° 以南的所有陆地及附属冰区。条约的关键点在于，南极洲的人类活动应该仅限于和平目的，以及，国际科学合作项目应该继续开展下去。条约的谈判代表们回避了两个潜在的破坏性问题：第一个是矿藏开采问题，条约的处理方式是直接略过；另外一个则是主权问题，互斥的主权声明对南极半岛地区具有特别重要的影响。实际上，条约维持了现状。条款四规定，条约要求各方既不放弃也不承认任何现有的主权声明，并总结道：

> 在本条约有效期间发生的一切行为或活动，不得构成主张、支持或否定对南极的领土主权的要求的基础，也不得创立在南极的任何主权权利。在本条约有效期间，对在南极的领土主权不得提出新的要求或扩大现有的要求。[9]

尽管该条约并没有失效日期，但其中第十二条规定，任何成员国可以在条约批准生效三十年之后要求重新审查条约内容。到 1991 年的时候，没有哪个国家提出这项要求，而条约本身此时也已发展成了一个包含补充公约、附件和议定书的高度复杂的制度，一直在发生效力。截至 2011 年，情况依然如故，但如今加入条约的成员国数量已大大增加。《南极条约》现有近五十个成员国，它们的人口数量占了世界人口总量的 80%。

第十九章

《南极条约》时代：南极洲 1959 年之后的变化

《南极条约》签署后的多年里，整个南极洲的人类活动不断增加。就南极半岛地区而言，阿根廷、英国和智利继续维持着多个既有基地的运营。科学只是官方运营基地的说辞，其实政治动机依然重要。尽管条约维持了原有的主权声明，但如果条约失效，这三个提出主权要求的国家都支持原来的局面。然而只有英国采取了重要的政治行动对条约做出了回应。1962 年，英国人对福克兰群岛属地做了切割，南纬 60°以南的部分（受条约约束的区域）成为英国的南极领土。如此一来，福克兰群岛属地仅剩南乔治亚岛和南桑威奇群岛两部分。同时，福克兰群岛属地调查项目也变身成为英国南极调查项目。（未来还会进一步发生变化。）

两年后，至少在某些地图上，官方地名也发生了变化。1964 年，美国和英联邦就南极大陆主体往北延伸的狭长陆地的名称达成共识。自 19 世纪 20 年代以来，美国人一直把它唤作帕默地或帕默半岛。与此同时，英国的地图把它称作格雷厄姆地。如今，英语国家正式同意一致采用一个已经普遍使用的名称，即南极半岛。[1] 阿根廷和智利官方仍继续分别使用圣马丁地和奥希金斯地称呼半岛北部地区，但它们的地图现在通常把整个半岛称为南极半岛。

虽然 20 世纪 60 年代初仅有阿根廷、智利和英国在半岛地区建有永久性基地，但其他国家也在这里开展各种活动。美国人特别活跃，他们的活动范围集中在半岛南部纵深地区。就南极半岛的名称达成一致后不久，美国和苏联就成为继 1946—1947 年夏的智利之后第一批在南极半岛建立永久基地的国家。美国此前就曾在这个地区建有全年运转的基地，即服务性考察项目于 1939—1941 年在斯托宁顿岛建立的东部基地，以及国际地球物理年期间在菲尔希纳冰架上建立的埃尔斯沃思科考站。美国人还在半岛南端的冰盖上建立了艾慈科考站，它在 1961 年年底被用作一个旨在研究地震和冰川的陆上穿越团队的中转站，但美国人从一开始就没打算把艾慈站建成一座永久基地，它在 1965 年关闭。美国第一座真正的南极永久基地是帕默站，它于 1964—1965 年建立于安特卫普岛，最初只是作为临时宿舍。三年后的 1967—1968 年，此前从未在南极半岛地区建立过任何基地的苏联在乔治王岛上建立了自己的别林斯高晋站。几年后，其他国家也纷纷在乔治王岛和半岛地区的其他地点建立了自己的基地。

《南极条约》生效之后，各国政府在南极地区建立基地的过程可以概括为：基地数量在增加，各国基地都开展了重要的活动，越来越多的人（包括女性）常年生活在某些基地。人类到来，留下，但这并不意味着人类已经征服了南极洲，它仍是一个危险的所在，稍不注意就会出岔子。1959 年以后的几年里，曾有政府探险队员掉入冰缝摔死，也有在暴风雪中失踪的，还有因为海冰破裂被困住的……当然，火山也是个问题。

欺骗岛的火山爆发

20 世纪 60 年代中期，经历了一个多世纪，世人已经了解到，欺骗岛一直都是一座活火山。尽管如此，人们在岛上生活期间它从未大规模爆发过，因此也并未引发世人的长期关注。到 20 世纪 50 年代中期，阿根廷、英国和智利都在岛上修建了全年运转的基地。这个地方过于诱人，从而让人们忘了火山爆发这种看似非常遥远的危险。但这种想法是错的。

欺骗岛在 1967 年初就开始隆隆作响。后来，在当年的 12 月 4 日晚上，蒸汽从泰莱丰湾的冰层喷发而出，一直升腾到数千英尺的空中。火热的灰烬和冰雹如雨点般开始降落在福斯特港，漫天遍野都是闪光而炙热的火山弹。这次火山爆发切断了岛上一座智利基地的电力供应，基地内的 27 名工作人员躲进了地下室。基地的墙体和天花板开始坍塌的时候，地下室里绝望的人们设法恢复了足够的电力与野丘号补给船取得联系。接着，他们在火山风暴中朝 4 英里（约 6 千米）外的英国基地奔去。

位于捕鲸湾的英国基地中共有 8 名工作人员。火山爆发时，他们的领队写道：

> 出于本能，我们向基地小屋跑去，抄起相机就冲出去拍照了。完成了这件最重要的事情后，我们才开始关心如何防护皮肤这一类次要的事情……灰烬开始落下的时候，我们才完成准备工作。火山灰是黑色的，像粗砂一样。灰烬连续下了好几分钟，当时我们就躲在一个小屋里。行走变得吃力，因为温暖的地面从下方开始融化积雪，而且空中落下的火山灰和冰雹已经累积到了几英寸厚。天变得越来越黑，通常在夏季，即便夜晚也不会暗过黄昏。风暴袭来时，我们就在山坡周围震天的隆隆声和电光石火间冲向了基地的一间小屋。空中有一道叉子形的闪电在与人眼同高度的地方闪烁……整个世界看上去就像是悬在空中的圣诞树上的金属箔。[2]

1967 年欺骗岛火山爆发期间，喷发到空中的烟与尘（M. J. 科尔摄，1967 年。经英国南极调查档案局授权转载。档案编号：AD6/19/3/Sg19。版权所有：自然环境研究理事会）

英国人尝试向智利基地发送无线电讯息，但是失败了，因为智利基地断电了。接着，英国人又发出了求救信号。在火山第一次爆发的两个半小时后，英国南极调查项目组的成员了解到，距离他们最近的船是智利的帕洛托·帕尔多号。这艘船正在全速赶来的途中。英国的 R. R. S. 沙克尔顿号和阿根廷的巴伊亚·阿吉雷号也在尽快赶来。几分钟后，英国南极调查项目团队得知智利基地的人员正在赶来与他们会合。噩梦般地走了一小时之后，智利的逃难者们终于踉踉跄跄地赶到了。午夜刚过，英国和智利的基地成员们终于得知了他们的阿根廷邻居的遭遇。狂风使得他们的建筑免于被火山灰吞没，基地的所有人都很安全，但他们已经离开基地到了外面海滩上，等待巴伊亚·阿吉雷号前来营救。

第二天早晨，帕洛托・帕尔多号的直升机飞来把这些等待救援的人撤离到智利人的船上时，落在英国基地上的灰已达1英尺（约30厘米）厚。沙克尔顿号到达后，英国队员就转移到了这艘船上。智利人两天后对岛上开展的空中侦察表明，火山灰已经完全掩埋了智利基地。同一天下午，沙克尔顿号小心翼翼地驶入福斯特港查看英国基地的情况。大家发现火山灰下的建筑并未受损，确信可以回来重新利用基地。英国团队在1968年底搬回了岛上，因为他们确信这次火山爆发只是个孤立事件。但他们错了。

岛上的火山于次年初再次爆发。1969年2月21日黎明，火山爆发了，同时，一场强烈的地震把英国基地上的5名成员震到了床底下，他们是当时岛上唯一的人类。两次更强的地震之后，他们向沙克尔顿号发电求救，然后走到了岛外缘的沙滩上等待救援船只。他们正走在路上，这时火山开始喷发了。让人睁不开眼的蒸汽和飞溅的碎片向他们袭来，便携的无线电设备也被毁了。大家先是躲在岩石后面，随后设法撤退到了废弃捕鲸站的一个小屋里。到火山灰落得差不多的时候，他们把建筑墙壁上的铁皮扒了下来，把铁皮举在头顶，跌跌撞撞地回到基地想用一下主无线电设备，但他们到达基地后就被眼前的景象震惊了。就在几小时以前，捕鲸站和基地建筑之间还隔着一些小山丘，现在小山丘和捕鲸站的主体部分都消失了，冰冷的融水把它们都冲走了。至于他们基地的主建筑，洪水也把它们冲成了两半，建筑内部满是淤泥和冰块，简直一团糟。而从1908年便建在捕鲸湾上的墓地则遭受了更大的破坏，泥石流彻底掩埋了没有被冲走的一切。[3]

这些人离开基地的决定救了他们的命，但他们依旧面临困难，而且附近一座火山也正在喷发。他们的小屋已无法居住，于是，他们就跑去依然完好的飞机库中避难。便携的无线电和基地的固定无线电设备都坏了，他们于是点燃了飞机燃料桶作为信号灯。帕洛托・帕尔多号上的直升机再次前来营救，这一次，直升机是穿过浓密的雪和灰前来执行危险的救灾任务的。当晚，英国基地的队员无意中听到智利船长嘀咕道："一次——可以。两次——没问题。三次——老天——没有第三次了。"[4]

1970 年 8 月欺骗岛火山再次爆发，但这一次已无人见证了。科学家们从阿根廷群岛的地震记录仪和南设得兰群岛基地上空漂过的火山灰推测出了火山爆发的事实。第二年夏天，一个国际地质学家团队登上欺骗岛调查并确认了上述推论。自那以后，欺骗岛时不时会隆隆作响，但截至 2016 年年初，岛上的火山再没有大规模喷发过。虽然岛上全年运营的基地都已废弃，但岛上的西班牙基地每年夏天都会正常作业，而岛上的阿根廷基地在最近很多年的夏天也都处于运行状态。在 2005 年《南极条约》会议把欺骗岛指定为南极特别管理区后，它受到的关注就越发多了，现在已是整个南极洲访问量最大的旅游景点之一。但人们并未忘记，欺骗岛的火山依然可能再次爆发。"欺骗岛管理计划"即以"欺骗岛火山爆发预警机制和逃生策略"[5] 作结。

猎人们

20 世纪 60 年代越来越多科考站在南极拔地而起的同时，捕鲸者却在纷纷离场。南极捕鲸业的发源地古利德维肯在 1964—1965 年夏便停止了运营，最后一个岸上捕鲸站利思站也在次年关闭。几年后，几乎所有的南极商业捕鲸活动都停止了，因为这里几乎已经没有鲸鱼可捕。

几乎就在南乔治亚岛的岸上捕鲸站关闭的同时，一群新的猎人来到南极。1961—1962 年夏，一艘俄国船捕获了 4 吨磷虾，这是一种小型甲壳类动物，是许多鲸鱼、海豹和企鹅的食物来源。这次尝试性捕捞十分振奋人心，它有效激励了该船在次年夏天回到这里从事商业捕捞，其他很多国家也很快加入其中。早期的磷虾捕捞业集中在半岛周边海域，但很快就扩展到了整个大陆。除了磷虾，猎人们对有鳍鱼的捕捞也同时展开——尤其是在南乔治亚岛附近——并且很快就发展成了一个利润丰厚的大型产业。

鲸鱼、海豹、磷虾和鱼类对于那些希望在南极大捞一把的人来说是宝贵的资源，但如果在捕捞的同时不加以保护，那它们就可能灭绝。19 世纪的海豹猎人和 20 世纪的捕鲸者毫无节制的屠杀造成的恶果就充分证明了这一点。认识到这一点后，《南极条约》的缔约国于 1964 年和 1972 年又为条约增加了保护性附件（分别是《南极动植物保护协定措施》和《南极海豹保护公约》）。1977 年年初，随着南极地区大规模商业捕鱼活动愈演愈烈，《南极条约》缔约国决定在为时已晚之前采取措施控制南极捕鱼业的规模。经过三年的讨论，各方在 1980 年通过了《南极海洋生物资源保护公约》，这项公约在当时已远远超出了控制渔业这一个目的。最终的条款适用于南极所有的海洋生物资源——鱼类、软体动物、甲壳类动物和其他所有生物有机体，包括鸟类；公约的有效范围是南纬 60°以南地区，以及以南极辐合带为标志的生态分界线与南纬 60°之间的地区。这项公约具有开创性，它第一次把整个南极生态系统视为一个整体。

但南极地区还包括其他尚未被充分开发的宝藏。南极的冰、景观和动物，包括很多被猎人视为猎物的动物，多年来一直让探险家和科学家们为之着迷。不乏其他的人渴望亲眼看到这些景致，他们愿意为这种特权买单。国际地球物理年让这个想法成为可能，因为其遗产之一便是为前往南极旅行提供了便利的后勤基础设施，而这反过来又让商业旅游变得可行。

游客、游艇和冒险旅行

南极旅游业已经酝酿很长时间了。前往南极旅行的最早倡议至少可以追溯到 1892 年，当时一家澳大利亚公司提议，把观光者送往南极以促进南极探险业的发展。但并无后文。自 20 世纪 20 年代中期开始，的确有少数游客到过南乔治亚岛、南设得兰群岛和南极半岛，他们是以付费乘坐捕鲸补给船的方式前往的，但这并非有组织的游览活动，而且游客需要过硬的关系才能获得一个铺位。50 年代末，以 1956 年 12 月智利组织的一次空中观光活动为开端，阿根廷和智利政府带了少量游客前往南极半岛。次年夏天，阿根廷政府两次发起乘游轮前往南设得兰群岛和南极半岛的 10 日游活动。智利也紧随阿根廷的步伐，两国在 1958—1959 年分别开展过一次游艇旅游活动。此后，这些活动就停止了。

但在 1965—1966 年，南极出现了新的旅游组织者，此人就是瑞典裔美国人拉尔斯-埃里克·林德布拉德，他多年来一直经营着自己所谓的冒险旅行项目。1966 年 1 月，林德布拉德从阿根廷海军手里租了一艘船，带着 57 名乘客（几乎全是美国人）前往南设得兰群岛和南极半岛开展了为期两周的游览活动。这次航行是南极旅游业的真正开端，因为林德布拉德在数次开展此业务之后并未放弃。而当其他旅游组织者也纷纷效仿林德布拉德后，南极旅游业就起步了。这个行业渐成气候的证据在于，1991 年年中，提供南极旅游服务的七家公司联合起来组建了南极国际旅游业者协会。第二年夏天，乘船前往南极的游客数量大约为 7 000 人。到 2007—2008 年夏，每年前往南极的游客数量已达 5 万人，这些人绝大多数（超过 95%）去了半岛地区；而南极国际旅游业者协会的成员也增加到 100 多家公司。[6]2007—2008 年以后，世界范围内的经济衰退也打击了南极旅游业，但南极游客数量近年又再次回升，2015—2016 年夏季，数量已上升至 4 万左右。

出于安全考虑，林德布拉德第一次带游客前往南极的时候，安排了一艘阿根廷海军舰艇护送他的客船。虽然他在 1966—1967 年夏季放弃了护航的举措，但他对游客安全的担心还是合理的。南极对旅游船而言和其他任何船只一样危险，但对游客而言可能更加危险，因为很多游客都比传统的南极探险者年长许多。实际上，林德布拉德的客户和其他公司的游客有时候还会在航行中经历意外的冒险，早些年更是如此。他们的船只曾多次搁浅，天气或其他情况偶尔也会让乘客在岸上滞留数小时甚至数天。2007 年 11 月，林德布拉德于 1969 年正式启用的 M. V. 探索者号——它也是第一艘专门为南极旅游而定制的游船——在布兰斯菲尔德海峡撞上水下的海冰后沉没。幸运的是，船上 154 名乘客都被安全疏散到救生艇上，担惊受怕地等了几个小时后，其他旅游船回应了探索者号的求救呼叫。多年来，往往是隶属于政府项目的船只或人员前往搭救受难的游客——科学资源的这种使用方式让基地队员们难以对游客产生好感，下船前往政府基地的游客们也会干扰基地人员的工作。但与此同时，也正是这些游客会回到国内为南极活动筹集资助。因此，多年来，多数政府项目和旅游业者之间也达成了相关协议，尽管有时候协议执行起来并不容易。

拉尔斯-埃里克·林德布拉德在南极，他的右后方就是林德布拉德探索者号

250 英尺（约 76 米）长的探索者号上有五十个带空调的舱室，每一个都设有独立浴室。这艘船在 1969—1970 年夏第一次开启了南极观光之行，接着在南极洲航行了数十年，它最初服务于林德布拉德，后来被多次转手，服务于其他旅游公司。历经多年，它已变得破旧不堪，最终在 2007 年 11 月迎来了自己的末日，它在布兰斯菲尔德海峡撞到水下的海冰后沉没，令人遗憾。（照片摘自《想去哪就去哪》，林德布拉德、富勒著，1983 年）

旅游业从业者带来的付费客人看见、了解并欣赏了南极的风光，无论他们何时离船登岸，总有工作人员陪在他们身边。如果他们中途遇到了困难，那也是因为运气不好，而非旅行行程的问题。但 20 世纪六七十年代的时候，局面变得不同了，越来越多的人是因为南极充满挑战才前来游玩——在冰冷的海上航行、爬山、滑雪去南极点……

1966 年初，南设得兰群岛迎来了第一位游艇冒险爱好者。其他爱好者也很快到来，到 20 世纪 90 年代，游艇探险的涓涓细流渐成气候，至少就南极而言如此。每年都有几十艘游艇抵达南极，其中一些仅仅是为了体验航行到南极是什么感觉，另外一些则是为了进一步地探险或开展科学研究。少数甚至在这里过了冬。南极冰川覆盖的山脉尤其引人挑战，早在 20 世纪初的时候，英国的罗伯特·法尔肯·斯科特就已经确认了这一点。他当时写道："人会想，登山者何时才会来到这个人迹罕至的地方，因为这里的确是够胆大的人探索很多年的地方……"[7] 第一批南极登山者是来到南极探险的人，他们登山只是出于好玩，或者出于科考及其他工作原因，斯科特的一些队员便跻身其中，而夏科在 1903—1905 年法兰西号的探险过程中也带了一本意大利登山指南。但一直到五十年后，才终于有人直接奔着登山的目的来到南极，斯科特的问题才真正得到回答。

20 世纪 50 年代，几支探险队带着明确的冒险登山计划来到南乔治亚岛。发现号调查项目的邓肯·卡斯——他曾在 1934 年参加赖米尔的探险队——带领的探险队是其中最早的，他们来到南乔治亚岛进行为期四个夏季的调查探险，于 1951—1952 年开始开展各项工作。虽然卡斯的主要目标是对南乔治亚岛开展首次地形测量，但他的队员们还首次攀登了岛上一些极具挑战性的山峰。1955—1956 年夏季，他们大致重走了沙克尔顿 1916 年的穿越路线，这也是第一次有人走完这条路线。其他人跟随卡斯的脚步也纷纷到来，因为南乔治亚岛条件苛刻的山脉十分吸引人，沙克尔顿的传奇故事也是如此。

1964—1965 年，马尔科姆·伯利率领一支 10 人的南乔治亚岛联合探险队来了。此次探险是英国陆军长期赞助的探险活动之一。伯利此前曾在 1960 年 12 月来到这里开展过为期五天的登山活动，他此次回来会待得久得多。1964 年 11 月中旬，一艘英国海军舰艇把伯利的探险队送到了南乔治亚岛，接着，船上的直升机又带着他们跨过岛屿降落在哈康王湾，队员们很容易就在这里找到了沙克尔顿露营过的地方。接着，他们开始了自己的南乔治亚岛之行，想尽可能准确地追随沙克尔顿当年的脚步。

当到达岛东北角时，大家的心情十分激动，沙克尔顿当年正是在这里听见了捕鲸站的汽笛声。他们像沙克尔顿一样继续往前走，伯利写道：“快到最后一程的时候，一种放松和满足的感觉油然而生。南乔治亚岛有一种鉴别那些自以为很容易搞清状况的人的能力，我们就差点被雪崩团灭。这再次证明，沙克尔顿、克雷安和沃斯利当年是何等幸运……”伯利认为自己发现了沙克尔顿当年攀缘而下的瀑布，他们也从这里下去后，一行人就到了“斯特伦内斯捕鲸站死寂而破败的废墟上，这里现在已满是过去的幽魂”[8]。大家在完成了沙克尔顿的穿越路线之后也开始了自己的登山探险环节。这一努力同样成功，包括完整地登上了 9 625 英尺（约 2 934 米）高的佩吉特山，这是南乔治亚岛上最高的山峰。

伯利在 1970—1971 年率领另外一支联合服务探险队再次回到半岛地区，他这次去了象海豹岛。在他到达以前，所有人对这里的了解仅限于海岸。但伯利已经提前得知了一件与象海豹岛有关的事情，这件事别人所知甚少。在坚忍号探险队失败的第一次雪橇之行前，沙克尔顿故意大张旗鼓地遗弃了亚历山德拉女王送的《圣经》，但海员托马斯·麦克劳德将其取回并带到了象海豹岛。野丘号营救了象海豹岛团队后，麦克劳德又把《圣经》带到了蓬塔阿雷纳斯。他在这里把《圣经》送给了当地人家，以感谢他们的热情招待。1970 年 11 月，就在出发前往象海豹岛之前，伯利在布宜诺斯艾利斯发表了公开演说，其中讲到他此前于 1964—1965 年在南乔治亚岛探险的经历。那户人家的女儿当时也在场，听到伯利的演讲后，她便跟伯利讲了《圣经》的故事，还把《圣经》送给了伯利。伯利把《圣经》带到了象海豹岛。（后来他把《圣经》交给了伦敦的英国皇家地理学会。）

把伯利的 14 人探险队于 1970 年 12 月运抵象海豹岛的船跟沙克尔顿又有些关系。这艘船是皇家海军坚忍号，大家为了纪念沙克尔顿的探险船为它起了这个名字。船内的墙壁上光荣地挂了很多赫尔利拍的照片，沙克尔顿探险队的三名成员甚至登上过它的甲板——这一年早些时候，坚忍号最早的厨师查尔斯·格林、大副莱昂内尔·格林斯特里特以及船员沃尔特·豪曾参观新的坚忍号，并致以深深的祝福。

伯利的队员大多数时间都忙于测量和其他科考工作，但只要有时间，队里的登山者就会去攀登象海豹岛那些从未被踏足的山峰。他们还参观了沙克尔顿初次登陆的情人角。伯利更想看的是怀尔德角，在这片荒凉的砾石沙滩上，22 名队员曾在翻转的船下生活了好几个月等待沙克尔顿归来。最后，伯利的所有队员都拜访了这个地方，不过是分三组去的。第一组（包含伯利在内）于 2 月中旬抵达了这处历史遗迹。前往怀尔德角的陆上之行随时会遇到冰缝、冰川和落石，这也清楚说明了沙克尔顿装备不齐的队员为何没办法从海滩转移。伯利复印了赫尔利的照片，用它定位怀尔德角小屋的所在，但这里找不到任何实物结构的痕迹。相反，一群喧闹的企鹅霸占了这个地方。

这个 1916 年以后首批在怀尔德角露营的团队在这里竟然找不到容得下两个小帐篷的地方。唯一可能的地方是一个狭窄的陆地之舌，但上面挤着大约 50 只海狗。伯利写道：

> 我们天真地想赶走这些海狗，它们却爆发出海豹一样的嘲笑，因为它们不会愚蠢地放弃自己的领地……接着，双方达成了不稳定的休战协议，

我们支起了帐篷……在距离陆地2码（约1.8米）的地方，企鹅不断发出一种难以名状的叫声，它们还会时不时啄几下人。在陆地之舌的一侧，海浪涌到了距离帐篷2英尺（约0.6米）以内的地方……而在另一边，碎冰在2码以外的地方嘎吱作响。除了这些，海狗还在帐篷周围嬉戏，永远精神饱满地爬来爬去，鼻子里还不断地呼哧作响……[9]

此前的几十年，海狗从来都不是沙克尔顿的队员以及其他任何在南设得兰群岛停留的人必须应对的问题。事实上，仅仅在十三年前的1958年1月，福克兰群岛属地调查项目的团队才在利文斯顿岛上见到该地区19世纪以来被报道发现的第一批海狗。摆在伯利眼前的是海狗种群迅速恢复的前兆，这比1933—1934年发现号调查项目团队所能想象的更加成功，他们当时在南乔治亚岛附近的伯德岛发现了一小群近乎灭绝的海狗。在如今的繁殖季节，上百万只海狗会挤满南乔治亚岛的海滩，更加靠南的海滩上还有上万只。海豹猎人在19世纪几乎赶尽杀绝的动物又回来了，种群甚至还扩大了。

南乔治亚岛一处海滩上的海狗

中间靠左的地方，一只雄性海狗警惕地守卫着它的领地和雌性海狗，以防其他雄性海狗的入侵。这张照片拍摄于1995年1月，当时人们尚且能够（勉强）在繁殖季登陆这片海滩。自那以后，南乔治亚岛上的海狗数量大增，乃至于人类现在可能已经无法在1月份安全地踏上这片海滩了。（作者供图）

伯利是这样一类特殊冒险家们的先锋，他们想参观著名的景点并再现过去的壮举，特别是坚忍号探险队与沙克尔顿的英雄事迹。1994—2000年，有三队人马分别以不同的还原度重走了詹姆斯·凯尔德号的航线。1989—1990年，德国人阿尔维德·福克斯曾和另外一位同伴一道踩着滑雪板滑过了南极大陆，可谓当时在南极最成功的壮举了。2000年1—2月间，他还和三名同伴从象海豹岛航行到南乔治亚岛，而且乘的就是沙克尔顿那艘小船的定制复制品。他们这次悲惨无比的航行所用的时间大致与沙克尔顿当年相当，而且他们也在风暴中度过了一个可怕的夜晚才进入哈康王湾。接着，他们的支援船上的一名船员也加入探险的行列，这支5人探险队尽可能地循着沙克尔顿的路线穿越了南乔治亚岛。[10]

福克斯的探险队完成这项壮举后，重走沙克尔顿的山地穿越路线就成了众人向成为冒险偶像迈进的一种方式。卡斯曾在20世纪50年代重走这条路线；伯利也在20世纪60年代成功重走了这条路线；而南乔治亚岛的一批英国驻军又在1985年重走了伯利当年的路线。到20世纪末，旅游公司也开始为游客提供沙克尔顿穿越南乔治亚岛的路线全程或部分的引导服务了。

渔民、游客、冒险家悉数登场。跟政府派来的科学家一样，他们所有人都成为南极夏季的常规组成部分。20世纪70年代结束之际，阿根廷和智利又为南极人口增加了另外一种成分。

南极的“定居者”

这些年间，阿根廷和智利的国家元首都曾访问两国各自的南极基地。阿根廷在1973年又向前迈了一步。这一年，伊萨贝尔·贝隆总统正式为该国在西摩岛的马兰比奥基地指派了临时政府机构，接着，她还率领全体内阁成员飞到基地指导了一天的工作。智利总统奥古斯托·皮诺切特也在1977年来到南极，他一路航行到了玛格丽特湾，在那里放置了一个盛有智利各地土壤的瓮。这是个象征性姿态，意在强调智利的南极地区也是智利的一部分。

贝隆总统去往南极之后，阿根廷也采取了进一步的措施，以证明它的一些基地是具备实质意义的本土前哨。1977 年年末，阿根廷按计划向其在希望湾的埃斯佩兰萨基地迁入居民。最初的两家人于 1977 年 11 月抵达，其中之一是德·帕尔马一家——基地主要负责人豪尔赫·德·帕尔马上尉、他那怀孕七个月的妻子西尔维娅，以及他们的三个孩子。1978 年 1 月 7 日，西尔维娅诞下一名男婴，起名为埃米利奥。阿根廷总统豪尔赫·魏地拉对这第一个出生在南极大陆的孩子表示欢迎，并借此“重申了阿根廷人在这些遥远土地上不可剥夺的角色”[11]。1983—1984 年，效仿阿根廷的先例，智利在自己的乔治王岛基地上也建设了定居点。

总统来访、家族定居和婴儿降生都符合《南极条约》的规定，哪怕这些举措都带有一定的政治动机，军事行动却不被允许。然而，条约仅适用于南纬 60°以南的南极地区。

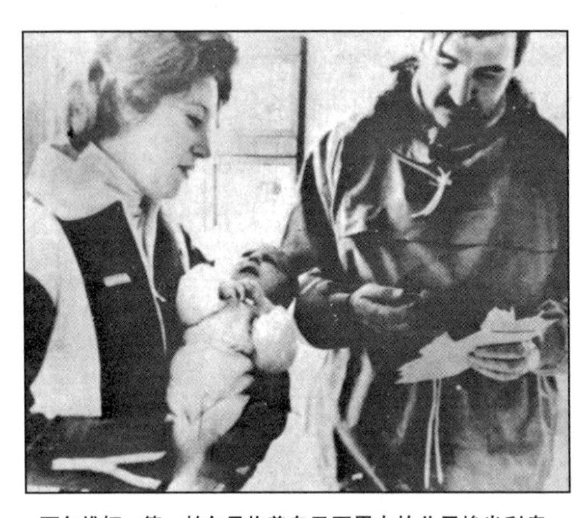

西尔维娅·德·帕尔马抱着自己两周大的儿子埃米利奥，她的丈夫正在查看阿根廷总统寄给小男孩的礼物。（美联社，转引自《诞生在南极洲的第一个婴儿》，阿农著，1978 年）

南乔治亚岛上的战争

在南纬 60°以北，阿根廷和英国长期以来都主张自己享有南乔治亚岛和南桑威奇群岛的主权。更严重的是，阿根廷从未承认英国对福克兰群岛（阿方称之为马尔维纳斯群岛）享有主权。1976 年 2 月，沙克尔顿勋爵（欧内斯特爵士之子）跟随一个实情核查团来到群岛地区，他们要为英国在福克兰群岛的前景提交报告。他在南乔治亚岛停留期间，以他父亲之名命名的 R. R. S. 沙克尔顿号与一艘阿根廷驱逐舰在福克兰群岛/马尔维纳斯群岛附近正面相遇。阿根廷舰长误以为沙克尔顿勋爵也在船上，为阻止他以勋爵身份登岛，他朝沙克尔顿号船头射击示警。

九个月后，阿根廷采取了更具实质性的行动。11 月，阿政府悄悄在南桑威奇群岛最南端的图勒岛建立了一个基地，该基地配有空军武装，还建有燃料库、飞机库和能容纳 100 多人的宿舍等设施。12 月中旬，英国坚忍号上的一架直升机在执行常规飞行任务时发现了阿方建立的基地，于是英国驻阿根廷大使立即提出了正式抗议。虽然英国并未就此事提出别的交涉，但他们的确把坚忍号上的直升机升级成了能够发射导弹的机型。

1982 年，三组有争议的岛——福克兰群岛/马尔维纳斯群岛、南乔治亚岛和南桑威奇群岛——的紧张局势终于激化为战争。尽管多数军事行动都发生在福克兰群岛/马尔维纳斯群岛及其周边地带，如对其详加描述则超出了本书的范围，但战争的确波及了南乔治亚岛和南桑威奇群岛，因此本书在此对与后两组岛相关的事实进行介绍。[12]

1981 年 12 月，一艘阿根廷海军舰艇在南乔治亚岛废弃的利思港捕鲸站停留了几天。其间，该舰艇全程保持无线电静默状态，还无视了爱德华王角的英国地方官提出的登记要求。据官方解释，该舰艇前往利思港是出于善意，它当时正护送布宜诺斯艾利斯的海上打捞承包商康斯坦丁诺·大卫杜夫，后者当时已获得授权前去收集港口上废弃捕鲸站的废料，此行是来为自己的收集行动做评估的。一回到布宜诺斯艾利斯，他就为自己的行为向英国大使馆致歉，或者更确切地说，他并无歉意。后来，他获准再次前往南乔治亚岛启动废料收集工作。

1982年3月中旬，大卫杜夫乘坐另一艘阿根廷海军舰艇喜事湾号回到利思港。阿根廷人再次无视了当地地方官的登记手续。40名废旧金属商人和10名海军官兵在港口登陆，升起了阿根廷国旗，并且占领了英国的一间小屋，接着，他们便无视动物保护条款开始射杀驯鹿。3月19日，被告知该消息的英国南极调查项目野外调查队抵达利思港，目睹了发生的一切，并通过无线电向爱德华王角的地方官汇报了此事，后者把这个消息转呈给了福克兰群岛主政官。主政官在回复中指示调查队员告知阿根廷舰艇的舰长，废料收集者的登陆行为是违法的，南乔治亚岛禁止阿根廷军人登陆，阿根廷人必须向英国地方官汇报行踪，降下国旗，并停止射杀驯鹿。调查队员传达了上述信息后，舰长降下了国旗，但并未理会其他指令。不仅如此，喜事湾号在3月22日离开时，还把打捞工人和少数军人留在了港口。

除了向喜事湾号传达指令以外，英国人最初的反应是克制的。海军部命令坚忍号航行至南乔治亚岛，在爱德华王角放下一支22人的海军分遣队，船长尼克·巴克当时只是在那里观察阿根廷人的举动。与此同时，英国还向阿根廷表示愿意为大卫杜夫的废料收集队伍追加授权。

阿根廷拒绝了这个提议，反而宣布了自己享有南乔治亚岛主权的坚定主张。这意味着战争已迫在眉睫。实际上，阿根廷大约半数的海军都已出海，多数正朝福克兰群岛/马尔维纳斯群岛驶来。其中一艘名为巴伊亚·帕拉伊索的船的目的地是南乔治亚岛。该船于3月25日驶入利思港，水手和海军陆战队员共计14人登陆并重新升起了阿根廷国旗。至此，阿根廷人想建立军事阵地的意图已经很明显了，但他们暂时把各项活动限制在了利思港附近。

3月底，坚忍号接到命令返回福克兰群岛/马尔维纳斯群岛，于是巴克船长便把英国海军陆战队留在了爱德华王角。当时，英国南极调查项目的队员也散布在岛上各处。其中13人在爱德华王角的基地；其他几组人员则正在野外工作；另外3人因为担心2位英国野生动物摄影师的境况，刚刚徒步去往圣安

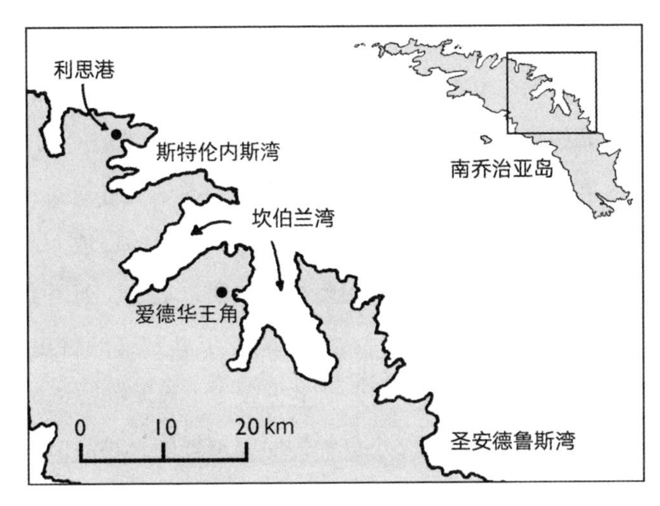

1982 年福克兰群岛/马尔维纳斯群岛战争的南乔治亚岛战区

南乔治亚岛的全部战争行动几乎都发生在东北海岸的一小块区域。战争爆发于废弃的利思港捕鲸站，接着蔓延到了坎伯兰湾的爱德华王角，该地驻有英国的行政和科考指挥机构。所有的激烈战斗都发生在后者周边。而英国特种部队不得不通过直升机撤离，因为他们当时在利思港以西 10—15 英里（约 16—24 千米）的地方遇到了风暴。

德鲁斯湾——后者也是岛上当时仅有的 2 位女性，几个月来一直住在圣安德鲁斯湾的一间小屋内。就在阿根廷海军抵达福克兰群岛/马尔维纳斯群岛的 4 月 2 日当天，巴伊亚·帕拉伊索号驶入了坎伯兰湾，驶向了爱德华王角。因为天气原因，该船无法派出小船或直升机登陆，但在离开之前，船长伊斯梅尔·豪尔赫·加西亚向英国人发报称，他会在次日早晨发出通牒。海军陆战队员们很清楚，战争已经在福克兰群岛/马尔维纳斯群岛爆发了，他们花了一天时间在爱德华王角周围修建防御阵地。与此同时，不在户外考察的英国调查队员们则就近前往古利德维肯教堂避难。另有两人前去警告南乔治亚岛内陆的野外调查队员不要返回基地。

第二天，巴伊亚·帕拉伊索号带着另外一艘刚刚抵达的阿根廷海军舰艇古尔立科号回到了爱德华王角，它们按照承诺传达了如下信息：阿根廷已经占领了马尔维纳斯群岛，现在也占领了南乔治亚岛。英国人必须投降。英国地方官拒绝了，双方在无线电交流未果后，古尔立科号随即开火。令阿方惊讶的是，人数上少得多的英国人选择了回击。火箭弹炸毁了古尔立科号的一侧，船上的两架直升机也被击毁，其中一架坠毁在爱德华王角对面的山坡上，另外一架则冒着浓烟勉强降落在了爱德华王湾。但阿根廷也回以炮击，而阿方 100 多人的部队远非英国海军陆战队所能应付。阿方取得了胜利，但付出了沉重的代价——阿根廷有 3 人阵亡、多人受伤，而英方仅 1 名海军陆战队员受伤。获胜方仅给英国南极调查队员们不到二十分钟的时间整理随身物品，然后就把他们和海军陆战队员们一起押解到了巴伊亚・帕拉伊索号上。英国人不得不放弃所有正在处理的数据，包括自 1905 年以来一直持续记录的气象学数据。讽刺的是，为了对自己的南乔治亚岛主权声明提供支持，阿根廷还援引了这些始于阿根廷佩斯卡捕鲸公司并持续多年的观测资料。

帕拉伊索号立即把俘虏带回了阿根廷。十五天后，战俘们获释并被送回了英国。阿根廷原本打算遣散南乔治亚岛上的所有英国工作人员，但因为直升机被击毁而无法完成这项任务。因此，英国南极调查项目的野外考察团队和圣安德鲁斯湾的 5 人还留在岛上。此外，坚忍号已经返回，并且及时建立了一个能够俯瞰爱德华王湾的观察哨，这个哨所见证了 4 月 3 日战斗结束时的收尾行动。当时，奉命远离战事的巴克船长躲在离坎伯兰湾很远的偏僻入口处，竭尽全力让他那艘鲜红的船在阿根廷雷达看来像一座冰山。

4 月 7 日，英国决定重新夺回南乔治亚岛。做出决定后，英方便命令福克兰群岛特遣部队的三艘船与坚忍号会合。

4 月 21 日，这四艘船已经在南乔治亚岛的指定地区集结完毕。因为英国人希望在出击之前不被对方发现，随特种部队的船只（领头的是安特里姆号）赶来的指挥官便建议在哈康王湾登陆，他的部下会沿着沙克尔顿的路线穿越岛屿，抵达能够偷偷观察利思港的地方。但巴克和在圣安德鲁斯湾登上坚忍号的一位调查队顾问均指出，这个任务相当困难。但特种部队的指挥官确信，如果饥寒交迫的沙克尔顿能做到，那他手下这些健康的正常人也能做到。尽管如此，他还是勉强同意使用直升机把作战人员运送到岛内，以免去第一部分的路程。不到一小时，这支队伍就因为强风暴而无法前进。在冰川上度过了一个难熬的夜晚之后，当时的情形实在令人绝望，他们传讯请求直升机回来接他们。头两架直升机在尝试起飞的时候坠毁了，尽管机上人员伤得不重，但直升机成了残骸。天气好转后，第三架直升机最终有惊无险地分两次救出了所有人。此次事故之后，英国人改变了策略，他们打算从海上秘密靠近利思港和古利德维肯。这些努力同样没有奏效。

就在英国开始行动的三天后，阿根廷人也加强了他们在南乔治亚岛的防御。4 月 24 日，一艘潜艇抵达古利德维肯，还带来了 15 名战士。事态的这种发展外加失败的秘密行动令英国当局忍无可忍，他们授权南乔治亚岛特遣队第二天就发起进攻。船队首先向潜艇发起攻击，潜艇见状就要溜，但还是被安特里姆号上的一架直升机击沉。在下沉潜艇的全部艇员安全逃生后，英国人把他们全部俘虏了。（遗憾的是，一名艇员死于一天后，他在前去帮忙搬动沉没的潜艇时被英国人失手射杀。此人名叫菲利克斯·阿图索，大家以最高军礼规格把他安葬在了古利德维肯墓地。）英方随后轰炸了爱德华王角的近海岸以证明自己的火力，阿根廷部队很快就投降了。4 月 25 日这天，英国又夺回了古利德维肯的控制权。尽管当时的局面一度比较紧张，但利思港的阿根廷部队第二天还是没开一枪就投降了。

夺回南乔治亚岛对英国而言具有重要的战略意义。毕竟这场福克兰群岛/马尔维纳斯群岛之战发生在阿根廷家门口，而对英国来说则并非如此。但重新夺回南乔治亚岛之后，英国的福克兰群岛特种部队也有了一个集结待命区。接下来的几周里，多达 25 艘战舰——其中最大的伊丽莎白女王二世号为运兵舰——

1982 年福克兰群岛/马尔维纳斯群岛战争中南乔治亚岛的伤亡情况

上图：阿根廷人攻下古利德维肯和爱德华王角时击落的直升机残骸，这里后来被用作爱德华王角英军射击场。（作者摄，2001 年）

左图：古利德维肯墓园中阿根廷潜艇艇员菲利克斯·阿图索的墓地。（作者摄，2009 年）

集结在坎伯兰湾，它们把人员和补给运送到福克兰群岛/马尔维纳斯群岛前线。6 月 14 日阿根廷人在斯坦利投降，至此，英国再次把南乔治亚岛和福克兰群岛紧紧攥在手中。

但还有一个地方仍是双方争夺的焦点，即阿根廷在南桑威奇群岛的图勒岛上建立的基地。6 月 18 日，坚忍号载着一小支特遣部队抵达图勒岛，岛上 10 位阿根廷居民没有抵抗就投降了。然而，坚忍号和另外一艘船在半年后返回图勒岛时，船长巴克发现有人把英国国旗换成了阿根廷国旗。英国海军部随后就派了另一艘船前去摧毁图勒岛的基地。至于南乔治亚岛这边，英方于 4 月底遣散了剩余的英国南极调查队队员和 2 名野生动物摄影师。接下来，他们把南极调查队在爱德华王角的建筑用作了部队驻地。武装人员在这里驻扎了近二十年，直到英国在 2001 年 3 月关闭军事驻地，科学家们才又重新回到这里。

福克兰群岛/马尔维纳斯群岛战争之后，英国仔细斟酌过自己在南极半岛地区的利益所在。一个结果是，政府把英国南极调查项目的预算翻了一番。这样做主要出于政治原因，但新的资金也意味着调查组可以加强科考力度，而不用像福克兰群岛/马尔维纳斯群岛战争爆发前计划的那样压缩科考项目。至于阿根廷这边，它并未对自己的南极项目做出实质性修订，该项目继续在南极运行着多座全年运营的基地，其中七座在战后的那个夏天恢复。

臭氧层空洞和全球气候变化

英国重新开始了南极科考活动，多年后，成果初现：哈雷湾基地的科学家们证实了一个令人不安的发现。自国际地球物理年以来，很多南极基地一直在监测地球的大气臭氧状况。令哈雷湾的科学家们惊讶的是，他们 1982 年测得的数据表明，南极上空的臭氧浓度下降了 20%。他们的直接反应是设备坏了，因为就他们的认知而言，这一结果跟其他任何测量都不符。但他们错了，美国 1978 年发射的雨云 7 号卫星携带的仪器也记录下了这些变化。然而，这些数据实在出乎意料，分析雨云卫星的计算机程序只是简单地记录了读数，并把它们标记为异常，需要重新检查。此前没人遇到过这种情况。

哈雷湾的科学家并未发布他们1982年的发现。第二年，设备记录到甚至更低的臭氧水平后，他们也没有公之于众。但在1984年，他们用新的设备在英国南极调查项目的法拉第基地（位于阿根廷群岛）建立了第二个测量站。[13]新的测量结果证实了1982年和1983年的读数，哈雷湾的科学家们随即发布了这一发现，这又导致科学家们重新分析雨云7号卫星此前的数据，这些数据支持了哈雷湾科考站的观测结果。科学家总结道，臭氧层中巨大且不断扩张的季节性空洞源于人类在南极之外的活动，其罪魁祸首是排入大气的化学制品，尤其是氯氟烃。意识到现状后，世界各国立马纷纷采取行动抑制臭氧层空洞进一步恶化。从2015年的数据来看，这些举措似乎产生了积极的成效。根据2016年的记录，空洞在20世纪90年代初达到了一个或多或少稳定的最大值，此后一直围绕着该值上下轻微波动，而近期的分析则显示，空洞正在逐渐变小。

南极洲以外的人类活动——全球气候变暖——也从另一方面对南极产生了影响，受影响程度最深的是南极半岛地区。20世纪下半叶，半岛西侧的年平均温度上升幅度超过5华氏度（约2.8摄氏度），并且自1940年以来，244座受监测的冰川中约有90%正在消融。其中就包括连接斯托宁顿岛和半岛大陆的便捷冰上通道，这个通道早在2000年之前就消失了，附近的沃迪冰架则在20世纪90年代初期几近消失。1994—1995年夏，拉森冰架最北端的部分（位于半岛东海岸）崩塌了，接下来的很多个夏天里，拉森冰架都在持续解体，其中包括2002年初的一次大规模解体，当时1 250平方英里（约2 012平方千米）的冰架在三十五天内完全崩塌。拉森冰架的解体事件十分引人注目，规模较小的同类事件却在整个半岛地区轮番上演。2008年3月发生的一件事令人不安地证明了气候变化对南极地区的影响可能在不断加剧。就在这一个月的时间里，威尔金斯冰架的重要组成部分——位于亚历山大岛、夏科岛和其他一些岛之间——崩塌了。正如英国南极调查项目的一位科学家所说："1993 年时，我们预测这是个脆弱的冰架，但我们对这个判断作出的时间限定完全错了。我们当时说的是三十年，但你看，不到十五年就发生了。"[14] 近年来，南极冬季海冰的形成时间通常比几十年前晚几个星期，相应地，海冰消失的时间也早得多了。野生动物同样对气温变化产生了反应。海狗正在往南迁徙，象海豹、金图企鹅也是如此，在几年前很少能见到它们的地方，它们的种群数量在显著增长。与此同时，南极北部越来越多的阿德利企鹅栖息地正在消失。[15]

拉森 B 号冰架的卫星照片，摄于 2002 年 3 月 7 日。照片显示，这个冰架正在崩解为大量冰山和碎冰群，冰山正朝威德尔海的方向漂去。（美国航空航天局喷气推进实验室供图）

人类在南极地区以外对地球资源的利用正在对这个星球产生影响，臭氧层空洞和全球气候变暖都是现成的例子。但南极洲本身在这种开发心态下也难以幸免，两个世纪以来，捕猎南极的象海豹、海狗、鲸鱼、磷虾和鱼类都让人类获利无数，从20世纪中叶起，也有越来越多人开始探索其他开发南极的方式。南极存在有利可图的矿藏资源吗？《南极条约》曾以故意略过的方式巧妙地处理了控制矿藏开发的问题，但从20世纪80年代以来，条约签约国已对此有所回应。这一涉及整个大陆的问题会对半岛地区产生独特的影响。

矿藏、基地、石油泄漏和环境议定书

1982年6月，《南极条约》缔约各方开始就《南极矿物资源活动管理公约》展开谈判，各方旨在建立一个监管框架，以控制《南极条约》覆盖地区的采矿活动。许多非参约国也注意到了事态的发展，他们决定在讨论中发表意见。

初版的《南极条约》允许新的成员国加入。在《南极矿物资源活动管理公约》谈判启动之际，条约的成员国为二十六个，其中十四国为具备完全投票资格的协商成员。这些行使投票资格的国家由最初的十二国加上波兰和西德构成。后两者是通过参与条约规定的南极科考活动并且发挥了重要作用而获得这种资格的。当其他国家也想如法炮制时，他们发现南极最容易开展科考活动的地方就是半岛地区。结果，截至1988年，九个新来的国家都已在半岛地区建立了基地，而乔治王岛则是科考基地最集中的地方。这一个岛上本已建有四个全年运营的基地——阿根廷、智利、波兰和苏联各一个，现在又加上了巴西、中国、韩国和乌拉圭建设的新基地。其他一些国家在岛上建立的基地则仅在夏季开展活动。长约44英里（约71千米）的乔治王岛是威廉·史密斯1819年来到南设得兰群岛后最先登陆的地方，它现在已成为南极版城市无序扩张的发祥地。（《南极矿物资源活动管理公约》签订后，半岛地区的这些新基地大多保留了下来，后来还有一些新的基地加入其中，它们建在乔治王岛以及该区域的其他地方。2015 年冬［此前多年，这里的基地数量逐渐趋于稳定］，半岛地区共有二十一座全年运营的基地，它们分别属于十二个国家。此外，另有四个国家建有一个或多个夏季基地。）

包括新成员国在内的《南极条约》缔约各方于 1988 年 6 月签署了《南极矿物资源活动管理公约》，但其他许多未加入其中的国家对该公约极为不满。环保组织则认为，《南极矿物资源活动管理公约》在控制南极洲采矿活动的同时，也同等地放开了这种活动。世人还十分担忧公约在环保方面的缺陷。

1989 年年初的一个事件就明显显示了人类活动对脆弱的南极环境可能造成的破坏。1 月 28 日，阿根廷补给船巴伊亚・帕拉伊索号应船上 81 名游客的要求访问了美国的帕默科考站。正当离开之际，它撞上水下的暗礁搁浅了。乘客和船员乘坐救生艇安全地回到了帕默科考站，不久之后，旅游船就来把船上的人接走了。但处理帕拉伊索号上的货物则成了一项更为艰巨的任务，这艘船载有数十万加仑的石油产品，准备运往阿根廷的基地，但船身撞出了巨大的裂口后，燃料也跟着倾泻而出。到 1 月 31 日，搁浅的船在洋流和潮汐作用下已脱离暗礁，漂移到了安特卫普岛 1 公里以内，接着就侧翻并沉没了。燃料在海里持续扩散，最终形成了 40 平方英里（约 104 平方千米）的水上浮油区。这是一场重大的环境灾难，也是 1956 年麦克默多海峡发生类似规模的泄漏事件以来，南极洲最严重的环境事故。

各方随即采取措施控制石油扩散。帕默站的美国人最早采取了一些临时措施。几天后，阿根廷、智利和美国组成了专业的泄漏控制团队。清理工作最终在 1993 年 1 月宣布完成，到此时，清理工作已耗资数百万美元。尽管对退化的水质和死去的动物的检测表明，此次事故对南极环境的影响不像最初担心的那样严重，但其后果也不容小觑，而且对环境的影响并未就此结束。到泄漏事件过去二十五年后的 2016 年初，巴伊亚・帕拉伊索号的残骸还在继续往安特卫普岛的水域中渗透残余的石油。

采矿活动对环境的危害程度已经在世界其他地方得到充分证明，如今帕拉伊索号石油泄漏事件也为南极洲带来了灾难。一些条约成员国便开始提议修改《南极矿物资源活动管理公约》的条款，它甚至还没来得及发挥效力就注定要走向失败。1989年，《南极条约》的签约国同意考虑对条约管辖的区域实施全面的环境保护。经过两年的紧张谈判，各方达成了所谓的《马德里议定书》。这项于1991年10月通过的新协议取代《南极矿物资源活动管理公约》而成为南极全方位的环境保护制度，它适用于人类在南极洲开展的一切活动。《南极矿物资源活动管理公约》打算规范的——采矿和其他相关活动——现已被全面禁止，该议定书将在五十年后重新审核。二十六个拥有投票权的国家中的最后一个即日本同意并批准之后，《马德里议定书》于1997年12月15日正式生效。（可悲的是，截至2016年，《南极条约》的一些缔约国仍一直在寻找《马德里议定书》的漏洞，或者绕开条约的办法，进而开采南极的矿藏资源，特别是石油。）

《马德里议定书》中关于矿藏的核心议题最具争议性，但谈判中的其他几个因素也存在争议。一个是一条相对次要的条款，它禁止在未经许可的情况下引入非本土动植物物种，同时还要求把那些已经存在的来自外界的动植物清理出去，其中就包括雪橇犬。很多人，尤其是澳大利亚南极项目的参与者，都极力反对清理这些动物，它们自詹姆斯·库克的时代以来就一直与人类一同生活在南极洲。尽管政府的一些项目早先就已逐步取消了它们的工作职责，但它们仍是南极洲历史的珍贵组成部分。而且它们不仅仅关乎历史。1989—1990年，一支由6人组成的国际私人探险队就在穿越南极大陆的过程中使用了狗队，他们沿1 000英里（约1 609千米）长的南极半岛长途跋涉了三个月。[16] 至于政府项目，截至1991年，仅三个基地还在养狗，但都是在人对狗的陪伴非常依赖的地方，分别是东南极洲的澳大利亚基地，以及南极半岛上的阿根廷基地和英国基地。《马德里议定书》要求所有这些动物都必须在 1994 年 4 月 1 日前离开。澳大利亚曾激烈抗议，但后来还是做了让步，十分悲伤地跟他们的爱犬作别。阿根廷人默默地带走了自己的狗，尽管有传言称他们一直坚持到了截止日期的一到两天之后。

英国人在阿德莱德岛的罗瑟拉基地养了 20 只狗，其主要作用是娱乐和陪伴。这些隶属于英国南极调查项目的狗离开南极的方式显得很时兴，狗儿们的告别式以一次名为“中断的传统”的户外之行为开端。1994 年年初，罗瑟拉基地的 2 名工作人员——基地最后一名训狗师约翰·斯威尼，以及三十年前曾与调查项目的狗儿们并肩工作过的约翰·基林贝克——带领一个 14 条狗组成的队伍乘雪橇前往亚历山大岛。随行的还有一个电影拍摄团队，他们乘坐雪地车——狗儿们的替代品。旅行结束后，斯威尼带着狗队登上一架飞机飞到了福克兰群岛。接着，他和他的狗继续飞往英国，这是皇家空军特意为他们安排的飞行。随后，他们从英国飞往美国波士顿，人和狗在那里转乘卡车前往加拿大魁北克北部的一个村庄。狗队的最后一段旅程是拉着雪橇前往自己的新家，一个位于哈德孙湾西北岸的因纽特人村庄。

虽然《马德里议定书》重在防止人们在将来对南极洲的环境造成破坏，但它也要求条约成员国对过去的人为环境问题展开治理，特别是，政府必须对其废弃的基地采取行动。除非某个地点被认定具有特殊的历史地位，否则，相关国家有权自主决定是完全拆除还是只是清理。如果它的确具有历史意义，议定书援引此前《南极条约》的规定，禁止将其拆除。

1972 年，《马德里议定书》批准生效的近二十年前，条约缔约国就已经采取措施保护人类在南极的历史了，比如赋予《南极条约》指定的历史古迹以受保护地位等。条约最初认定了四十三处历史遗迹和文物，半岛地区占了十八处。（1972 年以后又新增了很多。）文物清单一经通过，遗迹附近的相关缔约国基地就自动承担起了保护义务。

各国政府对保护责任采取了十分认真的态度，例如阿根廷就制订了一个多年计划，以维护诺登斯克尔德探险队留下的三个小屋。雪丘岛上的木制建筑得到了最多的关注，人们在这里开展了大量的修复工作，其最终的结果是一座遗址博物馆，其中藏有瑞典人留下的部分文物，该博物馆于2004年向公众开放。阿根廷还努力维护斯科舍号探险队留在劳里岛上的奥蒙德之家，以及他们自己的莫内塔之家，后者曾在1905年年初取代前者成为南奥克尼群岛全年科考基地的驻地。如今，莫内塔之家已改造为博物馆。[17]

以调查旧基地为起点，英国也在半岛地区开展了大量遗址保护工作。为了开展这项工作，英国还设立了一个南极遗产信托基金，此举效仿的是新西兰的一个类似组织，后者旨在保护罗斯海地区具有历史意义的小屋。调查工作于1993—1994年启动时，英国南极调查项目已建立了三十个不同的基地和庇护所，其中七个仍全年或在夏季维持着运营状态。在这次调查后，英国又额外推荐了几栋建筑作为历史古迹。1995—1996年，信托基金开始资助其中一处的保护工作，即位于洛克鲁瓦港的塔巴林行动原始基地，目的是为游客提供一个处

洛克鲁瓦港的游客，2003年（作者供图）

所，让他们能够看到基地几十年前的原貌。当修复后的洛克鲁瓦港基地在 1996 年 11 月向游客开放时，它立刻就成了热门景点。

在更靠北的地方，英国人已经在南乔治亚岛的古利德维肯建立了一个捕鲸博物馆。该博物馆位于捕鲸站经理的老房子里，1992 年初开放。几年后，另外一个项目修复了古利德维肯教堂。不幸的是，南乔治亚岛的恶劣气候让捕鲸站工作区的清理工作无法顺利进行。随着建筑不断朽坏，英国人也把越来越多的地方列为禁入区域。2001 年 11 月，他们关闭了通往古利德维肯的大部分公共通道，这也是他们允许游客进入的最后一个站点。四年后，在拆除了状态最差的废弃建筑后，英国重新向游客开放了南乔治亚岛第一座捕鲸站的全部历史景点。

冰之传奇

南极洲是人类发现的最后一块大陆，世人在成百上千年中都未能得见其真容，但如今它已成了一个承载着受人认可、尊重乃至敬仰之历史的所在。与故事开始时的 1500 年相比，南极在很多方面已经发生了巨大的变化。如今，常年有人（男女皆有）生活在南极，尽管他们仍需要外界的帮助和支持。拜访南极的人也很常见。人类的活动不仅影响了南极海豹、鲸鱼、鱼类和鸟类的种群繁衍，而且还影响了南极地貌本身，尤其是在半岛地区。然而，南极洲仍是一个广袤而神秘的冰雪之地，充满了危险挑战，而且总是那样壮美而富有魅力。南极的富饶体现在很多方面，其中一些是早期的探险家们从未想到过的。

五百年前，人们驾驶小船开始搜寻想象中富饶的南方大陆。詹姆斯·库克绕南极航行之后宣称，即便这里存在陆地，也不值得去发现。所谓的富饶不过是一种幻想。但后来有人在南极发现了海狗，人们才意识到这里确实埋藏着财富。再往后，不同的猎人、探险家和访客在鲸鱼、象海豹、磷虾和鱼类身上发现了额外的利润来源，同时还发现了科学知识的宝藏。但他们也发现了别的东西，某种无形的东西——南极本身的壮丽、神奇和魔力。让-巴布蒂斯特·夏科在尝试解释南极的诱惑时谈到：

> 那么，我们为何会感受到这种神奇的吸引力……这种感觉如此强大而持久，当我们回到家，我们就会忘记心灵和身体的疲惫，除了返回南极别无所求？这些风景也曾空洞而恐怖，但我们为何会被它们的这种魅力感染？是未知带来的喜悦吗？我们是否会陶醉在前进和生存所需的斗争和努力之中？尝试并实现人所不及之事是否值得骄傲？或者，这是远离鄙俗和琐碎带来的愉悦？跟所有这些感觉都有点关系，但又不尽然……这些地方让我们感受到宗教般的敬畏……身临其境，就像伫立在圣殿的中央，大自然把自己巨大的力量展现在我们面前……得以来到此处的人会感觉到心灵的升华。[18]

那些发现、探索和勇敢面对这片广袤世界并努力探索其秘密的人为夏科的这段文字增添了力量。南极洲的人类历史，包括南极半岛地区的历史，毫无疑问是其财富的组成部分。本书所讲述的南极地区，正如整个南极大陆一样，足以称得上冰之传奇。

初版说明

若干年前，我曾与一位刚刚去过南极半岛的新相识有过一次交谈。他告诉我他在那里过得很愉快，因为当地的风景和野生动物都令人惊叹不已。唯一令他失望的是该地历史价值的极度匮乏。我惊诧不已。他去过的这个地方上演过异常丰富的人类故事，该地区地图上的地名更是表达了对这些人的敬意——德雷克海峡、布兰斯菲尔德海峡和杰拉许海峡，保利特岛、温克岛和邓迪岛，丹科海岸，拉森冰架、龙尼冰架和菲尔希纳冰架，斯科舍海和威德尔海，以及其他所有名字。我还记得自己的第一次南极之旅，就跟我那位失望的朋友和其他很多人一样，我当时也去了南设得兰群岛和南极半岛。伫立在夜灯笼罩的甲板上，我头一次看到了南设得兰群岛，情绪一下子将我笼罩，我想象着数个世纪中这里发生的一切。我那位新朋友被骗了！而当时也埋下了写作本书的种子。我会通过书写历史讲述南极洲半岛地区的故事。前往南极这个地区的访客众多，特别是游客，这里也是许多探险家和探险队取得众多南极“第一”的地方。

这段历史如此丰富，乃至一本正常篇幅的书只能涵盖这五百年中的亮点而远非全部。因此，我必须精简，进而对纳入其中和排除在外的内容做出艰难的抉择。前两个附录不仅提供了内容有限的额外细节，而且包含了这段时期南极洲其他地方的故事作为背景。附录一是南极时间轴，它将南极历史划分成了本书涵盖的部分和南极其他地方发生的事情。附录二列出了南极的众多“第一次”。对于想了解更多内容的读者，参考书目和注释部分提供了进一步阅读的建议。

本书历经多年的研究和写作，在此期间，我受到许多人的帮助和鼓励，其中包括在阅读手稿之前对这个主题知之甚少或一无所知的朋友和亲戚，以及一些这个领域公认的专家。我十分感激他们。

阅读十分粗略且冗长的初稿的人着实很勇敢，他们的评论也特别有价值。

克莱尔·布林迪斯、马里恩·布隆伯格、多特·卡托、吉姆·肯珀尼希（已故）和保罗·胡克都通读了书稿，并且给了我很多令我感激不已的反馈。桑迪·布里格斯返回的初稿还附带了几十页细致的评论和提问，全都富有洞察且切中要害。对南极历史文献有深入了解的瑞克·德默尔读得非常仔细，他后来花了几个小时与我讨论本书，提出了另一些问题和建议，全都很有价值。两位专家读者——路易斯·克罗斯利和罗伯特·黑德兰——也阅读了部分初稿，并提出了批评性评论。戴维·拉姆齐向我展示了布鲁地图，这真是个奇妙的发现。对于所有这些人——他们很多人都异常繁忙——我深表感激。

其他内行和外行朋友则阅读和评论了后来的书稿。在那些不太了解这个主题的人中，我特别感谢凯伦·爱尔兰、沃尔特·明尼克、贾齐·塞缪尔斯和鲍勃·惠特比。我有一次从南极到罗斯海的旅行途中的室友卡罗尔·安·佩斯金也非常棒。她花了大量时间仔细阅读书稿，并且在页边写满了深入细致的评论。

一些南极历史方面的专家也毫不吝惜自己的时间，他们在阅读书稿的过程中提供了许多重要帮助。时任夸克探险旅游公司执行副总裁的埃里卡·维坎德在阅读了某个早期版本的书稿后也对我满是鼓励。多年来一直在南极开展美国极地项目的克里斯汀·拉森则提出了一个与命名有关的重要建议，我对此非常感激。阿特·福特、约翰·斯布雷托瑟尔（已故）和柯林·布尔（已故）——他们都是南极科学和历史方面的大拿——细致阅读书稿后，纠正了一些错讹，还建议增加文本内容，从更为总体性的角度提供了大量有价值的评论。英国南极调查局前成员、现南极游轮历史讲演者达米恩·桑德斯则提供了我在阅读中未能发现的信息。R. H. T. 多德森，芬恩·龙尼 1947—1948 年探险队的成员，阅读了第十七章，并根据个人知识提供了宝贵的意见。我特别感谢上述所有人的鼓励，尤其是阿特·福特，他在写作计划的推进过程中为我提供了强大的支持，几乎就是我的导师。两位专家审稿人——约翰·贝伦特和另一位主动要求匿名之人——提供的反馈令人十分感激，他们提出问题，指出错误，并提供了让本书更加扎实的改动和补充。

我还必须感谢那些参与完善以及出版本书的人。与我那出色的编辑比尔·卡弗共事实在如鱼得水。他对语法的纠正，对内容的质疑，对措辞的澄清，对文字的润色以及其他很多帮助都是非常宝贵的。我的经纪人艾普丽尔·艾伯哈特做事兢兢业业，她也提出了有用的建议，我对此十分感激。我也十分感谢保罗·韦雷斯在地图方面做的辛苦工作。我对这些人而言是个要求颇高的工头，而韦雷斯的工作十分干净利索。芭芭拉·坦普利顿仔细阅读了最终版的书稿，并且十分难得地捕捉到了书稿中的错误和前后不一。而我的出版商丽晶出版社的马克·威曼，和他共事则令人十分愉悦，他总是有求必应。

最后，我必须感谢丈夫巴里·布思。他至少阅读并评论了四个不同版本的书稿，多年来，他一直满怀热情地鼓励我写作本书。没有他，本书无从谈起。

尽管很多人都曾阅读过本书的书稿，但错误仍旧不可避免。如果确有错误，我负有全部的责任。然而，我还是会感激发现错误的读者，以便能在未来的新版本中做出更正。

琼·N. 布思

加州，旧金山

2011 年 7 月

再版说明

《冰之传奇》初版在2011年出版之后，我收到了众多读者的大量评论。其中一些读者好心地指出了行文中的错讹，我在这个版本中已做出订正。此外，我还更新了第一版中的少数段落，尤其是与2011年以后的情况相关的内容，也有对更早年份的内容的更新。除此以外，本书——主要关注21世纪之前南极半岛的历史——一如其旧。遗憾的是，书中仍可能存在错讹之处。一切文责自负。再次强调，我非常期待能够收到读者指出错误的反馈，也十分欢迎其他的评论。

我十分感谢南极出版社的费德里科·加尔朱洛有兴趣推出这个新的版本。我也希望本书为读者拉开世界上这个独特地方曾上演的精彩故事的序幕。

琼·N. 布思

加州，旧金山

2016年3月

附录一　南极大事记

探险队的名称缩写请参阅“术语、缩写词、首字母缩写词表”。关于经过重新定名的地点，需注意文中提及的很多地名为后世所使用的名称。从国际地球物理年（1957—1958 年）起，本表不详细列出政府资助的探险队从事的各项活动。条目后的问号标识（?）表示该事件的真实性存疑。

年份	南极半岛地区	南极其他地区	世界其他地区
1400—1499 年	1421—1422 年，中国船队航行至南设得兰群岛（?）		1421—1422 年，中国船队航行到福克兰群岛（?） 1492 年，哥伦布发现“新大陆” 1493 年、1494 年，西班牙和葡萄牙通过教皇诏书和《托德西利亚斯条约》瓜分“新大陆” 1498 年，瓦斯科·达·伽马经由好望角抵达印度
1500—1550 年			1502 年，阿美利哥·维斯普西航行至南美洲东海岸高纬度地区（?） 1503 年或 1504 年，葡萄牙人在航行中报告发现了南方大陆（?） 1513 年，瓦斯科·努涅斯·巴尔沃亚穿过巴拿马地峡，发现了“大南海”（太平洋） 1520 年，斐迪南·麦哲伦发现了麦哲伦海峡；其船员在 1522 年完成了首次环球航行

（续表）

年份	南极半岛地区	南极其他地区	世界其他地区
1551—1599 年	1599 年，迪尔克·格里兹可能航行到了南纬 64°，并且发现了陆地（？）		1578 年，弗朗西斯·德雷克发现了火地岛南边的海洋 1582 年，教皇格雷戈里十三世颁布了格雷戈里日历，日期因此提前十天，基督教国家在后来的三个世纪中逐渐采用了这种日历 1588 年，英国击败西班牙无敌舰队 1592 年，约翰·戴维斯发现福克兰群岛
1600—1649 年			1616 年，威廉·斯豪滕和雅各·勒美尔发现并绕过了合恩角
1650—1699 年	1675 年，安东尼·德拉罗什发现南乔治亚岛		1699—1700 年，埃德蒙德·哈雷在南大洋开展科学考察
1700—1749 年		1738—1739 年，让-巴布蒂斯特-查尔斯·布韦在大西洋的遥远南边发现了布韦岛	1714 年，英国经度委员会成立，为解决发现经度时遇到的问题提供奖赏
1750—1799 年	1756 年，格雷戈里奥·赫雷斯驾驶莱昂号重新发现南乔治亚岛 1762 年，奥罗拉号上的约瑟夫·德·拉·利亚纳报告发现了奥罗拉群岛 1775 年，詹姆斯·库克在南乔治亚岛登陆，并为英国主张了该岛的主权；后又发现了南桑威奇群岛 18 世纪 80 年代后期，南乔治亚岛开始出现海豹捕猎活动	1768—1771 年，詹姆斯·库克航行至塔希提岛观测金星凌日，并寻找南方大陆 1771—1772 年以及 1773—1774 年夏季，伊夫-约瑟夫·德·凯尔盖朗-特立马利克发现了凯尔盖朗群岛 1771—1772 年，马里昂·杜·菲涅尔发现了克洛泽群岛、马里昂岛和爱德华王子岛 1772—1775 年，库克绕南极大陆航行；1773 年 1 月 17 日，他穿过南极圈；1774 年 1 月 30 日，抵达南纬 71°10′ 1791—1792 年，凯尔盖朗群岛开始出现捕鲸和捕猎海豹的活动	1753 年，詹姆斯·林德发表《论坏血病》 1761 年，约翰·哈里森的航海计时仪（航海经线仪）测试成功 18 世纪 60 年代，英国人和法国人占领福克兰群岛/马尔维纳斯群岛；法国人将其地位让渡给了西班牙 18 世纪 70 年代初，捕鲸船抵达福克兰群岛 1774 年，詹姆斯·瓦特建造了第一台现代蒸汽机 1775 年，美国独立战争爆发 1776—1778 年，库克第三次航行 18 世纪 80 年代，福克兰群岛开始出现海豹捕猎活动 1789 年，法国大革命爆发

（续表）

年份	南极半岛地区	南极其他地区	世界其他地区
1800—1809 年	1800—1801 年夏，南乔治亚岛的海狗捕猎活动达到高潮	1806 年，亚伯拉罕·布里斯托发现位于新西兰南边的奥克兰群岛	1803—1815 年，拿破仑战争蔓延至整个欧洲 1807 年，罗伯特·富尔顿建造了第一艘商用蒸汽船
1810—1819 年	1819 年 2 月 19 日，威廉·史密斯发现南设得兰群岛 9 月，圣泰尔莫号沉入德雷克海峡，残骸漂流到了南设得兰群岛 1819—1820 年航海季的 12—1 月，圣埃斯皮里图号和赫西莉娅号出发前往南设得兰群岛捕猎海豹；圣胡安·内波穆塞诺号可能也在南设得兰群岛捕猎海豹；12—1 月法比安·冯·别林斯高晋调查了南乔治亚岛和南桑威奇群岛，并开始了为期两个夏天的环南极航行	1810 年，弗雷德里克·海瑟伯格发现麦夸里岛和坎贝尔岛；海豹捕猎兴起	1812—1815 年，英美战争 1816 年，阿根廷宣布脱离西班牙的统治独立 1816 年，法国人尼瑟福·尼埃普斯开始了最早的摄影实验 1818 年，智利宣布脱离西班牙的统治独立
1820—1829 年	1820 年 1—3 月，爱德华·布兰斯菲尔德调查南设得兰群岛；1 月 30 日，发现南极半岛 11 月，南设得兰群岛海狗捕猎潮兴起 11 月 16 日，纳撒尼尔·帕默发现南极半岛 1821 年 1 月 27 日，别林斯高晋发现亚历山大一世地；2 月，调查南设得兰群岛 2 月 7 日，约翰·戴维斯在南极半岛登陆，梅尔维尔勋爵号探险队的受困队员们在乔治王岛过冬	1820 年 1—2 月，别林斯高晋沿东南极洲海岸航行；1 月 27 日，发现南极大陆 1821 年 1 月 20 日，别林斯高晋发现彼得一世地，这也是南极圈内发现的第一块陆地 1822—1823 年夏，本杰明·莫雷尔报告自己在东南极洲高纬度地区看不见的海岸附近航行，并登陆布韦岛	1820 年，包含了南设得兰群岛的世界地图出版 1822—1825 年，科基耶号环游世界以研究地磁，并首次尝试确定南磁极的位置

（续表）

年份	南极半岛地区	南极其他地区	世界其他地区
	12月6日，乔治・鲍威尔和纳撒尼尔・帕默发现南奥克尼群岛 1823年2月20日，詹姆斯・威德尔抵达南纬74°15′附近的威德尔海域 3月，本杰明・莫雷尔在威德尔海发现“新南格陵兰岛” 1829年1—3月，雄鸡号对欺骗岛开展科学考察		
1830—1839年	1830年1—3月，撒拉弗号、安纳万号和企鹅号航行至南设得兰群岛开展海豹捕猎和科考活动；詹姆斯・艾慈开展了科学考察 1832年2月，约翰・比斯科发现阿德莱德岛；为格雷厄姆地命名并宣布其为英国领土 1833年12月，玫瑰号和希望号航行至南设得兰群岛；玫瑰号撞上浮冰后沉没 1838年1—3月，杜蒙・迪维尔航行至威德尔海、南设得兰群岛和南极半岛 1839年2—3月，查尔斯・威尔克斯航行至南设得兰群岛、南极半岛和别林斯高晋海	1831年2月，约翰・比斯科发现恩德比地 1833年12月，彼得・肯普发现肯普地 1839年2—3月，约翰・巴勒尼发现巴勒尼群岛和萨布里那地	1830年，弗里德里希・高斯计算出南磁极的位置 1831年，詹姆斯・克拉克・罗斯抵达北磁极；智利对南极做出了模糊的主权声明 1833年1月，英国重申自己对福克兰群岛的主权
1840—1849年	1841—1842年夏，威廉・斯米利抵达欺骗岛，并报告了岛上火山喷发的情况 1842—1843年夏，詹姆斯・克拉克・罗斯航行至威德尔海、南设得兰群岛和南极半岛	1840年1月，迪维尔发现阿黛利地 1—2月，威尔克斯沿东南极洲海岸航行1 500英里（约2 414千米），沿途发现了零星分布的陆地 1840—1842年，詹姆斯・克拉克・罗斯发现罗斯海、	1843年6月23日，英国正式宣布“在福克兰群岛及其属地上建立定居点” 1844年，世界第一则电报信息发送成功 1845—1849年，爱尔兰马铃薯饥荒

（续表）

年份	南极半岛地区	南极其他地区	世界其他地区
	1846 年，以斯帖号航行至南乔治亚岛；随船的外科医生和其他四人被埋葬在爱德华王湾（这也是古利德维肯墓地最早的坟墓）	维多利亚地和罗斯冰架；1842 年 2 月 23 日，他创造了最远抵达南纬 78° 10′的新纪录 1844—1845 年，宝塔号在罗斯之后开展航行	1847 年，世人开始搜救在北极失踪的约翰·富兰克林爵士；英国也因此开始持续多年关注极地地区 1848 年，加利福尼亚州发现金矿 12 月，蓬塔阿雷纳斯建立定居点
1850—1859 年	一些人尝试航行至南设得兰群岛捕猎海豹，但大多以失败告终	1850 年 2—3 月，托马斯·塔普塞尔驾驶布里斯克号前往巴勒尼群岛捕鲸 1853 年 1 月 26 日，墨卡托·库珀登陆维多利亚地 1853 年 11 月 15 日，约翰·赫尔德发现赫尔德岛；海豹捕猎于 1855 年在此兴起	19 世纪 50 年代，马修·方丹·莫里的航行指南鼓励船只沿南大洋大环线航行 1853—1856 年，克里米亚战争
1860—1869 年			1861—1865 年，美国内战 1867 年，美国从俄国手中购得阿拉斯加 1869 年，苏伊士运河开通；美国纵贯大陆的铁路完工，合恩角的交通显著减少
1870—1879 年	人们纷纷航行至南设得兰群岛、南乔治亚岛和南桑威奇群岛捕猎海豹 1873—1874 年，爱德华·达尔曼驾驶格陵兰号前往南设得兰群岛和南极半岛捕猎鲸鱼和海豹	1874 年 2 月，英国海洋学科考船挑战者号驶过了南极圈 1874—1875 年夏，开展观测金星凌日的探险活动：法国、美国、英国和德国派人前往凯尔盖朗群岛、克洛泽群岛、奥克兰群岛和坎贝尔岛	1870 年，斯文·弗因获得鱼叉枪的专利 1870—1871 年，普法战争；第一届国际地理大会 1874 年，格雷兄弟发布南极捕鲸倡议 1878 年，阿道夫·埃里克·诺登斯克尔德男爵首次驶过东北航道
1880—1889 年	1882—1883 年，国际极地年的德国探险队前往南乔治亚岛		1882—1883 年，第一届国际极地年，主要围绕北极地区展开 1884 年，世界多国采纳经过格林尼治的经线为本初子午线 19 世纪 80 年代，国际地理学会开始推动南极探险活动

（续表）

年份	南极半岛地区	南极其他地区	世界其他地区
1890—1899 年	1892—1893 年夏，来自苏格兰邓迪的捕鲸船队航行至南设得兰群岛和南极半岛地区 1892—1893、1893—1894 年的两个夏季，卡尔·安东·拉森对南设得兰群岛和南极半岛开展捕鲸侦察航行，这是一次重要的探险活动 1897—1899 年，阿德里安·德·杰拉许的比利时号探险队前往南极探险	1894—1895 年夏，亨里克·布尔前往罗斯海开展捕鲸侦察航行；1 月 24 日，船上 7 人登陆阿代尔角 1898—1899 年夏，德国瓦尔迪维亚号海洋探险队前往南大洋考察 1898—1900 年，卡斯滕·博克格雷温克的南十字星座号探险队前往南极探险 1899 年，一行 10 人在阿代尔角过冬	1895 年，第六届国际地理大会呼吁对南极展开探险活动 1896 年，第一届现代奥林匹克运动会开幕 1897 年，英国授予马可尼第一个无线电设备专利 1898 年，美西战争 1899 年，现代第一艘破冰船叶尔马克号下水，该船航行于俄国的北极地区
1900—1909 年	1901—1903 年，奥托·诺登斯克尔德的南极号探险队前往南极探险 1902—1904 年，威廉·斯皮尔斯·布鲁斯的斯科舍号探险队前往南极探险 1903—1905 年，让-巴布蒂斯特·夏科的法兰西号探险队前往南极探险 1904 年 2 月，阿根廷接管了布鲁斯在南奥克尼群岛的基地，随后一直维持其运营 1904 年 11 月，古利德维肯建立岸边捕鲸站，这也是南极捕鲸业的开端 1905—1906 年夏，第一艘捕鲸工厂船阿德米拉仑号抵达南设得兰群岛 1906 年 2 月，英国皇家海军莎孚号抵达南乔治亚岛 1906—1907 年，欺骗岛开始建立捕鲸基地 1908—1910 年，夏科的何乐不为号探险队前往南极探险	1901—1903 年，埃里希·冯·德里加尔斯基的高斯号探险队探索了威尔克斯地；1902 年冬季，高斯号冻结在东南极洲的海岸附近 1901—1904 年，罗伯特·法尔肯·斯科特的发现号探险队前往南极探险，并于 1902 年和 1903 年在罗斯岛度过两个冬天，这也是南极内陆的第一次重要考察活动 1907—1909 年，欧内斯特·沙克尔顿的尼姆罗德号探险队前往南极探险；1908 年，探险队在罗斯岛的罗伊兹角过冬；1909 年 1 月 9 日，其中 4 人抵达南纬 88° 23′；1909 年 1 月 16 日，其中 3 人抵达南磁极	20 世纪初，氢化技术得到发展 1903 年，莱特兄弟第一次驾驶重于空气的动力飞机飞行 1904—1905 年，日俄战争 1905 年，罗阿尔·阿蒙森首次从海上驶过西北航道 1908 年 7 月 21 日，英国正式宣布南极半岛大部分地区为“福克兰群岛属地” 1908 年，弗雷德里克·库克声称自己抵达了北极点 1909 年，罗伯特·皮尔里抵达北极点（?）

（续表）

年份	南极半岛地区	南极其他地区	世界其他地区
1910—1919年	1911年，驯鹿被引入南乔治亚岛 1911—1912年，威廉·菲尔希纳的德意志号探险队前往南极探险 1912—1913年夏，黛西号航行到南乔治亚岛开展鲸鱼和海豹捕猎活动 1913年10月8日，一名女婴诞生在南乔治亚岛 12月25日，南乔治亚岛上的教堂正式建立 1914—1916年，沙克尔顿的坚忍号探险队前往南极探险 1916年1月，美国科考船卡内基号在亚南极环游期间到访了南乔治亚岛	1910—1912年，罗阿尔·阿蒙森的弗拉姆号探险队前往南极探险；1911年冬在罗斯冰架上过冬；1911年12月14日，一行5人抵达南极点 1910—1913年，罗伯特·法尔肯·斯科特的特拉诺瓦号探险队前往南极考察；1911年和1912年冬季在埃文斯角过冬；1912年1月17日，探险队的5人小组抵达南极点，但都在返程途中丧生 1911—1914年，道格拉斯·莫森的奥罗拉号探险队前往南极探险；1911年，其中两组队员在东南极洲过冬；开展正式的雪橇探险；1912年，其中一组队员在南极过冬 1914—1917年，沙克尔顿的罗斯海分队前往南极；1915年和1916年冬在罗斯岛过冬；开展正式的雪橇探险 1915年12月—1916年4月，美国科考船卡内基号开展次亚南极环游	1910年，英国通济隆公司提议于1911年开展前往南极的旅游航行 1912年，阿尔弗雷德·魏格纳提出大陆漂移理论 4月，泰坦尼克号撞上冰山沉没 1914年，巴拿马运河通航 1914—1918年，第一次世界大战 1919年，国际联盟达成《凡尔赛条约》，一战正式结束
1920—1929年	1920—1922年，约翰·拉克兰·寇普试图探索南极半岛；1921年，马克西姆·莱斯特和托马斯·巴格肖在水船角过冬	1923—1924年和1924—1925年夏，卡尔·安东·拉森驾驶詹姆斯·克拉克·罗斯爵士号开创了罗斯海捕鲸活动的先河	1923年，英国替新西兰宣布罗斯海地区为“罗斯属地” 1924年，法国宣布对阿黛利地拥有主权

（续表）

年份	南极半岛地区	南极其他地区	世界其他地区
	1921—1922 年夏，欧内斯特・沙克尔顿的探索号探险队前往南极探险；1922 年 1 月 5 日，沙克尔顿在古利德维肯去世 1923 年，发现号委员会成立 1925—1926 年夏，捕鲸工厂船蓝星号配备了滑道，并开始远洋捕鲸作业 1925—1926 年夏，发现号委员会开展第一次航行 1925—1927 年夏，流星号开展科考航行，其间确定了南极辐合带的位置 1927—1928 年夏，拉尔斯・克里斯滕森的挪威号首次航行到南极地区，其间在半岛和其他地区开展了科考活动 1928—1929 年夏，路德维希・科尔-拉森抵达南乔治亚岛 1928—1929 年和 1929—1930 年夏，休伯特・威尔金斯在南极开展了第一次飞行	1928—1930 年，理查德・伯德前往南极探险；1929 年冬在鲸湾（即小美利坚基地）过冬；其间开展了正式的雪橇探险和空中探险活动；1929 年 11 月 29—30 日，他驾驶飞机飞过了南极点 1929—1930 年夏，亚尔玛・里塞尔-拉森乘坐挪威号探索东南极洲海岸期间使用了水上飞机 12 月 26 日，捕鲸船科斯莫斯号上的飞机失事，机上两名机组人员丧生 1929—1930 年和 1930—1931 年夏，道格拉斯・莫森率领澳大利亚/新西兰探险队（BANZARE，即英澳新南极考察队）探索了东南极洲海岸，其间使用了水上飞机	1925 年和 1927 年，阿根廷宣称拥有南奥克尼群岛、南乔治亚岛和南桑威奇群岛的主权 1926 年，伯德驾机飞越北极点（?）罗阿尔・阿蒙森/林肯・埃尔斯沃思/翁贝托・诺比莱乘坐飞艇挪威号从斯匹次卑尔根岛出发飞往阿拉斯加，最终飞越北极点 1927 年，查尔斯・林德伯格独自驾驶飞机飞越了大西洋 1928 年，休伯特・威尔金斯和卡尔・本・艾尔森从阿拉斯加出发飞越北极抵达斯匹次卑尔根岛 1929 年，美国股灾
1930—1939 年	1931 年，随着远洋捕鲸业的发展，绝大多数岸上捕鲸站相继关闭 1934—1935 年和 1935—1936 年夏季，林肯・埃尔斯沃思尝试并成功实现了首次跨南极飞行 1934—1937 年，约翰・里多克・赖米尔的英国格雷厄姆陆上探险队航行至南极半岛地区；开展了正式的陆上和空中考察	1930—1931 年夏，挪威号绕南极大陆航行 1933—1934 年夏，林肯・埃尔斯沃思从鲸湾首次尝试跨南极大陆飞行 1933—1935 年，伯德再次回到南极探险；伯德于 1934 年独自在南极内陆的小美利坚二号基地过冬；开展正式的雪橇和空中考察 1938—1939 年夏，埃尔斯沃思在东南极洲开展空中考察，同年夏，德国施瓦本兰号探险队前往东南极洲	1930 年及后来几年，世界经济崩溃 1931 年，《国际捕鲸公约》签订 1932—1933 年，第二届国际极地年举办 1933 年，英国代表澳大利亚宣布麦夸里岛为动物保护区 1939 年，挪威宣称毛德皇后地为本国领土；德国于当年 9 月 1 日入侵波兰，二战爆发

（续表）

年份	南极半岛地区	南极其他地区	世界其他地区
1940—1949年	1940—1941年，美国南极服务性考察项目在玛格丽特湾建立基地；1940年，其中26人在此过冬，并且开展了大量雪橇和空中考察工作 1941年1—3月，百慕大女王号驶往南设得兰群岛、南极半岛和威德尔海 1942年1—2月，五一号前往南设得兰群岛和南极半岛 1943年1月，卡那封城堡号驶往欺骗岛；2—3月，五一号驶往南设得兰群岛、南极半岛以及玛格丽特湾 1943—1945年，塔巴林行动队在南极建立永久基地 1945年福克兰群岛属地调查项目取代塔巴林行动；建立了新的基地 1946—1947年夏，阿根廷在南极建立了继南奥克尼群岛基地之后的新基地；智利建立了自己第一座南极基地；跳高行动对亚历山大岛和夏科岛开展考察，并探索了威德尔海 1947—1948年，芬恩·龙尼探险队前往南极探险；1947年，探险队21名男性和2名女性在斯托宁顿岛过冬 当年夏，美国风车行动为南极半岛带来第一艘破冰船	1940—1941年，美国南极服务性考察项目在鲸湾建立基地，其中33人于1940年在南极过冬；他们开展了大量雪橇和空中考察活动 1940—1942年，德国劫掠者使用凯尔盖朗群岛作为基地；1941年1月，企鹅号发现挪威捕鲸船离开毛德皇后地 1946年，南极捕鲸业复苏 1946—1947年夏，跳高行动实施，这是美国的一个大规模夏季南极考察项目，主要集中在半岛以外地区 1947—1948年夏，澳大利亚依托赫尔德基地和麦夸里岛基地启动了自己的南极项目；继跳高行动之后，美国又启动了风车行动，主要考察半岛以外地区 1949—1952年，国际（挪威、英国、瑞典）探险队前往毛德皇后地开展考察活动；1950年和1951年在挪威角过冬 1949—1953年，法国政府探险队前往阿黛利地考察	1940—1945年，第二次世界大战 1940年11月6日，智利主张享有南极半岛大部分地区的主权 1944年、1945年和1946年，国际捕鲸会议连续三年召开 1945年，第二次世界大战结束 1945年，联合国成立 1946年，国际捕鲸委员会成立 1947年，阿根廷和智利拒绝了英国将三方的南极争端提交海牙国际法院裁决的建议 1948年，美国提议解决南极主权争端，遭到拒绝；柏林空运行动；冷战加剧 1949年，苏联宣称别林斯高晋首先发现了南极大陆

（续表）

年份	南极半岛地区	南极其他地区	世界其他地区
1950—1959 年	整个这十年中，阿根廷、智利和英国在南极建立了越来越多的基地 1951—1952 年、1952—1953 年、1955—1956 年、1956—1957 年夏季，邓肯·卡斯在南乔治亚岛考察 1954—1955 年夏，英国南乔治亚岛探险队开展登山活动 1955—1956 年、1956—1957 年夏，福克兰群岛属地政府的空中考察探险项目为南设得兰群岛和南极半岛绘制了地图 1955—1958 年，英联邦跨南极探险队前往南极考察；1956 年和 1957 年在威德尔海过冬 1955—1959 年，英国皇家学会探险队成立，并且接管了国际地球物理年在哈雷湾的基地 1956 年 12 月，智利游客乘飞机飞过半岛上空 1956—1957 年夏，英国菲利普王子乘坐大不列颠号访问福克兰群岛属地政府 1956—1959 年，美国在菲尔希纳冰架上建立了国际地球物理年的埃尔斯沃思科考站 1957—1958 年夏，阿根廷开展了两次前往南极半岛的旅行活动 1957—1959 年，阿根廷、智利和英国的基地都参与到国际地球物理年的各项活动中	1955—1957 年，参与国际地球物理年的很多国家在南极建立基地，其中包括澳大利亚、比利时、法国、日本、新西兰、挪威、南非、美国和苏联 1956 年 1 月，尼斯培伦号油轮在麦克默多海峡泄漏航空汽油 14 万加仑 11 月 12 日，罗斯海出现 208 英里×60 英里（约 335 千米×97 千米）的巨型冰山 1956—1958 年，英联邦跨南极探险队在罗斯岛建立中继站；穿越活动于 1958 年 3 月在罗斯岛完成 1958 年，南极最高峰文森峰（海拔 16 050 英尺，约合 4 892 米）被发现	1950—1953 年，朝鲜战争 1957 年，苏联发射人造卫星 1957—1958 年，国际地球物理年召开，旨在对南极和世界其他地区开展科考活动 1958 年，南极科学研究委员会（SCAR）成立 1958—1959 年，各方开会讨论是否要继续举办国际地球物理年 1959 年 12 月，《南极条约》签订

（续表）

年份	南极半岛地区	南极其他地区	世界其他地区
1960—1969年	1960年12月，英国前往南乔治亚岛开展联合服务探险活动，其间还开展了登山活动 1964年11月—1965年3月，英国联合服务探险队前往南乔治亚岛 1964—1968年，美国在安特卫普岛上建立帕默科考站 1965年12月，南乔治亚岛最后一座捕鲸站关闭 1966年1—2月，林德布拉德的旅游航行拉开了现代南极旅游业的序幕 1967年、1969年和1970年，欺骗岛火山爆发 1967—1968年，苏联在乔治王岛上建立别林斯高晋基地	捕鲸业持续萎缩 1961—1962年夏，美国在罗斯岛上的麦克默多海峡安装核反应堆（后来于1973年关闭并移除） 1964年6月，仲冬航班由新西兰发往罗斯岛	整个这十年里，多数国家都开始让女性参与到政府资助的南极项目之中 1964年，美国与英联邦就南极半岛的名称达成一致 1964年，《南极动植物保护协定措施》通过，并以附件的形式纳入《南极条约》 1965—1975年，越南战争 1969年，美国登月
1970—1979年	私人游艇开始零星地前往南极地区旅游，并于20世纪70年代末逐渐增多 1970—1971年、1976—1977年夏，英国联合服务探险队前往象海豹岛 1976—1977年，波兰在乔治王岛建立阿克托夫斯基科考基地，其他国家在随后的十年中纷纷效仿 1977—1978年，阿根廷在埃斯佩兰萨基地建立“定居点”；1月7日，一名婴儿在定居点诞生	捕鲸业持续大规模萎缩 1972—1973年夏，美国格洛玛挑战者号科考船在罗斯海开展钻探科考作业 1977年2月，东南极洲和罗斯海地区的旅游观光航班开始运营 1979年11月28日，观光航班坠毁在埃里伯斯山，飞机上257人全部遇难；观光航班就此停止运营 1979—1981年，环球探险队驾驶雪地车穿越南极大陆，并且于1980年在内陆过冬	1971年，第一届国际地球日开幕，这提升了世人对全球范围环境问题的关注度 1972年，《南极海豹保护公约》通过，并列入《南极条约》附件 1972年，《南极条约》就南极历史遗迹名录提出建议 1972年，国家公园世界大会开幕，并提议将南极洲作为国际公园

（续表）

年份	南极半岛地区	南极其他地区	世界其他地区
1980—1989 年	1982 年 3—6 月，福克兰群岛/马尔维纳斯群岛战争 1983—1985 年，布拉班特岛探险活动启动；1984 年，探险队在岛上过冬 1985 年，科学家确认南极上空存在臭氧层空洞 1986—1987 年夏，人类对半岛南部最后尚未踏足的佩克山脉开展了探险活动，并为其绘制地图 1989 年 1 月 28 日，巴伊亚·帕拉伊索号在安特卫普岛附近发生石油泄漏事故 1989 年 7 月—1990 年 3 月，一行 6 人的国际跨南极探险队走完了半岛的狭长纵深（并且继续穿越南极大陆一直到苏联的米尔内基地）	几乎所有的南极商业捕鲸活动终止 游客和游艇数量增加 1983 年 11 月，七大洲高峰探险队前往文森峰，开启了七大洲山峰探险热潮 1985 年，国际探险网成立，它为私人提供前往南极内陆的飞行服务 1985—1986 年，绿色和平组织开始南极探险活动	1980 年，《南极海洋生物资源保护公约》签署，1982 年正式生效 1982 年，商业捕鲸活动暂停 1983 年，在联合国出现挑战《南极条约》行径 1987 年，新西兰南极遗产信托基金成立 1988 年，《南极矿物资源活动管理公约》通过 1989 年，柏林墙倒塌；苏联解体
1990—1999 年	1992 年，南乔治亚岛的捕鲸博物馆落成 1993 年，英国南极遗产信托基金开始考察废弃的英国南极调查项目基地 1994 年 2 月，南极洲最后一批狗被迁走 1994—1995 年，沃迪冰架和拉森冰架开始大规模解体 1996—1997 年，古斯塔夫王子海峡中的浮冰解体，南极半岛东海岸与詹姆斯·罗斯岛之间得以形成开阔的水道	1994—1995 年，南极大陆的观光航班恢复 1999 年，南极点科考站的医生患病，他在冬季开展自救，最后在 10 月 16 日获救	1991 年，南极国际旅游业者协会成立；《马德里议定书》通过；伊拉克和科威特、美国等国卷入海湾战争 1994 年，南大洋捕鲸保护区建立 1997 年，《京都议定书》（联合国气候变化框架公约的修正案）订立，各方在 2005 年正式签署后生效

（续表）

年份	南极半岛地区	南极其他地区	世界其他地区
2000 年及以后	2000 年及以后，半岛气候持续变暖 2002 年 2 月，拉森 B 号冰架（即冰架的北部）大部分崩解 2007 年 11 月 23 日，M. V. 探索者号在布兰斯菲尔德海峡沉没 2007 年 3 月—2009 年 3 月，第四届国际极地年，已有的政府基地都参与其中 2008 年 3 月，威尔金斯冰架部分解体	2000 年 3 月，长达 180 英里（约 290 千米），面积约为 4 500 平方英里（约 11 655 平方千米）的巨型冰山从罗斯冰架解体；这对后来多年的野生动物迁徙活动造成干扰 2001 年，南极点科考站医生患病，4 月 24 日获救 2006—2007 年，美国开辟了从罗斯岛运输重型货物到南极点的地面路线 2007 年 3 月—2009 年 3 月，第四届国际极地年，已有的政府基地外加一个新的基地（隶属于比利时）参与其中	2001 年，恐怖分子袭击美国，美国入侵阿富汗 2003 年，美国入侵伊拉克 2007 年 3 月—2009 年 3 月，第四届国际极地年在北极开展活动

附录二　南极的“第一次”

探险队队名及首字母缩略词的含义请参阅“术语、缩写词、首字母缩写词表”。南极半岛地区发生的事件标记为粗体；当某个事件既发生在半岛，也发生在其他地方时，以下划线标记。条目后方括号内的名字是创下“第一次”的探险队的领队名字，某项成就由单独的个人或特定的几个人达成的情况除外。条目后面的问号（?）表示该事件的真实性存疑。类似地，方括号中同样的符号表示对相关负责人存疑。

许多“第一次”都与第一次发现特定的陆地或南极的某个部分有关。自然，此类事件数不胜数，此处仅列出其中最重要的一些。后续部分也省略了20世纪90年代出现的多数“第一次”：第一位来自某个特定国家的人做的某件事，第一位沿新路线抵达某地（比如南极点）的人，达成某一成就的速度记录，等等。

年份	发现、探险和宣示主权	商业和旅游业；技术和运输	科学和自然	女性和儿童；政治；其他事项
1500年之前	**1422年，南设得兰群岛、南极半岛可能已被发现［中国船队］（?）**		1497年，欧洲人对企鹅展开描述［瓦斯科·达·伽马］	约1370年，“Antarktyk”开始出现在英语作品中［《约翰·曼德维尔爵士游记》］
1500—1549年	1502年，沿南美洲海岸向遥远南方航行［阿美利哥·维斯普西］（?） 1503或1504年，报告发现南方大陆［克里斯托瓦尔·雅克（?）］			1515年，明确标注了南方大陆的地图和地球仪问世［莱昂纳多·达·芬奇；约翰内斯·舍恩那］ 1531年，术语“Terra Australis”（南方大陆）开始出现在地图上［沃朗塔斯］

（续表）

年份	发现、探险和宣示主权	商业和旅游业；技术和运输	科学和自然	女性和儿童；政治；其他事项
	1520年11月，大西洋通往太平洋的海上通道被发现［斐迪南·麦哲伦］ 1526年，船只抵达斯塔滕岛南方的开阔水域［弗朗西斯科·德·霍斯，圣莱斯莫斯号］（?）			
1550—1599年	1567—1569年，探险队出发前往南太平洋，搜寻南方大陆［阿尔瓦罗·德·蒙大拿］ 1578年10月，发现火地岛南边的开阔水域［弗朗西斯·德雷克］ **1599年9月，船抵达南纬64°，发现陆地［迪尔克·格里兹］（?）**		1587年，企鹅的英文名称问世［托马斯·卡文迪什］	
1600—1649年	1616年1月29日，发现合恩角并绕其航行［威廉·斯豪滕和雅各·勒美尔］			
1650—1699年	**1675年4月，发现南极辐合带以南的陆地（南乔治亚岛）［安东尼·德拉罗什］**			
1700—1749年	1738—1739年夏，跨南纬多个高纬度航行［让-巴布蒂斯特·布韦·德·洛奇耶，南大西洋］		1700年1—2月，开展南大洋科考探险活动［埃德蒙德·哈雷］	

（续表）

年份	发现、探险和宣示主权	商业和旅游业；技术和运输	科学和自然	女性和儿童；政治；其他事项
1750—1799 年	**1772—1775 年，高纬度环南极大陆航行［詹姆斯·库克］** 1773 年 1 月 17 日，跨越南极圈［库克］ 1774 年 1 月 30 日，创造新的南纬纪录：南纬 71°10′［库克］ **1775 年 1 月 17 日，在辐合带以南登陆［库克，登陆南乔治亚岛］** **18 世纪 90 年代，在辐合带以南过冬［海豹捕猎者，南乔治亚岛］**	1764 年 2—3 月，开始在南极附近捕猎海豹［路易斯·德·布干维尔，福克兰群岛］ **1772—1775 年，航海经线仪开始用于南大洋探险航行［库克］** 1788 年，提议保护海豹［约翰·利尔德］ **18 世纪 80 年代末，开始在辐合带以南捕猎海豹［南乔治亚岛］**	**1772—1775 年，受过专业训练的科学家在辐合带以南长时间考察［约翰·福斯特等人，随同库克］**	**1775 年 1 月 17 日，开始出现对南极地区的主权声明［詹姆斯·库克，南乔治亚岛］** **1776 年，基于观察结果出版的地图中包含了辐合带以南的陆地［库克，南乔治亚岛和南桑威奇群岛］** 1789 年 12 月 24 日，南半球发生船只因撞上冰山而严重受损事件［守护者号，印度洋］
1800—1819 年	**1819 年 2 月 19 日，在南纬 60°以南明确发现陆地［威廉·史密斯，南设得兰群岛］** **1819 年 10 月 16 日，在南纬 60°以南登陆的确定纪录［史密斯，南设得兰群岛］**	**1819 年 12 月，南设得兰群岛开始出现海豹捕猎活动［圣埃斯皮里图号］［或圣胡安·内波穆塞诺（??）］**	1820 年，确认南极存在磷虾［法比安·冯·别林斯高晋］；1 月，南极地区发现火山活动［别林斯高晋，扎瓦多夫斯基岛］	1812 年，提议美国向南大洋派出探险队［埃德蒙德·范宁］ 大约 1818 年，南极附近诞生一名婴儿［英国海豹猎人约翰·卡内尔之妻所生，女儿，凯尔盖朗群岛］
1820—1829 年	1820 年 1 月 27 日，发现南极大陆［东南极洲，法比安·冯·别林斯高晋］ **1 月 30 日，发现南极半岛［爱德华·布兰斯菲尔德］**		**1820—1821 年夏，采集南极地质样本［采自南设得兰群岛，别林斯高晋和海豹猎人 B. 阿斯特（简·玛利亚号）及唐纳德·麦凯（萨拉号）］**	**1820 年 6 月，基于发现而出版的地图显示了南极地区的重要部分［南设得兰群岛，被用于阿德里安·布吕 1820 年的世界地图集中］**

（续表）

年份	发现、探险和宣示主权	商业和旅游业；技术和运输	科学和自然	女性和儿童；政治；其他事项
	1821年1月20日，在南极圈以南发现陆地［彼得一世地，别林斯高晋］ **2月7日，登陆南极大陆的记录［约翰·戴维斯，南极半岛］** **在南纬60°以南过冬［梅尔维尔勋爵号上的10人，南设得兰群岛］** **1823年2月20日，南纬新纪录诞生，南纬74°15′［詹姆斯·威德尔，威德尔海］** **3月15日，声称在南极圈以南登陆［本杰明·莫雷尔，新南格陵兰岛］（?）**		**1829年1—3月，在辐合带以南开始纯粹的科学探险［亨利·福斯特，雄鸡号，欺骗岛］**	
1830—1839年	1831年2月24日，报告发现东南极洲［恩德比地，约翰·比斯科］ 船只航行到罗斯海［塞缪尔·哈维，金星号］（?） 1839年2月12日，在南极圈以南登陆的确切纪录［托马斯·弗里曼，波拉戴勒岛，巴勒尼群岛］		**1830年1—2月，南极地区发现化石［詹姆斯·艾慈，南设得兰群岛，安纳万号］；** **1—2月，南纬60°以南发现开花植物［艾慈］** 1830年，计算南磁极点的位置［弗里德里希·高斯］	**1833年12月，南极海冰撞沉船只［玫瑰号，南设得兰群岛附近］** 1839年1月29日，女性来到南极圈以南［姓名未知，跟随约翰·巴勒尼］

（续表）

年份	发现、探险和宣示主权	商业和旅游业；技术和运输	科学和自然	女性和儿童；政治；其他事项
1840—1849年	1841年1—3月，航行到罗斯海的纪录［詹姆斯·克拉克·罗斯］ 1842年2月23日，新的南纬纪录：78°10′［罗斯，罗斯海］		1840年1月，发现帝企鹅蛋［杜蒙·迪维尔，阿黛利地附近，东南极洲］ 1841年1月，发现大型冰架［罗斯冰架，罗斯］ **1842年2月，发现欺骗岛**	1840年，南方大陆正式称为“南极大陆”［查尔斯·威尔克斯，东南极洲附近］
1850—1859年	1853年1月26日，登陆大南极大陆［墨卡托·库珀，维多利亚地］			
1860—1869年		19世纪60年代，鱼叉枪发明，1870年获得专利［斯文·弗因］		1860年，提议发起国际南极探险项目［马修·方丹·莫里］ 1866年，南半球航海的海冰分布图出现［英国海军部］ 1869年，打算前往南极过冬的探险计划发布［约翰·戴维斯］
1870—1879年		**1873年11月—1874年3月，南极水域出现蒸汽船**［**达尔曼，格陵兰号**］ 1874年2月16日，蒸汽船跨过南极圈［挑战者号］ 南极冰山出现在照片上［挑战者号］ 南极地区捕鲸倡议出版［格雷兄弟，苏格兰］	1874年，获得南极洲是个大陆而非群岛的科学证据［大洋底部挖掘作业，挑战者号］	

（续表）

年份	发现、探险和宣示主权	商业和旅游业；技术和运输	科学和自然	女性和儿童；政治；其他事项
1880—1889年	**1882—1883年，科考探险队在辐合带以南过冬［德国国际极地年探险队，南乔治亚岛］**	**1882—1883年，辐合带以南的陆地被摄入照片［德国国际极地年探险队，南乔治亚岛］**	**1882—1883年，第一届国际极地年举办**	
1890—1899年	1895年1月24日，大南极洲的大范围登陆活动被广泛认可［亨里克·布尔率领的7人探险队，阿代尔角，维多利亚地］ **1898年，在南极圈以南过冬［比利时号上的18人，别林斯高晋海］** 1899年，在南极大陆过冬［10人在阿代尔角，卡斯滕·博克格雷温克的南十字星座号探险队］	**1892—1893年夏，捕鲸船队前往南极洲［邓迪捕鲸者；卡尔·安东·拉森，亚松号］** **1893年1月，南纬60°以南的土地出现在照片中［查尔斯·唐纳德，邓迪捕鲸者］** **12月12日，滑雪板第一次在南极使用［拉森，克里斯滕森冰原岛峰］** 1894年12月，南极圈以南的土地出现在照片中［亨里克·布尔，巴勒尼群岛］ **1897—1899年，正式的拍照探险记录［比利时号探险队］** **1898年1月30日—2月6日，南极雪橇考察［比利时号探险队，布拉班特岛］** **船受困并在南极过冬［比利时号］** 1898—1900年，开始使用雪橇犬；开始使用橡皮船［南十字星座号］；尝试摄制电影［南十字星座号］	1895年1月18日，南极圈以南发现植物［罗斯海的波塞申岛发现地衣，发现者为卡斯滕·博克格雷温克，亨里克·布尔探险队］ **1898年1月24日，南极地区发现昆虫［埃米尔·拉科维扎，比利时号，南极半岛西侧］** 1899年11月，南极圈以南发现昆虫［赫尔洛夫·科洛夫斯塔德，南十字星座号，阿代尔角附近］	1890年，“南极洲”（Antarctica）一词开始被用作南极大陆的名称［J. G. 巴塞洛缪在一本地图集中的一张地图上使用］ 1899年10月14日，有人在南极大陆去世［尼古拉·汉森，南十字星座号，阿代尔角］

（续表）

年份	发现、探险和宣示主权	商业和旅游业；技术和运输	科学和自然	女性和儿童；政治；其他事项
1900—1909年	1900年2月17日，登陆罗斯冰架，并展开雪橇考察活动［南十字星座号］ 1902年，正式开展内陆探险活动［发现号探险队，从罗斯岛出发］ 12月30日，新的南纬纪录诞生：南纬82°16′附近［罗伯特·法尔肯·斯科特、欧内斯特·沙克尔顿、爱德华·威尔逊，发现号］ 12月31日，抵达极地高原［阿尔伯特·阿米蒂奇和其他10人，发现号］ 1903年12月18日，发现南极干谷［斯科特发现的泰勒干谷，发现号］ 1908年3月10日，攀登罗斯岛的埃里伯斯山，南极第一次正式登山活动［T. W. 埃奇沃思·大卫率领6人完成，尼姆罗德号］ 1909年1月9日，新的南纬纪录诞生：南纬88°23′［沙克尔顿、弗兰克·怀尔德、詹姆森·亚当斯、埃里克·马歇尔，尼姆罗德号］	1902年1月，探险所得的照片被用于确定南极地质特征［南极号，所用照片来自比利时号探险队］ 2月4日，气球飞行［斯科特，发现号］ 2月4日，拍摄空中照片［沙克尔顿，发现号，第二次乘气球飞行期间拍摄］；使用机动船［高斯号探险队］ 3月4日，使用电力照明［发现号］ 3月29日，使用电话［埃里希·冯·德里加尔斯基在气球飞行中使用，高斯号探险队］ 11月，记录企鹅的声音［阿德利企鹅，高斯号］ **1903年9月，记录海豹的声音［布鲁斯，斯科舍号］** **10月，成功摄制电影（50英尺［约15米］长的企鹅栖息地画面胶片）［布鲁斯，斯科舍号］** **1904年11月16日，南极捕鲸站建立［卡尔·安东·拉森，南乔治亚岛的古利德维肯］**	1902年10月12日，发现帝企鹅栖息地［雷金纳德·斯克尔顿和其他两人发现于罗斯岛的克罗泽角，发现号探险队］ 11月，发现脊椎动物化石［诺登斯克尔德在西摩岛发现已灭绝的企鹅的化石］ 1903年11月，南极圈以南发现化石［哈代·费拉尔发现于南维多利亚地，发现号］ **1904年2—3月，在威德尔海开展正式的海洋学考察活动［斯科舍号］** 1908年12月17日，发现煤炭［沙克尔顿发现于比尔得莫尔冰川，尼姆罗德号］	**1903年3月，永久科考基地建立［劳里岛，南奥克尼群岛，斯科舍号探险队］** **1904年2月20日，盖有南极地区邮戳的邮件寄出［寄自南奥克尼群岛的劳里岛，销盖的是阿根廷和福克兰群岛的邮戳］** **1906—1907年夏，女性来到南设得兰群岛［捕鲸者的妻子们］** 1908—1909年，南极地区发行图书［《南极之光》，尼姆罗德号探险队］ **1908年4月，正式倡议横跨南极［威廉·斯皮尔斯·布鲁斯］** **1908年7月21日，正式对南极地区宣布主权［英国，对“福克兰群岛属地”宣布主权］** **1909年11月30日，派出常驻政府官员［詹姆斯·因内斯·威尔逊，南乔治亚岛的领薪治安官］** **12月20日或23日，自南极寄出官方邮件［寄自古利德维肯，南乔治亚岛］**

（续表）

年份	发现、探险和宣示主权	商业和旅游业；技术和运输	科学和自然	女性和儿童；政治；其他事项
	1月16日，抵达南磁极［T.W. 埃奇沃思·大卫、道格拉斯·莫森、阿利斯泰尔·麦基，尼姆罗德号］	**1905—1906年夏，捕鲸工厂船出现在南极［阿德米拉仑号，前往南设得兰群岛］** 1908年2月1日，使用机动车［沙克尔顿，尼姆罗德号］		
1910—1919年	1911年12月14日，抵达南极点［罗阿尔·阿蒙森、奥拉夫·比阿兰德、赫尔默·汉森、思韦勒·哈塞尔、奥托·维斯廷，弗拉姆号］ **1912年，船在威德尔海受困并在此过冬［德意志号］**	1910年11月，关于旅行游轮前往南极的重要提议［托马斯·库克旅行社，新西兰］ 1910—1912年，专业摄像师来到南极，摄制商业电影［赫伯特·庞廷，特拉诺瓦号］ 1913年2月20日，南极实现双向无线通信［收发地均为东南极洲的英联邦湾，莫森的奥罗拉号探险队］	1911年7月，冬季前往帝企鹅栖息地［威尔逊、谢里·加勒德、鲍尔斯，特拉诺瓦号］ 1912年，大陆漂移假说提出［阿尔弗雷德·魏格纳］ 1912年10月13日，记录到南极的风速［测得风速202英里（约325千米）每小时，这也是测量仪器的极限值，其森，英联邦湾］	1912年12月14日，南极冰缝下发生死亡事件［贝尔格雷夫·宁尼斯和莫森，奥罗拉号探险队］ **1913年10月8日，辐合带以南婴儿出生记录［索尔维格·冈布乔布·雅各布森，古利德维肯，南乔治亚岛］** **1913年12月25日，南极地区建成教堂［古利德维肯，南乔治亚岛］** **1913—1914年夏，南极建成监狱［古利德维肯，南乔治亚岛］** 1914年，女性申请加入南极探险活动［坚忍号］ **1914—1916年，尝试穿越南极大陆［沙克尔顿，坚忍号探险队］** 南极圈以南出现受到任命的牧师［跟随沙克尔顿的罗斯海探险分队一同前来的阿诺德·斯宾塞-史密斯］

（续表）

年份	发现、探险和宣示主权	商业和旅游业；技术和运输	科学和自然	女性和儿童；政治；其他事项
1920—1929年	**1928—1929年，在南乔治亚岛开展内陆探险活动［科尔-拉森］**	**1920年，提议重于空气的飞行器飞往南极［约翰·拉克兰·寇普］** 1923—1924年夏，开始在罗斯海捕鲸［卡尔·安东·拉森，詹姆斯·克拉克·罗斯爵士号］ **1924年，游客来到南极［南极半岛地区］** **1925年12月11日，捕鲸工厂船上开始装配滑道［蓝星号］** **1927年3月，在南极海上接收到了时间信号［发现号］** **1928年11月16日，飞机飞过南极上空［乔治·休伯特·威尔金斯和卡尔·本·艾尔森（飞行员）］** 1928—1930年，机动运输工具正式在南极使用［理查德·伯德在罗斯海的鲸湾使用］ 大范围空中探索［伯德］ 与外界的无线电联络成为常态［伯德］	**1923年，南极开始了持续的科学研究项目［发现号委员会成立］** **1925—1927年，南极辐合带得以确认［流星号和发现号］**	1920年，极地研究机构成立［英国剑桥大学的斯科特极地研究所］ **1928年9月—1929年3月，女性探险家来到南极［玛吉特·科尔-拉森，南乔治亚岛］** 1928—1930年，专业记者跟随探险队一同前往南极［《纽约时报》的拉塞尔·欧文，跟随伯德前往鲸湾］ 1929年12月26日，发生了飞行相关的死亡事故［列夫·里尔（飞行员）和英格沃德·施赖纳，科斯莫斯号捕鲸船］

（续表）

年份	发现、探险和宣示主权	商业和旅游业；技术和运输	科学和自然	女性和儿童；政治；其他事项
		1929年11月29—30日，飞越南极点［伯德、伯恩特·巴尔肯（飞行员）以及其他2人］ 1929年，捕鲸法通过［挪威］		
1930—1939年	**1931—1933年，冬季环南极洲航行**［发现二号］ 1934年3—10月，在南极内陆过冬［理查德·伯德，鲸湾以南123英里（约198千米）的南纬80°08′附近］ **1936年11月24日，探险队登上南极半岛高原**［**约翰·赖米尔和爱德华·宾汉，BGLE**］ **1939—1941年，尝试在南奥克尼群岛以外建立永久基地**［USAS］	1931年，国际联合控制捕鲸业的发展［国际联盟，《国际捕鲸管理公约》］ 1933—1935年，完全实现机动车运输；实现向外界定期无线广播［伯德，鲸湾］ **1935年11月23日—12月5日，跨南极大陆飞行［林肯·埃尔斯沃思、赫伯特·霍利克-凯尼恩，从邓迪岛飞行至鲸湾］** 11月23—24日，飞机降落在南极高原并再次起飞［埃尔斯沃思，南纬79°、西经103°附近］	1931—1933年，南极大陆附近的辐合带位置得到绘制［发现二号］ 1934年，帝企鹅和威德尔海豹的声音得到录制［伯德］	1930年，《南极飞行指南》出版［（英国）海军的水文学家］ **1932年2月24日，南极地区举办了一场婚礼**［**A. G. N. 琼斯先生和薇拉·里奇斯小姐，爱德华王角，南乔治亚岛**］；6月，官方的南极地名委员会成立［英国］ 1935年2月20日，女性踏上南极大陆［卡洛琳·米克尔森，捕鲸者的妻子，东南极洲的西福尔丘陵海岸］ 1937年1月27日，女性乘飞机飞上南极的天空［英格丽·克里斯滕森，捕鲸者的妻子，以乘客身份飞过西福尔丘陵］

（续表）

年份	发现、探险和宣示主权	商业和旅游业；技术和运输	科学和自然	女性和儿童；政治；其他事项
1940—1949 年	**1940 年 11 月—1941 年 1 月，南极半岛陆上穿越探险［USAS］** **1944 年 2 月，南奥克尼以外的南极地区建立永久基地［欺骗岛和洛克鲁瓦港，塔巴林行动队］**	1941 年，无线电设备从南极传输“无线照片”［USAS］ 1946—1947 年夏季，捕鲸业使用飞机侦察鲸鱼行踪［弓头鲸号］ **1946—1947 年夏，现代破冰船在南极投入使用［跳高行动］；现代直升机在南极投入使用［跳高行动］；潜艇开到南极［森内特号，跳高行动］** **1947 年 1—4 月，商业电影来南极拍摄外景［《南极的斯科特》，希望湾］** **1947 年 12 月 13 日，飞机从另外一个大陆飞到了南极［阿根廷海军，从巴塔哥尼亚的彼得拉布伊纳飞往阿德莱德岛，往返飞行，并未着陆］**	**1940 年 11—12 月，高海拔气象站建立［玛格丽特湾以东，南极半岛高原上，海拔为 5 500 英尺（约 1 676 米），USAS］**	1941 年 1 月 14 日，南极地区发生冲突事件［德国劫掠船企鹅号在南纬 59°、西经 2°附近截获了挪威捕鲸船］ **1947 年，女性在南纬 60°以南过冬［伊迪丝·“杰基”·龙尼和珍妮·达林顿，玛格丽特湾，RARE］** 1948 年 1 月 11 日，南纬 60°以南诞生一名婴儿［男孩，取名为南极，俄国捕鲸船队中的工厂船女服务员阿基莫夫娃·列昂诺娃所生］ **1948 年 2 月，国家元首访问南极［智利总统加夫列尔·冈萨雷斯·魏地拉访问了南设得兰群岛和南极半岛］** **1948 年，限制武装行动协议达成［阿根廷/智利/英国］** **1948 年 11 月 8 日，基地失火，火灾造成 2 人死亡［希望湾基地，FIDS］** 1949—1952 年，真正意义上的国际探险活动得以展开［挪威、英国、瑞典，毛德皇后地的挪威角］

（续表）

年份	发现、探险和宣示主权	商业和旅游业；技术和运输	科学和自然	女性和儿童；政治；其他事项
1950—1959 年	1954 年 2 月，南极半岛以外的大陆地区建立永久基地［莫森科考站，澳大利亚］ 1956—1957 年，南极点越冬基地建立［阿蒙森—斯科特科考站，美国］ **菲尔希纳冰架冰面考察活动开展［地震考察队，美国埃尔斯沃思科考站］** **1957—1958 年夏，南极大陆陆上穿越探险［维维安·福克斯，英联邦跨南极探险队］**	**1954 年 10 月—1955 年 3 月，现代冒险探险队前往南极［乔治·萨顿和其他 4 人，在南乔治亚岛上开展登山活动］** 1955 年 12 月 20 日，飞机从南极以外地区飞到南极大陆，而非半岛地区［美国飞机，从新西兰飞往麦克默多海峡的罗斯岛］ 1956 年 10 月 31 日，飞机在南极点着陆［美国飞机顺其自然号，指挥员康拉德·希恩（飞行员）与其余 6 人］ 1956 年 11 月，降落伞降落到南极点［技术中士理查德·巴顿］ **1956 年 12 月 22 日，游客飞过南极上空［智利国际航空公司，飞越南极半岛］** **1958 年 1—2 月，载有游客的游轮来到南极［受阿根廷政府支持，前往南设得兰群岛和半岛地区］**	1952—1953 年，开展全年观察帝企鹅的活动［法国 7 人科考队，阿黛利地的地质岬］ 1956 年 11 月 12 日，发现的冰山创下了新纪录，面积为 208 英里×60 英里（约 335 千米×97 千米）［罗斯海］ **1957—1958 年，正式的国际合作考察项目在南极开展［IGY］**	**1952 年 2 月，南极爆发激烈的现代武装冲突［阿根廷人因反对英国人登陆希望湾而动武］** **1953 年 4 月 14 日，南乔治亚岛以外发生刑事案件［与野生动物保护相关，欺骗岛的 FID 地方官审理］** 1955—1956 年夏季，女性科学家开始在南极大陆开展野外科考工作［苏联米尔内基地的玛丽·科棱诺娃］ 1956 年 1 月，大规模汽油泄漏事件［美国补给船那布棱号，14 万加仑航空汽油泄漏在麦克默多海峡］ 1957 年 10 月 15 日，女性看见南极点［身着盛装的帕特丽夏·赫品斯托和露丝·凯丽乘坐泛美航空贵宾航班飞越南极点］ 1959 年 12 月 1 日，南极治理体制建立［《南极条约》］

（续表）

年份	发现、探险和宣示主权	商业和旅游业；技术和运输	科学和自然	女性和儿童；政治；其他事项
1960—1969年	**1964—1965年夏，并未对南极正式做出过主权声明的国家也在南极半岛地区建立了永久基地［美国，安特卫普岛的帕默科考站］**	1961年4月8—9日，飞机在冬季起飞并降落在南极大陆［美国飞机，从新西兰飞至麦克默多海峡和伯德基地，然后返回］ **1961—1962年夏，磷虾丰收［苏联渔船］**；核电站建立［罗斯岛的麦克默多科考站］ 1964年6月27—28日，飞机在仲冬时节从外部世界飞抵南极大陆［美国飞机，从新西兰飞抵麦克默多站救助生病的过冬者］ **11月，重走沙克尔顿在南乔治亚岛的穿越路线［马尔科姆·伯利和其他9人］** **1966年1—2月，现代游客乘船前来南极游玩［林德布拉德的探险活动，目的地为南设得兰群岛和南极半岛］** 12月，冒险登山探险队来到南极大陆；12月18日，队员登上文森峰［美国高山俱乐部探险队，领队为尼古拉斯·柯林奇；登上文森峰的队员为巴里·科比特、约翰·埃文斯、威廉·隆和彼得·舍恩宁］	1960—1961年夏，南极内陆发现陨石［苏联和美国地质学家在多个地点发现］ **1961—1962年夏，人们发现了把南极半岛从大陆隔开的真正海峡［即半岛基地附近冰川下的海峡，发现者为美国的半岛穿越团队］** **1967年12月4—5日，大规模破坏性火山爆发［欺骗岛］** 1968年12月28日，南极内陆发现脊椎动物化石［新西兰的彼得·巴雷特和美国的大卫·约翰斯顿，南纬85°03′、东经172°19′］	1960—1961年夏，具有历史意义的小屋被重新修缮［新西兰，罗斯岛］ 1964年，《南极条约》的保护协定通过［《南极动植物保护协定措施》］

（续表）

年份	发现、探险和宣示主权	商业和旅游业；技术和运输	科学和自然	女性和儿童；政治；其他事项
1970—1979 年		**1972—1973 年夏，有人独自驾驶游艇航行至南极地区［大卫·刘易斯，冰鸟号，抵达南极半岛］** 1977 年 2 月 13 日，游客乘飞机飞越半岛地区以外的南极大陆［澳洲航空的包机，飞越了东南极洲］ **1978 年 3 月—1979 年 2 月，私人游艇在南极过冬［杰罗姆和莎莉·庞塞特，达米安二号，玛格丽特湾］** 1979 年 11 月 28 日，商业航班坠毁［新西兰航空公司的 901 航班，坠入埃里伯斯山，257 人死亡］ 1979 年 1 月 28 日—2 月 3 日，南极和一国国内实现电视直播［日本的昭和基地与东京］	1970 年 11 月 10 日，南极内陆发现完整的脊椎动物化石［美国地质学家］ 1972 年 7 月，测得自然界最高风速，202 英里（约 325 千米）每小时［位于杜蒙·迪维尔基地］	1972 年，各方提出了受《南极条约》保护的历史遗迹名录 1974 年，女性在政府建立的南极基地中过冬［玛丽·爱丽丝·麦克温妮和玛丽·奥迪尔·卡霍恩姐妹，美国麦克默多站］ **1978 年 1 月 7 日，南极大陆诞生一名婴儿［埃米利奥·德·帕尔马，阿根廷埃斯佩兰萨基地，希望湾］** 1979 年，女性在南极点过冬［米歇尔·艾琳·拉尼，科考站医生］
1980—1989 年		1980—1981 年，私人探险队从陆上穿越南极［拉尔夫·费因斯以及其他 2 人，环球探险队］ 1981 年 6 月 22 日，邮件和补给在冬季抵达南极点的阿蒙森—斯科特站	1983 年 7 月 21 日，记录到世界最低气温［−129.3℉（−89.2℃）苏联沃斯托克基地］ 1983—1984 年 2 月，南极圈以南发现开花植物［发现者是莎莉·庞塞特，玛格丽特湾的大地群岛］	**1982 年 3—6 月，南极地区爆发战争［阿根廷和英国在南乔治亚岛和南桑威奇群岛交战，即福克兰群岛/马尔维纳斯群岛之战］；10 月 6—9 日，南极地区举办国际会议［智利组织，乔治王岛］**

（续表）

年份	发现、探险和宣示主权	商业和旅游业；技术和运输	科学和自然	女性和儿童；政治；其他事项
		1983—1984年11月，七大洲高峰探险队登上了文森峰［理查德·巴斯和福克兰·威尔斯］ 1985年，飞往南极的商业航空公司成立［国际探险网］ 1985—1986年夏季，滑雪穿越南极抵达南极点［罗杰·迈尔、罗伯特·斯旺和加雷斯·伍德，跟随斯科特探险队的脚步］ 1988年1月11日，游客飞往南极点［15人，国际探险网］ 1988—1989年夏，有向导的商业滑雪探险队抵达南极点［索贝克高山探险队，6名付费队员，5名向导，从龙尼冰架前往南极点］ 1989年1月28日，载有游客的船沉没［巴伊亚·帕拉伊索号，安特卫普岛附近］ 1989—1990年夏，滑雪穿越南极大陆［莱因霍尔德·梅斯纳和阿尔菲德·福克斯］	**1984—1985年，臭氧空洞得到确认［BAS哈雷站的科学家］**	1985年1月7—13日，南极内陆举办国际会议［地点在横贯南极山脉，组织者为美国国家科学院］ 1985—1986年夏，民间组织开始监控南极环境［绿色和平组织，罗斯海］ 1987年，南极遗产信托基金成立［新西兰］ 1988—1989年，女性滑雪抵达南极点［雪莉·梅茨和维多利亚·默登，索贝克高山探险队的付费队员］ 1989—1990年，女子越冬探险队来到南极［共9名成员，领队为莫妮卡·帕斯克佩雷特，西德的奥尔格·冯·诺伊迈尔基地］

（续表）

年份	发现、探险和宣示主权	商业和旅游业；技术和运输	科学和自然	女性和儿童；政治；其他事项
1990 年及以后		**1990 年，私人独自在南极过冬［乌格斯·德力格尼尔斯和阿米尔·克林克，分别驾驶游艇在南极半岛西海岸附近过冬］** 1991 年 8 月，监管南极旅游业的组织成立［IAATO］ **1992 年 3—4 月，业余的无线电探险队来到南极［8 名探险队员抵达南桑威奇群岛的图勒岛］；博物馆在南极地区建成［南乔治亚岛的捕鲸博物馆］** **1992—1993 年夏，破冰船用于南极旅游业［夸克探险旅游公司的赫列勃尼科夫船长号］** **1996 年 11 月—1997 年 1 月，游客环游南极大陆［赫列勃尼科夫船长号］** **2000 年 1 月 27—29 日，大型游船来到南极［鹿特丹号，前往南极半岛停留了两天］** 2001 年 4 月 24 日，飞机在冬季飞抵南极点［旨在转移医生罗纳德·舍门斯基，**起飞和最后着陆的地方都是 BAS 在南极半岛的罗瑟拉基地**］	**1994—1995 年，冰架崩解［沃迪冰架和拉森冰架北部，分别在南极半岛西海岸和东海岸附近］** 1995—1996 年，极地冰盖下发现大型湖泊［沃斯托克湖，科学家们在俄罗斯沃斯托克基地钻取深层冰核时发现］ 2000 年 3 月，冰山崩塌创下新纪录［“B－15”冰架从拉森冰架脱落，面积减少 4 500 平方英里（约 11 655 平方千米）］	1998 年，南极国际地名发布［SCAR］ 2000—2001 年，女性穿越南极大陆［丽芙·阿尔内森和安妮·班克罗夫特］

附录三　术语、缩写词、首字母缩写词表

南极圈（Antarctic Circle）：一条纬度圈（大致位于南纬 66°33′处），在这里，冬至日太阳一整天都不会升起，而夏至日太阳一整天都不会落下。连续的白昼或黑夜的时长从南极圈上的二十四小时一直增加到南极点的六个月。这是地轴与黄道平面呈 23°27′角所致。南极圈本身没有生态或政治意义。

南极辐合带（Antarctic Convergence）：南极科学家现在一般把南极极锋称作南极辐合带。它是南大洋上的一条生态边界，在这里，从南极大陆海岸流向北方的寒冷的南极表层水与来自亚热带的更暖、密度更低且盐度更高的海水相遇，前者会沉到后者之下。辐合带沿不规则（但是半固定）的路线绕南极大陆一圈，其路线范围大致在南纬 48°到 62°之间，宽度通常在 20—30 英里（约 32—48 千米），这条窄带上的水和空气温度会发生剧烈变化。辐合带以北，气候多少有些温带特征，辐合带以南便是南极地区了。（许多南极科学著作和参考书籍都详细地描述了这种现象，并给出了科学的定义。对于外行而言，以下便是极好的参考材料：Riffenburgh，ed.，*Encyclopedia of the Antarctic*，Vol. 2，pp. 741 - 43.）

南方的（austral）：这个词通常意指“南半球的”。因此，南方夏季（austral summer）指的就是南半球的夏季。

BAS：英国南极调查项目（见第十九章）。

受困（beset）：在本书中，它指的是船只被海冰包围，因此受困而无法自由航行；也用来指船只因此被困的一段时期。

BGLE：英国格雷厄姆陆上探险队（见第十六章）。

CRAMRA：《南极矿物资源活动管理公约》（见第十九章）。

冰缝（crevasse）：冰盖或冰川中近乎垂直的裂缝，形成于冰体因受力而断

裂的地方。开口的冰缝很容易被看到，但很多冰缝被薄薄的一层积雪盖起来，因此在上面行走是很危险的事情。冰缝的深度取决于冰体的温度和压力，深的可达100英尺（约30米）以上。

固定冰（fast ice）：生成并紧紧附着于岸边的海冰或湖冰，因此“抓得很牢”。有时候，这种冰也固定在海岛、岩石或搁浅的冰山上。

FID：福克兰群岛属地（见第十章及后续章节）。

FIDS：福克兰群岛属地调查项目（见第十七章和第十八章）。

浮冰（floe）：大洋上漂浮的冰块，往往形成于海上，但也可能是固定冰的碎片。

IAATO：南极国际旅游业者协会（见第十九章）。

冰山（iceberg）：漂浮在海面的大型淡水冰，往往是从冰川或漂浮的冰架（见下文“冰架”词条）上脱落（崩解）而成。直接崩解自冰川的冰山往往不到200英尺（约61米）长，而且外形不规则。漂浮的冰架部分脱落而形成的冰山则大得多，且外形更加规则（见下文“平顶冰山”词条）。根据密度的不同，冰山露出水面的体积占七分之一到五分之一不等，而高出水面的部分可高达200英尺（约61米）。在洋流将其从最初形成的地点带离的过程中，所有的冰山最终都会慢慢崩塌或融化。尽管大多数冰山会在两到三年内消失，但一些最大的平顶冰山能坚持得久得多，而在最终解体之前，其漂流的范围也远远超出了南大洋。

浮冰块（ice pack 或 pack ice）：浮冰组成的海冰集合体。与源自陆地冰的冰山相反，浮冰块形成于海上，海面表层水在冬季冻结之时。固定冰的碎片也可能形成浮冰块。未在夏季融化的浮冰块会继续存在，并在接下来的冬季变得更厚，从而让船只更难以通过。“开放浮冰块”由相互之间存在巨大缝隙（见下文“冰间水道”词条）的单独浮冰构成。“封闭浮冰块”则主要由相互接触的浮冰构成。在“合并型浮冰块”中，浮冰被冻结在一起，完全遮蔽了下面的海洋。

冰架（ice shelf）：漂浮的淡水厚冰层，它源于陆地上的冰川，但会一直延伸到海上。冰架的一小部分可能坐落在海岛或海底岸滩上。冰架通常以峭壁的形态终止于海滨，通常高出水面150—200英尺（约46—61米），并且在海面以下延伸上百英尺。南极大部分海岸边都会形成冰架。南极最大的冰架是罗斯冰架，位于罗斯海的南缘，龙尼和菲尔希纳冰架位于威德尔海南部，还有埃默里冰架，位于东南极洲。

IGY：国际地球物理年。于1957年7月1日—1958年12月31日期间开展的国际合作项目（见第十八章）。

IPY：国际极地年。第一届举办于1882—1883年，第二届举办于1932—1933年（分别见第五章和第十八章）。IGY实际上是第三届国际极地年。第四届（本书并未展开讨论）开展于2007年3月—2009年3月。

冰间水道（lead）：浮冰块中间的开放水道。海冰在风力和洋流作用下的不断移动会让冰间水道不断开启和闭合。

RARE：龙尼南极研究探险队（见第十七章）。

群栖地（rookery）：海豹的繁殖地、企鹅或其他鸟类的筑巢地。

雪脊（sastrugi）：雪面因风力和侵蚀作用而形成的坚硬紧实脊面。强风可能会形成超过3英尺（约0.9米）高的雪脊。（单数形式为“sastrugus”，实际很少使用。）

SCAR：南极科学研究委员会。这个国际组织成立于1958年，它是国际地球物理年的产物，旨在协调和促进南极地区的科学研究。（就SCAR的目的而言，南极被定义为辐合带以南的所有地区，外加IGY开展观测活动的一些亚南极岛屿，比如凯尔盖朗群岛、阿姆斯特丹岛、马里昂岛、高夫岛、坎贝尔群岛和麦夸里群岛等）

坏血病（scurvy）：一种维生素缺乏症，原因是长时间未摄入维生素C。与其他多数哺乳动物不同，人类无法代谢这种维生素。因此，人体内的这种维生素就必须来自包含它的饮食，通常是新鲜的水果或蔬菜，但生的或轻微烹饪的肉类也包含这种维生素，尤其是肾脏或肝脏（或者如今的维生素药丸）。除非坏血病患者及时补充足量的维生素 C，否则就会有性命之虞，但补充维生素 C 之后就能很快痊愈，且没有后遗症。

南极的地理极点（south geographic pole）：即地球自转轴的南端。每年，当地太阳从不落下及从不升起的时间分别为半年。地球上所有的经线都汇聚于此，其纬度为南纬 90°。（这里通常也称为南极点。）

南磁极（south magnetic pole）：位于南半球，磁倾针（水平轴上自由悬挂的条形磁铁）在这里会指向地心。这里也是指南针所指南方的具体位置。这个极点的位置每年都不一样。据估计，2009 年，南磁极大致位于南纬 65°、东经 138°，东南极洲阿黛利地以北 100 多英里（约 161 千米）的地方。

平顶冰山（tabular iceberg）：漂浮的冰架部分崩塌产生的冰山。刚崩裂的平顶冰山顶部像桌子，即顶部平整、侧面绝对陡峭的悬崖，它可能会高出水面 200 英尺（约 61 米）左右，而水面以下的厚度可达水面以上高度的 6 倍。较大的平顶冰山仅见于南极。较为常见的平顶冰山长达 10 英里（约 16 千米）左右，但还有更大的。据 2011 年及以前的纪录，世人于 1956 年在罗斯海发现的最长的平顶冰山长达 208 英里（约 335 千米）。而另外一座近 200 英里（约 322 千米）长、总面积约为 4 500 平方英里（约 11 655 平方千米）的平顶冰山在 2000 年初从罗斯冰架脱落。

金星凌日（transit of Venus）：这是一种罕见的周期性现象，它发生在金星绕其轨道旋转至地球和太阳之间的时候。从地球上看，就像金星穿过了太阳表面一样。通过测算金星穿过太阳（即“凌日”）的时长，我们可以计算地球到太阳的距离（大约 9 300 万英里［约 1.5 亿千米］）。自公元前 2000 年以来，金星凌日已发生五十次以上，包括我们在文中特别提到的几次（分别发生在

1769 年、1874 年和 1882 年）。

炼油锅（try-pot）：鲸鱼或海豹猎人用来炼制鲸鱼或象海豹脂肪的大锅，以提取油。

USAS：美国南极服务性考察项目（见第十六章）。

参考书目和注释

我对重要探险活动的描写主要依据一手材料（探险亲历者所写的作品）。其他素材则来自二手材料（历史学家或其他并未参与探险之人所写的作品），其中一些贯串本书始终。最重要的是：Robert Headland，*Chronological List of Antarctic Expeditions*，1989；Robert Headland，*A Chronology of Antarctic Exploration*，2009。这些作品共同为所有章节提供了重要的内容或背景。很多章节参考了其他作品，包括：Alberts，*Geographic Names of the Antarctic*，1995；Bertrand，*Americans in Antarctica . . .*，1971；Christie，*The Antarctic Problem*，1951；Fogg，*A History of AntarcticScience*，1992；Fox，*Antarctica and the South Atlantic*，1985；Sullivan，*Quest for a Continent*，1957。当代的四本学术著作也很有参考价值：Mills et al.，*Exploring Polar Frontiers*，2003；Riffenburgh，ed.，*Encyclopedia of the Antarctic*，2007；Rosove，*Antarctica，1772 – 1922*，2001；Stonehouse，ed.，*Encyclopedia of Antarctica*，2002。

一些经典的二手著作为序言和第一章到第五章提供了重要的材料。按照出版顺序，这些作品分别为：Fricker，trans. Sonnenschein，*The Antarctic Regions*，1900；Balch，*Antarctica*，1902；Mill，*The Siege of the South Pole*，1905；Hayes，*Antarctica*，1928。最后这一本也为第六章到第十三章贡献了写作素材。以下图书则对第八章到第十四章提供了帮助：Hayes，*The Conquest of the South Pole*，1932。

上面提到的作品并未出现在下列各章的参考书目列表中，除非它们在某部分显得尤为重要。

“参考书目和注释”后面的“引用文献列表”部分提供了上文和下文所列全部作品的完整标题和出版信息。

序言

1 Cook, *Through the First Antarctic Night*, 1898—1899, pp. 340 - 41.

2 Scott, *The Voyage of the* Discovery, p. 14.

第一章 寻找南方大陆

本章最重要的一手文献包括：Cook, *A Voyage Towards the South Pole ...*, 1784; [Fletcher], *The World Encompassed ...*, 1966; Schouten, *The Relation of a Wonderfull Voiage ...*, 1966; Halley, ed. Thrower, *The Three Voyages of Edmond Halley ...*, 1981; Cook, ed. Beaglehole, *The Journals of Captain Cook ...*, 1961; Elliott and Pickersgill, ed. Holmes, *Captain Cook's Second Voyage*, 1984; Fanning, *Voyages Round the World*, 1833。

许多二手著作和文章都提到了本章所写的重要事件，尤其是麦哲伦、德雷克和库克的远航。在本章参考的诸多二手材料中，最重要的分别是：Beaglehole, *The Exploration of the Pacific, third edition*, 1966; Gurney, *Below the Convergence*, 1997; Headland, *The Island of South Georgia*, 1992; Hough, *The Blind Horn's Hate*, 1971; Jones, *Antarctica Observed*, 1982, "*Voyages to South Georgia 1795—1820*," 1973; Knox-Johnston, *Cape Horn*, 1995; Riesenberg, *Cape Horn*, 1939; Silverberg, *The Longest Voyage*, 1972; Stackpole, *The Sea Hunters*, 1953, *Whales and Destiny*, 1972。以下一书则提供了航海经线仪发展方面的信息：Sobel, *Longitude*, 1995。

1 Menzies, *1421*, 2003, pp. 145 - 91. 这也是对中国船队抵达过相关地点的主张最为强有力的辩护。尤其值得注意的相反观点见于：McIntosh, *The Piri Reis Map of* 1513, 2000。

2 Silverberg, *The Longest Voyage*, pp. 94 - 95.

3 瓦斯科·努伊兹·德·巴尔沃亚曾于1513年穿越巴拿马地峡，他也是第一个看到太平洋西岸的欧洲人。但他简单地把自己发现的大洋称作南海，这个名字在多个世纪里被人们普遍使用。

4 [Fletcher], *The World Encompassed* . . . , p. 35. 为便于阅读，此处和他处所引的历史记述都已转换成现代文字。

5 卡德尔的故事最早见于：Samuel Purchas, ed, *Hakluytus Posthumus, or Purchas His Pilgrimes* . . . , 1625。苏格兰格拉斯哥的书商和出版商詹姆斯·迈克尔霍斯家族曾在1906年出版了二十卷现代版本的珀切斯作品集。卡德尔的故事在1906年的作品集中的版本重印于：Neider, ed. , *Great Shipwrecks and Castaways*, pp. 6 – 14。

6 [Fletcher], op. cit. , p. 44.

7 Schouten, *The Relation of a Wonderfull Voiage* . . . , p. 23.

8 Burney, *Chronological History of the Voyages* . . . , vol. 5, p. 38 (quoted in).

9 Wafer, *A New Voyage* . . . , p. 18.

10 Halley, ed. Thrower, *The Three Voyages of Edmond Halley* . . . , vol. 1, pp. 162 – 63.

11 现代研究已经确证，动物性食物中主要是其内脏（肝脏和肾脏）含有抗坏血酸，肌肉中并不含有这种成分。(Williams, *With Scott in the Antarctic*, p. 136)

12 Cook, ed. Beaglehole, *The Journals of Captain Cook* . . . , p. 619.

13 Ibid. , p. 625.

14 Ibid. , pp. 621 – 22.

15 Ibid. , p. 632.

16 Ibid. , p. 646.

17 King, ed. , "*An Early Proposal* . . . ," p. 315 (reprinted in).

18 Fanning, *Voyages Round the World*, pp. 25 – 28.

19 Weddell, *A Voyage Towards the South Pole* . . . , p. 54. 詹姆斯·威德尔提

供了这个常被引用的数字，19 世纪 20 年代时，他是一位在南设得兰群岛作业的海豹猎人，也曾在 1822—1823 年历史性地驶入威德尔海深处（见第三章）。

第二章　发现南极大陆

本章所用的最重要一手材料为：Bellingshausen, ed. Debenham, *The Voyage of Captain Bellingshausen* ..., 1945；Fanning, *Voyages Round the World*, 1833；Weddell, *A Voyage Towards the South Pole* ..., 1970。转引的文件、日志和文章等材料亦见于：Campbell, ed., *The Discovery of the South Shetland Islands*, 2000。

重要的二手材料包括：Bertrand, *Americans in Antarctica* ..., 1971；Campbell, interpretive text in *The Discovery of the South Shetlands*, 2000；Gurney, *Below the Convergence*, 1997；Hobbs, *The Discoveries of Antarctica* ..., 1939；Jones, *Antarctica Observed*, 1982, "British Sealing on New South Shetland ...," 1985, "Captain William Smith ...," 1975；Mitterling, *America in the Antarctic to 1840*, 1959；Stackpole, *The Sea Hunters*, 1953, *The Voyage of the Huron and Huntress*, 1955, *Whales and Destiny*, 1972。

1　Miers, communicated to Mr. Hodgskin, "*Account of the Discovery* ...," p. 367.

2　Brue, *Mappe Monde en deux Hemispheres* ..., 1820.

3　Campbell, *The Discovery of the South Shetland Islands*, p. 71 (quoted in).

4　Brown, *A Naturalist at the Poles*, p. 289 (quoted in).

5　[Young], "Notice of the Voyage of Edward Barnsfield [原文如此] ...," p. 45.

6　Miers, op. cit., p. 365.

7　别林斯高晋的名字从西里尔字母拼写直译过来有多个版本。其他译名包括"Faddey Faddeyevich""Thaddeus Thaddevich"等。本书使用的版本与别林斯高晋接受洗礼时记录的拉丁文版本相符："Fabian Gottlieb Benjamin"（Headland, "Bellingshausen," p. 328）。

8　1819 年的俄国仍在使用儒略历，比现代的格雷戈里日历大致晚 12 天。本书中所引用的所有日期都已转换为现代格雷戈里日历中的对应日期，因此被放在与别林斯高晋的英美同辈一样的参照系中了。

9　Bellingshausen, ed. Debenham, *The Voyage of Captain Bellingshausen* . . . , p. 92.

10　Ibid., p. 110.

11　《南极领航指南》一直到 1974 年的第四版仍在使用这些草图。

12　Bellingshausen, op. cit., p. 420.

13　Jones, "British Sealing on New South Shetland . . . ," p. 298 (quoted in).

14　Bond et al., *Antarctica* . . . , p. 11 (quoted in).

15　Weddell, *A Voyage Towards the South Pole* . . . , p. 145.

16　Ibid., p. 141.

17　Bellingshausen, op. cit., p. 425.

18　Bertrand, *Americans in Antarctica* . . . , p. 80 (quoted in).

19　这次航行的唯一一手材料就是英雄号的航行日志。很不幸，它有时候含糊不清，因此会得出各种不同的解释。我们引用的文本是如今广泛认可的版本。

20　Fanning, *Voyages Round the World*, pp. 436 – 37 (quoted in).

21　Bellingshausen, op. cit., pp. 425 – 26.

22　Ibid., p. 438.

23　Nordenskjöld and Andersson, trans. Adams-Ray, *Antarctica* . . . , pp. 70 – 71.

第三章　海豹猎人的发现时代

重要的一手文献按先后顺序分别为：Weddell, *A Voyage Towards the South Pole* . . . , 1970; Webster, *Narrative of a Voyage* . . . , 1834; Eights, "A Description of the New South Shetland Isles . . . ," 1970; Fanning, *Voyages to the South Seas* . . . , 1970; Biscoe, "From the 'Journal of a Voyage . . . '," 1901。

重要的二手文献包括：Bertrand, *Americans in Antarctica* . . . , 1971; Gurney, *Below the Convergence*, 1997; Hobbs, *The Discoveries of Antarctica* . . . , 1939; Jones, "John Biscoe's Voyage . . . ," 1971, "British Sealing on New South Shetland . . . ," 1985, "Captain George Powell . . . ," 1983, "New Light on James Weddell," 1965; McKinley, *James Eights* . . . , 2005; Marr, "The South Orkney Islands," 1935; Mitterling, *America in the Antarctic to 1840*, 1959。

1　Weddell, *A Voyage Towards the South Pole* . . . , p. 28.

2　Ibid. , p. 36.

3　Ibid. , p. 44.

4　Ibid. , p. 50.

5　Ibid. , pp. 55 - 56.

6　Murphy, *Logbook for Grace*, p. 212. 墨菲是20世纪早期著名的鸟类学家，我们这本书的第十章中简要记述了他在南乔治亚岛的经历，他在岛上开展企鹅研究时还随身携带了威德尔的著作。

7　Weddell, op. cit. , p. 314.

8　该书第45—70页描写了莫雷尔1822—1823年的航行经历。第66—69页描写了威德尔海部分的航程见闻。

9　Webster, *Narrative of a Voyage* . . . , vol. I, p. 140. 韦伯斯特的著作是雄鸡号探险活动的最完整叙述。亨利·福斯特船长对此次航行未着一字，因为他在航行结束之前就去世了，死因是在1831年1月探索巴拿马地峡时溺水。

10 Ibid., vol. I, pp. 145 - 52. 此处引用的简短篇幅摘自作者对欺骗岛详细而精彩的描述，这反映了作者对这座岛开展了为期数周的细致观察。

11 Eights, "A Description of the New South Shetland Isles . . . ," p. 198.

12 Ibid., p. 202.

13 1971年，艾慈的科学论文收入并重新出版于：Quam, ed., *Research in the Antarctic*, pp. 5 - 40。

14 Biscoe, "From the 'Journal of a Voyage . . . '," p. 331.

第四章 三次国家主导的伟大探险

本章主要一手材料为：d'Urville, trans. and ed. Rosenman, *Two Voyages to the South Seas . . .*, vol. II . . ., 1987; Wilkes, *Narrative of the United States Exploring Expedition*, 1845; McCormick, *Voyages of Discovery . . .*, 1884; Ross, J. C., *A Voyage of Discovery and Research . . .*, 1847。尽管罗森曼翻译和编辑的迪维尔著作有所删减，但截至2011年，它仍是这本描写迪维尔探险活动的著作的最完整英文译本。此外，该书编辑提供了与迪维尔以及探险活动的主要参与者的历史背景、传记材料等信息，还选取了一些随行军官的笔记。（迪维尔探险故事的另外一份重要英译文本则是 Murray, ed., *The Antarctic Manual*, 1901 一书中的某一章，但这部分材料全是关于1839—1840年到南极的短暂航行。）

许多二手材料都描写了这三次国家层面的探险活动，但本章用到它们的程度很有限，因为即便对这些探险活动的描述达到一本书的厚度，它们也绝少会注意探险队在半岛地区停留的时间。其中最重要的材料包括：Dunmore, *From Venus to Antarctica: The Life of Dumont d'Urville*, 2007; Gurney, *The Race to the White Continent*, 2000（本书涵盖了所有三次探险活动）; Rosenman, editorial content in d'Urville, *Two Voyages . . .* ; Palmer, *Thulia*, 1843（第一部分包含篇幅为25页的诗歌，这首诗描写了威尔克斯的飞鱼号［诗中称之为“图利亚”］的航行过程。而书后的重要附录则以散文的形式描写了飞鱼号的航程。该书作者是威尔克斯探险船上的外科医生，他并未参与1838—1839年的南极航行，而他写作的基础则是飞鱼号史诗般的航程中的船员日志，它们都存放在孔雀号上，但这艘船于1841年7月在美国俄勒冈州沉没了，这些日志也因此遗失。)；Philbrick, *Sea of Glory*, 2003；Ross, M. J., *Ross in the Antarctic*, 1982（作者是罗斯的曾孙，他本人也是海军军官，后来还升任海军少将。他用未发表的家族信件以及其他探险亲历者的手稿写作了此书，书中对罗斯在南极半岛地区的探险活动做出了精彩的描写。)。

另外还有一些描写威尔克斯探险队的重要二手材料，但其中的信息对本章用处有限，它们是：Stanton, *The Great United States Exploring Expedition* ..., 1975；Tyler, *The Wilkes Expedition*, 1968；Viola and Margolis, eds., *Magnificent Voyagers*, 1985。

1 Dunmore, *From Venus to Antarctica*, p. 148 (quoted in).

2 D'Urville, trans. and ed. Rosenman, *Two Voyages* ..., vol. II, p. 334.

3 Ibid., p. 339.

4 Ibid., p. 340.

5 Wilkes, *Narrative of the United States Exploring Expedition*, vol. I, pp. 394.

6 Hudson, in Wilkes, ibid., vol. I, p. 406. 威尔克斯使用船长们的报告描写了孔雀号、飞鱼号和海鸥号在1838年2—3月间的南极航行见闻。他还把这些报告用作这部分叙述的附录。

7 Walker, in Wilkes, ibid., vol. I, p. 411.

8 Palmer, *Thulia*, p. 70.

9 1840年1月30日，威尔克斯可以清楚地看到东南极洲沿岸存在大片积雪覆盖的陆地。因此，他写道：“现在所有人都相信（陆地）存在，我为这片陆地起名为南极大陆……”（Wilkes, op. cit., vol. II, p. 316.）

10 Bertrand, *Americans in Antarctica ...*, p. 166.

11 Wilkes, op. cit., vol. I, p. 145. 斯米利在找到雄鸡号的温度计后还给威尔克斯写了信，这里引用的文字出自威尔克斯对海豹猎人来信的转述。遗憾的是，威尔克斯在转述的过程中把斯米利的名字错误地写作了“笑脸”(Smiley)，其他用到这个材料的二手文献则让这个错误得以流传。

12 Ross, J. C., *A Voyage of Discovery and Research ...*, vol. I, p. 219.

13 Ibid., vol. II, p. 357.

14 Ross, M. J., *Ross in the Antarctic*, p. 206 (quoted in).

15 Ross, J. C., op. cit., vol. II, p. 327.

第五章　寂静南极数十载・新的猎人

本章主要一手文献包括：Von den Steinen, trans. Barr, “*Zoological Observations ...*,” 1984; Murdoch, *From Edinburgh to the Antarctic*, 1894; Brown, *A Naturalist at the Poles*, 1923（其中一些章节为默多克撰写）; Donald, “The Late Expedition to the Antarctic,” 1894; Bruce, “Antarctic Exploration,” 1894。

重要二手文献包括：Barr, *The Expeditions of the First International Polar Year, 1882–83*, 1985; Barr, Krause, and Pawlik, “Chukchi Sea, Southern Ocean, Kara Sea,” 2004; Christensen, trans. Jayne, *Such Is the Antarctic*, 1935; Headland, *The Island of South Georgia*, 1992, “The German Station of the First International Polar Year ...,” 1982; Murray, “Notes on an Important Geographical Discovery ...,” 1894; Southwell, “Antarctic Exploration,” 1895。

1 Von den Steinen, trans. Barr, “Zoological Observations ..., Part 1,” p. 68.

2 Ibid., Part 2, p. 153.

3 Ibid., Part 2, p. 156.

4 Murdoch, *From Edinburgh to the Antarctic*, p. 244.

5 Ibid., p. 233.

6 Ibid., p. 244.

7 Donald, "The Late Expedition to the Antarctic," p. 67.

8 亚松号在1888年就奠定了自己在历史著作中的地位，当时它载着挪威的弗里德约夫·南森前往格陵兰岛，这也是人类第一次穿越这个巨大的冰封岛。这是一次大胆的旅行，被许多人视为现代极地探险的开端。

9 Christensen, trans. Jayne, *Such Is the Antarctic*, p. 83. 该书作者拉尔斯·克里斯滕森是克里斯滕·克里斯滕森之子，他在20世纪20年代成为南极捕鲸业的巨头，其间不仅派商业捕鲸船前往南极，还资助了五次科考/捕鲸侦察航行，其中四次用的是挪威号，这艘船也是他专门为了这个目的而购买的。

10 Barrett-Hamilton, "Seals," p. 213 (quoted in).

11 Charcot, trans. Walsh, *The Voyage of the "Why Not?"*..., p. 108.

12 Mill, *The Siege of the South Pole*, pp. 384–85 (quoted in).

第六章　德·杰拉许和他的第一个南极之夜

截至1998年，现有的讲述此次探险的最重要一手英文文献为：Cook, *Through the First Antarctic Night*..., 1900（该书还包含了探险队其他成员所写的附录）; Amundsen, *My Life as an Explorer*, 1927; Arctowski, "Exploration of Antarctic Lands," 1901。其他多是一些简短的科学文章。英文的二手文献通常以上述一手文献（尤其是库克的著作）为基础。然而，这些一手文献和以下两本一手文献存在实质性差异：De Gerlache, *Quinze Mois dans l'Antarctique*, 1902; Lecointe, *Au Pays des Manchots*, 1904。（后一本书的作者是探险队的副指挥，该书1904年的英译本存在严重删减，但它对本书仍有所贡献。）德·杰拉许对此次探险的描述出现在英语世界初次见于：de Gerlache, trans. Raraty, *Fifteen*

Months in the Antarctic, 1998。一年后，阿蒙森探险日志的学术翻译版（经过编辑）问世：Amundsen, trans. Dupont and LePiez, ed. Decleir, *Roald Amundsen's Belgica Diary*, 1999。本章用到了以上所有英文文献，并在必要时对材料做出了协调，当无法协调时，作者对应该接受哪个版本的叙述做出了裁决。

本章的重要二手文献包括：Baughman, *Before the Heroes Came*, 1994, "Hopeless in a Hopeless Sea of Ice," 1998; Bryce, *Cook & Peary*, 1997; Decleir and de Broyer, eds., *The Belgica Expedition Centennial*, 2001（书中的一些文章）; Huntford, *Scott and Amundsen*, 1980; Raraty, translator's introduction to de Gerlache, *Fifteen Months* . . . , 1998; Yelverton, *Quest for a Phantom Strait*, 2004。

1 Cook, *Through the First Antarctic Night* . . . , p. 131.

2 Ibid., p. 136. 另外一名探险队员也为自己主张这份荣誉。在《南极陆地探险》一文中，地质学家阿克托夫斯基写道："我有幸在南极发现了第一只昆虫……"（第470页）。但杰拉许和阿蒙森都支持库克的说法，即发现者为拉科维扎。

3 De Gerlache, trans. Raraty, *Fifteen Months in the Antarctic*, p. 68.

4 Furse, *Antarctic Year*, 1986. 这本讲述此次探险的著作的作者是探险队的领队，书中配有精美的插图。弗朗索瓦的父亲曾送给探险队一个铜饰板，以此纪念自己的父亲登陆布拉班特岛。1984年7月21日，这个英国探险队庆祝了比利时的国庆节，并正式地把铜饰板安在了岛上探险队营地上方的石头上。

5 Cook, op. cit., p. 145.

6 De Gerlache, trans. Raraty, op. cit., p. 104.

7 Ibid., pp. 106-07.

8 Ibid., p. 113.

9 Cook, op. cit., p. 172.

10 Ibid., p. 234.

11 De Gerlache, trans. Raraty, op. cit., pp. 118 – 19.

12 Amundsen, *My Life as an Explorer*, p. 29.

13 Cook, op. cit., p. 338.

14 Ibid., pp. 340 – 41.

15 Ibid., p. 356.

16 De Gerlache, trans. Raraty, op. cit., p. 156.

17 Cook, op. cit., p. 402.

18 J. 戈登·海耶斯创造了“英雄时代”这个名词，这段时期以罗伯特·法尔肯·斯科特 1901—1904 年的发现号探险为开端，并以欧内斯特·沙克尔顿爵士 1914—1917 年的恢宏的跨南极探险活动为终点。（见 Hayes, *The Conquest of the South Pole*, p. 30）但后来的作者并不总是会严格按照海耶斯规定的起止点描述这段时期。就本书而言，我选择了 1895 年国际地理大会之后比利时号探险队开展探险的 1897—1899 年为这个时代的起点。与海耶斯一样，我选取的终点也是沙克尔顿结束探险的 1917 年。

第七章　诺登斯克尔德生还的传奇故事

本章用到的最重要一手材料为：Nordenskjöld and Andersson, trans. Adams-Ray, *Antarctica* ..., 1905。（另外还有一些一手文献，比如：Andersson, *Antarctic*, 1944; Duse, *Bland Pingviner Och Sälar*, 1905; Sobral, *Dos Aos Entre los Hielos 1901 - 1903*, 1905。但这些作品都没有英文版，因此作者并未用到这两种文献，下文特别提到的地方除外。）而以下这本书则包含了此次探险的最后阶段的一些原始材料：Hermelo et al., trans. Perales and Perales, ed. Rosove, *When the Corvette Uruguay Was Dismasted*, 2004。

本章用到的重要二手材料包括：Elzinga et al., eds., *Antarctic Challenge*, 2004; Lewander, “The Representations of the Swedish Antarctic Expedition, 1901 –

03," 2002, and "The Swedish Relief Expedition," 2003; Liljequist, *High Latitudes*, 1993; Yelverton, *Quest for a Phantom Strait*, 2004。

1 Sobral, *Dos Aos Entre los Hielos*, 1901 - 1903 (自动翻译于: www.geociies. com/lunesotraves/cache/ancladosenelfindelmundo), p. 2. 索布拉尔在雪丘岛期间学习并流利地掌握了瑞典语。考察结束后，他辞去了阿根廷海军委派的工作，前往瑞典的乌普萨拉，并最终在这里获得了地质学博士学位。

2 Nordenskjöld and Andersson, trans. Adams-Ray, *Antarctica* . . . , p. 38.

3 Ibid., p. 108.

4 Ibid., pp. 64-66.

5 Ibid., p. 416.

6 Ibid., p. 436.

7 Ibid., p. 54.

8 Ibid., p. 271.

9 Ibid., p. 287.

10 Ibid., p. 449.

11 Ibid., p. 464.

12 Skottsberg, *The Wilds of Patagonia*, p. 320.

13 Nordenskjöld and Andersson, trans. Adams-Ray, op. cit., p. 557.

14 Ibid., p. 479.

15 Ibid., pp. 306-07.

16 Ibid., p. 490.

17 Ibid., pp. 307-08.

18 Ibid., p. 316. 截至2011年，诺登斯克尔德的小屋对面的雪丘岛南端已经形成一个中等规模的帝企鹅栖息地。这也是已知最靠北的帝企鹅栖息地，世人在20世纪90年代确认了它的存在。

19 Ibid., p. 504.

20 Ibid., p. 510.

21 Ibid., pp. 582 - 83.

22 有关阿根廷为保护这些小屋而做出的艰苦努力请参见：Vairo et al., trans. Freire, *Antártida...*, 2007。这是一本以西班牙语出版并附有英文翻译的著作，其中包含了小屋多年来的精美照片。该书也描述了阿根廷政府为斯科舍探险队的小屋（见第八章）所做的工作。

第八章 布鲁斯和斯科舍号，南极传来风笛声

截至1992年，描写斯科舍号探险队的最重要一手文献包括：Three of the Staff, *The Voyage of the "Scotia,"* 1906; Bruce, *Polar Exploration*, circa 1911; Brown, *A Naturalist at the Poles*, 1923（这是斯科舍号探险队的一位植物学家为布鲁斯所写的传记）。布鲁斯自己也写了一本记叙此次探险的著作，并打算把它列为探险队科考报告的第一卷。但他后来改变了主意，转而把有限的资金用来出版其他科考成果。这本著作最终在几十年后得以问世，即 Bruce, ed. Speak, *The Log of the Scotia Expedition*, 1992。这四本书构成了本章的关键一手材料。

本章用到的最重要二手材料包括斯皮克在以上提及的最后一本书中的重要编辑内容，以及他为布鲁斯所写的传记：*William Speirs Bruce*, 2003.

1 Bruce, "Prefatory Note" to Three of the Staff, *The Voyage of the "Scotia"* p. viii.

2 Brown, *A Naturalist at the Poles*, p. 100 (quoted in).

3 Ibid., p. 103 (quoted in).

4 Three of the Staff, *The Voyage of the "Scotia,"* p. 80.

5 Ibid., p. 101.

6 Brown, op. cit., p. 146.

7 Bruce, ed. Speak, *The Log of the Scotia Expedition*, p. 156. 不幸的是，布鲁斯的录音已经遗失。（见 Speak, *Williams Speirs Bruce*, p. 89）

8 布鲁斯的录音也是世人第二次尝试录制南极动物的声音。第一次是德里加尔斯基 1901—1903 年跟随高斯号探险队前往东南极洲时做的尝试。1902 年，这位德国冒险家成功记录到了阿德利企鹅的声音。（见 Drygalski, trans. Raraty, *The Southern Ice Continent*, p. 254）

9 卡斯滕·博克格雷温克于 1898—1900 年开展的南十字星座号探险活动也尝试拍摄电影，这支探险队曾于 1899 年在罗斯海的阿代尔角过冬。但他们的拍摄完全失败了，因为他们带的胶卷与摄像机不匹配。布鲁斯之后，沙克尔顿在 1907—1908 年的尼姆罗德号探险活动期间也尝试在南极拍摄电影。他的拍摄远比布鲁斯成功。

10 Three of the Staff, op. cit., pp. 141 - 42.

11 Ibid., p. 230.

12 Brown, op. cit., p. 173.

13 Bruce, ed. Speak, *The Log of the Scotia Expedition*, pp. 216 - 17.

14 Ibid., p. 224.

15 Brown, op. cit., p. 208 (quoted in).

16 Three of the Staff, op. cit., p. 333 (quoted in).

17 在某种意义上，这些具有历史意义的船还有一个同伴。1944 年，比利时号在德军的轰炸下沉入挪威的一个港口。船体的残骸于 1990 年被重新发现。2006 年，比利时和挪威的相关各方成立了比利时号协会，其中就包括阿德里安·德·杰拉许的孙子让-路易斯·德·杰拉许。他们意在打捞残骸，至少是残骸的重要部分，进而把它放在安特卫普附近展出。一年后，一个相关的比利时群体设立了“新比利时号”项目，以建造一艘复制品。建造的准备工作于 2011 年展开。该项目最初的计划是让复制船“成为刺激公众认识到全球范围的气候变化的形象大使船，并为新的极地探险项目提供一个平台”（Anon，“New ‘Belgica’ Project，” p. 2）。很不幸，获取适航证书环节的问题让这个计划泡汤。2013 年，这艘复制船被停靠在安特卫普港，用作漂浮的博物馆。

第九章　夏科与法兰西号对南极半岛的探索

本章用到的主要一手文献包括：Charcot, trans. Billinghurst, *Towards the South Pole Aboard the Franais*, 2004（Charcot, *Le Franais au Pôle Sud*, 1906 一书的第一个英译本）。夏科书写自己第二次南极探险故事的时候也大量提及第一次探险的事情，见于：Charcot, trans. Walsh, *The Voyage of the “Why Not?” . . .*, 1911。

关键性的二手材料包括：Oulié, *Charcot of the Antarctic*, 1938；Lewander, “The Swedish Relief Expedition to Antarctica . . . ,” 2003（这篇文章给予夏科的篇幅和弗里肖夫一样多）；Yelverton, *Quest for a Phantom Strait*, 2004。

1　Raraty, translator’s introduction to de Gerlache, trans. Raraty, *Fifteen Months in the Antarctic*, p. xx.

2　Charcot, trans. Billinghurst, *Towards the South Pole . . .*, p. 200 (quoted in).

3　Ibid., p. 5.

4　Ibid., p. 21.

5　达尔曼在 1874 年命名并绘制了布斯岛、克罗格曼群岛和彼得曼群岛的地图，后面两个群岛位于布斯岛南面不远处。德·杰拉许后来重新分别把它们命名为汪戴尔岛、哈沃佳德群岛和隆德群岛。再后来，夏科又恢复了达尔曼的布斯岛和彼得曼群岛的命名，这两个名字和哈沃佳德群岛便一直沿用至今。为了尽量与现代地图保持一致，我用的是布斯岛和彼得曼群岛这两个名字。

6　Charcot, trans. Walsh, *The Voyage of the “Why Not?” . . .*, p. 144.

7　Charcot, trans. Billinghurst, op. cit., p. 171.

8　Ibid., p. 200.

9 Ibid., p. 222.

10 Ibid., p. 225.

11 夏科在马德林港收发电报的说法来自他自己的记述，他将当时的情况描述为，“我在靠近电报室大门的地方等电报等了24小时”。（见Charcot, trans. Billinghurst, op. cit., p. 242.）但关于夏科第一次与外界交流还流传着一个更浪漫且截然不同的说法。根据夏科的传记作者马尔特·乌列的说法，马德林港并没有电报室。她写道，于是夏科派探险队的摄影师保罗·普雷诺骑马前往最近的电报收发站。普雷诺很快就到了那里，但他后来又等了三天才收到回复，然后才带着这个消息回到了马德林港。（Oulié, *Charcot of the Antarctic*, p. 97）

第十章 捕鲸者的政治

本章的一手材料包括：Adie and Basberg, “The First Antarctic Whaling Season of Admiralen . . . ,” 2009（该书主要是兰格每日航行记录的转载）；Filchner, trans. Barr, *To the Sixth Continent*, 1994（菲尔希纳为这本描写德意志号探险队的著作贡献了第七章的内容，他在其中描述了自己于1911年底在南乔治亚岛见到的捕鲸作业情形）；Murphy, *Logbook for Grace*, 1947。

主要二手材料包括：Basberg, *Shore Whaling Stations at South Georgia*, 2004；Elliot, *A Whaling Enterprise*, 1998；Hart, *Antarctic Magistrate*, 2009（其中收录了反映早期南设得兰群岛和南乔治亚岛捕鲸场景的精美照片），*Pesca*, 2001, *Whaling in the Falkland Islands Dependencies 1904 - 1931*, 2006；Headland, *The Island of South Georgia*, 1992；Heyburn and Stenersen, “The Wreck and Salvage of S. S. Telefon,” 1989；Jones, “Three British Naval Antarctic Voyages, 1906 - 43,” 1981；Kohl-Larsen, trans. Barr, *South Georgia*, 2003；Lyon, chairman, *Report of the Interdepartmental Committee . . .* , 1920；Mathews, *Ambassador to the Penguins*, 2003；Matthews, *South Georgia*, 1931；Tønnessen and Johnsen, trans. Christophersen, *The*

History of Modern Whaling, 1982。

1　See Anon, "British Letters Patent of 1908 and 1917 . . . " 具体信息请参见这些专利许可证。

2　Matthews, *Penguin*, p. 145 (quoted in).

3　关于索尔维格·雅各布森出生的详细信息请参阅：Hart, Pesca, p. 218。索尔维格并非南极附近出生的第一个小孩。有据可查的第一例出生记录出现在1818年，一位英国海豹捕猎船船长的妻子诞下一名女儿，当时船长在凯尔盖朗群岛捕猎海豹。（Headland, A Chronology of Antarctic Exploration, p. 120）

4　这件事的其中一种说法来自博物学家罗伯特·库什曼·墨菲，他于1913年3月初造访了奥拉夫王子港站。他是如此描写自己当天看到的情形的："因为刚好是周日，奥拉夫王子港站上的很多工人都从山上滑雪而下，一直滑到了港口的岸边。"（见 Murphy, *Logbook for Grace*, p. 235）

5　Headland, *The Island of South Georgia*, p. 131 (quoted in).

6　Matthews, *South Georgia*, p. 138. 本书也描写了监狱的建造过程。

7　Skottsberg, *The Wilds of Patagonia*, p. 317.

8　Hart, *Whaling in the Falkland Islands Dependencies . . .* , p. 43.

9　在当时出版的相关作品中，对这些事件的最详细描述可见：Charcot, trans. Walsh, *The Voyage of the 'Why Not?' . . .* , pp. 255 - 56。何乐不为号航行的相关描述见第十一章，1909年夏科一直待在欺骗岛，直到泰莱丰号失事的前一天才离开，他在接下来的夏天里再次来到欺骗岛，其间从安德烈森那里听说了这个故事。

10　Heyburn and Stenersen, "The Wreck and Salvage of S. S. *Telefon*, p. 51.

11　Ibid. , p. 51.

第十一章　夏科携何乐不为号归来

本章用到的主要一手文献包括：Charcot, trans. Walsh, *The Voyage of the 'Why Not?'* ..., 1911; Charcot, "Charcot Land ...," 1930（提供了有用的信息）。何乐不为号的三副朱尔斯·鲁什也写了一本记录此次探险的书籍：*L'Antarctide. Voyage du "Pourquoi-Pas?"*（1908－10），1926（但本书仅有法语版，它也仅被用作地图来源）。

英文世界中现存的最重要二手文献为：Oulié, *Charcot of the Antarctic*, 1938; Naveen, *Waiting to Fly*, 1999（提供了有用的信息，因为该书作者对路易斯·盖恩的企鹅研究［夏科探险队的生物学家］很有兴趣）。

1 Charcot, trans. Walsh, *The Voyage of the "Why Not?"* ..., p. 32.

2 Ibid., p. 56.

3 Ibid., p. 70.

4 Ibid., p. 80.

5 Ibid., p. 149.

6 Ibid., p. 158.

7 Ibid., p. 269 (quoted in).

8 Ibid., pp. 284－85.

9 Ibid., pp. 291－92.

第十二章　挣扎在威德尔海的菲尔希纳

本章主要一手文献包括：Filchner, trans. Barr, *To the Sixth Continent*, 1994, "Exposé," 1994; Kling, trans. Barr, "Report to the Hamburg-Südamerika Line," 1994; Przybyllok, trans. Barr, "Handwritten Notes ...," 1994。很遗憾，所有这些文献均由菲尔希纳或其支持者所写。与菲尔希纳观点相反的重要著作并不见于

英语世界。最重要的是，瓦瑟尔在世期间并未以文字的方式描述自己的经历，因此他的故事版本也不为人知。

本章用到的重要二手材料包括：Barr, Translator's Introduction to Filchner, *To the Sixth Continent*, 1994；Murphy, *German Exploration of the Polar World*, 2002。（描写此次探险的最重要英文文献见 Hayes, *The Conquest of the South Pole*, 1932。但此书并未对我们用到的材料增加什么内容。）

1 皇帝更多是由于政治而非科学原因而失望的。他想要得到激动人心的科学成果，比如伟大的地理发现和令人兴奋的开创性举措，从而能够与罗伯特·法尔肯·斯科特 1901—1904 年发现号探险队带回英国的成果一较高下。但这些成果并不存在，探险队只是被浮冰困在东南极洲海岸，在那里度过了一个冬天。尽管如此，他和德国公众对此次探险的评价还是错得离谱。德里加尔斯基其实带回了大量重要的科学数据、观察结果以及海岸发现和调查成果。

2 菲尔希纳并不是第一个觉得这艘船（最初名叫比约恩号）值得入手的人。就在几年前，欧内斯特·沙克尔顿也想将其买下用于 1907—1909 年的探险活动，但当时的价格超出了沙克尔顿的预算，于是他转而选择了小得多的尼姆罗德号。

3 菲尔希纳在 1912 年 1 月 13 日测量水深的地点距离最近的陆地（即威德尔海东海岸）大约 350 英里（约 563 千米）。而现代海洋学考察已经证实，此次探测的区域实际为威德尔海最深处。（Riffenburgh, *Encyclopedia of the Antarctic*, Vol. 2, p. 1053）

4 Przybyllok, trans. Barr, "Handwritten Notes ..., p. 231 (quoted in).

5 Filchner, trans. Barr, *To the Sixth Continent*, p. 114.

6 Ibid., p. 115.

7 菲尔希纳意识到这个小湾变化如此之大后，便把这里改名为赫尔佐格·恩斯特湾。但多数船员仍旧把它称为瓦瑟尔湾，这个地名就这样定了下来。

8 Filchner, op. cit., p. 120.

9 Ibid., p. 152.

10 Ibid., p. 172.

11 Filchner, trans. Barr, "Exposé," p. 213.

12 Kohl-Larsen, trans. Barr, *South Georgia*, 2003. 该书讲述了这次小规模但具有历史意义的探险活动，此次探险开启了南乔治亚岛内陆探险的序幕，南极地区还迎来了第一位女性探险家。

13 Barr, *To the Sixth Continent*, p. 38 (quoted in). 该书译者对菲尔希纳做了介绍。

第十三章　坚忍号与沙克尔顿的虽败犹胜

众多书籍和文章都对这次著名的探险做了部分或全部介绍，本章也大量采用了这些文献资料。本章所用的已出版的最重要一手材料包括：Bakewell, ed. Rajala, *The American on the Endurance*, 2004; Hurley, *Argonauts of the South*, 1925; Hussey, *South with Shackleton*, 1949; Shackleton, *South*, 1919; Worsley, *Endurance*, 1931, *Shackleton's Boat Journey*, nd (1939 or 1940)。未出版的材料包括弗兰克·赫尔利、哈里·麦克尼什和托马斯·奥德-利斯等人的探险日记。

大量二手文献也为本书提供了很多材料。一些最重要的包括：Dunnett, *Shackleton's Boat*, 1996; Fisher and Fisher, *Shackleton*, 1957; Hayes, *Antarctica*, 1928（本书大量摘录了坚忍号物理学家 R. W. 詹姆斯的探险日记）；Huntford, *Shackleton*, 1986; Jones, "Frankie Wild's Hut," 1982, "Shackleton's Amazing Rescue 1916," 1982; Mill, *The Life of Sir Ernest Shackleton*, 1924; Mills, *Frank Wild*, 1999; Piggott, ed., *Shackleton*, 2000; Shackleton and Mackenna, *Shackleton*, 2002; Smith, *Sir James Wordie*, 2004（该书包含了沃迪在坚忍号探险期间的日记），*An Unsung Hero*, 2000; Thomson, *Elephant Island and Beyond*, 2003,

Shackleton's Captain, 1999; Fuchs, trans. Sokolinsky, *In Shackleton's Wake*, 2001。最后一书第二十章描述了一次现代探险，其中提供了宝贵而全面的分析，更提供了独特的视角。

描绘此次探险且长度达到书籍篇幅的作品全都与本章内容相关，感兴趣的读者可参阅：Alexander, *The Endurance*, 1998; Heacox, *Shackleton*, 1999; Lansing, *Endurance*, 1959; Murphy et al., *South with Endurance*, 2001。最后一书收录了弗兰克·赫尔利在探险中的精彩照片。

1 Shackleton, *South*, p. vii.

2 Ibid., p. xv (quoted in).

3 Ibid., p. vii.

4 Huntford, *Shackleton*, p. 384 (quoted in).

5 Shackleton, op. cit., p. 58.

6 Ibid., p. 74.

7 Worsley, *Endurance*, pp. 19-20.

8 沙克尔顿还保存了赫尔利在船上印制的一些照片。他在乘坐詹姆斯·凯尔德号航行的过程中还携带了其中一张，以此作为他的队员陷入绝境的明证，这张照片显示，坚忍号的侧面被冰体严重挤压。（Ennis, *Man With a Camera*, p. 15）

9 Shackleton, op. cit., pp. 122-23.

10 Hurley, *Argonauts of the South*, p. 245.

11 Ibid., p. 245.

12 Shackleton, op. cit., p. 145.

13 Ibid., p. 164.

14 Ibid., pp. 174-75.

15 Worsley, op. cit., p. 146. 本书是这些细节的来源。Shackleton, *South*

一书第193页则显示他们的绳子为50英尺。

16 Ibid., p. 156.

17 Burley, "Was Shackleton Valley the Passageway to Stromness?" pp. 234-35.

18 Shackleton, op. cit., p. 205. 沙克尔顿在此引用的内容以及接下来的句子都来自《野性的呼唤》(罗伯特·瑟维斯所写的诗歌),只是稍微修改了一下标点符号。瑟维斯是一位苏格兰裔加拿大诗人,在沙克尔顿时代十分受欢迎。他最出名的作品可能是描写加拿大育空地区的诗歌,其中就包括沙克尔顿在此引用的内容。

19 沙克尔顿在其《南极》一书中的说法是,他们遇到的是男孩。实际上,她们是捕鲸站经理索尔勒的两位女儿。(Gilkes, "It Ain't Necessarily So," p. 65)

20 Shackleton, op. cit., p. 206. 此次会面的另外一个版本可见于:Robertson, *Of Whales and Men*, p. 90。该书作者是克里斯蒂安·萨尔维森公司捕鲸船上的一名医生,他曾在1950年去过南乔治亚岛。根据他的描述,一位捕鲸者这天也在场。罗伯森引用捕鲸者的话说:"斯特伦内斯的所有人都很了解杰克(原文如此)·沙克尔顿,都对他们一行人在海冰中失事感到非常难过。但我们并不知道这天早晨有三个面容狰狞的人从山上走下来,走进办公室。经理说:'你们到底是谁?'三人中间这个胡子拉碴的人淡定地说道:'我叫沙克尔顿。'然后我转过身开始抹泪,我想经理也在哭泣。"遗憾的是,这个故事妙则妙矣,其真实性却存在严重问题。萨尔维森公司一位名叫杰拉尔德·艾略特的主管写道,1916年这个季节并没有捕鲸者停留在斯特伦内斯湾,"罗伯森(在他的书中)所写的多数内容均系虚构"(Elliot, *A Whaling Enterprise*, p. 98)。

21 索尔勒邀请他们前往的住处是捕鲸站经理的别墅,它建于1912—1913年夏。捕鲸站的经理会一直在这里住到20世纪20年代末。但在20年代初期,捕鲸站经理在废弃捕鲸站上的别墅就被搬到了斯特伦内斯,然后变成了捕鲸站的医院。当斯特伦内斯湾上所有的医疗设备都集中在利思港之后,经理就搬迁到了大洋港的别墅，而原来那个住宅——更加寒碜的建筑——就转给了地位较低的人员。但不幸的是，世人多年来对这种变化的认识逐渐消退，到20世纪90年代，在大家对沙克尔顿的故事的兴趣爆发之际，大洋港的建筑被错误地认作沙克尔顿他们当年去往的经理别墅。（Basberg and Burton，"New Evidence ...". 该文多处提到这一点）这个错认的建筑又被指定为一处世界遗产，其标识也讲述了这个指定地点和建筑的重要性。（Gilkes，op. cit.，p. 62）到21世纪初，比约恩·班贝格对南乔治亚岛捕鲸站展开考古学研究之后，这个问题才最终得以确定下来。最初的建筑仍在那里，尽管状态已经很差了。（Basberg and Burton，op. cit.. 书中多次提到这一点。）

22　詹姆斯·凯尔德号最终被带回英国。几年后，沙克尔顿把它送给了约翰·奎勒·罗伊特，后者是他在德威士学院的旧友，也曾为沙克尔顿最后一次探险（见第十四章）提供资助。在沙克尔顿过世后的1922年，罗伊特把詹姆斯·凯尔德号赠送给了他们共同的母校。他的这种做法令沙克尔顿夫人极为恼火，因为她并不知道凯尔德号此时的归属，罗伊特也并未提前告知她。沙克尔顿夫人在给H. R. 密尔的信中也谈到此事："我发现J. R. 把詹姆斯·凯尔德号捐给了德威士学院，这真是伤透了我的心。因为我当时并不知道这艘船的归属……它对我就是一件栩栩如生的宝贝，如果没去博物馆，我认为它去往沙克尔顿的母校也是不错的归宿，如果他们会好好**保管**（沙克尔顿夫人所加的强调语气）的话？"（Shackleton and Mill，ed. Rosove，*Rejoice My Heart*，p. 37）詹姆斯·凯尔德号依旧为德威士学院所有，尽管多年来，它一直被格林尼治的国家海洋博物馆借走并在该博物馆展出。

23　Shackleton，op. cit.，p. 209.

24　Jones，"Frankie Wild's Hut，" p. 385（quoted in）.

25　Jones，"Shackleton's Amazing Rescue，" p. 326（quoted in）.

26　沙克尔顿在《南极》（第241—337页）一书中讲述了他的罗斯海团队

的故事。下列书籍提供了现代的故事版本：Bickel, *Shackleton's Forgotten Men*, 2000; McElrea and Harrowfield, *Polar Castaways*, 2004; Tyler-Lewis, *The Lost Men*, 2006。

第十四章　一战之后的十年

书写寇普探险队用到的主要一手材料为：Bagshawe, *Two Men in the Antarctic*, 1939。最重要的二手材料为：Naveen, *Waiting to Fly*, 1999; three biographies of Hubert Wilkins：Grierson, *Sir Hubert Wilkins*, 1960; Nasht, *No More Beyond*, 2006; Thomas, *Sir Hubert Wilkins*, 1961。第一本书对此次探险的描写比其他任何二手材料都多，因为这位作者对巴格肖和莱斯特两人的企鹅观察工作十分钦佩。

书写探索号探险活动用到的四本主要一手文献为：Hussey, *South with Shackleton*, 1949; Marr, ed. Shaw, *Into the Frozen South*, 1923; Wild, *Shackleton's Last Voyage*, 1923; Worsley, *Endurance*, 1931。探索号探险活动最重要的二手材料包括沙克尔顿、怀尔德和沃斯利的传记作品，这些书在第十三章已先行列出；前文已列出威尔金斯的传记；Beeby, *In a Crystal Land*, 1994; Erskine and Kjaer, "The Polar Ship Quest," 1998。

书写发现号调查项目和捕鲸业用到的主要一手文献包括：Hardy, *Great Waters*, 1967; Lyon, chairman, *Report of the Interdepartmental Committee . . .*, 1920; Matthews, *South Georgia*, 1931; Ommanney, *South Latitude*, 1938。重要的二手文献包括：Bernacchi, *The Saga of the "Discovery,"* 1938; Hart, *Pesca*, 2001, *Whaling in the Falkland Islands Dependencies*, 2006; Savours, *The Voyages of the Discovery*, 1992; Tønnessen and Johnsen, trans. Christophersen, *The History of Modern Whaling*, 1982。

1　南极航空时代于 1902 年 2 月 4 日拉开帷幕，斯科特的发现号探险队当时用一个带绳的气球从 800 英尺（约 244 米）的高度对罗斯海展开了观测。近两个月后，德里加尔斯基的高斯号探险队在东南极洲的海岸把自己的气球升到了 1 600 英尺（约 488 米）的高度。这两支探险队都利用高空气球拍摄了空中照片。

2 Bagshawe, *Two Men in the Antarctic*, p. 42.

3 Thomas, *Sir Hubert Wilkins*, p. 139 (quoted in).

4 Bagshawe, op. cit., p. 114.

5 Ibid., p. 128.

6 Ibid., p. 123.

7 Parfit, *South Light*, p. 278. 该书第 278—287 页的内容为救援船上的一位美国人对此次事故的具体描述。

8 Ibid.，第 164 页正对面的彩图。

9 如今，水船角上的企鹅栖息地变小了很多，这很可能是智利政府 1950—1951 年夏在岛上建立的加夫列尔・冈萨雷斯・魏地拉总统基地对它们造成了影响。

10 Bagshawe, op. cit., pp. 168 - 69.

11 Thomas, *Sir Hubert Wilkins*, p. 144 (quoted in).

12 Wild, *Shackleton's Last Voyage*, p. 59 (quoted in).

13 Ibid., p. 65 (quoted in).

14 Ibid., p. 88.

15 Ibid., p. 153 (quoted in).

16 Ibid., p. 193 (quoted in).

17 Ibid., pp. 194 - 95.

18 Ibid., p. 193.

第十五章　第一批飞向南极的飞行员

描写威尔金斯用到的最重要一手文献为：Wilkins，“The Wilkins-Hearst Antarctic Expedition，1928－1929，” 1929，“Further Antarctic Explorations，” 1930。重要的二手文献包括在第十四章列出的威尔金斯传记，以及：Page，*Polar Pilot*，1992（该书为卡尔·本·艾尔森的传记）；Tordoff，*Mercy Pilot*，2002（乔·克罗森的传记）。本章与威尔金斯和埃尔斯沃思相关的重要二手文献包括：Beeby，*In a Crystal Land*，1994；Burke，*Moments of Terror*，1994；Grierson，*Challenge to the Poles*，1965。

而发现号调查项目部分的主要一手材料包括：Coleman-Cooke，*Discovery II in the Antarctic*，1963；Hardy，*Great Waters*，1967；Ommanney，*South Latitude*，1938。

埃尔斯沃思部分用到的主要一手文献为：Ellsworth，*Beyond Horizons*，1938，“The First Crossing of Antarctica，” 1937，“My Flight Across Antarctica，” 1936，“My Four Antarctic Expeditions，” 1939；Balchen，*Come North with Me*，1958（该书记录了他在1934—1935年的飞行尝试）。描写发现二号救援活动的则是：Ommanney，*South Latitude*，1938（我们并未用到 Olsen，*Saga of the White Horizon*，1972，这本书的作者是跟随埃尔斯沃思团队参与了三次飞行尝试的队员，但他的描述过于夸大其词而必须被认为不可信。）。相关二手文献包括：Pool，*Polar Extremes*，2002（埃尔斯沃思的传记）；前面列出的威尔金斯的传记以及伯恩特·巴尔肯的传记，比如：Bess Balchen，*Poles Apart*，2004；Glines，*Bernt Balchen*，1999；Knight and Durham，*Hitch Your Wagon*，1950。

1　封为爵士之后，全名为乔治·休伯特·威尔金斯的威尔金斯为自己选择了“休伯特爵士”而非“乔治爵士”这个称呼，他说，不然的话，自己就与当时仍在位的英国国王同名了。

2　极地地区第一次重要飞行的荣誉属于俄国海军中尉 I. 纳古尔斯基，他曾在 1914 年 8 月驾驶诺瓦·泽姆亚号水上飞机搜寻一位俄国人，后者在 1912 年失踪于徒步前往北极的途中。(Grierson, *Challenge to the Poles*, p. 48)

3 Wilkins, "The Wilkins-Hearst Antarctic Expedition . . . ," p. 233.

4 Page, *Polar Pilot*, p. 316 (quoted in).

5 Wilkins, "Further Antarctic Explorations," p. 371.

6 Ibid., p. 371.

7 这段时期，在南乔治亚岛发现海狗的任何信息都值得关注，因为这种动物几乎已经被 19 世纪的海豹猎人赶尽杀绝了。20 世纪 20 年代晚期在古利德维肯工作的发现号委员会的科学家哈里森·马修斯写道，他曾在威利斯群岛看到过"一两次"(Matthews, *Sea Elephant*, p. 88)。而路德维希·科尔-拉森也曾报告自己于 1928 年底在南乔治亚岛东岸的煤港附近看到过一只海狗。(Kohl-Larsen, trans. Barr, *South Georgia*, p. 57)

8 Ellsworth, *Beyond Horizons*, p. 255.

9 在厄普于 1929 年去世之前，埃尔斯沃思曾分别面见过他和他的妻子。

10 Ellsworth, *Beyond Horizons*, p. 292.

11 Ibid., p. 294 (quoted in).

12 Ibid., pp. 298-99.

13 Ibid., p. 303 (quoted in).

14 Ibid., p. 315.

15 Ellsworth, "My Flight Across Antarctica," p. 13.

16 Ellsworth, *Beyond Horizons*, p. 345.

17 Ibid., p. 317.

18 这项举措在很大程度上可归结为英国和澳大利亚对巩固自身南极领土的考虑。尽管这可能构成了最初的动机，但至少还有另外一个因素在起作用。就在埃尔斯沃思飞行的一年前，澳大利亚飞行员查尔斯·乌尔姆就失踪于太平洋海域，他当时是想尝试从澳大利亚飞往加利福尼亚州，而美国海军曾对他展开了大规模搜救工作。尽管并未成功，但澳大利亚人心中有数。参与搜救工作的发现号调查项目科学家 F. D. 翁曼尼曾写道："墨尔本的所有人都说，'你瞧，这都是因为乌尔姆'。"（Ommanney, *South Latitude*, p. 172）

19 Ommanney, *South Latitude*, p. 203.

20 Ellsworth, *Beyond Horizons*, p. 362.

第十六章　越冬探险者归来

英国格雷厄姆陆上探险项目部分用到的最重要一手文献包括：Bertram, *Antarctica, Cambridge ...*, 1987; Bertram and Stephenson, "Archipelago to Peninsula," 1985; Rymill, with Stephenson, *Southern Lights*, 1938。相关的重要二手文献包括：Béchervaise, *Arctic and Antarctica*, 1995（赖米尔的传记）; Hunt, *Launcelot Flemming: A Portrait*, 2003; MacDonald and Rymill, *Penola Commemorative Biographies*, 1996; Riley, *From Pole to Pole*, 1989。

以下两本二手文献为全章提供了重要的素材：Burke, *Moments of Terror*, 1994; Grierson, *Challenge to the Poles*, 1964。

美国南极服务性考察项目探险队的队员都没有对此次探险活动著书立说，尽管西部基地队员日记的编辑版曾在1984年出版。但探险队的一些成员在自传中曾花了大量篇幅描写此次探险。很不幸，仅有一部分内容涉及东部基地。此处用到的一手文献就反映了这种情况。最重要的一手文献包括：Black, "East Base Operations ...," 1970; articles about East Base in Byrd, ed., *Reports on the Scientific Results ...*, 1945; Ronne, F., *Antarctica. My Destiny*, 1979。最重要的二手文献包括：Gurling, "Some Notes on a Sledge Journey ...," 1979; the two historical surveys with significant accounts of this expedition: Bertrand, *Americans in Antarctica ...*, 1971; Sullivan, *Quest for a Continent*, 1957。

1 Rymill, with Stephenson, *Southern Lights*, p. 91.

2 赖米尔还按照德贝纳姆孩子的名字为另外五组群岛起了名，但这些孩子并不都对“他们的”岛屿感到满意。德贝纳姆写道，赖米尔“回去以后被最小的孩子安（时年五岁）嗤之以鼻，因为她的岛最小，她还争辩说，自己总会长大的”（Debenham, *Antarctica*, p. 108）。

3 这是赖米尔公开发表的版本，它写于探险队员们绝少讨论人际关系问题的时期。后来的多年里，英国和其他南极基地发表的报告则描绘了完全不同的图景，而这个时期的过冬团队也能与外界开展无线电联系，人在这种情况下是难以做到与世隔绝的。

4 Rymill, with Stephenson, op. cit., p. 187.

5 Ibid., p. 196.

6 Walton and Atkinson, *Of Dogs and Men*, p. 37 (quoted in).

7 Rymill, with Stephenson, op. cit., p. 193.

8 Ibid., p. 200.

9 Ibid., p. 201.

10 美国的地质考察队于1961—1962年首次做出了这项发现，他们当时正在南极半岛最南端开展考察工作。他们探测到冰山下存在一条海峡——距离冰面数千英尺——此处位于威尔金斯报告发现斯蒂芬森海峡的地方以南数百英里。（Behrendt, *The Ninth Circle*, p. 194）

11 休斯的说法是对另外一个问题的回应，即不管其是否做出过主权声明，也不论在法律和政策方面是否存在可能的针锋相对的主权声明，美国是否因为发现权而享有威尔克斯地的主权。（Gould, *The Polar Regions in Their Relation to Human Affairs*, p. 54）

12 Black, “Geographical Operations from East Base ...,” p. 7.

13 Ronne, F., “The Main Southern Sledge Journey from East Base ...,” p. 15.

14 Ibid., p. 19.

15 Sullivan, *Quest for a Continent*, p. 168 (quoted in).

16 Black, "East Base Operations . . . ," p. 95.

17 Sullivan, *Quest for a Continent*, p. 169.

18 Dater, "United States Exploration and Research . . . ," footnote 16, p. 50.

第十七章　第二次世界大战、新的基地和政治冲突

本章用到的主要一手文献包括：Darlington（麦基尔文根据其口述整理），*My Antarctic Honeymoon*, 1956; Dodson, R. H. T., personal communication; James, *That Frozen Land*, 1949; Ronne, E., *Antarctica's First Lady*, 2004; Ronne, F., *Antarctic Conquest*, 1949, *Antarctica, My Destiny*, 1979, "Ronne Antarctic Research Expedition, 1946 - 1948," 1948, "Ronne Antarctic Research Expedition, 1946 - 1948," 1970; Squires, *S. S. Eagle*, 1992; Walton, *Two Years in the Antarctic*, 1955。

本章用到的最重要二手文献包括：Anon., "Argentine and Chilean Territorial Claims . . . ," 1946; Armstrong, "The Role of the Falkland Islands and Dependencies . . . ," 1998; Beck, "A Cold War," 1989; Beeby, *In a Crystal Land*, 1994; Christie, *The Antarctic Problem*, 1951; Fox, *Antarctica and the South Atlantic*, 1985; Dodds, *Pink Ice*, 2002; Fuchs, *Of Ice and Men*, 1982（这是对福克兰群岛属地调查项目的历史记录，通常主要用作二手材料，但其中也包含了一些一手材料）; Howkins, "Icy Relations . . . ," 2006; Jones, "Protecting the Whaling Fleet . . . ," 1974; Mericq, *Antarctica: Chile's Claim*, 2004; Roberts and Thomas, "Argentine Antarctic Expeditions . . . ," 1953, "Chilean Antarctic Expeditions . . . ," 1953; Rose, *Assault on Eternity*, 1980（这本书与跳高行动有关）; Sullivan, *Quest for a Continent*, 1957; Wordie, "The Falkland Islands Dependencies Survey 1943 - 46," 1946。

1　1941年1月，德国劫掠者企鹅号在毛德皇后地海岸附近拦截了两艘挪威

工厂船及其大部分捕鲸船。我手上对这个戏剧性事件最完整叙述的英文文献可见：Brennecke, trans. Fitzgerald, *Cruise of the Raider HK-33*, pp. 184-202。

2 Fraser, compiled by, *Shetland's Whalers Remember ...*, p. 16.

3 1906年，智利的一支南极探险队曾发布过一份招募简章，旨在前往象海豹岛建立一个基地，其中明确提到南极半岛、南奥克尼群岛和南设得兰群岛为智利领土的一部分。但这个计划后来作罢，因为当年8月智利发生严重地震，政府的注意力和资源都投放在减震救灾上了。（Mericq, *Antarctica. Chile's Claim*, p. 93）而早在1831年，智利首位总统伯纳多·奥希金斯就致函英国表示，智利认为智利南部的南极地区乃该国不可分割的一部分。（Pinochet, *Chilean Sovereignty in Antarctica*, pp. 28-29）

4 Jones, "Protecting the Whaling Fleet ...," p. 422.

5 Anon., "Argentine and Chilean Territorial Claims ...," pp. 416-17.

6 Quigg, *A Pole Apart*, p. 117 (quoted in).

7 Dodds, *Pink Ice*, p. 15 (quoted in).

8 Beeby, *In a Crystal Land*, p. 180.

9 Ibid., p. 185 (quoted in).

10 Squires, *S. S. Eagle*, pp. 67.

11 James, *That Frozen Land*, p. 90 (quoted in).

12 Squires, op. cit., p. 87.

13 Ibid., p. 90.

14 James, op. cit., pp 142-43.

15 British reaction from Walton, *Two Years in the Antarctic*, p. 108.

16 Ronne, F., *Antarctic Conquest*, p. 60.

17 Darlington（麦基尔文根据其口述整理）, *My Antarctic Honeymoon*, p. 120.

18 实际上龙尼在此次飞行中可能发现的陆地是如今所谓的伯克纳岛。这个85英里（约137千米）宽、200英里（约322千米）长、冰体覆盖的岛高约3 200英尺（约975米），它也因此把龙尼冰架和菲尔希纳冰架隔绝开来。

19 不幸的是，龙尼在这一次和其他几次飞行中为自己的发现确定的位置完全不对，有时候会与真实地点相隔上百英里。美国南极半岛穿越团队通过地面调查准确地定位了几个原本错误的位置。(Behrendt, *The Ninth Circle*, p. 52)

20 出生日期来自：PublicRecords. com。名字摘自《美国地理学会通讯》, Ubique, vol. XXVI, no. 1 (Feb 2006), p. 5。

21 Anon., "Territorial Claims in the Antarctic," p. 361 (quoted in).

22 Beck, "A Cold War," p. 36 (quoted in).

23 Headland, "The Origin & Development of the Antarctic Treaty System," p. 27 (quoted in).

第十八章　国际地球物理年和《南极条约》

本章国际地球物理年相关部分用到的主要一手材料包括：Behrendt, *Innocents on the Ice*, 1998; Dufek, *Operation Deepfreeze*, 1957; Fuchs, "The Crossing of Antarctica," 1959; Fuchs and Hillary, *The Crossing of Antarctica*, 1958; MacDowall, *On Floating Ice*, 1999; Stephenson, *Crevasse Roulette*, 2009; Ronne, F., *Antarctic Command*, 1961。主要二手材料有：Belanger, *Deep Freeze*, 2006; Kemp, *The Conquest of the Antarctic*, 1956。

就本章最后一部分内容而言，很多作品都讲述了《南极条约》的起源。例如其中的佼佼者：Quigg, *A Pole Apart*, 1983。这本书还讨论了条约在诞生后二十年中的演变及其修订。其中的附录（第219—225页）还包含了条约的完整内容，该文本也可在其他作品中找到。

1 这个日期见：Behrendt, *Innocents on the Ice*, p. 274。但美国政府并未对这个文件或其公民多年来在南极留下的主权声明做出进一步的确认。

2　英语世界对贝尔格拉诺将军站相关活动的描述可见：Stephenson, *Crevasse Roulette*, p. 173。但很遗憾，正如斯蒂芬森指出的，“这些成就出了阿根廷就鲜有人知了”。

3　Arnold, *Eight Men in a Crate*, 2007.

4　Fuchs, “The Crossing of Antarctica,” p. 25.

5　对福克斯跨南极探险队在罗斯海一侧的活动感兴趣的读者而言，最重要的材料莫过于福克斯和希拉里对整个探险活动的共同记录 *The Crossing of Antarctica*，以及希拉里的 *No Latitude for Error*（1961）。麦肯齐 *Opposite Poles*（1963）一书也对福克斯和希拉里两人因个性而起的各种问题做了精彩的讨论。

6　Fuchs, op. cit., p. 40.

7　Speak, *William Speirs Bruce*, p. 125.

8　Fuchs, op. cit., pp. 46 - 47.

9　Quigg, pp. 220 - 21 (quoted in).

第十九章　《南极条约》时代

本章主题比较分散，因此参考的文献种类也比较多。本章用到的最重要的一手文献包括：Barker, *Beyond Endurance*, 1997; Burley, “Was Shackleton Valley the Passageway to Stromness?” 1992, *Joint Services Expedition Elephant Island ...*, 1971; Headland, “Hostilities in the Falkland Islands Dependencies ..,” 1983; Lindblad, with Fuller, *Passport to Anywhere*, 1983; Sheridan, *Taxi to the Snowline*, 2006; Vairo et al., trans. Freire, *Antártida: Patrimoni Cultural ...*, 2007。

行文过程中参考过的众多二手科学文献包括：Anon., “Volcanic Eruption Compels Evacuation ...,” 1968, “Combined Services Expedition to South Georgia, 1964 - 65,” 1966, “Shackleton's Bible Returns Home After Many Years,” 1971, “Antarctica's First Baby Warmly Welcomed,” 1978, “Argentina's Bahía Paraíso Sinks off Anvers Island," 1989; Antarctic Treaty Consultative Parties, "Protocol on Environmental Protection ...," 1993; Beck, "Convention on the Regulation of Antarctic Mineral Resource Activities," 1989; Fuchs, *Of Ice and Men*, 1982; Headland, *The Island of South Georgia*, 1992; Keys and BAS Press Office, "One Small Ice Shelf Dies ...," 1995; Perkins, *Operation Paraquat*, 1986; Walton and Atkinson, *Of Dogs and Men*, 1996。下列引文中也列出了一些特定的文献。

1 Anon., "Agreement on Disputed Antarctic Place-Names." 但"帕默地"和"格雷厄姆地"的名称之争依旧存在，现在它们被用来指涉南极半岛的特定区域——帕默地指的是半岛南部，格雷厄姆地指的是其北部。

2 Fuchs, *Of Ice and Men*, pp. 289 – 91 (quoted in).

3 20世纪90年代早期，欺骗岛上的阿根廷夏季基地的工作人员发现，一个来自墓地的十字架被冲到了福斯特港西海岸。意识到它并不是寻常的漂流木后，他们小心地把十字架竖立在了基地后面的小山丘上。2002年2月，挪威极地历史学家苏珊·巴尔确认这个十字架来自捕鲸湾的墓地。2月18日，经过确认之后，阿根廷人又仔细地把这个十字架重新竖立在了它此前位于的捕鲸湾墓地上。(Barr, Downie, and Sánchez, "Whaler's Cross on Deception Island," p. 70)

4 Fuchs, op. cit., p. 294 (quoted in).

5 Argentina et al., *Deception Island Management Package*, pp. 67 – 70.

6 数据来自IAATO：www. IAATO. org.

7 Scott, *The Voyage of the Discovery*, Vol. I, pp. 398 – 99.

8 Burley, "Was Shackleton Valley the Passageway to Stromness?" p. 235.

9 Burley, *Joint Services Expedition Elephant Island ...*, p. 16.

10 这次冒险的故事请参见：Fuchs, trans. Sokolinsky, *In Shackleton's Wake*。这本引人入胜的著作还对沙克尔顿的坚忍号探险活动做了精彩而深入的分析。

11 Anon., "Antarctica's First Baby Warmly Welcomed," p. 169 (quoted in).

12 福克兰群岛/马尔维纳斯群岛之战的关键行动在许多书籍中都有涉及。有兴趣的读者还可以参考：Sunday Times Insight Team，*War in the Falklands*，1982；Freedman，*The Official History of the Falklands Campaign*，2005；Hastings and Jenkins，*The Battle for the Falklands*，1983。遗憾的是，全面展现阿根廷视角的著作并不见于英语世界，部分体现这种视角的著作可见：Moro，trans. Michael Valeur，*The History of the South Atlantic Conflict*，1989。另有 Perkins，*Operation Paraquat*（唯一一本专门探讨南乔治亚岛军事行动的著作）。

13 1996 年 2 月，英国把法拉第基地转给了乌克兰。短暂地联合行动之后，乌克兰人就完全掌管了这个基地，并且将其重新命名为维尔纳茨基站。后来这个基地也一直以这个名字继续运转。

14 Peter N. Spotts，"Antarctica's Wilkins Ice Shelf Eroding at an Unforeseen Pace，" 5（quoted in）.

15 最近的两本书——Montaigne，*Fraser's Penguins*，2010；Hooper，*The Ferocious Summer*，2007——对南极半岛气候变暖的影响和意义做出了精彩而清晰的讨论。两者都把大量篇幅放在了气候变暖对安特卫普岛的美国帕默站附近的企鹅种群的影响上，但它们的主题又不止于此，两者都对南极气候变化做出了一般性讨论。

16 美国人威尔·斯蒂格和法国人让-路易斯·艾蒂安领导了这次探险，探险队于 1989 年 7 月 27 日在南极半岛最北端附近开始穿越。探险队及其 36 条狗最初沿着半岛东海岸向南前进。一个月行进了 300 英里（约 483 千米）之后，他们向西登上了半岛高原。然后他们往南乘雪橇抵达了南极大陆，并从这里往南极点出发，接着穿越了大陆的剩余部分，有时候会通过此前无人走过的陆地。这支探险队于 1990 年 3 月 3 日在俄罗斯的米尔内基地完成了长达 3 700 英里（约 5 955 千米）的行程。（Steger and Bowermaster，*Crossing Antarctica*，1992. 这是探险队记录的官方版本，也是完整的说明。）

17　对阿根廷人保存这些遗迹所开展的相关工作的记录请参见：Vairo et al., trans. Freire, *Antártida*。

18　Charcot, trans. Billinghurst, *Towards the South Pole* . . . , pp. 235 – 36.

引用文献

以下列出的是“参考书目和注释”部分以及书中提及的著作。作者在写作本书的过程中还参考了其他许多著作。完整书单可向作者索取。

Adie, Susan, and Bjørn Basberg, trans. James Adie, "The First Antarctic Whaling Season of *Admiralen* (1905 – 1906): The Diary of Alexander Lange," *Polar Record*, 45(235), pp. 243 – 63, 2009.

Alberts, Fred G., comp. and ed., *Geographic Names of the Antarctic*, *second edition*, Washington: National Science Foundation 1995.

Alexander, Caroline, *The* Endurance: *Shackleton's Legendary Antarctic Expedition*, New York: Knopf 1998.

Amundsen, Roald, *My Life as an Explorer*, London: William Heinemann 1927.

____, trans. Erik Dupont and Christine LePiez, ed. Hugo Decleir, *Roald Amundsen's* Belgica *Diary: The First Scientific Expedition to the Antarctic*, Huntingdon, England: Bluntisham 1999.

Andersson, J. Gunnar, *Antarctic: "Stolt har hon levat, Stolt skall hon dö,"* Stockholm: Saxon & Lindstroms 1944.

Anon., "Agreement on Disputed Antarctic Place-Names," *Polar Record*, 12(79), pp. 470 – 71, 1965.

____, "Antarctica's First Baby Warmly Welcomed," *Antarctic*, 8(5), pp. 169 – 70, March 1978.

____, "Argentina's *Bahía Paraíso* Sinks off Anvers Island," *Antarctic*, 11(9&10), pp. 391 – 93, 1989.

____, "Argentine and Chilean Territorial Claims in the Antarctic," *Polar Record*,

4(32), pp. 412 - 17, 1946.

____, "British Letters Patent of 1908 and 1917 Constituting the Falkland Islands Dependencies," *Polar Record*, 5(35 - 36), pp. 241 - 43, 1948.

____, "Combined Services Expedition to South Georgia, 1964 - 65," *Polar Record*, 13(82), pp. 70 - 71, 1966.

____, " 'New Belgica' Project: English Summary," www. steenschuit. be/belgica_project_english_sum. html.

____, "Shackleton's Bible Returns Home After Many Years," *Antarctic*, 6(3), 105, September 1971.

____, "Volcanic Eruption Compels Evacuation of Three Bases on Deception Island," *Antarctic* 5(1), pp. 23 - 26, March 1968.

Antarctic Treaty Consultative Parties, "Protocol on Environmental Protection to the Antarctic Treaty," SCAR Bulletin, no. 110, July 1993, in *Polar Record*, 29(170), pp. 256 - 75, 1993.

Arctowski, Henryk, "Exploration of Antarctic Lands," 465 - 96 in Murray, ed., *The Antarctic Manual*, 1901.

Argentina, Chile, Norway, Spain, the UK and the USA, submitted by, *Deception Island Management Package*, 2005. Available online at www. deceptionisland. aq/package. php.

Armstrong, Patrick, "The Role of the Falkland Islands and Dependencies in Anglo-Argentine Relations in the Early 1950s," *Polar Record*, 34(188), 53 - 55, 1998.

Arnold, Anthea, *Eight Men in a Crate: The Ordeal of the Advance Party of the Trans-Antarctic Expedition, 1955 - 1957. Based on the Diaries of Rainer Goldsmith*, Huntingdon, England: Bluntisham 2007.

Bagshawe, Thomas Wyatt, "Notes on the Habits of the Gentoo and Ringed or Antarctic Penguins," *Transactions of the Zoological Society of London*, 24(3), 185–306, 1938.

____, *Two Men in the Antarctic: An Expedition to Graham Land 1920–22*, New York: Macmillan 1939.

____, "A Year Amongst Whales and Penguins," *Journal of the Society for the Preservation of the Fauna of the Empire*, 36, pp. 30–36, 1939.

Bakewell, William Lincoln, ed. Elizabeth Anna Bakewell Rajala, *The American on the* Endurance: *Ice, Sea, and Terra Firma. Adventures of William Lincoln Bakewell*, Munising, MI: Dukes Hall Publishing 2004.

Balch, Edwin Swift, *Antarctica*, Philadelphia: Allen, Lane & Scott 1902.

Balchen, Bernt, *Come North with Me*, New York: Dutton 1958.

Balchen, Bess, *Poles Apart: The Admiral Richard E. Byrd and Colonel Bernt Balchen Odyssey*, Oakland, OR: Red Anvil Press 2004.

Barker, Nick, *Beyond Endurance: An Epic of Whitehall and the South Atlantic Conflict*, Barnsley, England: Leo Cooper, Pen & Sword Books Ltd. 1997.

Barr, Susan, Rod Downie, and Rodolfo Sánchez, "Whaler's Cross on Deception Island," *Polar Record*, 40(212), 69–70, 2004.

Barr, William, *The Expeditions of the First International Polar Year, 1882–83*, Calgary: Univ. of Calgary, Arctic Institute of North America Technical Paper #29, 1985.

____, translator's introduction, pp. 11–38 in Filchner, *To the Sixth Continent*, 1994.

Barr, William, Reinhard Krause, and Peter-Michael Pawlik, "Chukchi Sea, Southern Ocean, Kara Sea: The Polar Voyages of Captain Eduard Dallmann, Whaler,

Trader, Explorer, 1830 - 96," *Polar Record*, 40(212), 1 - 18, 2004.

Barrett-Hamilton, Gerald E. H., "Seals," pp. 209 - 24 in Murray, ed., *The Antarctic Manual*, 1901.

Basberg, Bjørn, *The Shore Whaling Stations at South Georgia: A Study in Antarctic Industrial Archaeology*, Oslo: Novus Forlag 2004. Publication No. 30 from Commander Chr. Christensen's Whaling Museum, Sandefjord, Norway.

____, and Robert Burton, "New Evidence on the Manager's Villa in Stromness Harbour, South Georgia, *Polar Record*, 42(221), pp. 147 - 51, 2006.

Baughman, Tim H., *Before the Heroes Came: Antarctica in the 1890s*, Lincoln: Univ. of Nebraska Press 1994.

____, "Hopeless in a Hopeless Sea of Ice: The Course of the *Belgica* Expedition and Its Impact on the Heroic Era," paper delivered at Symposium on the Centennial of the *Belgica*, Ohio State Univ. 1997 (Reprinted as pp. 437 - 452 in Cook, *Through the First Antarctic Night*, centennial edition, Pittsburgh, PA: Polar Publishing Co., 1998).

Beaglehole, John C., *The Exploration of the Pacific, third edition*, Stanford, CA: Stanford Univ. Press 1966.

Béchervaise, John, *Arctic and Antarctic: The Will and the Way of John Riddoch Rymill*, Huntingdon, England: Bluntisham 1995.

Beck, Peter J., "A Cold War," *The Falkland Islands Journal*, pp. 36 - 43, 1989.

____, "Convention on the Regulation of Antarctic Mineral Resource Activities: A Major Addition to the Antarctic Treaty System," *Polar Record*, 25(152), pp. 19 - 32, 1989.

Beeby, Dean, *In a Crystal Land: Canadian Explorers in Antarctica*, Toronto:

Univ. of Toronto Press 1994.

Behrendt, John C., *Innocents on the Ice: A Memoir of Antarctic Exploration, 1957*, Niwot, CO: Univ. Press of Colorado 1998.

____, *The Ninth Circle: A Memoir of Life and Death in Antarctica, 1960 – 1962*, Albuquerque: Univ. of New Mexico Press 2005.

Belanger, Dian Olson, *Deep Freeze: The United States, the International Geophysical Year, and the Origins of Antarctica's Age of Science*, Boulder, CO: Univ. Press of Colorado 2006.

Bellingshausen, Thaddeus, ed. Frank Debenham, trans. Edward Bullough, N. Volkov, and others, *The Voyage of Captain Bellingshausen to the Antarctic Seas, 1819 – 1821*, 2 Vols., London: Hakluyt Society 1945 (Originally published in Russian, St. Petersburg 1830).

____, ed. and trans. Harry Gravelius, *Forschungsfahrten im Südlichen Eismeer 1819 – 1821*, Leipzig: S. Herzel 1902.

Bernacchi, L. C., *The Saga of the "Discovery,"* London/Glasgow: Blackie & Sons 1938.

Bertram, George Colin Lauder, *Antarctica, Cambridge, Conservation and Population: A Biologist's Story*, Cambridge: G. C. L. Bertram 1987.

Bertram, Colin, and Alfred Stephenson, "Archipelago to Peninsula," *Geographical Journal*, 151(2), pp. 155 – 67, 1985.

Bertrand, Kenneth J., *Americans in Antarctica 1775 – 1948*, New York: American Geographical Society, Special Publication 39, 1971.

Bickel, Lennard, *Shackleton's Forgotten Men: The Untold Story of the Endurance Epic*, New York: Thunder's Mouth Press 2000 (Originally published as *Shackleton's Forgotten Argonauts*, South Melbourne: Macmillan 1982).

Biscoe, John, "From the 'Journal of a Voyage Towards the South Pole on Board the Brig 'Tula', Under the Command of John Biscoe, with the Cutter 'Lively' in Company'," pp. 305 – 36 in Murray, ed., *The Antarctic Manual*, 1901.

Black, Richard B., "East Base Operations, United States Antarctic Service, 1939 – 41," pp. 89 – 99 in Friis and Bale, eds., *United States Polar Exploration*, 1970.

____, "Geographical Operations from East Base, United States Antarctic Service Expedition, 1939 – 41," pp. 4 – 12 in Byrd, ed., *Reports on the Scientific Results . . .*, 1945.

Bond, Creina, Roy Siegfried, and Peter Johnson, *Antarctica: No Single Country, No Single Sea*, New York: Mayflower Books 1979.

Brennecke, Hans Joachim, trans. Edward Fitzgerald, *Cruise of the Raider HK – 33*, New York: Crowell 1954.

Brown, R. N. Rudmose, with five chapters by W. G. Burn Murdoch, *A Naturalist at the Poles: The Life, Work & Voyages of Dr. W. S. Bruce, the Polar Explorer*, London: Seeley, Service 1923.

Bruce, William S., "Antarctic Exploration: The Story of the Antarctic," *Scottish Geographical Magazine*, 10(10), pp. 57 – 62, February 1894.

____, *Polar Exploration*, New York: Henry Holt, Home University Library of Modern Knowledge, circa 1911.

____, ed. Peter Speak, *The Log of the Scotia Expedition, 1902 – 4*, Edinburgh: Edinburgh Univ. Press 1992.

Brue, Adrien, *Mappe Monde en deux Hemispher presentant L'Etat Acuel de la Geographie Par A. H. Brue, Geographe de S. H. R. Monsieur a Paris*, Paris: Charles Simonneua, June 1820.

Bryce, Robert M., *Cook & Peary: The Polar Controversy, Resolved*, Mechanicsburg, PA: Stackpole Books 1997.

Burke, David, *Moments of Terror: The Story of Antarctic Aviation*, Kensington: New South Wales Univ. Press 1994.

Burley, Malcolm K., "Was Shackleton Valley the Passageway to Stromness?" *Polar Record*, 28(166), pp. 234-36, 1992.

____, *Joint Services Expedition Elephant Island, 1970-71*, London: The Author, Printed in the FONAC Printing Office by the Royal Marines Staff, 1971.

Burney, James, *Chronological History of the Voyages and Discoveries in the South Seas or Pacific Ocean*, 5 Vols., Amsterdam: N. Israel and New York: Da Capo Press 1967 (Facsimile edition of work originally published London: G & W Nicol, 1803-17).

Byrd, Richard E., ed., *Reports on the Scientific Results of the United States Antarctic Service Expedition 1939-41*, Philadelphia: Proceedings of the American Philosophical Society, 89(1), April 30, 1945.

Campbell, R. J., ed., *The Discovery of the South Shetland Islands: The Voyages of the Brig* Williams *1819-1820 as Recorded in Contemporary Documents and the Journal of Midshipman C. W. Poynter*, London: Hakluyt Society 2000.

Chapman, Walker, ed., *Antarctic Conquest: The Great Explorers in their Own Words*, Indianapolis: Bobb-Merrill 1965.

Charcot, Jean-B., "Charcot Land, 1910 and 1930," *Geographical Review*, xx (3), July, pp. 389-96, 1930.

____, trans. A. W. Billinghurst, *Towards the South Pole Aboard the Français: The First French Expedition to the Antarctic 1903-1905*, Huntingdon, England: Bluntisham 2004 (Originally published in French as *Le 'Franais' au Pôle Sud*, Paris:

Flammarion 1906).

____, trans. Philip Walsh, *The Voyage of the 'Why Not?' in the Antarctic: The Journal of the Second French South Polar Expedition, 1908 - 1910*, New York/London: Hodder and Stoughton, 1911 (Originally published in French as *Le Pourquoi-Pas? dans l'Antarctique*, Paris: Flammarion 1910).

Christensen, Lars, trans. E. M. G. Jayne, *Such Is the Antarctic*, London: Hodder and Stoughton 1935.

Christie, E. W. Hunter, *The Antarctic Problem: An Historical and Political Study*, London: Allen & Unwin 1951.

Coleman-Cooke, J., Discovery Ⅱ *in the Antarctic: The Story of British Research in the Southern Seas*, London: Odhams Press 1963.

Cook, Frederick A., *Through the First Antarctic Night, 1898 - 1899*, New York: Doubleday & McClure 1900.

Cook, James, *A Voyage Towards the South Pole and Round the World in 1772 - 5*, 4th ed., 2 Vols., London: W. Strahan & T. Cadell 1784 (Originally published 1777).

Cook, James, ed. J. C. Beaglehole, *The Journals of Captain James Cook on His Voyages of Discovery: The Voyage of the* Resolution *and* Adventure, *1772 - 1775*, Cambridge: Cambridge Univ. Press for Hakluyt Society 1961.

Darlington, Jennie, as told to Jane McIlvaine, *My Antarctic Honeymoon: A Year at the Bottom of the World*, Garden City, NY: Doubleday 1956.

Dater, Henry M., "United States Exploration and Research in Antarctica through 1954," pp. 43 - 55 in Friis and Bale, eds., *United States Polar Exploration*, 1970.

De Gerlache de Gomery, Adrien, trans. Maurice Raraty, *Fifteen Months in the Antarctic: Voyage of the Belgica*, Huntingdon, England: Bluntisham 1998 (Originally published in French as *Quinze Mois dans l'Antarctique: Voyage de la Belgica*,

Bruxelles: Ch. Bulens 1902).

Debenham, Frank, *Antarctica: The Story of a Continent*, London: Herbert Jenkins 1959.

Decleir, Hugo, and Claude De Broyer, eds., *The* Belgica *Expedition Centennial: Perspectives on Antarctic Science and History. Proceedings of the* Belgica *Centennial Symposium, 14 – 16 May 1998, Brussels*, Brussels: Brussels Univ. Press 2001.

Dodds, Klaus J., *Pink Ice: Britain and the South Atlantic Empire*, London: I. B. Tauris 2002.

Donald, Charles W., "The Late Expedition to the Antarctic," *Scottish Geographical Magazine*, 10(2), pp. 62 – 68, February 1894.

Drygalski, Erich von, trans. M. M. Raraty, *The Southern Ice-Continent: The German South Polar Expedition Aboard the 'Gauss' 1901 – 1903*, Huntingdon, England: Bluntisham 1989 (Originally published in German as *Zum Continent Des Eisigen Südens*, Berlin: Georg Reimer 1904).

Dufek, George J., *Operation Deepfreeze*, New York: Harcourt, Brace 1957.

Dunmore, John, *From Venus to Antarctica: The Life of Dumont d'Urville*, Auckland: Exisle 2007.

Dunnett, Harding McGregor, *Shackleton's Boat: The Story of the* James Caird, Cranbrook, Kent: Neville & Harding 1996.

D'Urville, Jules S. C. Dumont, trans. and ed. Helen Rosenman, *Two Voyages to the South Seas by Captain (later Rear-Admiral) Jules S. C. Dumont d'Urville, of the French Navy. Vol. I:* Astrolabe *1826 – 1829*; *Vol. II:* Astrolabe *and* Zélée *1837 – 40*, Carlton: Melbourne Univ. Press 1987 (Vol. II abridged from the French original: d'Urville, Jules S. C. Dumont et al., *Voyage au Pôle Sud et dans L'Océanie sur les Corvettes l'Astrolabe et la Zélée*, Paris: Gide, 1841 – 46).

Duse, Samuel A., *Bland Pingviner och Sälar: Minnen från Svenska Sydpolarexpeditionen, 1901 – 1903*, Stockholm: Beijer Bokförlagsaktiebolag 1905.

Eights, James, "Description of a New Animal Belonging to the Arachinides of Latrelle ...," *Boston Journal of Natural History*, 1, pp. 203 – 06, 1837.

____, "A Description of the New South Shetland Isles ...," pp. 195 – 216 in Fanning, *Voyages to the South Seas ...*, 1970.

Elliot, Gerald, *A Whaling Enterprise: Salvesen in the Antarctic*, Wilby Hall, Wilby, Norwich: Michael Russell 1998.

Elliott, John, and Richard Pickersgill, ed. Christine Holmes, *Captain Cook's Second Voyage: The Journals of Lieutenants Elliott and Pickersgill*, London: Caliban 1984.

Ellsworth, Lincoln, *Beyond Horizons*, New York: Doubleday Doran 1938.

____, "The First Crossing of Antarctica," *Geographical Journal*, lxxxix (3), pp. 192 – 213, March 1937.

____, "My Flight Across Antarctica," *National Geographic*, lxx(1), pp. 1 – 35, July 1936.

____, "My Four Antarctic Expeditions," *National Geographic*, lxxvi(1), pp. 129 – 38, July 1939.

Elzinga, Aant, Torgny Nordin, David Turner, and Urban Wråkberg, eds., *Antarctic Challenges: Historical and Current Perspectives on Otto Nordenskjöld's Antarctic Expedition 1901 – 1903*, Göteborg, Sweden: Royal Society of Arts and Sciences 2004.

Ennis, Helen, *Man With a Camera: Frank Hurley Overseas*, Canberra: National Library of Australia 2002.

Erskine, Angus B., and Kjell-G. Kjaer, "The Polar Ship *Quest*," *Polar Record*, 34(189), pp. 129 – 42, 1998.

Fanning, Edmund, *Voyages Round the World; with Selected Sketches of Voyages to the South Seas, North and South Pacific Oceans, China, &etc. &etc ....*, New York: Collins & Hannay 1833.

____, *Voyages to the South Seas, Indian and Pacific Ocean, China Sea, Northwest Coast, Feejee Islands, South Shetlands, &etc. &etc.*, Fairfield, WA: Ye Galleon Press 1970 (Facsimile of edition originally published New York: William H. Vermilye 1838).

Filchner, Wilhelm, trans. William Barr, *To the Sixth Continent: The Second German South Polar Expedition*, Huntingdon, England: Bluntisham 1994 (Originally published in German as *Zum Sechsten Erdteil: Die Zweite Deutsche Südpolar-Expedition*, Berlin: Ullstein 1922).

____, trans. William Barr, "Exposé," pp. 196 - 214 in Filchner, *To the Sixth Continent*, 1994 (Originally published in German as "Festellungen," pp. 24 - 58 in *Dokumentation uber die Antarktisexpedition 1911/12 von Wilhelm Filchner*, Munchen: Bayerischen Akademe der Wissenschaften 1985).

Fisher, Margery, and James Fisher, *Shackleton*, London: James Barrie Books 1957.

[Fletcher, Francis], *The World Encompassed by Sir Francis Drake ...*, Cleveland: World Publishing Co. 1966 (Facsimile edition of original, first published London: printed for Nicholas Bourne to be sold at his bookshop at the Royall Exchange, 1628).

Fogg, G. E., *A History of Antarctic Science*, Cambridge: Cambridge Univ. Press, 1992.

Fox, Robert, *Antarctica and the South Atlantic: Discovery, Development and Dispute*, London: British Broadcasting Corporation 1985.

Fraser, Gibbie, compiled by, *Shetland's Whalers Remember . . .* , Published by the author, printed by Nevisprint Ltd. , Fort William, Scotland 2001.

Freedman, Lawrence, *The Official History of the Falklands Campaign: vol I: The Origins of the Falklands War*; *vol Ⅱ: War and Diplomacy*, Abingdon, England: Routledge 2005.

Fricker, Karl, trans. A. Sonnenschein, *The Antarctic Regions*, London: Swan Sonnenschein 1900 (Originally published in German as *Antarktis*, Berlin: Schall & Grund 1898).

Friis, Herman R. , and Shelby G. Bale, Jr. , eds. , *United States Polar Exploration*, Athens: Ohio Univ. Press, 1970.

Fuchs, Arved, trans. Martin Sokolinsky, *In Shackleton's Wake*, Dobbs Ferry, NY: Sheridan House, Inc. 2001 (Originally published in German as *Im Schatten des Pols*, Bielefeld: Verlag Delius, Klasing & Co. KG 2000).

Fuchs, Sir Vivian E. , "The Crossing of Antarctica," *National Geographic*, cxv (1), pp. 25 – 47, January 1959.

____, *Of Ice and Men: The Story of the British Antarctic Survey, 1943 – 73*, London: Anthony Nelson 1982.

____, and Sir Edmund Hillary, *The Crossing of Antarctica: The Commonwealth Trans-Antarctic Expedition 1955 – 58*, London: Cassell 1958.

Furse, Chris, *Antarctic Year: Brabant Island Expedition*, London: Croom Helm, 1986.

Gilkes, Dr. Michael, "It Ain't Necessarily So: South Georgia Loose Ends," *James Caird Society Journal*, 5, 62 – 66, July 2010.

Glines, Carroll V. , *Bernt Balchen: Polar Aviator*, Washington: Smithsonian Institution Press 1999.

Gould, Laurence McKinley, *The Polar Regions in Their Relation to Human Affairs*, New York: American Geographical Society (Bowman Memorial Lectures) 1958.

Grierson, John, *Challenge to the Poles: Highlights of Arctic and Antarctic Aviation*, Hamden, CT: Archon 1964.

____, *Sir Hubert Wilkins: Enigma of Exploration*, London: Robert Hale 1960.

Gurling, Paul, "Some Notes on a Sledge Journey from Stonington Island 1940 - 41," *Polar Record*, 19(123), pp. 613 - 16, 1979.

Gurney, Alan, *Below the Convergence: Voyages Toward Antarctica 1699 - 1839*, New York: Norton 1997.

____, *The Race to the White Continent: Voyages to the Antarctic*, New York: Norton 2000.

Halley, Edmond, ed. Norman J. W. Thrower, *The Three Voyages of Edmond Halley in the Paramore 1698 - 1701*, 2 Vols., London: Hakluyt Society 1981.

Hardy, Sir Alister, *Great Waters: A Voyage of Natural History to Study Whales, Plankton and the Waters of the Southern Ocean in the Old Royal Research Ship* Discovery *with the Results Brought up to Date by the Findings of the R. R. S.* Discovery Ⅱ, London: Collins 1967.

Hart, Ian B., *Antarctic Magistrate: A Life Through the Lens of a Camera*, Laurel Cottage, Newton St. Margarets, Herefordshire: Pequena 2009.

____, *Pesca: The History of Compañia Argentina de Pesca Sociedad Anónima of Buenos Aires*, Salcombe, Devonshire: Aidan Ellis Publishing 2001.

____, *Whaling in the Falkland Islands Dependencies 1904 - 1931*, Laurel Cottage, Newton St. Margarets, Herefordshire: Pequena 2006.

Hastings, Max, and Simon Jenkins, *The Battle for the Falklands*, London: Norton 1983.

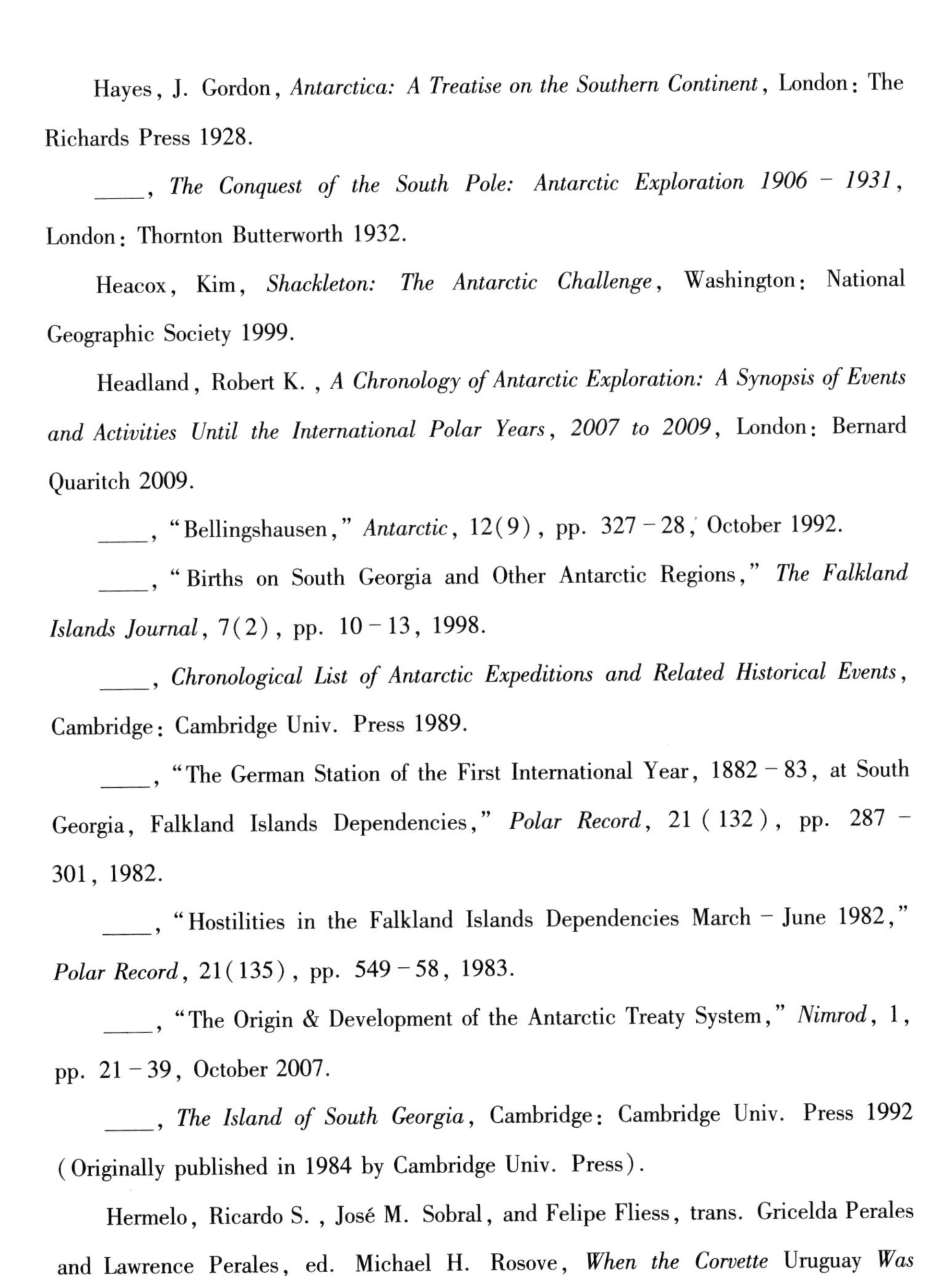

Hayes, J. Gordon, *Antarctica: A Treatise on the Southern Continent*, London: The Richards Press 1928.

____, *The Conquest of the South Pole: Antarctic Exploration 1906 – 1931*, London: Thornton Butterworth 1932.

Heacox, Kim, *Shackleton: The Antarctic Challenge*, Washington: National Geographic Society 1999.

Headland, Robert K., *A Chronology of Antarctic Exploration: A Synopsis of Events and Activities Until the International Polar Years, 2007 to 2009*, London: Bernard Quaritch 2009.

____, "Bellingshausen," *Antarctic*, 12(9), pp. 327 – 28, October 1992.

____, "Births on South Georgia and Other Antarctic Regions," *The Falkland Islands Journal*, 7(2), pp. 10 – 13, 1998.

____, *Chronological List of Antarctic Expeditions and Related Historical Events*, Cambridge: Cambridge Univ. Press 1989.

____, "The German Station of the First International Year, 1882 – 83, at South Georgia, Falkland Islands Dependencies," *Polar Record*, 21 (132), pp. 287 – 301, 1982.

____, "Hostilities in the Falkland Islands Dependencies March – June 1982," *Polar Record*, 21(135), pp. 549 – 58, 1983.

____, "The Origin & Development of the Antarctic Treaty System," *Nimrod*, 1, pp. 21 – 39, October 2007.

____, *The Island of South Georgia*, Cambridge: Cambridge Univ. Press 1992 (Originally published in 1984 by Cambridge Univ. Press).

Hermelo, Ricardo S., José M. Sobral, and Felipe Fliess, trans. Gricelda Perales and Lawrence Perales, ed. Michael H. Rosove, *When the Corvette* Uruguay *Was*

Dismasted: The Return of the Uruguay *from the Antarctic in* 1903, Santa Monica, CA: Adélie Books 2004.

Heyburn, Henry R., and Gunnar Stenersen, "The Wreck and Salvage of S. S. *Telefon*," *Polar Record*, 25(152), pp. 51 – 54, 1989.

Hillary, Sir Edmund, *No Latitude for Error*, New York: Dutton 1961.

Hobbs, William Herbert, *The Discoveries of Antarctica Within the American Sector, as Revealed by Maps and Documents*, Philadelphia: Transactions of the American Philosophical Society, 31(1), pp. 1 – 71, 1939.

Hough, Richard, *The Blind Horn's Hate*, New York: Norton 1971.

Hooper, Meredith, *The Ferocious Summer: Palmer's Penguins and the Warming of Antarctica*, London: Profile Books Ltd. 2007.

Howkins, Adrian, "Icy Relations: The Emergence of South American Antarctica During the Second World War," *Polar Record*, 42(221), pp. 153 – 65, 2006.

Hunt, Giles, *Launcelot Fleming: A Portrait*, Norwich, Norfolk: Canterbury Press, 2003.

Huntford, Roland, *Scott and Amundsen*, New York: Putnams 1980 (Originally published, London: Hodder & Stoughton 1979).

____, *Shackleton*, New York: Atheneum 1986 (Originally published, London: Hodder & Stoughton 1985).

Hurley, Captain Frank, *Argonauts of the South: Being a Narrative of Voyagings and Polar Seas and Adventures in the Antarctic with Sir Douglas Mawson and Sir Ernest Shackleton*, London: Putnams 1925.

Hussey, L. D. A., *South with Shackleton*, London: Sampson Low 1949.

Hydrographer of the Navy, *The Antarctic Pilot*, London: Hydrographic Dept., Admiralty 1930.

James, David, *That Frozen Land: The Story of a Year in the Antarctic*, London: Falcon Press 1949.

Jones, A. G. E., *Antarctica Observed: Who Discovered the Antarctic Continent?*, Whitby, England: Caedmon 1982.

____, "British Sealing on New South Shetland 1819 – 1826," *The Great Circle*, 7 (1), pp. 9 – 22; "Part 2," *The Great Circle*, 7(2), pp. 74 – 87, 1985 (Reprinted in Jones, *Polar Portraits*, 1992, pp. 294 – 307; pp. 308 – 21).

____, "Captain George Powell, Discoverer of the South Orkneys, 1821," *The Falkland Islands Journal*, pp. 4 – 12, 1983.

____, "Captain William Smith and the Discovery of New South Shetland," *Geographical Journal*, 141 (3), pp. 445 – 61, 1975 (Reprinted in Jones, *Polar Portraits*, 1992, pp. 343 – 59).

____, "Frankie Wild's Hut," *The Falkland Islands Journal*, pp. 13 – 20, 1982.

____, "John Biscoe's Voyage Round the World, 1830 – 33," *Mariner's Mirror*, 57 (1), pp. 41 – 62, 1971 (Reprinted in Jones, *Polar Portraits*, 1992, pp. 61 – 82).

____, "New Light on James Weddell, Master of the Brig *Jane* of Leith," *Scottish Geographical Magazine*, 81 (3), pp. 182 – 87, 1965 (Reprinted in Jones, *Polar Portraits*, 1992, pp. 375 – 81).

____, *Polar Portraits. Collected Papers*, Whitby, England: Caedmon 1992.

____, "Protecting the Whaling Fleet During World War Ⅱ," *BAS Bulletin*, 38, pp. 37 – 42, 1974 (Reprinted in Jones, *Polar Portraits*, 1992, pp. 419 – 24).

____, "Shackleton's Amazing Rescue 1916," *The Falkland Islands Journal*, pp. 21 – 31, 1982.

____, "Three British Naval Antarctic Voyages, 1906 – 43," *The Falkland Islands Journal*, pp. 29 – 36, 1981.

____, "Voyages to South Georgia 1795 - 1820," *BAS Bulletin*, 32, 1973 (Reprinted in Jones, *Polar Portraits*, 1992, pp. 360 - 65).

Kemp, Norman, *The Conquest of the Antarctic*, London: Allan Wingate 1956.

Keys, Harry, and BAS Press Office, "One Small Ice Shelf Dies, One Giant Iceberg Is Born," *Antarctic*, 13(9), pp. 361 - 64, March 1995.

King, H. G. R., ed., "An Early Proposal for Conserving the Southern Seal Fishery," *Polar Record*, 12(78), pp. 313 - 16, 1964.

Kling, Alfred, trans. William Barr, "Report to the Hamburg-Südamerika Line," pp. 233 - 35 in Filchner, *To the Sixth Continent*, 1994.

Knight, Clayton, and Robert C. Durham, *Hitch Your Wagon: The Story of Bernt Balchen*, Drexel Hill, PA: Bell Publishing 1950.

Knox-Johnston, Robin, *Cape Horn: A Maritime History*, London: Hodder & Stoughton 1995.

Kohl-Larsen, Dr. Ludwig, trans. W. Barr, *South Georgia: Gateway to Antarctica*, Huntingdon, England: Bluntisham 2003 (Originally published in German as *An den Toren der Antarktis*, Stuttgart: Strecker und Schröder 1930).

Lansing, Alfred, Endurance: *Shackleton's Incredible Voyage*, New York: McGraw-Hill 1959.

Lecointe, Georges, *Au Pays des Manchots: Expédition Antarctique Belge*, Bruxelles: Oscar Schepens 1904.

Lester, Maxime Charles, "An Expedition to Graham Land, 1920 - 22," *Geographical Journal*, 62(3), pp. 174 - 94, 1923.

Lewander, Lisbeth, "The Representations of the Swedish Antarctic Expedition, 1901 - 03," *Polar Record*, 38(205), pp. 97 - 114, 2002.

____, "The Swedish Relief Expedition to Antarctica 1903 - 04," *Polar Record*,

39(209), pp. 97 – 110, 2003.

Liljequist, Gösta H., *High Latitudes: A History of Swedish Polar Travels and Research*, Stockholm: The Swedish Polar Research Secretariat 1993.

Lind, James, *A Treatise of the Scurvy* . . . , London: A. Millar 1753.

Lindblad, Lars-Eric, with John G. Fuller, *Passport to Anywhere: The Story of Lars-Eric Lindblad*, New York: Times Books 1983.

Lyon, P. C., chairman, *Report of the Interdepartmental Committee on Research and Development in the Dependencies of the Falkland Islands*, London: His Majesty's Stationery Office, April 1920.

MacDonald, Bruce, and Andrew Rymill, *Penola Commemorative Biographies. The Explorers. Lawrence Allen Wells and John Riddoch Rymill*, Penola: National Trust of South Australia 1996.

MacDowall, Joseph, *On Floating Ice: Two Years on an Antarctic Ice-Shelf South of 75°*, Edinburgh: The Pentland Press 1999.

Marr, James W. S., "The South Orkney Islands," Cambridge, Cambridge Univ. Press, *Discovery Reports*, X, pp. 283 – 382, 1935.

____, ed. F. H. Shaw, *Into the Frozen South*, London: Cassell 1923.

Maskelyne, Nevil, *Nautical Almanac*, 1767.

Mathews, Eleanor, *Ambassador to the Penguins: A Naturalist's Year Aboard a Yankee Whaleship*, Jaffrey, NH: David R. Godine 2003.

Matthews, L. Harrison, *Penguin: Adventures Among the Birds, Beasts and Whalers of the Far South*, London: Peter Owen 1977.

____, *Sea Elephant: The Life and Death of the Elephant Seal*, London: MacGibbon & Kee 1952.

____, *South Georgia: The British Empire's Sub-Antarctic Outpost: A Synopsis of the*

History of the Island, London: Simpkin Marshall 1931.

McCormick, Robert, *Voyages of Discovery in the Arctic and Antarctic Seas, and Round the World*, 2 Vols., London: Sampson, Low, Marston, Searle, and Rivington 1884.

McElrea, Richard, and David Harrowfield, *Polar Castaways: The Ross Sea Party (1914 – 17) of Sir Ernest Shackleton*, Christchurch: Canterbury Univ. Press 2004.

McIntosh, Gregory C., *The Piri Reis Map of 1513*, Athens GA: Univ. of Georgia Press 2000.

McKenzie, Douglas, *Opposite Poles*, London: Robert Hale 1963.

McKinley, Daniel L., *James Eights 1792 – 1882: Antarctic Explorer, Albany Naturalist, His Life, His Times, His Works*, Albany: New York State Museum Bulletin 505, 2005.

Menzies, Gavin, *1421: The Year China Discovered America*, New York: William Morrow 2003.

Mericq, Luis S., *Antarctica: Chile's Claim*, Honolulu: Univ. Press of the Pacific 2004 (Originally published, Washington: National Defense Univ. Press 1987).

Miers, John, communicated to Mr. Hodgskin, "Account of the Discovery of New South Shetland, with Observations on Its Importance in a Geographical, Commercial, and Political Point of View; with Two Plates," *Edinburgh Philosophical Journal*, 3 (6), pp. 367 – 80, 1820 (Reprinted in *Polar Record*, 5(40), pp. 565 – 75, 1950).

Mill, Hugh Robert, *The Life of Sir Ernest Shackleton*, London: Heinemann 1924.

____, *The Siege of the South Pole: The Story of Antarctic Exploration*, London: Alston Rivers 1905.

Mills, Leif, *Frank Wild*, Whitby, England: Caedmon 1999.

Mills, William James, et al., *Exploring Polar Frontiers: A Historical Encyclopedia*,

2 Vols., Santa Barbara, CA: ABC-Clio 2003.

Mitterling, Philip I., *America in the Antarctic to 1840*, Urbana: Univ. of Illinois Press 1959.

Montaigne, Fen, *Fraser's Penguins: A Journey to the Future in Antarctica*, New York: Henry Holt, 2010.

Moro, Ruben O., trans. Michael Valeur, *The History of the South Atlantic Conflict: The War for the Malvinas*, London: Praeger 1989.

Morrell, Benjamin, Jr., *A Narrative of Four Voyages .... From the Year 1822 to 31*, New York: J. & J. Harper 1832.

Murdoch, W. G. Burn, *From Edinburgh to the Antarctic: An Artist's Notes and Sketches During the Dundee Antarctic Expedition of 1892 – 93*, London: Longmans Green 1894.

Murphy, David Thomas, *German Exploration of the Polar World: A History, 1870 – 1940*, Lincoln: Univ. of Nebraska Press 2002.

Murphy, Robert Cushman, *Logbook for Grace: Whaling Brig Daisy, 1912 – 1913*, New York: Macmillan 1947.

Murphy, Shane, Gael Newton, and Michael Gray, *South with* Endurance: *Shackleton's Antarctic Expedition 1914 – 1917. The Photographs of Frank Hurley*, New York: Simon & Schuster 2001.

Murray, George, ed., *The Antarctic Manual: For the Use of the Expedition of 1901*, London: Royal Geographical Society 1901.

Murray, John, "Notes on an Important Geographical Discovery in the Antarctic Regions," *Scottish Geographical Magazine*, 10(4), pp. 195 – 99, April 1894.

Nasht, Simon, *No More Beyond: The Life of Hubert Wilkins*, Edinburgh: Birlinn 2006 (Originally published as *The Last Explorer: Hubert Wilkins, Australia's Unknown*

Hero, Sydney: Hodder Australia 2005).

Naveen, Ron, *Waiting to Fly: My Escapades with the Penguins of Antarctica*, New York: William Morrow 1999.

Neider, Charles, ed., *Great Shipwrecks and Castaways*, London: Neville Spearman, 1955.

Nordenskjöld, Dr. N. Otto, and Joh. Gunnar Andersson, trans. Edward Adams-Ray, *Antarctica, or Two Years Amongst the Ice of the South Pole*, New York: Macmillan 1905 (Abridged English translation of original Swedish edition, *Antarctic: Två År Bland Sydpolens Isar*, 2 Vols., Stockholm: Albert Bonniers 1904).

Olsen, Magnus L., *Saga of the White Horizon*, Lymington, Hampshire: Nautical Publishing 1972.

Ommanney, Francis D., *South Latitude*, London: Longmans, Green 1938.

Oulié, Marthe, *Charcot of the Antarctic*, London: John Murray 1938 (Originally published in French as *Jean Charcot*, Paris: Gallimard 1937).

Page, Dorothy G., *Polar Pilot: The Carl Ben Eielson Story*, Danville, IL: Interstate Publishers 1992.

Palmer, James C., *Thulia: A Tale of the Antarctic*, New York: Samuel Colman 1843.

Parfit, Michael, "Reclaiming a Lost Antarctic Base," *National Geographic*, 183(3), pp. 110-26, March 1993.

____, *South Light: A Journey to the Last Continent*, New York: Macmillan 1985.

Perkins, Roger, *Operation Paraquat: The Battle for South Georgia*, Beckington, near Bath, Somerset: Picton Publishing 1986.

Philbrick, Nathaniel, *Sea of Glory: America's Voyage of Discovery, the U. S. Exploring Expedition, 1838-1842*, New York: Viking Penguin 2003.

Piggot, Jan, ed. , *Shackleton: The Antarctic and Endurance*, London: Dulwich College 2000.

Pinochet de la Barra, Oscar, *Chilean Sovereignty in Antarctica*, Santiago: Editorial Del Pacifico S. A. 1955.

Pool, Beekman H. , *Polar Extremes: The World of Lincoln Ellsworth*, Fairbanks: Univ. of Alaska Press 2002.

Powell, George, *Notes on South Shetlands, &c, Printed to Accompany the Chart of Those Newly Discovered Lands* . . . . , London: Printed for R. H. Laurie 1822.

Przybyllok, Erich, trans. William Barr, "Handwritten Notes by Erich Przybyllok on Events During the Filchner Antarctic Expedition," 229 – 32 in Filchner, *To the Sixth Continent*, 229 – 32, 1994.

Quam, Louis O. , ed. , *Research in the Antarctic: A Symposium Presented at the Dallas Meeting of the American Association for the Advancement of Science, December 1968*, Washington DC: American Association for the Advancement of Science, Pub. 93, 1971.

Quigg, Philip W. , *A Pole Apart: The Emerging Issue of Antarctica* (*A Twentieth Century Fund Report*), New York: McGraw-Hill 1983.

Riesenberg, Felix, *Cape Horn: The Story of the Cape Horn Region* . . . , New York: Dodd, Mead 1939.

Riffenburgh, Beau, ed. , *Encyclopedia of the Antarctic*, 2 Vols. , Abingdon Oxon: Routledge 2007.

Riley, Jonathan P. , *From Pole to Pole: The Life of Quintin Riley 1905 – 1980*, Huntingdon, England: Bluntisham 1989.

Roberts, Brian B. , and Ena Thomas, "Argentine Antarctic Expeditions, 1942, 1943, 1947, and 1947 – 48," *Polar Record*, 6(45), pp. 656 – 62, 1953.

____, "Chilean Antarctic Expeditions, 1947 and 1947 - 48," *Polar Record*, 6 (45), pp. 662 - 67, 1953.

Robertson, R. B., *Of Whales and Men*, New York: Alfred A. Knopf 1954.

Ronne, Edith M. ("Jackie"), *Antarctica's First Lady: Memoirs of the First American Woman to Set Foot on the Antarctic Continent and Winter-Over*, Beaumont, TX: Clifton Steamboat Museum and Three Rivers Council #578, BSA, 2004.

____, "Woman in the Antarctic, or, the Human Side of a Scientific Expedition," *Appalachia*, 28(1), pp. 1 - 15, 1950.

Ronne, Finn, *Antarctic Command*, Indianapolis: Bobbs-Merrill 1961.

____, *Antarctic Conquest: The Story of the Ronne Expedition, 1946 - 1948*, New York: Putnams 1949.

____, *Antarctica, My Destiny: A Personal History by the Last of the Great Polar Explorers*, New York: Hastings House 1979.

____, "The Main Southern Sledge Journey from East Base, Palmer Land, Antarctica," pp. 13 - 20 in Byrd, *Reports on the Scientific Results ...*, 1945.

____, "Ronne Antarctic Research Expedition, 1946 - 1948," pp. 159 - 71 in Friis and Bale, eds., *United States Polar Exploration*, 1970.

____, "Ronne Antarctic Research Expedition, 1946 - 1948," *Geographical Review*, 38(3), pp. 355 - 91, 1948.

Rose, Lisle A., *Assault on Eternity: Richard E. Byrd and the Exploration of Antarctica, 1946 - 47*, Annapolis, MD: Naval Institute Press 1980.

Rosove, Michael H., *Antarctica, 1772 - 1922: Freestanding Publications through 1999*, Santa Monica, CA: Adélie Books 2001.

Ross, James Clark, *A Voyage of Discovery and Research in the Southern and Antarctic Regions, During the Years 1839 - 43*, 2 Vols., London: John Murray 1847.

Ross, M. J., *Ross in the Antarctic: The Voyages of James Clark Ross in Her Majesty's Ships* Erebus *and* Terror *1839 – 1843*, Whitby, England: Caedmon 1982.

Rouch, Jules, *L'Antarctide. Voyage du "Pourquoi-Pas?" (1908 – 10)*, Paris: Societe d'Editions Geographiques, Maritimes et Coloniales 1926.

Rymill, John, with two chapters by A. Stephenson, *Southern Lights: The Official Account of the British Graham Land Expedition, 1934 – 1937*, London: Chatto and Windus 1938.

Savours, Ann, *The Voyages of the Discovery: The Illustrated History of Scott's Ship*, London: Virgin Publishing 1992.

Schouten, William C., *The Relation of a Wonderfull Voiage Made by William Cornelison Schouten of Horne ...*, Cleveland: World Publishing 1966 (Facsimile of original English-language edition, London: T. Dawson for Nathanaell Newbery 1619).

Scott, Robert F., *The Voyage of the Discovery*, 2 Vols., London: Smith Elder 1905.

Sellick, Douglas R. G., ed., *Antarctica: First Impressions, 1773 – 1930*, Fremantle, Western Australia: Fremantle Arts Centre Press 2001.

Shackleton, Emily, and Hugh Robert Mill, ed. Michael Rosove, *Rejoice My Heart: The Making of H. R. Mill's "The Life of Sir Ernest Shackleton." The Private Correspondence of Dr. Hugh Robert Mill and Lady Shackleton, 1922 – 33*, Santa Monica, CA: Adélie Books 2007.

Shackleton, Sir Ernest H., *The Imperial Trans-Antarctic Expedition, Prospectus*, London: Office of the Expedition, for private circulation, 1913.

____, *South: The Story of Shackleton's Last Expedition 1914 – 1917*, London: Heinemann 1919.

Shackleton, Jonathan, and John Mackenna, *Shackleton: An Irishman in Antarctica*,

Madison: Univ. of Wisconsin Press 2002.

Sheridan, Guy, *Taxi to the Snow Line. Mountain Adventures on Nordic Skis*, 11340 Carmurac, France: White Peak Publishing, 2006.

Silverberg, Robert, *The Longest Voyage: Circumnavigations in the Age of Discovery*, Indianapolis: Bobbs-Merrill Company 1972.

Skottsberg, Carl, *The Wilds of Patagonia: A Narrative of the Swedish Expedition to Patagonia, Tierra del Fuego and the Falkland Islands in 1907 – 1909*, London: Edward Arnold 1911.

Smith, Michael, *An Unsung Hero: Tom Crean Antarctic Survivor*, Wilton, Cork: Collins 2000.

____, *Sir James Wordie, Polar Crusader*, Edinburgh: Birlinn 2004.

Sobel, Dava, *Longitude: The True Story of a Lone Genius Who Solved the Greatest Scientific Problem of His Time*, New York: Walker 1995.

Sobral, José M., *Dos Aos Entre los Hielos 1901 – 1903*, Buenos Aires: J. Tragant 1904.

Southwell, Thomas, "Antarctic Exploration," *Natural Science*, vi(36), pp. 97 – 107, 1895.

Speak, Peter, *William Speirs Bruce: Polar Explorer and Scottish Nationalist*, Edinburgh: National Museum of Scotland 2003.

Spears, John R., *Captain Nathaniel Brown Palmer: An Old-Time Sailor of the Sea*, New York: Macmillan 1922.

Spotts, Peter N., "Antarctica's Wilkins Ice Shelf Eroding at an Unforeseen Pace," www.csmonitor.com/2008/0328/p25s10-wogi.html.

Squires, Harold, S. S. Eagle: *The Secret Mission 1944 – 45*, St John's, Newfoundland: Jesperson Press 1992.

Stackpole, Edouard A. , *The Sea Hunters: The New England Whalemen During Two Centuries 1635 – 1835*, Philadelphia: Lippincott 1953.

____, *The Voyage of the* Huron *and the* Huntress: *The American Sealers and the Discovery of the Continent of Antarctica*, Mystic, CT: Marine Historical Association, Number 29, November 1955.

____, *Whales and Destiny: The Rivalry Between America, France, and Britain for Control of the Southern Whale Fishery, 1775 – 1825*, Amherst: Univ. of Massachusetts Press 1972.

Stanton, William, *The Great United States Exploring Expedition of 1838 – 1842*, Berkeley: Univ. of California Press 1975.

Steger, Will, and Jon Bowermaster, *Crossing Antarctica*, New York: Alfred A. Knopf 1992.

Stephenson, Jon, *Crevasse Roulette: The First Trans-Antarctic Crossing 1957 – 58*, Dural Delwey Centre, NSW: Rosenberg Publishing Pty. Ltd. 2009.

Stonehouse, B. ed. , *Encyclopedia of Antarctica and the Southern Oceans*, Chichester, West Sussex: John Wiley & Sons 2002.

Sullivan, Walter, *Quest for a Continent*, New York: McGraw-Hill 1957.

Sunday Times Insight Team (Paul Eddy, Magnus Linklater, and Peter Gillman), *War in the Falklands: The Full Story*, New York: Harper & Row 1982.

Thomas, Lowell, *Sir Hubert Wilkins: His World of Adventure*, New York: McGraw-Hill 1961.

Thomson, John Bell, *Elephant Island and Beyond: The Life and Diaries of Thomas Orde Lees*, Huntingdon, England: Bluntisham 2003.

____, *Shackleton's Captain: A Biography of Frank Worsley*, Oakville, Ontario: Mosaic Press 1999.

Three of the Staff (R. N. Rudmose Brown, J. H. H. Pirie, and R. C. Mossman), *The Voyage of the "Scotia": Being the Record of a Voyage of Exploration in Antarctic Seas*, Edinburgh and London: Blackwood 1906.

Tønnessen, J., and A. O. Johnsen, trans. R. I. Christophersen, *The History of Modern Whaling*, Berkeley, CA: Univ. of California Press 1982.

Tordoff, Dirk, *Mercy Pilot: The Joe Crosson Story*, Kenmore, WA: Epicenter Press 2002.

Tyler, David, *The Wilkes Expedition: The First United States Exploring Expedition (1838 - 1842)*, Philadelphia: American Philosophical Society 1968.

Tyler-Lewis, Kelly, *The Lost Men: The Harrowing Saga of Shackleton's Ross Sea Party*, New York: Viking 2006.

Vairo, Carlos, Ricardo Capdevila, Verónica Aldazábal, and Pablo Pereyra, trans. Iraí Rayén Freire, *Antártida: Patrimonio Cultural de la Argentina. Museos, sitios y refugios historicos de la Argentina / Antarctica: Argentina Cultural Heritage. Museums, Sites and Shelters of Argentina*, Ushuaia: Zagier & Urruty 2007.

Viola, Herman J., and Carolyn Margolis, eds., *Magnificent Voyagers: The U. S. Exploring Expedition, 1838 - 1842*, Washington: Smithsonian Institution Press 1985.

Von den Steinen, Karl, trans. William Barr, "Zoological Observations, Royal Bay, South Georgia. 1882 - 1883. Part 1," *Polar Record*, 22(136), pp. 57 - 71, 1984; "Part 2. Penguins," *Polar Record*, 22(137), pp. 145 - 58, 1984.

Wafer, Lionel, *A New Voyage & Description of the Isthmus of America*, London: James Knapton 1699 (Reprinted in part as p. 18, Chapman, ed., *Antarctic Conquest*, 1965).

Walton, E. W. Kevin, *Two Years in the Antarctic*, London: Lutterworth Press 1955.

____, and Rick Atkinson, *Of Dogs and Men: Fifty Years in the Antarctic: The Illustrated Story of the Dogs of the British Antarctic Survey 1944 – 1994*, Malvern Wells, England: Images Publishing 1996.

Webster, W. H. B. , *Narrative of a Voyage to the Southern Atlantic Ocean, in the Years 1828, 29, 30, Performed in H. M. Sloop* Chanticleer . . . , 2 Vols. , London: Richard Bentley 1834.

Weddell, James, *A Voyage Towards the South Pole Performed in the Years 1822 – 24* . . . , Annapolis: Naval Institute Press 1970 (Facsimile of second edition, originally published, London: Longman, Rees et al. 1827; first edition, London: Longman, Hurst et al. Paternoster-Row 1825).

Wild, Commander Frank, from the Official Journal and Private Diary Kept by Dr. A. H. Macklin, *Shackleton's Last Voyage: The Story of the* Quest, London: Cassell 1923.

Wilkes, Charles, *Narrative of the United States Exploring Expedition: During the Years 1838, 1839, 1840, 1841, 1842* . . . , second edition, second issue, 5 Vols. , Philadelphia: Lea and Blanchard 1845 (First edition, Philadelphia: C. Sherman 1844).

Wilkins, George Hubert, "Further Antarctic Explorations," *Geographical Review*, 20(3), pp. 357 – 88, July 1930.

____, "The Wilkins-Hearst Antarctic Expedition, 1928 – 1929," *Geographical Review*, 19(3), pp. 353 – 76, July 1929 (Reprinted in part as pp. 230 – 39, Sellick, ed. , *Antarctica: First Impressions* . . . , 2001).

Williams, Isobel, *With Scott in the Antarctic: Edward Wilson: Explorer, Naturalist, Artist*, Stroud, England: The History Press 2008.

Wordie, James M. , "The Falkland Islands Dependencies Survey, 1943 – 46,"

Polar Record, 4(32), pp. 372 - 84, 1946.

Worsley, Frank Arthur, Endurance: *An Epic of Polar Adventure*, London: Philip Allan 1931.

____, *Shackleton's Boat Journey*, London: Philip Allen nd (1939 or 1940).

Yelverton, David E., *Quest for a Phantom Strait: The Saga of the Pioneer Antarctic Peninsula Expeditions 1897 - 1905*, Guildford, England: Polar Publishing 2004.

[Young, Adam], "Notice of the Voyage of Edward Barnsfield[sic], Master of His Majesty's Ship Andromache, to New South Shetland," *Edinburgh Philosophical Journal*, 4(8), pp. 345 - 348, April 1821 (Reprinted in part, pp. 43 - 46, Chapman, ed., *Antarctic Conquest*, 1965).

南极相关地区地名对照表

阿代尔角　Cape Adare
阿黛利地　Adélie Land
阿德莱德岛　Adelaide Island
阿根廷群岛　Argentine Islands
埃尔斯沃思站　Ellsworth Station
埃里伯斯-特勒湾　Erebus and Terror Gulf
埃斯佩兰萨站　Esperanza Base
埃斯塔多斯岛　Estados Island
埃文斯角　Cape Evans
爱德华王角　King Edward Point
爱德华王湾　King Edward Cove
爱德华七世地　Edward VII Land
安年科夫岛　Annenkov Island
安特卫普岛　Anvers Island
奥卡达斯站　Orcadas Station
奥拉夫王子港　Prince Olav Harbor
奥兰治港　Orange Harbor
奥斯卡二世海岸　Oscar II Coast
巴勒尼群岛　Balleny Islands
巴里岛　Barry Island
巴塔哥尼亚　Patagonia
保利特岛　Paulet Island
鲍威尔岛　Powell Island
贝尔格拉诺将军站　General Belgrano Station
贝琳达山　Mount Belinda
贝伦特山脉　Behrendt Mountains
贝尔特洛群岛　Berthelot Islands
比格尔海峡　Beagle Channel
比斯科群岛　Biscoe Islands
彼得曼岛　Petermann Island
彼得一世岛　Peter I Island
别林斯高晋岛　Bellingshausen Island
别林斯高晋海　Bellingshausen Sea
波塞申群岛　Possession Islands
波塞申湾　Possession Bay
波特湾　Potter Cove
伯德岛　Bird Island
伯克纳岛　Berkner Island
捕鲸湾　Whalers Bay
布拉班特岛　Brabant Island
布兰斯菲尔德海峡　Bransfield Strait
布朗海军上将站　Almirante Brown Base
布里斯托尔岛　Bristol Island

布斯岛　Booth Island
布韦岛　Bouvet Island
大地岛　Terra Firma
大洋港　Ocean Harbor
丹科海岸　Danco Coast
德贝纳姆群岛　Debenham Islands
德雷克海峡　Drake Passage
迪维尔、茹安维尔和邓迪群岛　d'Urville, Joinville, and Dundee Islands
蒂克森角　Cape Tuxen
恩德比地　Enderby Land
法拉第站　Faraday Base
飞鱼号角　Cape Flying Fish
菲尔希纳冰架　Filchner Ice Shelf
弗因地　Foyn Land
弗因港　Foyn Harbor
弗兰德湾　Flanders Bay
弗罗厄德角　Cape Froward
福尔图娜湾　Fortuna Bay
福克兰群岛/马尔维纳斯群岛　Falkland/Malvinas Islands
福斯特港　Port Foster
富马罗尔湾　Fumarole Bay
高夫岛　Gough Island
割礼港　Port Circumcision
格雷厄姆地　Graham Land
格林尼治岛　Greenwich Island
古利德维肯　Grytviken
古斯塔夫王子水道　Prince Gustav Channel
哈康王湾　King Haakon Bay
哈雷湾　Halley Bay
哈雷站　Halley Bay Base
海豹冰原岛峰群　Seal Nunataks
海军湾　Admiralty Bay
好遇角　Cape Well Met
合恩角　Cape Horn
怀尔德角　Point Wild
活跃海峡　Active Sound
活跃礁　Active Reef
火地岛　Tierra del Fuego
霍夫高岛　Hovgaard Island
基勒角　Cape Keeler
杰克逊山　Mount Jackson
杰拉许海峡　Gerlache Strait
鲸湾　Bay of Whales
凯尔德海岸　Caird Coast
凯尔盖朗群岛　Iles Kerguelen
坎伯兰湾　Cumberland Bay
坎德尔默斯岛　Candlemas Island

科茨地　Coats Land
科罗内申岛　Coronation Island
克拉伦斯岛　Clarence Island
克里斯滕森冰原岛峰　Christensen Nunatak
库克伯恩岛　Cockburn Island
库克岛　Cook Island
拉吉德岛　Rugged Island
拉姆塞山　Mount Ramsay
拉森冰架　Larsen Ice Shelf
劳里岛　Laurie Island
勒美尔海峡　Strait of Le Maire
勒美尔海峡　Lemaire Channel
利思港　Leith Harbor
利文斯顿岛　Livingston Island
列日岛　Liège Island
列斯科夫岛　Leskov Island
龙尼冰架　Ronne Ice Shelf
鲁姆斯岩　Lumus Rock
路易特伯摄政王地　Prinzregent Luitpold Land
罗瑟拉基地　Rothera Base
罗斯冰架　Ross Ice Shelf
罗斯岛　Ross Island
罗斯海　Ross Sea
罗亚尔湾　Royal Bay
洛克鲁瓦港　Port Lockroy
马兰比奥基地　Marambio Base
马塔湾　Matha Bay
玛格丽特湾　Marguerite Bay
麦克默多海峡　McMurdo Sound
麦夸里岛　Macquarie Island
麦哲伦海峡　Strait of Magellan
毛德皇后地　Queen Maud Land
毛奇港　Moltke Harbor
冒险群岛　Adventure Islets
梅尔吉奥群岛　Melchior Islands
蒙塔古岛　Montagu Island
米克尔森岛　Mikkelsen Island
莫内塔之家　Moneta House
南奥克尼群岛　South Orkney Islands
南极冰原站　South Ice Base
南极海峡　Antarctic Sound
南乔治亚岛　South Georgia Island
南桑威奇群岛　South Sandwich Islands
南设得兰群岛　South Shetland Islands
尼科港　Neko Harbor
尼韦阿山　Mount Nivea
诺伊迈尔水道　Neumayer Channel
帕默群岛　Palmer Archipelago

庞德峰　Mount Pond
佩吉特山　Mount Paget
佩诺拉海峡　Penola Strait
欺骗岛　Deception Island
乔治六世海峡　George VI Sound
乔治王岛　King George Island
情人角　Cape Valentine
热妮岛　Jenny Island
塞隆山脉　Theron Mountains
三一地　Trinity Land
桑德斯岛　Saunders Island
瑟斯顿岛　Thurston Island
沙克尔顿岭　Shackleton Range
圣安德鲁斯湾　St. Andrews Bay
失望角　Cape Disappointment
史密斯岛　Smith Island
水中女神号港　Undine Harbor
斯科舍岛弧　Scotia Arc
斯科舍海　Scotia Sea
斯科舍山脊　Scotia Ridge
斯科舍湾　Scotia Bay
斯塔滕岛（埃斯塔多斯岛旧称）　Staten Island
斯坦利　Port Stanley
斯特伦内斯湾　Stromness Bay
斯托宁顿岛　Stonington Island
塔斯马尼亚　Tasmania
泰莱丰暗礁　Telefon Rocks
泰莱丰湾　Telefon Bay
特里斯坦-达库尼亚群岛　Tristan da Cunha
天堂港　Paradise Harbor
图勒岛　Thule Island
瓦瑟尔湾　Vahsel Bay
威德尔海　Weddell Sea
威尔金斯冰架　Wilkins Ice Shelf
威尔克斯地　Wilkes Land
威利斯群岛　Willis Islands
维多利亚地　Victoria Land
维哥基角　Cape Virgins
维加岛　Vega Island
维索科伊岛　Visokoi Island
温克岛　Wiencke Island
温特岛　Winter Island
文迪凯申岛　Vindication Island
沃迪冰架　Wordie Ice Shelf
沃克山脉　Walker Mountains
西格尼岛　Signy Island
西摩岛　Seymour Island
希望湾　Hope Bay

夏科岛　Charcot Island

象海豹岛　Elephant Island

休斯湾　Hughes Bay

雪丘岛　Snow Hill Island

亚历山大岛　Alexander Island

亚松半岛　Jason Peninsula

永恒山脉　Eternity Range

扎瓦多夫斯基岛　Zavodovski Island

詹姆斯·罗斯岛　James Ross Island

钟摆湾　Pendulum Cove

著作权合同登记号桂图登字:20－2021－189 号

图书在版编目(CIP)数据

冰之传奇:人类南极半岛探险史／(美)琼·N. 布思(Joan N. Boothe)著;李果译. —桂林:广西师范大学出版社,2021.8

书名原文:The Storied Ice:Exploration, Discovery, and Adventure in Antarctica's Peninsula Region

ISBN 978－7－5598－2740－1

Ⅰ. ①冰… Ⅱ. ①琼… ②李… Ⅲ. ①南极半岛－探险－历史 Ⅳ. ①N816.61

中国版本图书馆 CIP 数据核字(2020)第 051806 号

审图号:GS(2021)1988 号

冰之传奇:人类南极半岛探险史
BING ZHI CHUANQI:RENLEI NANJI BANDAO TANXIANSHI

出 品 人:刘广汉　　特约策划:王海宁
策划编辑:李芃芃　　责任编辑:刘孝霞
执行编辑:宋书晔　　装帧设计:王鸣豪

广西师范大学出版社出版发行
(广西桂林市五里店路 9 号　　邮政编码:541004
网址:http://www.bbtpress.com)
出版人:黄轩庄
全国新华书店经销
销售热线:021－65200318　021－31260822－898
山东新华印务有限公司印刷
(济南市高新区世纪大道 2366 号　邮政编码:250104)
开本:720mm×1 000mm　1/16
印张:32　　字数:430 千字
2021 年 8 月第 1 版　　2021 年 8 月第 1 次印刷
定价:88.00 元